职业教育食品类专业系列教材

绿色食品加工技术

杨 君 主 编

李冬梅 袁利鹏 副主编

科学出版社

北 京

内 容 简 介

　　本书是以食品安全为核心，以绿色理念及绿色食品的标准为基础，采用校企合作的方式共同编写。根据食品行业各技术领域和职业岗位的任职要求，将理论知识融合到食品加工工艺的各个项目中，使学生掌握各类加工品的加工技术及工艺要求，学会应用绿色食品生产的各项标准，强调理论联系实际，能应用各种绿色加工技术生产出符合绿色食品要求的罐头食品、冷冻冷藏食品、各种干制品、饮料、果脯类食品和焙烤类食品等。

　　本书适用于食品加工技术、食品营养与检测、农产品质量检测、食品生物技术等专业的需要，亦可作为食品行业从业人员的参考书。

图书在版编目（CIP）数据

绿色食品加工技术/杨君主编. —北京：科学出版社，2010
（职业教育食品类专业系列教材）
ISBN 978-7-03-028925-4

Ⅰ.①绿… Ⅱ.①杨… Ⅲ.①绿色食品－食品加工－高等学校：技术学校－教材 Ⅳ.①TS205

中国版本图书馆 CIP 数据核字（2010）第 174869 号

责任编辑：沈力匀 / 责任校对：柏连海
责任印制：吕春珉 / 封面设计：东方人华平面设计部

科 学 出 版 社 出版
北京东黄城根北街 16 号
邮政编码：100717
http://www.sciencep.com
北京九州迅驰传媒文化有限公司 印刷
科学出版社发行　各地新华书店经销
*
2010 年 9 月第　一　版　　开本：787×1092 1/16
2022 年 8 月第五次印刷　　印张：22 1/4
字数：525 000
定价：**58.00 元**
（如有印装质量问题，我社负责调换〈九州迅驰〉）
销售部电话 010-62136131　编辑部电话 010-62130750

本书编写人员

主 编

        杨 君

副主编

        李冬梅 袁利鹏

参 编（按姓氏笔画排序）

        尹凯丹 刘后伟 张 挺

        黄 丽 程学勋 谢 婧

前　言

"民以食为天，食以安为先"。食品是人类赖以生存和发展的物质基础，现代工业和现代农业的发展，消耗世界资源，给环境带来了巨大破坏，影响到人类的生存与安全。绿色食品是遵循可持续发展原则，按照特定生产方式生产，经专门机构认定，许可使用绿色食品商标标志的无污染的安全、优质、营养类食品。它的出现虽然只有不到 20 年的时间，但发展迅速。"绿色食品加工技术"课程是食品加工技术专业（绿色食品方向）的一门专业核心课程，是食品类相关专业的主干课程。为了适应高职教育蓬勃发展的需要，突出高等职业教育的特色，才编写了本书，尽可能满足食品加工技术、食品营养与检测、农产品质量检测、食品生物技术等专业的需要，成为实用性强的新型教材。

本书以食品安全为核心，以绿色理念及绿色食品的标准为基础，与农垦及绿色食品相关企业共同研究，采用校企合作的方式共同编写。根据食品行业各技术领域和职业岗位（群）的任职要求，以"工学结合"为切入点，强调理论联系实际，强化应用。在具体内容讲述中突出重点和难点，并将理论知识融合到绿色食品加工工艺的各个项目中，使学生掌握各类加工产品的加工技术及工艺要求，学会应用绿色食品生产的各项标准，并了解食品加工的新技术、新进展。本书采用教、学、做相结合，理论与实践一体化。本书立足于适应我国职业教育课程改革的趋势，从食品专业知识、技能和现场实际操作入手，注重实践操作，应用各种绿色加工技术生产出符合绿色食品要求的罐头食品、冷冻冷藏食品、各种干制品、饮料、果脯类食品和焙烤类食品等，具备自主学习和创新的能力，能够自行设计并生产出各种符合绿色食品标准的产品。本书共分为十个项目，包括项目一　绿色食品产地环境及生产基本要求；项目二　绿色食品加工技术基础；项目三　绿色罐藏食品的加工；项目四　冷冻冷藏食品的加工；项目五　绿色干制食品的加工；项目六　饮料生产加工；项目七　绿色果脯类食品的加工；项目八　焙烤食品的加工；项目九　绿色动物性食品的加工；项目十　食品的微波加工。

本书由广东农工商职业技术学院杨君主编。编写分工如下：项目一、项目五由广东农工商职业技术学院袁利鹏教授编写；项目二、项目三由广东农工商职业技术学院杨君教授编写；项目四由广东农工商职业技术学院刘后伟副教授和杨君教授共同编写；项目六由广东农工商职业技术学院李冬梅教授编写；项目七由广东农工商职业技术学院尹凯丹教授与黄丽副教授共同编写；项目八由广东农工商职业技术学院尹凯丹教授、袁利鹏教授共同编写；项目九由广东科贸职业技术学院谢婧副教授、程学勋老师共同编写；项目十由广州城市职业学院张挺副教授编写。全书由杨君统稿及校正，袁利鹏和李冬梅参与了本书的修改及校正工作。

由于绿色食品属于新兴产业，书中内容涉及面较广，加之作者水平有限，不妥及错误之处在所难免，敬请读者批评指正。

目　　录

项目一　绿色食品产地环境及生产基本要求

一、食品与绿色食品

（一）食品

食品是指各种供人食用或者饮用的成品和原料以及按照传统既是食品又是药品的物品，但是不包括以治疗为目的的物品。按此定义，食品既包括食物原料，也包括由原料加工后的成品。通常人们将食物原料称为食料，而将经过加工后的食物称为食品，但也可统称为食物或食品。此外，食品还包括传统上既是食品又是药品的物品。例如，红枣可以算是食品，而人参、当归等则不以视为食品。

（二）绿色食品与食品安全

"民以食为天，食以安为先"。食品是人类赖以生存和发展的物质基础，现代工业和现代农业的发展，消耗世界资源，给环境带来了巨大破坏，影响到人类的生存与安全。

破坏的环境又日益威胁着食品的安全，而食品的生产与加工同样给环境带来了巨大的破坏。为了保护生态和环境，提高食物质量，保障人体健康，达到人与自然和谐共处，1990 年 5 月，中国政府正式宣布在食品领域推广和发展绿色食品这一食品标签。

　　绿色食品是遵循可持续发展原则，按照特定生产方式生产，经专门机构认定，许可使用绿色食品商标标志的无污染的安全、优质、营养类食品。在保护环境和保持资源可持续利用的前提下，发展绿色食品，可以改革传统食品的生产方式和管理手段，实现农业和食品工业可持续发展。特定的生产方式指在生产、加工过程中按照绿色食品标准，禁用或限制使用化学合成的农药、肥料、添加剂等生产资料及其他有害于人体健康和生态环境的物质，并实施"从土地到餐桌"全程质量控制。

　　1. 绿色食品的特点

　　（1）绿色食品是出自良好的生态环境。
　　（2）绿色食品实行"从土地到餐桌"全程质量控制。
　　（3）绿色食品标志受到法律保护。

　　2. 绿色食品的标志

　　绿色食品标志是由农业部在国家工商行政管理局正式注册的质量证明商标，绿色食品标志由此而来，即上方的太阳、下方的叶片和中心的蓓蕾，标志为正圆形，意为保护。整个图形描绘了一幅阳光照耀下的和谐生机，告诉人们绿色食品是出自纯净、良好生态环境中的安全无污染食品，能给人们带来蓬勃的生命力。绿色食品的标志还提醒人们要保护环境，通过改善人与环境的关系，创造自然界新的和谐，见图 1.1。

　　3. 生产绿色食品必须具备的条件

　　（1）产品或产品原料的产地，必须符合农业部制定的绿色食品生态环境标准。
　　（2）农作物种植、畜禽饲养、水产养殖及食品加工，必须符合农业部制定的绿色食品生产操作规程。

图 1.1　绿色食品的标志

　　（3）产品必须符合农业部制定的绿色食品质量和卫生标准。
　　（4）产品外包装，必须符合国家食品标签通用标准，符合绿色食品特定的包装，装潢和标签规定。

二、本课程特色及开设本课程的意义

　　"绿色食品加工技术"课程是食品加工技术专业、食品营养与检测专业或农产品质量检测专业，或其他相关专业的一门工学结合的核心课程。本课程是一门以南亚热带果蔬为主要原材料，以食品安全为核心，以绿色理念及绿色食品的标准为基础，以就业为导向，与相关食品企业共同研究，根据广东及周边地区食品生产的主要类型及特点构建的教学体系及教学内容。本课程主要讲授绿色食品的生产环境及生产要求；相关绿色食品的生产标准；绿色食品生产加工的基本原理，相关食品的生产工艺及工艺要求，从食品专业知识、技能和从实际操作入手，注重实践操作，使学生掌握食品加工的技术，并能按照绿色食品的生产标准将这些技术应用到生产实践中。

我们开设"绿色食品加工技术"课程重在培养学生的绿色理念和食品安全的意识，在此基础上掌握食品生产的原理、生产技术及具体操作，在食品安全事件频频发生的今天，追求绿色健康的食品具有重要的意义，更能体现时代的特征。

三、绿色食品加工技术的研究对象和内容

为了满足人体营养的需要，食物应含有足够的蛋白质，能为人体提供必需的氨基酸。并含有足量的易消化的有机物，如碳水化合物、脂肪等。它们能为人体提供热量，还含有适量的维生素以及无机盐类，以满足人体生理的需要。

人类的食物，除少数物质如矿物盐外，几乎全部来自动植物。人类主要通过种植、饲养、捕捞、狩猎来获得食物。这些食物原料易于腐败，需要进一步进行各种加工处理，才便于保存和运输。

绿色食品加工技术是在保证食品安全的基础上，根据技术上先进、经济上合理的原则，研究食品的原材料、半成品和成品的加工过程和方法的一门应用技术。

（一）绿色食品加工技术应遵循的原则

从这样一个概念出发，首先提出了这门技术学科所要遵循的原则是技术上先进，经济上合理，以及可持续发展的原则。因此，本学科的研究既需要有技术观点，经济观点，还需要有可持续发展的观点。

1. 技术观点

技术观点即所谓技术上先进，包括工艺先进和设备先进两部分。

1）工艺先进

要达到工艺上先进，就需要了解和掌握工艺技术参数对加工制品品质的影响，实际上就是要掌握外界条件和食品生产中的物理、化学、生物学之间的变化关系，这就需要切实掌握物理学、化学和生物学方面的基础知识。

在这个基础上，才能将过程中发生的变化和工艺技术参数的控制联系到一起，主动地进行控制，达到工艺控制上的高水准。

2）设备先进

设备先进包括设备自身的先进性和对工艺水平适应的程度，一般地说，这是设备制造行业的任务。但工艺技术的研究则应该考虑到设备对工艺水平适应的可能性，因此需要了解有关单元操作过程的一般原理，掌握化工原理和食品工程原理这门学科，并初步了解机电方面的相关知识，以对设备的水平进行判断。

2. 经济观点

随着我国社会主义市场经济体制的不断完善，教育的任务也随之扩大，对学生的培

养也提出了要适应市场经济发展的要求。加工工艺及加工技术本身实际上包含着经济的观点，所谓经济上合理，就是要求投入和产出之间有一个合理的比例关系。任何一个企业的生产，一项科学研究的确定，都必须考虑这个问题。

3. 可持续发展的观点

讲求经济效益的前提是食品安全，绿色食品加工技术就是在满足绿色食品生产要求的前提下追求经济效益。

绿色食品就是遵循可持续发展原则，按照特定生产方式生产，经专门机构认定，许可使用绿色食品商标标志的无污染的安全、优质的营养类食品。这是选择和控制产地环境，按照特定的生产方式生产，实行生产、加工全过程质量控制的结果，遵循了可持续发展的原则。

(二) 食品加工技术的研究对象和内容

(1) 食品加工技术的研究对象，从原材料到成品。对它们的品质规格要求，性质和加工中的变化必须能充分把握，才能正确地制定工艺技术要求，这就需要有成分分析的本领。因此，食品化学分析是和食品工艺学并列的一门重要学科，只有有了准确的数据依据，才能正确地确定工艺技术参数。分析数据不准确，往往是决策失误的重要原因。

(2) 食品加工技术所研究的内容包括加工或制造过程中每个环节的具体方法。

过程也可以说是工艺流程，从原材料到成品的途径可能有多种，具体到每一种过程，是切块还是切片，还是整果，是否进行热烫处理，是否采用半成品保藏措施，对不同果实品种采用的具体处理条件如温度、浓度、时间、压力、pH 等，都属于方法，也就是具体的技术条件。所有过程和方法的确定是否有科学依据，就表明了该制品生产技术水平的高低。

当今环境与发展的问题越来越引起人们的重视，只有认真地保护环境，人类才能得以发展。任何生产所产生的环境污染都必须加以治理。在加工技术的研究中，应该选用不产生污染或少产生污染的工艺路线，对可能造成的污染则应采取有效的措施加以处理，达到废弃物的达标排放，符合绿色食品生产要求，实现可持续发展。

(三) 食品技术人员的重点关注

作为一名食品技术人员，在食品加工制造中必须注意到以下几个方面的问题：

1. 食品的安全性

作为供给人类食用的产品，首先应保证食用者的安全。因此在加工过程中必须充分注意每种食品的卫生指标。从使用的原料到加工过程中使用的工器具和设备、工艺处理条件，环境以及操作人员的卫生，应遵照绿色食品有关的标准和法规，杜绝不良现象发生，以确保加工产品的安全。

2. 食品的营养性

食品的基本属性是提供给人类以生长发育，修补组织和进行生命活动的热能和营养素。随着科学的发展，为了保证人体的健康，对食物的营养平衡越来越重视，人们对食品的要求越来越高，希望能获得营养均衡的食品。

因此，食品的营养功能包括防止过多的热量和胆固醇等摄入所得造成的危害等，都对食品加工提出了更高的要求。美国对上市的食品要求必须在标签上附有营养成分说明，将食品中的各种与人体健康密切相关的成分的含量加以注明，让消费者可以自由地选择和安排膳食，保证自身的营养需要。

3. 感官嗜好特性

如果将营养性作为生存的基础，是动物的本能所驱使的话，那么感官嗜好的特性就可以作为人类的高级需求即心理需求的特性。在衣不蔽体、食不果腹的情况下，这种高级的需求是不可能言及的。随着人类社会的发展对感官嗜好的要求越来越高，人们要求食品能满足在色、香、味、质地、体态等各方面的不同需求。

因此，作为食品行业的从业人员，必须要在前两个方面的基础上，注意到这一要求。应该知道，加工食品不是未经加工的原料，它是经过食品技术工作者采用不同的处理手段，制成的能从不同的侧面满足消费者需求的产品。

仅仅以色、香、味来描述食品的感官嗜好特性是远远不够的。质地作为食品的一个感官嗜好特性包括对酥、软、硬、松、韧、脆、绵、艮、弹性、劲道、黏稠、稀薄等触觉的感知，在某些时候对它们的要求甚至要超过对色香味的要求。在食品的评价中，包含有对组织结构的评价内容时，也常用质构一词。

四、我国食品工业的发展现状和未来

1996 年完成的第三次全国工业普查结果表明，食品工业总产值在全国工业部门总产值中所占的比重首次上升到第一位，说明食品工业在国民经济中的地位得到了进一步加强。成为国民经济的重要支柱产业（1986 年仅为工业部门的第三位，次于机械工业和纺织工业）。

食品工业的发展为国家积累了资金，其出口产品为国家创汇做出了贡献。改革开放以来，食品工业积极采用新技术。国内的研究水平迅速提高，有很多项目达到国际先进水平。食品工业还引进国际上先进的生产设备进行改造，大大提高了技术水平，产品产量和质量。绿色食品也得到了迅猛的发展，绿色食品发展的具体情况见表 1.1。

表 1.1 2001～2007 年绿色食品发展情况

指标	2001 年	2002 年	2003 年	2004 年	2005 年	2006 年	2007 年	平均增长速/%
当年认证企业/个	536	613	918	1150	1839	2064	2371	28.1
当年认证产品/个	988	1239	1746	3142	5077	5676	6263	36.0
认证企业总数/个	1217	1756	2047	2836	3695	4615	5740	29.5
认证产品总数/个	2400	3046	4030	6496	9728	12868	15238	36.1
实物总量/万吨	2000	2500	3260	4600	6300	7200	8300	26.8
年销售额/亿元	500	597	723	860	1030	1500	1929	25.2
年出口额/亿美元	4.0	8.4	10.8	12.5	16.2	19.6	21.4	32.2
监测面积/万亩	5800	6670	7710	8940	9800	15000	23000	25.8

注：1 亩＝666.67m^2。

尽管我国食品工业获得了很大的发展，但面对新世纪还存在许多问题。

（1）食物资源供给与众多人口饮食需求的矛盾。

① 由于人口增长，人均耕地的继续下降，有限的耕地加之制约农作物增产的其他因素，将使我国长期面临食物资源紧缺的困难。据估计，我国每年粮食缺口都在900万吨到1000万吨，这个趋势在21世纪前20年还将继续下去。

② 随着经济的发展，城乡居民的收入也不断增长，用于生活消费的基金也不断增多。消费基金的大幅度提高，对食物需求的数量将显著提高，特别对动物性食品和享受食品的需求必将大幅增长。

③ 人们要求合理的膳食营养结构也将对食物供给提出更高要求。营养调查表明，我国居民日常平均热能供给基本达到中国营养学会推荐的标准，但蛋白质的摄入量仍未达到中国营养学会推荐的标准，和发达国家的差距还相当大。此外，维生素中视黄醇、核黄素以及矿物质中钙等微量营养素的摄入量也偏低。

（2）饮食现代化与食品工业落后的矛盾。随着现代化建设的发展，广大居民生活节奏加快，文明程度提高，人们对生活现代化的要求日趋强烈，对食物的卫生、营养、方便的要求越来越高，这种要求将集中表现在对工业食品的追求上。

在发达国家，工业食品的消费总量已达70%，有的高达90%，这些国家居民的一日三餐主要是食用工业食品，他们的家庭厨房主要用来简单加工（如加热保温）和保鲜贮存食品。

我国食品工业这些年来虽有较大发展，与国外相比仍较落后，突出表现为规模比较小，居民食物消费中，工业食品的比重仅有25%；食品工业结构不合理，食品工业中烟酒等嗜好食品比重大；食物资源粗加工多，深加工和精加工少，为一日三餐服务的餐桌食品基本没有实现工厂化生产；食品工业的装备陈旧，技术落后，管理粗放，高科技含量少，高素质技术人员少；食品工业布局不合理，工厂往往远离原料产地，食品工业原料生产未形成基地化，分散农业提供的原料的品质、规格、采收时间不适合食品工业的需要。

（3）膳食科学化与居民、食品工业、餐饮业的营养意识淡薄和营养科学知识贫乏的矛盾。根据全国营养调查情况表明，由于民众营养知识贫乏，不懂得也不注意膳食的营养平衡，结果在一些经济已好转的地区竟出现了营养不良现象。在我国农村儿童营养与发育不良状况还比较严重，由于营养不良导致的缺铁性贫血发病率，3岁以下儿童城市高达13%～16%，农村则达14%～26%，同样，由于营养不良而引起的小儿佝偻病发病率也高达26%。另一方面，在城市和富裕起来的农村，高脂肪、高胆固醇、高蛋白的"三高"饮食成为家常便饭，从而导致营养过剩。据卫生部统计，我国慢性病死亡者已占全部死亡人数的70%以上，这些病（如肥胖症、高血压、高血脂、脂肪肝、心脑血管病、糖尿病等）大都同饮食不当，特别是动物性食品过多，谷类薯类食物过少有密切关系。

从总体上看，上述三个矛盾是带有全局性和具有战略意义的问题。前者是要解决没有吃的问题，后两者是解决怎样吃好的问题。展望21世纪中国人的吃，在很大程度上取决于这三个矛盾能否得到正确的解决。而21世纪食品工业的发展，更离不开众多的食品行业的从业者以及高素质的科学管理人才。

五、绿色食品加工技术的学习方法

绿色食品加工技术是一门应用科学，它不同于自然科学。它的发展一方面是由于其他自然科学技术的发展推动，另一方面是由于其自身的试验基础的发展，发现了新的结果，提出了新的方法和概念。绿色食品加工技术课程的学习首先应了解绿色食品的生产要求，熟悉相关的生产标准，在此基础上学习食品加工的方法及技术。

食品工业包含很多门类，因此不同门类的产品均可形成一门自身的加工技术，如罐藏食品加工技术、果蔬加工技术、肉制品加工技术、乳制品加工技术、饮料加工技术等。这对于每一个从事具体产品的人来说，是很难全面深入地去涉及的。在如此之多的产品中，就必须学习掌握一种基本方法。

（1）加工原理及原辅助材料的性质及预处理对加工过程所产生的影响是在所有食品加工中共同面临的问题。因此，在教学过程中应将这些部分作为重点，较深入地了解。

（2）在分门别类的加工技术中，更加注意对通用过程的阐述。在学习过程中，应着重掌握其通用技术及其操作过程，以便学习之后能够举一反三。

（3）在此学习的基础上，可以结合实训或设计，指导学生如何在一定理论学习的基础上，加强实训项目，在实际操作的基础上，具有一定的创新能力。使学生的思维想象具体化，使之能力得以提高。

整个过程注重培养学生的绿色理念、食品安全的意识，注重绿色食品生产标准的运用。

六、绿色食品产地的环境的调查与选择

绿色食品产地系指绿色食品初级产品或产品原料的生长地。产地的生态环境质量状况是影响绿色食品质量安全的最基础因素。如果动植物生存环境受到污染，就会直接对动植物生长产生影响和危害；通过水体、土壤和大气等转移（残留）于动植物体内，再通过食物链造成食物污染，最终危害人体健康。绿色食品的生产地的环境质量应符合 NY/T 391—2000 的要求。

1. 绿色食品产地空气环境质量要求

绿色食品产地空气中各项污染物含量不应超过表 1.2 所列的浓度值。

表 1.2　空气中各项污染物的浓度限值（标准养成）　　　单位：mg/m³

项　　目	浓度限值	
	日平均	1h平均
总悬浮颗粒物（TSP）	0.30	—
二氧化硫（SO_2）	0.15	0.50
氮氧化物（NO_x）	0.10	0.15
氟化物	$7\mu g/m^3$	
	$1.8\mu g/dm^2$（挂片法）	$20\mu g/m^3$

注：① 日平均指任何一日的平均浓度。

　　② 1h平均指任何 1h 的平均浓度。

　　③ 连续采样三天，一日三次，晨、午和夕各一次。

　　④ 氟化物采样可用动力采样滤膜法或用石灰滤纸挂片法，分别按各自规定的浓度限值执行，石灰滤纸挂片法挂置七天。

2. 农田灌溉水质要求

绿色食品产地农田灌溉水中各项污染物含量不应超过表 1.3 所列的浓度值。

表 1.3　农田灌溉水中各项污染物的浓度限值　　　　单位：mg/L

项目	浓度质量	项目	浓度质量
pH	5.5～8.5	总铅	0.1
总汞	0.001	六价铬	0.1
总镉	0.005	氟化物	2.0
总砷	0.05	粪大肠菌群（个/L）	10000

注：灌溉菜园用的地表水需测粪大肠菌群，其他情况不测粪大肠菌群。

3. 渔业水质要求

绿色食品产地渔业用水中各项污染物含量不应超过表 1.4 所列的浓度值。

表 1.4　渔业用水中各项污染物的浓度限值　　　　单位：mg/L

项　　目	浓度限值	项　　目	浓度限值
色、臭、味	不得使水产品带异色、异臭和异味	总镉	0.005
漂浮物质	水面不得出现油膜或浮末	总铅	0.05
悬浮物	人为增加的量不得超过 10	总铜	0.01
pH	淡水 6.5～8.5，海水 7.0～8.5	总砷	0.05
溶解氧	＞5	六价铬	0.1
生化需氧量	5	挥发酚	0.005
总大肠菌群	5000 个/L（贝类 500 个/L）	石油类	0.05
总汞	0.0005	—	—

4. 畜禽养殖用水

绿色食品产地畜禽养殖用水中各项污染物不应超过表 1.5 所列的浓度限值。

表 1.5　畜禽养殖用水各项污染物的浓度限值　　　　单位：mg/L

项　　目	浓度限值	项　　目	浓度限值
色、臭、味	15 度，并不得呈现其他异色	总砷	0.05
混浊度	3 度	总汞	0.001
悬浮物	不得有异臭、异味	总镉	0.01
肉眼可见物	不得含有	六价铬	0.05
pH	6.5～8.5	总铅	0.05
氟化物	1.0	细菌总数（个/mL）	100
氰化物	0.05	总大肠菌群（个/L）	3

5. 土壤环境质量要求

绿色食品产地各种不同土壤中的各项污染含量不应超过表 1.6 所列的限值。

表1.6 土壤中各项污染物的含量限度 单位：mg/L

耕作条件	旱田			水田		
pH	<6.5	6.5～7.5	>7.5	<6.5	6.5～7.5	>7.5
镉	0.30	0.30	0.40	0.30	0.30	0.40
汞	0.25	0.30	0.35	0.30	0.40	0.40
砷	25	20	20	25	20	15
铅	50	50	50	50	50	50
铬	120	120	120	120	120	120
铜	50	60	60	50	60	60

注：①果园土壤中的铜限量为旱田中的铜限量的1倍；②水旱轮作用的标准值取严不取宽。

6. 土壤肥力要求

为了促进生产者增施有机肥，提高土壤肥力，生产绿色食品时，土壤肥力作为参考指标，见表1.7。

表1.7 土壤肥力分级参考指标

项 目	级别	旱地	水田	菜地	园地	牧地
有机质/(g/kg)	Ⅰ	>15	>25	>30	>20	>20
	Ⅱ	10～15	20～25	20～30	15～20	15～20
	Ⅲ	<10	<20	<20	<15	<15
金氮/(g/kg)	Ⅰ	>1.0	>1.2	>1.2	>1.0	—
	Ⅱ	0.8～1.0	1.0～1.2	1.0～1.2	0.8～1.0	—
	Ⅲ	<0.8	<1.0	<1.0	<0.8	—
有效磷/(mg/kg)	Ⅰ	>10	>15	>40	>10	>10
	Ⅱ	5～10	10～15	20～40	5～10	5～10
	Ⅲ	<5	<10	<20	<5	<5
有效钾/(mg/kg)	Ⅰ	>120	>100	>150	>100	—
	Ⅱ	80～120	50～100	100～150	50～100	—
	Ⅲ	<80	<50	<100	<50	—
阳离子交换量/(cmol/kg)	Ⅰ	>20	>20	>20	>15	—
	Ⅱ	15～20	15～20	15～20	15～20	—
	Ⅲ	<10	<20	<20	<15	—
质地	Ⅰ	轻壤、中壤	中壤、重壤	轻壤	轻壤	砂壤、中壤
	Ⅱ	砂壤、重壤	砂壤、轻黏土	砂壤、中壤	砂壤、中壤	重壤
	Ⅲ	砂土、黏土	砂土、黏土	砂土、黏土	砂土、黏土	砂土、黏土

注：土壤肥力评价。
土壤肥力的各个指标，Ⅰ级为优良、Ⅱ级为尚可、Ⅲ级为较差。供评价者和生产者在评价和生产时参考。
生产者应增施有机肥，使土壤肥力逐年提高。

七、绿色食品对原料的生产要求

绿色食品原料的种植业生产操作规程是指农作物的整地播种、施肥、浇水、喷药及收获五个环节中必须遵守的规定。其主要内容是：品种选育方面，选育尽可能适应当地土壤和气候条件，并对病虫草害抵抗力高的高品质优良品种；植保生态条件方面，农药的使用在种类、剂量、时间和残留量方面都必须符合生产绿色食品的农药使用准则，肥料的使用必须符合生产绿色食品的肥料使用准则，有机肥的施用量必须达到保持或增加土壤有机质含量的程度；在耕作制度方面，尽可能采用生态学原理，保持物种的多样性，减少化学物质的投入。

1. 绿色食品原料种植品种的选育

（1）绿色食品原料种植对品种的基本要求。

① 选择、应用品种时，在兼顾高产、优质性状的同时，要注意高光效及抗性强的品种的选用，以增强抗病虫和抗逆的能力，发挥品种的作用。

② 在不断充实、更新品种的同时，要注意保存原有地方优良品种，保持遗传多样性。

③ 加速良种繁育，为扩大绿色食品再生产提供物质基础。

（2）绿色食品原料种植品种选育的措施。

① 引种。生产性的引种是指将外地或国外的新作物、新优良品种引入当地，供生产推广应用。通过引种可丰富当地的作物种类，是解决当地对优良品种迫切需要的有效途径。生产上，一方面原来的品种长期栽种可能会退化；另一方面新的、更优良的品种不断培育出现，通过引种就可使作物品种不断更新。

② 良种繁育。良种应该是优良的品种，具备优良的品种特性，同时也应是优良的种子，是统一纯度高、杂质少、种粒饱满、生命力强的种子，优良种子才能使优良品种的特性充分表现，发挥其作用。因此绿色食品生产要把良种繁育工作作为一项基本建设来抓，健全防杂保纯制度，采取有效的措施防止良种混杂退化，并要有计划地做好去杂选种、良种提纯复壮工作。

③ 种子检验。绿色食品产地或基地都应重视此项工作，建立起检验制度，对自繁的种子或外调种子按规定进行检验，以避免种子质量下降造成的损失。

2. 绿色食品原料种植过程中的植保技术

综合防治的技术措施和策略原则如下：

（1）充分发挥自然控制因素的作用，不孤立地从病虫本身单方面去研究对策和措施，不过分强调病虫的作用，而是从农业生态系统中绿色作物、动物、微生物和无机环境条件四个组成成分出发，调控其平衡。

（2）强调对病虫进行控制，将其危害控制在不足以造成经济损失的程度，不是一味要求彻底消灭。

策略原则的具体措施介绍如下：

① 植物检疫。植物检疫是植保工作的第一道防线，也是贯彻"预防为主、综合防治"植保方针的关键措施。通过植检可以防止危险性病虫杂草等有害生物，经人为传播在地区间或国家间扩散蔓延。病虫分布具有一定的地区性，但也存在扩大分布的可能性，传播途径主要随农产品（种子、苗木、栽培材料等）的调运而扩大蔓延。一种病虫

传入新地区，一旦环境（气候、生物等）适合时，便会大量繁殖，其危害程度有时比在原产地更为严重。绿色食品生产基地在引种和调运种苗中，必须依靠植物检疫机构，根据《植物检疫法》的规定，做好植物检疫工作。

②　农业防治法。通过农业栽培技术防治病虫害是古老而有效的方法，是综合防治的基础。绿色食品生产中栽培管理技术可以起到调节作物地上、地下部分和生物环境的作用，有利于作物的健壮生长，不利于病虫等有害生物的生存和繁衍，从而达到保健和防治病虫的目的。农业防治法包括如下几点：

a. 选用抗病虫的优良品种。

b. 改进和采用合理的耕作制度。合理的作物布局、轮作和间作套种制度，不仅有利于作物增产，而且是抑制病虫害发生的有效方法。

c. 加强田间管理，提高寄主作物的抗性。

③　物理机械防治及其他防治技术。利用物理因子或机械来防治病虫，包括从人工、简单器械到应用近代生物物理技术，指人工捕捉、诱集诱杀、高低温的利用及高频电、微波、激光等。这类防治措施通常作为辅助措施，一般也无不良副作用产生。例如，用生物生理方法使病虫失去繁殖后代能力，利用昆虫性外激素诱杀，利用几丁质抑制剂或拒食剂抑制昆虫正常生长发育等。

④　生物防治法。生物防治一般是指以有益生物控制有害生物数量的方法，也就是利用天敌来防治病虫的方法。自然界中天敌依赖于有害的生物病虫而生活是自然现象，但现在人类可以利用天敌，发挥天敌的自然控制作用进行生物防治。病虫的生物防治主要是以虫治虫（包括捕食性和寄生性昆虫）和以少量脊椎动物治虫（如鸟、蛙等）两种方法。病害的生物防治主要是利用重寄生包括重寄生真菌、寄生真菌的病毒寄生于植物病原菌，使病原菌丧失侵染致病能力，甚至将其置于死地。生物防治是利用农业生态系统的有益的生物资源，不对农作物和环境造成污染，是综合防治中的重要组成部分，在绿色食品综合防治中应优先使用。为此，可以采取下列措施。

a. 保护天敌，使其自然繁殖或根据天敌特性，制定和采用特定的措施，如创造天敌的栖息条件，以增加其繁殖。

b. 人工大量繁殖，释放天敌。这通常是在经过保护自然界中的天敌后，仍不足以控制某些害虫数量处于经济受害水平以下时才使用。

c. 从外地引进天敌。目的在于改善、加强本地的天敌组成，提高自然控制效能。这往往用来对付新流入的病虫。

⑤　药剂防治。采用药剂控制病虫等有害生物的数量，这实际也是综合防治的一个组成部分。药剂的选择，要优先选用生物源和矿物源的农药，因为它们对作物的污染相对少。由于绿色食品质量的特殊要求，在绿色食品生产中使用药剂，尤其人工化学合成的农药的应用有许多特殊限制，整体上要遵循生产绿色食品的农药使用准则。应该在病虫测报的基础上，选择高效、低毒、低残留的化学农药，如安打、米满、抑太保、锐劲特等。使用时必须严格掌握浓度和使用量，掌握农药的安全间隔期，实行农药的交替使用，掌握合理的施药技术，避免无效用药或者产生抗药性。

特别要注意对症下药，适期防治，在关键时期、关键部位打药以达到用药少、防效好的目的。绿色食品农药使用规定每种化学农药在一种作物生长期内只允许使用一次，以确保环境与食品不受污染。

绿色食品蔬菜允许和禁止使用的农药，包括如下：

A. 允许使用的农药。

a. 生物源农药。首先是农用抗生素，如防治真菌病害可用灭瘟素、春雷霉素、多抗霉、井冈霉素、农抗 120 等；防治螨类（红蜘蛛）选用浏阳霉素、华光霉素等。是活体微生物农药，如真菌剂绿僵菌、鲁保 1 号；细菌剂苏云金杆菌。

b. 植物源农药。杀虫剂如除虫菊素、鱼藤酮、烟碱、植物油乳剂；杀菌剂如大蒜素；增效剂如芝麻素。

c. 矿物源农药。无机杀螨杀菌剂如硫悬浮剂、石硫合剂、硫酸铜、波尔多液；消毒剂高锰酸钾。

d. 有机合成农药应限量使用，包括有机合成杀虫剂、杀菌剂、除草剂等。

农药的使用方法（施药量、施药方法、安全间隔期等）遵守国家的相关规定。

B. 禁止使用的农药。对剧毒、高毒、高残留或致癌、致畸、致突变的农药严禁使用，如无机砷杀虫剂、无机砷杀菌剂、有机汞杀菌剂、有机氯杀虫剂、DDT、林母、艾氏剂、狄氏剂等。有机磷杀虫剂如甲拌磷、乙拌磷、对硫磷、氧化乐果、磷胺等。马拉硫磷在蔬菜上也不能使用。取代磷类杀虫杀菌剂如五氯硝基苯。有机合成植物生长调节剂、化学除草剂，如除草醚、草枯醚等各类化学除草剂。生产绿色食品禁止使用的农药如表 1.8 所示。

表 1.8　生产绿色食品禁止使用的农药

农药种类	农药名称	禁用作物	禁用原因
有机氯杀虫剂	滴滴涕、六六六、林丹、甲氧滴滴涕、硫丹	所有作物	高残毒
有机氯杀螨剂	三氯杀螨醇	蔬菜、果树、茶叶	含滴滴涕
有机磷杀虫剂	甲拌磷、乙拌磷、久效磷、对硫磷、甲基对硫磷、甲胺磷、甲基异柳磷、治螟磷、氧化乐果、磷铵、地虫硫磷、灭克磷（益收宝）、水胺硫磷、氯唑磷、刘线磷、杀扑磷、特丁硫磷、克线丹、苯线磷、甲基硫环磷	所有作物	剧毒、高毒
氨基甲酸酯杀虫剂	涕灭威、克百威、灭多威、丁硫克百威、丙硫克百威	所有作物	高毒、剧毒或代谢高毒
拟除虫菊酯类杀虫剂	所有拟除虫菊酯类杀虫剂	水稻及其他水生作物	对水生生物毒性大
二甲基甲脒类杀虫杀螨剂	杀虫脒	所有作物	慢性毒性、致癌
卤代烷类熏蒸杀虫剂	二溴乙烷、环氧乙烷、二溴氯丙烷、溴甲烷	所有作物	致癌、致畸、高毒
阿维菌素	爱福丁、风雷敌、杀虫清、虫克星、绿菜宝、螨克素	蔬菜、果树	高毒
克螨特	—	蔬菜、果树	慢性毒性
有机砷杀菌剂	甲基砷酸锌（稻脚青）、甲基砷酸钙砷（稻宁）、甲基砷酸铁铵（田安）、福美甲砷、福美砷	所有作物	高残毒

农药种类	农药名称	禁用作物	禁用原因
有机锡杀菌剂	三苯基醋酸锡（薯瘟锡）、三苯基氯化锡、三苯基羟基锡（毒菌锡）	所有作物	高残留、慢性毒性
有机汞杀菌剂	氯化乙基汞（西力生）、醋酸苯汞（赛力散）	所有作物	剧毒、高残留
有机磷杀菌剂	稻瘟净、异稻瘟净	水稻	异臭
取代苯类杀菌剂	五氯硝基苯、稻瘟醇（五氯苯甲醇）	所有作物	致癌、高残留
2，4-D 类化合物	除草剂或植物生长调节剂	所有作物	杂质致癌
二苯醚类除草剂	除草醚、草枯醚	所有作物	慢性毒性
除草剂	各类除草剂	蔬菜生长期（可用于土壤处理与牙前处理）	—
植物生长调节剂	有机合成的植物生产调节剂	所有作物	—

3. 绿色食品原料种植中的施肥技术

（1）施肥与绿色食品原料的关系。施肥—农作物饲料—动物饲养食物—人类生存是紧密相连的环节，其中肥料是基础，没有足够的肥料，农作物难以提供大量产品，动物没有足够的饲料，人类也就不能得到足够的畜禽产品、水产品等优质食物，从这个意义讲，肥料是自然生态循环中的基础环节。

（2）绿色食品原料种植的施肥原则和要求。

① 创造一个农业生态系统的良性养分循环条件，充分开发和利用本地区域、本单位的有机肥源，合理循环使用有机物质。农业生态系统的养分循环条件有三个基本组成部分，即植物、土壤和动物，应协调与统一好三者的关系，创造条件，充分利用田间植物残余体、植株（绿肥或秸秆）、动物的粪尿、原肥及土壤有益微生物群进行养分转化，不断增加土壤中有机质含量，提高土壤肥力。绿色食品种植业生产基地在发展种植业的同时，要有计划、按比例发展畜禽养殖业和水产养殖业，综合利用资源，开发肥源，促进养分良性循环。

② 经济、合理地施用肥料。绿色食品生产合理施肥就是要按绿色食品质量要求，根据气候、土壤条件以及作物生长形态，正确选用肥料种类、品种，确定施肥时间和方法，以求以较低的投入获得上佳的经济效益。

③ 以有机肥为主体，尽可能使有机肥和养分还田。有机肥料是全营养肥料，不仅含有各种作物所需的大量营养元素和有机质，还含有各种微量元素、氨基酸等；有机肥的吸附量大，被吸附的养分易被作物吸收利用，又不易流失；它还具有改良土壤、提高土壤肥力、改善土壤保肥保水和通透性能的作用。

④ 充分发挥土壤中有益微生物在提高土壤肥力方面的作用。土壤的有机物质常常要依靠土壤中有益微生物群的活动，分解成可供作物吸收的养分而被利用，因此要通过耕作、栽培管理如翻耕、灌水、中耕等措施，调节土壤中水分、空气、温度等状态，创造一个适宜有益微生物群繁殖活动的环境，以增加土肥中有效肥力。近年来微生物肥料在我国已悄然兴起，绿色食品生产可有目的地施用不同种类的微生物肥料制品，以增加

土壤中有益微生物群，发挥其作用。

⑤ 绿色食品生产要控制化学合成肥料，特别是氮肥的使用，允许限量使用部分化学合成肥料，但禁止使用硝态氮肥。化肥施用时必须与有机肥按氮含量 1：1 的比例配合施用。最后使用时间为作物收获前 30d。

4. 绿色食品原料种植中的耕作制度

（1）绿色食品生产对耕作制度的基本要求。

① 通过合理的田间配置，建立绿色食品的种植制度，充分合理利用土地及其相关的自然资源。

② 采取耕作措施，改善生态环境，创造有利于作物生长、有益生物繁衍的条件，抑制和消灭病虫草害的发生，并不断提高土地生产力，保证作物全面持续的增产。

（2）措施。

① 实行轮作。同一块地需轮种不同作物的种植方式称为"轮作"。轮作是一项对土地用养结合，持续增产，促进农业发展，经济有效的措施。在绿色食品生产中应大力推行和实施。实行轮作的优点有：

一是减轻农作物的病虫草害，二是调节土壤养分和水分的供应，三是改善土壤物理化学性状。由于不同作物根系分布不一，遗留于地中的茎秆残茬、根系和落叶等补充土壤有机质和养分的数量和质量不同，从而影响到土壤理化状况，而水旱轮作对改善稻田的土壤结构状况更有特殊意义。绿色食品生产地在安排种植计划和地块时，就应将轮作计划列入其中。尽量采用轮作，减少连作，以充分利用轮作的优点，克服连作的弊端。轮种作物应选择不同类型，非同科、同属的作物，避免有相同病虫；养地作物安排在前，为后作创造良好条件；产地主作物安排在最好的茬口位置。绿色食品生产地一些作物在需连作的情况下，也只能根据不同作物对连作的反应适当延长在轮换周期中的连作时间。

② 提高复种指数。复种，是指在同一块田地上，一年内种植两季或两季以上的种植方式。在自然条件允许的前提下，绿色食品种植业生产应充分利用农田时间和空间，科学合理地提高复种指数，实行种植集约化，不仅可增加绿色食品的产量，而且有利于扩大土壤碳源的循环。一方面通过田间多茬作物根茬遗留的有机物的增加，增多土壤的有益微生物群；另一方面通过作物秸秆"沤肥"、"过腹还田"等各种途径，直接、间接归还土壤，增大潜在的有机物输出量，也就是说通过复种可扩大有机肥的肥源，促进农田有机物的分解循环，提高土壤肥力。从而可降低化肥及其他有关化学物的施用量，进而减少环境遭受污染的可能性；同时扩大复种面积，增加种植种类与综合利用。但是，不合理的复种再加上未采取相应的耕作措施，也会造成土壤肥力下降，产生多种不多收，甚至少收的恶果，有时还会由于复种作物选择不当，引起或加剧病虫害的发生。绿色食品产地在确定采用复种方式时必须因地制宜，要根据当地年积温高低、作物生长期长短、水分条件包括降水量及其季节分布、地下水资源状况、地力和肥源等条件综合平衡而确定复种方式。绿色食品产地要重视对复种作物的选择和配置，一是要充分考虑前茬给后作、复种作物给主作物创造良好的耕作层及土壤肥力条件。二是考虑复种中同期

或先后种植的作物不应具有相同的病虫害，否则会因相互交叉感染而加剧病虫害发生。在增加复种作物的生产地，应利用前、后作生长间隙期、休闲期，不失时机地通过耕作技术，创造良好的生态环境，主要包括以下几点。

a. 施用有机肥。绿色食品生产要求以有机肥为主，尽量减少或完全不用化学肥料，而有机肥在作物生长期内施用费工且困难，休闲期内施入则简便易行，而且可结合其他操作措施如耕掘进行，减少养分的损失。同时在作物种植前施入经一段时间分解过程，正好为稍后生长的作物提供养分。

b. 翻耕土地。作物经过一个生长季节的生长，频繁的田间农事操作活动，造成土壤板结、肥力有所下降，须在休闲期结合施肥及时翻耕土地，将肥料翻入土中，加速肥料的分解，提高土壤肥力。通过翻耕这项操作将前作根茬及杂草翻入土中，既增加了土壤有机质，又清洁了田园，减少和清除了杂草的危害，有利于减少病虫害的发生。翻耕还可以疏松土壤，改善土壤物理结构，有利于微生物群落的生存和活动。这样就为绿色食品产地创造了一个良好的生态环境。

c. 防除病虫。绿色食品生产中为了减少农药的使用，一定要在作物生长间隙期内采取措施做好对病虫的预防工作，果园、菜地尤显重要。果园冬闲期通过"刮皮"去除隐藏于老树皮下越冬的害虫或虫卵；在树干上涂白，阻止害虫产卵；清洁田园，收集和销毁园内残枝落叶，清除病虫源；菜地保护设施内，夏季高温时密闭或降水后密闭，利用高温或高湿杀菌灭虫。

③ 合理间作套种。间套作作物群体之间有互补的一面，同时也存在着竞争的一面，不合理地滥用，非但无利，反而有害。例如，由于作物种类选择不当，可能出现作物争肥、争水现象，或因种植方式不当，造成光照不足、通风不良，以致加重病虫害。间套作物要为主作物创造一个良好的田间生态环境，有利于作物群体之间互补。

选择间套作作物种类或品种时，应选对大范围环境条件适应性在其共生期间大体相同的作物；选择特征特性相对应的作物，如株高为高低，株形为大小，叶为圆尖，根为深浅，生长期为长短，收获期为早晚等，以削弱其竞争；还应优先保证主作物的生长。绿色食品生产地块内的所有间套作物种植都必须符合绿色食品生产的操作规程。

④ 土壤耕作。绿色食品生产应根据各耕作措施的作用原理，按作物生长对土壤环境的要求，灵活地加以运用，发挥其养地改善作物营养状况的作用。

⑤ 注意防除杂草。绿色食品生产由于产品质量的要求，生产操作过程中限制化学除草剂的使用，而人工除草很费工，有时由于未能及时安排劳力除草，草害严重恶化农作物生长环境条件，降低农作物的产量和品质，而且还可能影响下一个生长季节或来年，加重杂草的蔓延和危害，增加绿色食品产地杂草防除的困难。根据预防为主的原则，采取预防措施，如建立严格杂草检疫制度；清除田地边、路旁杂草；施用腐熟的有机肥；防止杂草种子等；尽量杜绝杂草种子进入田间，均是积极有效的方法。绿色食品生产中，应尽量减少和避免使用化学除草剂防除杂草。因为化学除草剂会给环境带来污染，与绿色食品生产宗旨、质量标准要求不相符。在绿色食品生产中也只有在杂草感染度达到临界期，即杂草发生密度足以抑制作物生育、影响收割或造成减产时才使用，并要严格按生产绿色食品的农药使用准则中关于除草剂种类、用药量、使用时间和方法等

有关规定进行。病虫草害三者之间相互联系、相互影响，要防病虫应将杂草清除；若不防治病虫，则作物受害，生长不良，也给杂草丛生提供了机会。因此绿色食品产地应根据当地实际情况对病虫草害统一做出具体防治计划，以达到经济、方便、有效。

八、绿色食品加工的原则及基本要求

（一）绿色食品加工的原则

绿色食品的加工不同于普通食品的加工，它对原料和生产过程的要求更加严格，不仅要考虑产品本身，做到安全、优质、营养和无污染，还要兼顾环境影响，将加工过程对于环境造成的影响降到最低程度。因此，绿色食品的加工应遵循一定的原则。

1. 绿色食品加工应遵循可持续发展的原则，注意原料的综合利用

目前，生态环境退化、食物和能源短缺是整个人类所面临的共同问题。以食物资源为原料进行的绿色食品加工，必须坚持可持续发展的原则。同时，绿色食品的加工应本着节约能源、物质再利用、综合利用、反复循环再利用的原则，这样，既保护环境，又符合经济再生产的原则。以葡萄为例，葡萄可以酿造葡萄酒，剩余皮渣可以经过二次蒸馏生产白兰地，过滤出的葡萄籽可以榨油。这种生产利用过程，既减少了废物，又提高了经济效益，从而提高了经济价值和社会价值。

2. 绿色食品生产加工过程要保持无污染原则

食品加工过程是一个复杂的过程，从原材料到加工的成品各个环节中，都要严格控制污染源。原料的污染、不良的环境卫生状态、洗涤剂和添加剂的使用不当、生产人员操作失误等都会使最终产品污染。因此，对每一个加工环节和步骤都必须严格控制，防止食品在加工过程中造成的二次污染。

（1）原料来源。生产加工绿色食品的主要原料必须经过专门绿色食品认证组织的认证，如中国绿色食品发展中心或有机食品认证组织，辅料也应尽量使用已认证的产品。

（2）企业管理。绿色食品的加工企业要求有良好的卫生条件，建筑布局合理，地理位置适宜，具有完善的供排系统，企业管理严格有序，保证生产免受外界污染，并且要经过认证人员的考察。

（3）加工设备。绿色食品加工设备的制造应选择对人体无毒害的材料，尤其是与食品接触的部位必须对人体无害。另外，设备本身应清洁卫生，防止灰尘和油污等对食品造成污染。

（4）生产工艺。绿色食品的生产必须采用合理的工艺，选择天然洗涤剂和食品添加剂，尽量选用先进的技术手段，减少洗涤剂和添加剂污染食品的机会，避免发生交叉污染。利用物理方法的同时，可以采用新开发的生物方法用于绿色食品的生产加工和贮藏，在改善食品风味，避免食品污染的同时，增加食品的营养。

（5）贮藏和运输。绿色食品的贮藏在加工过程中具有重要地位，贮藏应使用安全的

容器和贮藏方法，防止使用对人体有害的容器和贮藏方法，避免此过程中造成的产品污染。绿色食品的运输应严禁混装，要求无污染源和杂质，要保持运输后的品质。

（6）生产人员。生产人员要求责任心强、素质好，必须具备生产绿色食品的知识和了解绿色食品的加工原则。生产人员要严格按规定操作，避免人为污染，保证食品的安全性。

3. 绿色食品加工应保持食品的天然营养性原则

绿色食品加工应尽可能保持食品的天然营养特性，使营养物质的损失降到最小程度，最大限度地保持食品天然的色、香、味及营养价值。同时可采用传统加工方法或当今先进的加工工艺和技术，使绿色食品达到自然、营养、优质的特点。

4. 绿色食品加工应遵循无环境污染与危害原则

绿色食品生产企业在加工过程中要保持清洁生产，在加工过程中产生的废气、废水、废渣等都需经无害化处理，对废物进行二次开发，使废物资源化，采用无废物生产先进工艺，以免对环境产生污染。

（二）绿色食品加工的质量控制和技术要求

1. 绿色食品加工的质量控制内容

良好的绿色食品加工的环境条件是绿色食品产品质量的有力保障，而企业良好的位置及合理的布局是构成绿色食品加工环境条件的基础。这就要求必须对绿色食品加工过程进行全程质量控制。

1）绿色食品加工企业的厂址、车间和仓库的要求

（1）厂址的选择。绿色食品企业在建造过程中，首要任务是防止环境对企业的污染。厂址的选择应满足食品生产的基本要求，具体要从以下几方面做起。

① 防止环境对企业的污染。企业应位于其他工厂或污染区全年主导风向的上风口，至少远离该污染源烟囱高度50倍以上；要选水源充足、交通方便，无有害气体、烟雾、灰尘、放射性物质或其他扩散性污染源的地区；要远离重工业区，必须在重工业区选址时，要根据污染范围设500~1000m防护带；要距畜牧场、医院、粪场、露天厕所等污染源500m以外；在居民区选址，25m内不得有排放尘、毒作业场所及暴露的垃圾堆、坑。

② 地势高。为防止地下水对建筑物墙基的浸泡和便于废水排放，厂址应处于地势较高，并具有一定坡度的地区。

③ 土质良好，便于绿化。良好的土质适于植物生长，便于绿化，绿化植物不仅可以美化环境，还可以吸收灰尘、分解污染物、减少噪声，形成防止污染的良好屏障，所以企业厂址应选择在土质良好、便于绿化的地方。

④ 水资源丰富、水质良好。食品加工企业需要大量生产用水，建厂必须考虑供水量及水源、水质。使用自备水源的企业，需对地下水丰水期和枯水期的水量、水质进行

全面的检验分析，用于绿色食品生产的容器、设备的洗涤用水，必须符合国家饮用水标准，证明能满足生产需要后才能定址。

⑤ 交通便利。为了方便食品原料、辅料和食品产品的运输，加工企业应建在交通方便的地方，但为防止尘土飞扬造成污染，也要与公路有一定距离。

⑥ 防止企业加工生产对环境和居民污染。屠宰厂、禽类加工厂等单位一般远离居民区。因为一些食品企业排放的污水、污物可能带有致病菌或化学物质，污染居民区。其距离可根据企业性质、规模大小，按《工业企业设计卫生标准》的规定执行，最好在1km以上。其位置应位于居民区主导风向的下风口和饮用水源的下游，同时应具备"三废"净化处理装置。

（2）车间和仓库。绿色食品企业厂内不得设置职工家属区，不得饲养家畜，不得有室外厕所；应有与产品种类、产量、质量要求相适应的，进行原料处理、加工、包装、贮存的场所及配套的辅助用房、化验室、锅炉房、容器洗涤室、办公室和生活用房（食堂、更衣室、厕所等）。锅炉房建在车间的下风口，厂内各车间应根据加工工序要求，按原料、半成品、制成品的顺序，保持连续性，避免原料和成品、清洁食品与污染物交叉污染，合理布设，并达到相应的卫生标准。

2）绿色食品加工企业的清洁生产与工厂的卫生管理要求

清洁生产是指既可满足人们的需要，又可合理使用自然资源和能源并保护环境的实用生产方法。其实质是一种物料和能耗最少的人类生产活动的规划和管理，将废物减量化、资源化和无害化或消灭于生产过程中。清洁生产是在产品生产过程和产品预期消费中，合理利用自然资源，把对人类和环境的危害减至最小，充分满足人们的需要，是实现社会效益、经济效益最大化的一种生产方式；也是将综合预防的环境策略持续地应用于生产过程和产品中，以便减少对人类和环境的风险性。

对生产过程而言，清洁生产要求节约原材料和能源，淘汰有毒原材料并在全部排放物和废物离开生产过程以前减少它的数量和毒性；对产品而言，清洁生产策略旨在减少产品在整个生产周期过程（包括从原料提炼到产品的最终处置）中对人类和环境的影响；对服务而言，清洁生产要求将环境因素纳入设计和所提供的服务中。清洁生产不包括末端治理技术，如空气污染控制、固体废弃物焚烧或填埋、废水处理，它可以通过应用专门技术、改进工艺技术等方法来实现。

绿色食品生产企业首先要达到清洁生产的要求，保证在获得最大经济效益的同时，使产品工艺、产品生产达到清洁化的无废工艺，以保证产品质量。为此应采取以下措施。

（1）建立卫生规范。要求在工厂和车间配备经培训合格的专职卫生管理人员，按规定的权限和职责，监督全体工作人员对卫生规范的执行情况。并且工厂应根据本厂的实际情况及国家有关标准，制定卫生规范和实施细则，以便按规章严格管理。

（2）仓库内、车间卫生。仓库内物品应堆放整齐，原料与成品，绿色食品与非绿色食品，在生产与贮存过程中，必须严格区分开来。墙壁、天花板、地面无尘埃、无蚊蝇、无蜘蛛孳生，干燥、通风。加工绿色食品的运输车、库房必须专用。

（3）地面、墙壁处理车间内地面需用耐水、耐腐蚀、耐热的水磨石等硬质材料铺设，地面要设有排水沟，要求有一定的倾斜度，以便于冲刷、消毒。为了便于卫生管理、清扫和消毒，天花板应使用沙石灰或水泥预制件材料构成，要求防腐蚀、防漏、防霉、无毒并便于维修保养。车间墙壁要被覆一层光滑、浅色、不渗水、不吸水的材料，离地面 1.5～2m 以下的部分要铺设瓷砖或其他材料的墙裙，上部用石灰水、无毒涂料或油漆涂刷，必须平整完好，生产车间四壁与屋顶交界处应呈弧形以防结垢和便于清洗；并设有防止鼠、蝇及其他害虫侵入、隐匿的设施。

（4）卫生设施。为保证生产达到食物清洁卫生、无交叉污染的目标，绿色食品工厂必须具备一定的卫生设施。

① 通风换气设备。分设备通风与自然通风两种，必须保证足够的换气量，以驱除油烟、生产性废气及人体呼出的二氧化碳，保证空气新鲜。

② 防尘、防蝇、防鼠设备。食品必须在车间内制作，生产车间需装有纱窗、纱门，原料、成品必须加罩盖且有一定的包装，减少裸露时间。在货物频繁出入口可安排风幕或防蝇道，车间内外可设捕蝇笼或诱蝇剂等设备，车间门窗要严密。

③ 照明设备。分为人工照明与自然照明两种。人工照明要有足够照度，一般为501x，检验操作台位置应达到 3001x，照明灯要求有防护罩，防止玻璃破碎进入食品；自然照明要求采光门窗与地面的比例为 1：5。

④ 卫生缓冲车间。卫生缓冲车间是工人从车间外进入车间的通道，工人可以在此完成个人卫生处理。根据我国《工业企业设计卫生标准》，工业企业应设置卫生缓冲车间。工人上班前在生产卫生室内完成个人卫生处理后再进入生产车间。内部设有更衣柜和厕所，工人穿戴工作服、帽、口罩和工作鞋后先进入洗手消毒室，在双排多个、脚踏式水龙头洗手槽中用肥皂水洗手，并在槽端消毒池盆中浸泡消毒。冷饮、罐头、乳制品车间还应在车间入口处设置低于地面 10cm、长 2m、宽 1m 的鞋消毒池。

⑤ 污水、垃圾和废弃物排放处理设备。在建筑设计时，要考虑安装污水与废弃物处理设备，因为食品企业生产、生活用水量很大，各种有机废弃物也很多，排出的废气、废水应符合国家有关环境保护规定的排放标准。为防止污水反溢，下水管道直径应大于 10cm，辅管要有坡度。油脂含量高的沸水，管径应更粗一些，并要安装除油装置。

⑥ 工具、容器洗刷、消毒设备。工具、容器等洗刷消毒是保证食品卫生质量的主要环节。绿色食品企业必须有与产品数量、品种相应的清洗消毒车间，消毒间内要有浸泡、刷洗、冲洗、消毒等设备，消毒后的工具、容器要有足够的贮存室，严禁露天存放。

2. 绿色食品加工的过程要求

1）绿色食品加工原料的特殊要求

食品加工方法较多，其性质相差较大，不同的加工方法和制品对原料均有一定的要求，食品加工对原料总的要求是要有合适的种类、品种，适当的成熟度和良好、新鲜、完整的状态。优质、高产、低耗的加工品除受设备的影响外，更与原料的品质好坏及原料的加工工艺有密切的关系，在加工工艺和设备条件一定的情况下，原料的好坏就直接决定着制品的质量。

现代先进的食品工业对原料的质量与来源提出了严格的要求。原料是发展食品工业的基础。绿色食品加工的原料应有明确的原产地及生产企业或经销商的情况。相对固定和良好的原料基地能够保证加工企业所需原料的质量和数量。有条件的绿色食品加工企业应逐步建立自己的原料基地，这种集团的生产经营方式，十分适合绿色食品加工业的发展。

绿色食品主要原料的来源必须来自绿色食品的生产基地，主要成分都应是已被认定的绿色食品。各绿色食品加工企业与原料生产基地之间，要有供销合同及每批原料都要有供销单据；绿色食品加工所用的辅料中如果没有得到认证的产品，则可以使用经绿色食品认证机构批准、有固定来源并已经检验的原料。非农业、牧业来源的辅料，必须严格管理，在符合国际标准和国家标准的条件下尽量减少用量。例如，水作为加工中常见的重要原料和助剂，因其特殊性，不必经过认证，但也必须符合我国饮用水卫生标准，也需要进行检测，出具合格的检验报告。如辅料的盐，应有固定来源，并应出具按绿色食品标准检验的权威的检验报告；非主要原料若尚无被认证的产品，则可以使用经专门认证管理机构批准的有固定来源并经检验合格的原料。同时，严禁在绿色食品加工中使用转基因生物来源的食品加工原料；禁用辐射、微波和石油提炼物和不使用改变原料分子结构或会发生化学变化的处理方法，不能用不适合食用的原料加工食物。

在绿色食品加工过程中因工艺和最终产品的不同，其原料的具体质量、技术指标要求也不同，但都应以生产出的食品具有最好的品质为原则。只有选择适合加工工艺的原料，才能保证绿色食品加工产品的质量；只有品质优良的原料，才能加工出质量上乘的食品。获准供应原料的企业作为加工环节的第一车间，要求供应的原料新鲜、清洁，才会具有更高的营养价值，特别是水果、蔬菜，只有新鲜，维生素含量才会更高，原料的损失才会最少，商品转化率才会更高；绿色食品加工原料必须具备适合人们食用的品质质量，符合无霉变、无有毒物质、质量上乘的要求，绝不能用任何危害人类健康的原料。要用专用性较强的原料，如加工番茄酱的专用西红柿，要求其可溶性固形物含量高、红色素应达到 2mg/kg、糖酸比适度等；果汁的加工质量的决定性因素是决定于原料品种成熟度、新鲜度。

不能使用国家明令禁止的色素、防腐剂、品质改良剂等添加剂，允许使用的一定要严格控制用量，禁止使用糖精及人工合成添加剂。如果加工过程需要加入添加剂，其种类、数量、加入方法等必须符合《食品添加剂使用卫生标准》、《绿色食品食品添加剂使用准则》的要求。

2) 绿色食品加工原料成分的标准及命名

目前绿色食品标签标准对于产品的命名没有特殊规定，但也必须明确标明原料各成分的确切含量。绿色食品加工产品原料成分的标准及命名可参照有严格要求的有机食品对不同认证标准的混合成分的标注，并可按成分不同采取以下方式标注。

(1) 加工品中（混合成分）最高级的成分占 50% 以上时，可以由不同标准认证的混合物成分命名。例如，命名含 A、B 两级成分的混合物，A 为最高级成分，必须含 50% 以上的 A 级成分；命名含 B、C 两级成分的混合物，B 为最高级成分，必须含 50% 以上的 B 级成分；命名含 A、B、C 级成分的混合物，A 为最高级成分，必须含 50% 以上的 A 级成分。

（2）如果该混合物中最高级成分不足 50％，则该化合物不能称为混合成分，要按含量高的低级成分命名。例如，含 B、C 级成分的混合物，B 级占 40％，C 级成分占 60％，则该混合物被称为 C 级成分。

3）绿色食品加工工艺要求

（1）绿色食品加工中原料的预处理为了保证加工品的风味和综合品质，必须认真对待加工前原料的预处理。食品加工原料的预处理对成品的影响很大，如处理不当，不但会影响产品的质量和产量，而且会对以后的加工工艺造成影响，如果蔬的预处理一般包括选别、分级、洗涤、休整（去皮）、切分、烫漂（预煮）、护色、半成品保存等工序。尽管果蔬种类和品种各异，组织特性相差很大，加工方法也有很大的差别，但加工前的预处理过程却基本相同。

（2）绿色食品加工工艺要求根据绿色食品加工的原则及绿色食品加工技术操作规程，绿色食品加工应采用先进、科学、合理的绿色食品加工工艺，这样才能最大程度地保持食品的自然属性和营养成分。例如，牛奶的杀菌方法有巴氏杀菌（低温长时间）、高温瞬时杀菌，后者可较好地满足绿色食品加工原则的要求，是适宜采用的加工方式。加工过程中注意不能造成二次污染，且不能对环境造成污染，但先进的工艺必须符合绿色食品的加工原则，采取先进工艺的加工食品一般有较好的品质，产品标准达到或优于国家标准。

① 绿色食品加工，在保留绿色食品的色、香、味的同时，尽量避免破坏固有的营养。例如，在果蔬浓缩时，对其香气成分的需要回收，使得能够不必再加香精，只采用其本身香气成分就可以再次恢复原味；粮谷加工工艺的最佳标准，应能保持最好的感官性状，高消化吸收率，同时又能最大限度地保留维生素、矿物质营养，为此，可以制成各种制品，如速冻品、干制品、罐制品、制汁、酿造、腌制品、粉制品等。

② 绿色食品加工，严禁使用辐射技术和石油馏出物。利用辐射的方法保藏食品原料和对成品进行杀菌，是目前食品生产中经常采用的方法。辐射处理调味品，可以杀菌并很好地保存其风味和品质，但由于国际上对于该方法还存在一定的争议，在绿色食品加工和贮藏处理中不允许使用该技术，目的是为了消除人们对射线残留的担心。加工中，不能使用石油馏出物作为溶剂，这就需要选择良好的工艺，可采用超临界萃取技术，如利用二氧化碳超临界萃取技术生产植物油，可解决有机溶剂残留问题。

如有一些食品加工工艺中与绿色食品加工原则相抵触的环节，必须进行改进。绿色食品加工必须针对产品自身特点，采用适合的新技术、新工艺，提高绿色食品品质及加工率。同时，绿色食品加工中各项工艺参数指标、加工操作规程必须严格执行，以保证产品的稳定性。

（3）绿色食品加工中采用的先进工艺和技术食品加工的主要目的是采取一系列措施抑制或破坏微生物活动，抑制食品中酶的活性，减少制品中各种生物化学变化，以最大限度地保存食品的风味和营养价值，延长供应期。因为食品中往往含有大量的水分，极容易被微生物侵染而引起腐烂变质，同时由于某些食品如果蔬本身的生理变化很容易衰老而失去食用价值。

4）绿色食品加工设备要求

生产高质量的食品必须抓住原料、工艺、设备和包装四个环节。科学的加工工艺必须由相应的设备来体现，因此，机械设备在食品加工中占有十分重要的地位。

绿色食品的加工设备应选择不锈钢、尼龙、玻璃、食品加工专用塑料等材料而制成。食品工业中利用金属制造食品加工用具的品种日益增多，国家允许使用铁、不锈钢、铜等金属制造食品加工工具。铜、铁制品虽然毒性小，但易被酸、碱、盐等食品腐蚀，且易生锈。严格意义上讲，与食品接触的机械部分一般要求采用不锈钢材料，但不锈钢食具也存在铅、镍、铬的溶出问题，所以在使用时要执行不锈钢食具食品卫生标准与管理办法。

食品加工器具中，表面镀锡的铁管、挂釉陶瓷器皿、搪瓷器皿、镀锡铜锅及焊接的薄铁皮盘等，都容易导致铅的溶出，特别是接触酸性的食品原料和添加剂，溶出更多。铅可损害人的神经系统、造血器官和肾脏，并可造成急性腹痛和瘫痪，严重的还可导致休克和死亡。所以要避免上述器具的使用。

另外，电镀制品含有镉和砷，陶瓷制品中也含有砷，酸性条件镉和砷都容易溶出；食盐对铝制品有强烈的腐蚀作用，也都应加强防范。在常温常压下、pH 中性条件下使用的器皿、管道、阀门等，可采用玻璃、铝制品、聚乙烯或其他无毒的塑料制品代替。

食品机械设备布局要合理，符合工艺流程要求，便于操作，防止交叉污染。设备管道应设有观察口，并便于拆卸检修，管道拐弯处应呈弧形以利于冲洗消毒。设备要有一定的生产效率，以有利于连续作业、降低劳动强度和保证食品卫生要求和加工工艺要求。绿色食品加工设备的轴承、枢纽部分所用的润滑剂部位应进行全封闭，润滑剂尽量使用食用油，严禁使用多氯联苯。

5）绿色食品加工中添加剂的要求

详见项目二。

 作业

1. 试述绿色食品的概念及其特点。
2. 解释绿色食品标志的含义。
3. 什么是生产绿色食品必须具备的条件。
4. 请总结绿色食品对原料的生产要求。
5. 讨论绿色食品加工的原则及基本要求。

项目二　绿色食品加工技术基础

☞ **教学目标**

　　(1) 掌握食品加工技术应遵循的原则；掌握食品保藏的方法及技术。

　　(2) 掌握褐变及其控制方法；了解典型食品添加剂的类型及作用。

　　(3) 掌握果蔬加工原料的要求与贮备；果蔬化学成分与加工的关系。

　　(4) 了解加工用水的要求及净化；掌握果蔬加工原料的预处理。

☞ **教学重点**

　　食品的保藏技术及方法；食品添加剂及其相关内容；酶促褐变与非酶褐变及其控制措施；果蔬的化学成分与加工的关系；绿色食品果蔬加工原料的要求与贮备；果蔬加工原料的预处理。

☞ **教学难点**

　　绿色食品生产中食品添加剂使用的标准及要求；绿色食品生产中果蔬加工原料的要求与贮备；南亚热带果蔬加工各预处理的措施和方法；新鲜果蔬加工中的护色标准及要求。

任务一　食品加工基本知识

　　加工食品是利用食品工业的各种加工工艺处理新鲜食品原料而制成的产品。加工食品已丧失了生理机能，它之所以耐保藏是因为有与新鲜原料截然不同的理论作为基础。食品加工的根本任务就是使食品原料通过各种加工工艺处理，达到长期保存、经久不坏、随时取用的目的。在加工工艺处理过程中要尽可能最大限度地保存营养成分，改进食用价值，使加工品的色、香、味具佳，组织形态更趋完美，进一步提高食品的商品化水平。

　　在美国，中高级加工食品在全部食品中所占比例高达 90%，日本占 82%，欧洲共同体占 60%～80%，我国只占 25%。因此，我们应通过加工转化不断增加新的加工产品种类以满足人们生活日益增长的需要。

　　食品加工原理是在充分认识了食品败坏原因的基础上建立起来的。食品变质、变味、变色、生霉、酸败、腐败、软化、膨胀、混浊、分解、发酵等现象统称败坏。败坏后的产品外观不良，风味减损，甚至成为废物。造成食品败坏的原因是复杂的，往往是生物的、物理的、化学的等多种因素综合作用的结果。起主导作用的是有害微生物的危害。因此，保证食品质量便成为食品生产中最重要的课题，自始至终注意微生物的问题就是一件十分重要的事情。

 布置任务

任务描述	本任务要求通过食品保藏原理，酶褐变与非酶褐变以及食品添加剂的学习，掌握食品保藏的方法及技术。通过实训任务"果蔬加工中酶促褐变的控制"，掌握酶褐变与非酶褐变及其控制方法
任务要求	了解食品保藏与微生物的关系；掌握褐变及其控制措施；了解典型食品添加剂的类型、作用及使用

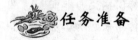 **任务准备**

一、微生物与食品加工

微生物是指细菌、酵母菌、放线菌、病毒等，它们有自己的特点，个体小，结构简单，生长繁殖快，种类多，易培养，代谢能力强，易变异，而且分布极广。这些微生物大量存在于空气、水和土壤中，附着在食品原料上，加工用具和容器中，存在于工作人员的手上，可以说无处不有，无孔不入。所以，在加工工序处理时，必须认真对待。

通过食品加工工艺使食品成为不利于有害微生物活动的环境，阻止有害微生物对食品的危害，另一方面，利用某些有益微生物活动来抑制其他有害微生物的活动。这就需要了解微生物的形态、生理、生长繁殖的特征，及其与环境之间的关系。外界环境条件对微生物的影响有以下几种。

1. 温度条件

微生物可生长的温度范围比较广，但是每种微生物只在一定的范围内生长并有其所能忍受的最高温度和最低温度。超过微生物最高生长温度将引起微生物死亡。绝大多数微生物的营养体在水的沸点温度都易被杀死，特别要注意对付芽孢。细菌按其自下而上适宜温度可以分为嗜热性（49～77℃）、嗜温性（21～43℃）和嗜冷性（2～10℃）（也有认为是 14.4～20℃）的三种。

2. 水

微生物生命活动离不开水。微生物细胞中含水量为 70%～85%，在干燥的环境中会停止其生命活动，较长时间干燥将导致其死亡。一般微生物适于渗透压为 3~6 个大气压的环境（1 大气压=$1.013×10^5$Pa）。

3. 气体成分

从微生物生存的条件看，有好气的，嫌气的，有对气体成分要求不严的。但是高二氧化碳、低氧对微生物都有较大的伤害。我们可以通过气体成分控制来影响微生物的活动。

4. pH

各种微生物有其生长的最适酸碱度，以 pH 表示（pH 即氢离子浓度的负对数）。一般微生物的生长活动范围在 pH5~9 之间。

5. 光和射线

光和射线也会影响微生物的生命活动，如紫外线对微生物有强的杀伤力，χ、γ 射线对微生物有致死作用。

6. 其他

汞、银、铜等重金属盐；醛、醇、酚等有机化合物；碘、氯等卤族元素化合物；表面活性物质如肥皂等都会对微生物有致死作用。

以上分析表明各种环境因素对微生物生长发育的影响有一定的规律性。在各种因素的最低和最高限度之间微生物才能进行生命活动。在最适条件时微生物活动能力最强。

一种因素的影响可以因其他因素的影响而加强或削弱。如对于某种微生物不适合的 pH，可以因为温度升高而加强 pH 的不利影响；环境的温度过高不适合某种微生物生长时，可以通过增加一些适当的营养物质而使其继续生长；有些杀菌剂由于环境中存在胶体物质（如蛋白质）或其他有机物质而使其作用减弱时，可以用提高温度或改变 pH 的方法使其作用加强。由此可见，在微生物生长的许多因素结合的一定环境中，某一因素的改变往往可以发生主导的影响。我们把微生物引起的食品败坏，称为生物学败坏。

此外，化学因素的作用也可引起食品败坏。在食品加工过程中和加工品贮藏期间如与空气接触就会发生氧化反应，而使加工品变色、变味。铁皮罐头腐蚀穿孔、维生素被破坏等都是氧化反应所致。金属物与含酸量高的罐制品可以发生还原反应，使金属溶解，还原时放出氢气，产生化学性胖听，致使内容物变质不能食用。

二、酶褐变与非酶褐变

褐变，即在食品加工中所发生的致使加工品变褐的现象。

制品发生褐变不仅影响外观，降低营养价值，也是加工品败坏不能食用的标志，所以褐变是食品发生酸坏的一个标志。褐变作用可分为酶促褐变（生化褐变）和非酶褐变（非生化褐变）。

从现象上看食品变成褐色、棕色等不同颜色，但本质上都是酶促或非酶促反应的结果。

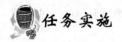 **任务实施**

实训任务一　果蔬加工中酶促褐变的控制

【生产标准】

(1) 处理过程中按绿色食品生产要求：中华人民共和国农业部发布的《中华人民共和国农业行业标准》（NY/T 1047—2006）执行。

(2) 绿色食品生产中所使用的食品添加剂应遵照中华人民共和国农业部批准的《中华人民共和国农业行业标准：绿色食品　食品添加剂使用准则》（NY/T 392—2000）执行。

【实训内容】

一、训练目的

了解并逐渐熟悉绿色食品生产要求；通过果蔬加工中热烫等处理方法和加异抗坏血酸钠、柠檬酸等护色方法，初步掌握果蔬加工中符合绿色食品要求的护色常用方法。

二、原理

绿色果蔬或某些浅色果蔬，在加工过程中易引起酶促褐变，使产品颜色发暗。为保护果蔬原有色泽，往往先进行短时间的使酶钝化的热烫处理，从而达到护色的目的。

果蔬加工中，往往采用热烫钝化酶、用控制酸度、加抗氧化剂（如异抗坏血酸钠）、加化学药品（如二氧化硫、焦亚硫酸钠）来抑制酶的活性和用隔绝氧等方法来防止和抑制酶促褐变。

三、实训材料、试剂和仪器

(1) 实验材料：苹果、马铃薯。

(2) 试剂：异抗坏血酸钠、柠檬酸。

(3) 仪器：不锈钢刀、烧杯、电炉等。

四、操作步骤

1. 温度对果蔬酶促褐变的作用

用不锈钢刀切取苹果、马铃薯各四小片，各分成两份，一份放在室温下，另一份切好后立即投入沸水中，热处理 2min，取出置于室温下，每 20min 观察一次，共观察四次，记录切片颜色的变化。

2. 护色剂对果蔬加工制品颜色的影响

(1) 按下列各编号要求配制护色剂。

编号 I：0.4% 的柠檬酸溶液；

编号Ⅱ：0.4%亚硫酸钠溶液；

编号Ⅲ：0.4%异抗坏血酸钠溶液；

编号Ⅳ：0.4%柠檬酸与0.4%亚硫酸钠混合溶液；

编号Ⅴ：0.4%柠檬酸与0.4%异抗坏血酸钠混合溶液；

编号Ⅵ：0.4%柠檬酸、0.4%亚硫酸钠与0.4%异抗坏血酸钠混合溶液。

编号Ⅶ：另取50mL水作对照用。

（2）用不锈钢刀切取苹果、马铃薯各14小片，每一编号溶液放苹果、马铃薯各2小片，注意让溶液淹没切片，处理20min后，取出置于室温下，每20min观察一次，共观察4次，记录切片颜色的变化。

3. 隔氧试验

用不锈钢刀切取苹果、马铃薯6小片，4片浸入一杯清水中，2片置于空气中，10min后，观察记录现象，之后，又从杯中取出2片置于空气中，10min后再观察比较。

五、实训要求

认真观察比较，做好记录，分析并解释原因，写出实训报告。

 知识模块学习

一、酶促褐变

酶促褐变，即在酚酶的作用下，使果蔬中的酚类物质氧化而呈现褐色的现象。如苹果、香蕉等去皮后的变色。

1. 酶促褐变的机制

酶促褐变是酚酶催化酚类物质形成醌及其聚合物的结果。植物组织中含有酚类物质，在完整的细胞中作为呼吸传递物质，在酚醌之间保持着动态平衡，当破坏细胞以后，氧就大量侵入，造成醌的形成和还原之间的不平衡，于是发生了醌的积累，于是产生了褐变现象。

在水果中，儿茶酚是分布非常广泛的酚类，在儿茶酚酶的作用下非常容易氧化成醌。醌的形成需氧和酶，但醌一旦形成以后，进一步形成羟醌的反应则是非酶促的自动反应。羟醌进行聚合，依聚合程度增大而由红变褐，最后成褐黑色的黑色类物质。

酚酶的最适pH接近7，比较耐热，依来源不同，在100℃下钝化酶的时间约需2～8min之久。酚酶可以用一元酚或二元酚作为底物。水果蔬菜中酚酶底物以邻二酚类及一元酚类最丰富。可作为酚酶底物的还有其他一些结构比较复杂的酚类衍生物。例如花青素、黄酮类、鞣质等，它们都具有邻二酚型或一元酚型的结构。

2. 酶促褐变的控制

酶促褐变的发生需要三个条件：适当的酚类底物、酚氧化酶和氧。加工中控制酶促褐变的方法主要从控制酶和氧两方面入手。主要途径有四种。

（1）钝化酶的活性。

（2）改变酶作用的条件。

（3）隔绝氧气的接触。

（4）使用抗氧化剂。

3. 常用的控制酶促褐变的方法

1）热处理法

在适当的温度和时间条件下加热新鲜果蔬，使酚酶及其他所有的酶都失活，是最广泛使用的控制酶促褐变的方法。热烫与巴氏消毒处理都属于这一类方法。

加热处理的关键是要在最短的时间内达到钝化酶的要求，否则易因加热过度而影响质量；相反，如果热处理不彻底，热烫虽破坏了细胞结构，但未钝化酶，反而会强化酶和底物的接触而促进褐变。如白洋葱等如果热烫不足，变粉红色的程度比未热烫的还历害。

水煮和蒸汽处理仍是目前最广泛使用的热烫方法。微波能的应用为钝化酶活性提供了新的有力手段，可使组织内外迅速受热，对质构和风味的保持极为有利。

2）酸处理法

利用酸的作用控制酶促褐变也是广泛使用的方法。常用的酸有柠檬酸、苹果酸、磷酸以及抗坏血酸等。一般来说，它们的作用是降低 pH 以控制酚酶的活力，因为酚酶的最适 pH 在 6～7 之间，低于 pH3.0 时已明显地无活性。

柠檬酸是使用最广泛的食用酸，对酚酶有降低 pH 和螯合酚酶的 Cu 辅基的作用，但作为褐变抑制剂来说，单独使用的效果不大，通常需与抗坏血酸或亚硫酸联用，切开后的水果常浸在这类酸的稀溶液中。对于碱法去皮的水果，还有中和残碱的作用。

苹果酸是苹果汁中的主要有机酸，在苹果汁中对酚酶的抑制作用要比柠檬酸强得多。

抗坏血酸是更加有效的酚酶抑制剂，即使浓度极大也无异味，对金属无腐蚀作用，而且，作为一种维生素，其营养价值也是尽人皆知的。

3）二氧化硫及亚硫酸盐处理

二氧化硫及常用的亚硫酸盐处理如亚硫酸钠（Na_2SO_3）、亚硫酸氢钠（$NaHSO_3$）、焦亚硫酸钠（$Na_2S_2O_5$）、低亚硫酸钠（$Na_2S_2O_4$）等都是广泛使用于食品工业中的酚酶抑制剂。在蘑菇、马铃薯、桃、苹果等加工中常用 SO_2 及亚硫酸盐的溶液作护色剂。

用直接燃烧硫磺的方法产生 SO_2 气体处理水果蔬菜，渗入组织较快，但亚硫酸盐溶液的优点是使用方便。不管采取什么形式，只有游离的 SO_2 才能起作用。SO_2 及亚硫酸盐溶液在微偏酸性（pH6）的条件下对酚酶抑制的效果最好。

SO_2抑制褐变的机制：SO_2可把醌还原为酚；SO_2和醌结合而防止了醌的聚合作用；SO_2还可抑制酚酶的活性。

二氧化硫法的优点是：使用方便、效力可靠、成本低、有利于保存维生素 C，残存的 SO_2可用抽真空、炊煮或使用 H_2O_2 等方法除去。

缺点是：使食品失去原色而被漂白（花青素破坏）、腐蚀素铁罐的内壁、有不恰当的嗅感与味感，残留浓度超过 0.01mol/L 即可感觉出来，并且会破坏维生素 B_1。

二氧化硫及亚硫酸盐处理固然是抑制酶褐变的一种较为理想的方法，但由于处理后会有硫的残留，所以，在绿色食品的生产中一定要严格按照绿色食品的生产标准来执行。

4）驱除或隔绝氧气

具体措施有三种。

① 将去皮切开的水果蔬菜浸没在清水、糖水或盐水中。

② 浸涂抗坏血酸液，使在表面上生成一层氧化态抗坏血酸离层。

③ 用真空渗入法把糖水或盐水渗入组织内部，驱出空气。苹果、梨等果肉组织间隙中气体较多的水果最适宜用此法。

一般在 700mmHg（1mmHg＝133.32Pa）真空度下保持 10～15min，突然破除真空，即可将汤汁强行渗入组织内部，从而驱除细胞间隙中的气体。此法不仅有控制酶促褐变的作用，并且对保持罐头内容物的沥干重也有好处。

5）加酚酶底物类似物

最近报道，用酚酶底物类似物如肉桂酸、对位香豆酸及阿魏酸等可以有效地控制苹果汁的酶促褐变。在这三种同系物中以肉桂酸的效果最好。

二、非酶褐变

在食品贮藏与加工过程中，常发生与酶无关的褐变作用，称为非酶褐变。

非酶褐变是食品加工和贮藏过程中广泛存在的最常见最基本的反应之一。这种类型的褐变常伴随热加工及较长期的贮存而发生，如在蛋粉、脱水蔬菜及水果、肉干、鱼干、玉米糖浆、水解蛋白、麦芽糖浆等食品中屡见不鲜。

1. 非酶褐变基本的类型及机制

关于非酶褐变基本上已知有三种类型的机制在起作用，这就是：羰氨反应褐变作用、焦糖化褐变作用、抗坏血酸氧化褐变作用。

1）羰氨反应褐变作用

1912 年，法国化学家美拉德发现，当甘氨酸和葡萄糖的混合液在一起加热时会形成褐色的所谓"类黑色素"。这种反应后来在文献中称为美拉德反应，包括其他氨基化合物和羰基化合物之间的类似反应在内。

羰氨反应是食品在加热或长期贮存后发生褐变的主要原因。羰氨反应过程可分为初始阶段、中间阶段和终了阶段三大阶段，每一阶段中包括若干反应。

2）焦糖化褐变作用

糖类在没有氨基化合物存在的情况下加热到其熔点以上时，也会变为黑褐色的色素物质，这种作用称为焦糖化作用。

焦糖化作用在酸性或碱性条件下都能进行，但速度不同，在pH8时要比pH5.9时快10倍。

糖在受强热的情况下，生成两类物质：一类是糖的脱水产物，即焦糖或称酱色；一类是裂解产物，是一些挥发性的醛、酮类物质。

在一些食品中，如焙烤、油炸食品等，焦糖化作用控制得当，可以使产品得到悦人的色泽与风味。

3）抗坏血酸褐变作用

非酶褐变中的第三种机制是抗坏血酸褐变作用。抗坏血酸褐变在果汁及果汁浓缩物的褐变中起着相当的作用，尤其在柑橘汁的变色中起着主要作用。实践证明，柑橘类果汁在贮藏过程中色泽变暗，放出 CO_2 和抗坏血酸含量降低，是抗坏血酸自动氧化的结果。

醛类可聚合为褐色物质，而且，在果汁中事实上不可能没有氨基酸及其他氨基化合物的存在，因而糠醛与氨基化合物又可发生羰氨反应褐变作用。

柑橘汁及其浓缩物的抗坏血酸褐变在很大程度上依赖于pH及抗坏血酸的浓度这两个因素，在pH2.0～3.5的范围内，褐变作用与pH成反比，所以pH较低的柠檬汁（pH2.15）及葡萄柚汁（pH2.9）就比橘子汁（pH3.4）容易发生褐变。

2. 非酶褐变对食品质量的影响

1）对食品营养质量的影响

非酶褐变对食品营养质量的影响主要是氨基酸因形成色素复合物和在降解反应中的破坏而造成损失。色素复合物在消化道中不能水解。组成蛋白质所有氨基酸中，最容易在褐变反应中损失的是赖氨酸，因为它的游离氨基最容易和羰基相结合。由于赖氨酸是许多蛋白质的限制氨基酸，所以它的损失对蛋白质营养质量的影响往往是很大的。

2）对食品感官质量的影响

非酶褐变对食品质量影响的另一个方面是呈味物质的形成，这些物质赋予食品或优或劣的嗅感与味感。降解作用是褐变中产生嗅感物质的主要过程，在此作用中生成的醛各有特殊的嗅感。糖的焦化产生的挥发性产物据统计达40多种，其中与烧糊的糖特有气味有关的主要是糠醛及其衍生物。具有典型的焦糖（酱色）香气的物质是4-羟基-2，3,5-己烷三酮和4-羟基-2,5-二甲基-3-二氢呋喃酮。依据热解产物的浓度不同，可诱导出由甜味以至辣味、苦味等各种味感。

3. 非酶褐变的控制

由于食品的种类繁多，褐变的原因不同，因此难以找出一种通用万能的控制方法，以下就原则方向提出一些可能的途径，实践中应根据具体情况采用不同的措施加以控制。

1）降温

降低温度可以减缓所有的化学反应速度，因而低温冷藏下的食品可以延缓非酶褐变的进程。

2）亚硫酸及其盐处理

亚硫酸根可与羰基生成加成产物，因此可以用 SO_2 和亚硫酸盐来抑制羰氨反应褐变。

3）改变 pH

因为羰氨反应一般来说在碱性条件下较易进行，所以降低 pH 是控制这类褐变的方法之一。例如，蛋粉脱水干燥前先加酸降低 pH，在复水时加 Na_2CO_3 恢复 pH。

4）降低产品浓度

适当降低产品浓度有时也可降低褐变速率。例如，柠檬汁及葡萄柚汁比橘子汁易褐变，适当降低浓缩比有利于延阻褐变发生。柠檬汁及葡萄柚汁的适宜浓缩比通常为 4：1，橘子汁则可高达 6：1。

5）使用较不易发生褐变的糖类

因为游离羰基的存在是发生羰氨反应必要的条件，所以非还原性的蔗糖在不会发生水解的条件下可用来代替还原糖，果糖相对来说比葡萄糖较难与氨基结合，必要时也可用来代替醛糖。

6）生物化学方法

有的食品中，糖的含量甚微，可加入酵母用发酵法除糖，例如，蛋粉和脱水肉末的生产中就采用此法。

另一个生物化学方法是用葡萄糖氧化酶及过氧化氢酶混合酶制剂除去食品中的微量葡萄糖和氧。氧化酶把葡萄糖氧化为不会与氨基化合物结合的葡萄糖酸。

$$R \cdot CHO + O_2 + H_2O \longrightarrow R \cdot COOH + H_2O_2$$

此法也可用于除去罐（瓶）装食品容器顶隙中的残氧。

7）适当增加钙盐

控制非酶褐变也可适量增加钙盐，因钙盐有协同 SO_2 抑控褐变的作用，此外，钙盐可与氨基酸结合成为不溶性化合物。这在马铃薯等多种食品加工中已经成功地得到应用。这类食品本来在单独使用亚硫酸根时仍有迅速变褐的倾向，但在结合使用氯化钙以后有明显的抑制褐变的效果。

三、食品保藏方法

根据加工原理，食品保藏方法可以归纳为四类：

（一）抑制微生物活动的保藏方法

利用某些物理、化学因素抑制食品中微生物和酶的活动。这是一种暂时性的保藏措施。属这类保藏的方法有：冷冻保藏，如速冻食品；高渗透压保藏，如腌制品、糖制品、干制品等。

（1）大部分冷冻食品能保存新鲜食品原有的风味和营养价值，受到消费者的欢迎。预煮食品冻制品的出现以及耐热复合塑料薄膜袋和解冻食品复原加工设备的研究成功，已使冷冻制品在国外成为方便食品和快餐的重要支柱。产销量已达到罐头食品的水平。

我国冷冻食品工业近些年发展迅速。果蔬速冻是目前国际上一项先进的加工技术，也是近代食品工业发展迅速且占有重要地位的食品保存方法。

（2）食品干制是通过减少食品中所含的大量游离水和部分胶体结合水，使干制品可溶性物质浓度增高到微生物不能利用的程度。果蔬中所含酶活性在低水分情况下受到抑制。脱水是在人工控制条件下促使食品水分蒸发的工艺过程。干制品水分含量一般为5%～10%，最低的水分含量可达1%～5%。

（3）糖制品、腌制品都是利用一定浓度的食糖和食盐溶液提高制品渗透压来保藏加工品。食糖、食盐本身对微生物并无毒害作用，它主要是减少微生物生长活动所能利用的自由水分。降低了制品水分活性，并借渗透压导致微生物细胞质壁分离，得以抑制微生物活动。

为了保藏食品，糖液浓度至少达到50%～75%，以70%～75%较为合适，这样高浓度的糖液才能抑制微生物的危害。1%的食盐溶液能产生610kPa的渗透压，如果15%～20%的食盐溶液就可产生9000～12000kPa的渗透压。一般细菌的渗透压仅在350～1670kPa。当食盐浓度为10%，各种腐败杆菌就完全停止活动。15%食盐溶液使腐败球菌停止发育。

（二）利用发酵原理的保藏方法（即发酵保藏法）

发酵的含义是指缺氧条件下糖类分解的产能代谢。发酵保存又称生物化学保存。利用某些有益微生物的活动产生和积累的代谢产物，抑制其他有害微生物的活动。如乳酸发酵、酒精发酵、醋酸发酵。发酵产物乳酸、酒精、醋酸对有害微生物的毒害作用十分显著。这种毒害主要是氢离子浓度的作用，它的作用强弱不仅取决于含酸量的多少，更主要的是取决于其解离出的氢离子的浓度，即pH的高低。

随着科学技术的不断发展，发酵食品的花色品种不断增加以满足社会需要。发酵食品常常是糖类、蛋白质、脂肪等同时变化后形成的复杂混合物。我们对某类食品发酵必须控制微生物的类型和环境条件，以形成所需特点的发酵食品。

（三）运用无菌原理的保藏方法（即无菌保藏法）

通过热处理、微波、辐射、过滤等工艺手段，使食品中腐败菌数量减少或消灭到能使食品长期保存所允许的最低限度，保证食品安全性。罐藏保存食品方法已有200年的历史，罐藏已成为食品工业中最重要的加工工艺之一。食品经排气、密封、杀菌保存在不再受外界微生物污染的密闭容器中，就能长期保存不再引起败坏。罐头食品生产中，最广泛应用的杀菌基本可分为：巴氏杀菌，70～80℃杀菌；高温杀菌法，100℃或100℃以上的杀菌。

超过1atm（1atm=1.013×10^5Pa）的杀菌为高压杀菌法。这些杀菌方法都是通过提高产品温度来保存食品。有时，也用冷杀菌法来杀菌，即是不需要提高产品温度的杀菌方法，如紫外线杀菌法、超声波杀菌法、放射线杀菌法等。

（四）维持食品最低生命活动的保藏法

虽然这是贮藏的范围，但我们必须懂得果蔬贮藏原理和基本贮藏方法，贮藏设施。这对用于加工的果蔬原料的保存有重要的意义。

　　新鲜果蔬是有生命活动的有机体,采收后仍进行着生命活动。它表现出来最容易被察觉到的生命现象是其呼吸作用。必须创造一种适宜的贮藏条件,使果蔬采后正常衰老进程抑制到最缓慢的程度,尽可能降低其物质消耗的水平。这就需要研究某一种类或某一品种的果蔬最佳的贮藏低温,在这个适宜的温度下能贮藏多长时间以及对低温的忍受力,应注意防止果蔬在不适宜的低温作用下出现冷害、冻害而引起的腐败。

　　温度是影响果蔬贮藏质量最重要的因素,另外保持湿度同样是保证果蔬新鲜度的基本条件,控制果蔬贮藏期中适当的氧和二氧化碳等气体成分的组成也是提高贮藏质量的有力措施。

　　总之,食品各种加工保存方法都是创造一种不能使有害微生物生长发育的环境条件。食品加工技术的重点是寻求充分利用原料中有效成分的加工方法,最大限度地保存原料中的营养成分,提高加工品产品质量,以保障食品纯粹性、天然性和健康性。为此各种保藏方法应进行综合的或有机的配合使用。

　　食品保藏不仅是在技术上防止食品腐败变质,而且已发展成为食品科学,因保藏所建立的各自独立的食品行业已成为食品工业中重要的组成部分。

四、食品添加剂

　　食品添加剂是指为改善食品品质和色、香、味以及为防腐和加工工艺的需要加入食品中的化学合成物质或天然物质。

　　食品强化剂是指为增强营养成分而加入食品中的天然或人工合成的属于天然营养素范围的食品添加剂。

　　绿色食品生产中所使用的食品添加剂应遵照中华人民共和国农业部批准的《中华人民共和国农业行业标准:绿色食品　食品添加剂使用准则》(NY/T 392—2000)执行。

　　该标准规定了生产绿色食品允许使用的食品添加剂的种类、使用范围和最大使用量以及不应使用的品种。

（一）食品添加剂的作用

　　食品添加剂的发展大大促进了食品工业的发展,之所以如此,是因为食品添加剂具有以下作用:

　　(1) 食品添加剂可增加食品的保藏性,防止腐败变质。防腐剂和抗氧化剂可降低各种生鲜食品在采收后的腐败损失,并延长食品的保存期。

　　(2) 食品添加剂可改善食品的感官性状。食品的色、香、味、形态和质地等都是衡量食品质量的指标。在加工中适当使用色素、香料以及乳化剂、增稠剂等可提高食品的感官质量。

　　(3) 食品添加剂还有利于食品加工操作,适应生产的机械化和连续化。在食品加工中使用澄清剂、助滤剂和消泡剂等有利于加工操作,如用葡萄糖酸-δ-内酯作为豆腐的凝固剂,有利于豆腐的机械化连续化生产。

　　(4) 食品添加剂可保持或提高食品的营养价值。食品质量的高低与其营养价值密切相关。防腐剂和抗氧化剂在防止食品腐败变质的同时对保持食品的营养价值有一定作用，此外，向食品中加入适当的属于天然营养素范围的食品营养强化剂，可大大提高食品的营养价值。

（5）食品添加剂还可满足其他特殊需要。例如，无营养的甜味剂可满足糖尿病等患者的特殊需要；某些加工食品在真空包装后，为了防止水分蒸发而使用保湿剂等。

（二）食品添加剂使用的一般要求

（1）食品添加剂本身应经过充分毒理学鉴定程序，证明在使用限量范围内对人体无害。

（2）食品添加剂在进入人体后最好能参加人体正常的物质代谢，或能被正常解毒过程解毒后全部排出体外，或不被消化道所吸收而全部排出体外，不能在人体内分解或与食品作用形成对人体有害的物质。

（3）食品添加剂在达到一定工艺功效后，若能在以后的加工烹调中消失或破坏，避免摄入人体，则更为安全。

（4）食品添加剂应有严格的质量标准，有毒杂质不得检出或不能超过允许限量。

（5）食品添加剂对食品的营养成分不应有破坏作用，也不能影响食品的质量及风味。

（6）食品添加剂要有助于食品的生产、加工、制造和贮藏等过程，具有保持食品营养、防止腐败变质、增强感官性状、提高产品质量等作用，并应在较低使用量的条件下有显著效果。

（7）食品添加剂应有充足的来源，价格低廉，使用方便，易于贮存，运输与处理。

（8）食品添加剂添加于食品中后应能被分析鉴定出来。

（三）食品添加剂的分类

按来源不同食品添加剂可分为：天然的食品添加剂和化学合成食品添加剂。

按用途又有：防腐剂、抗氧化剂、着色剂、发色剂、漂白剂、香精香料、调味剂、增稠剂、乳化剂、膨化剂、酶制剂、食品加工助剂、食品强化剂等。

（四）各类食品添加剂介绍

1. 防腐剂

防腐剂是指能防止由微生物引起的腐败变质，延长食品保藏的食品添加剂。

笼统地讲，防腐剂是具有杀死微生物或抑制其增殖作用的物质。从抗微生物的概念出发，可更确切地将此类物质称之为抗微生物剂或抗菌剂。

防腐剂按其作用可分为：

（1）抑菌剂：如山梨酸钾、对羟基苯甲酸乙酯等。

（2）杀菌剂：氧化型杀菌剂有漂白粉、漂白精、过氧醋酸等；还原型杀菌剂有亚硫酸及其盐类。

2. 抗氧化剂

抗氧化剂是指能阻止或延长食品氧化变质，提高食品稳定性和延长贮存期的食品添加剂。

食品受氧化作用不仅可使食品中的油脂变质，而且还可使食品褪色、变色、变味或破坏维生素等，降低食品感官质量和营养价值，甚至产生有害物质引起食物中毒。因此，防止氧化已成为食品工业中的一个重要问题。

抗氧化剂按来源可分为：天然抗氧化剂和人工合成抗氧化剂。

按溶解度可分为：

（1）油溶性抗氧化剂：丁基羟茴香醚、二丁基羟甲苯、没食子酸甲苯、生育酚混合浓缩物等。

（2）水溶性抗氧化剂：L-抗坏血酸、L-抗坏血酸钠等。

3. 食用色素（着色剂）

着色剂是以使食品着色和改善食品色泽为目的的食品添加剂。

食品的色、香、味是加工生产中的重要问题，食品具有鲜艳的色彩，对增进食欲有一定的作用。很多天然果蔬都有鲜艳的颜色，但是经过加工处理，容易发生褪色或变色。为了改善食品的色彩，在加工过程中，有时需要使用食用色素进行着色。食用色素按来源和性质，可分为食用天然色素和食用合成色素两大类。

近年来，对食用合成色素进行了更严密的化学分析，毒理学试验和其他的生物学试验。随着研究工作的不断深入，食用合成色素的安全性问题正逐渐被人们所认识。不少有毒害的品种被陆续删除，许可使用的食用合成色素趋于减少。与此同时，人们对食用天然色素越来越感兴趣。特别是不少食用天然色素长期以来是人们的饮食成分，且有的还具有一定的营养价值或药理作用，因而更增加了人们的安全感，对食用天然色素的研制和应用日益增多。

食用天然色素有：红曲色素、紫胶色素、甜菜红、姜黄红花黄、β-胡萝卜素、叶绿素铜钠、焦糖等。

食用合成色素很多属于煤焦油染料，大多数对人体有害，必须进行严密的化学分析、毒理学试验和其他生物学试验，并做进一步科学研究，找出各种对人体无害的新品种，以满足食品工业对食品染料的需要。

我国允许使用的食用合成色素主要有：苋菜红、胭脂红、柠檬黄、靛蓝、亮蓝等。

4. 漂白剂

漂白剂是指能破坏、抑制食品的发色因素，使色素褪色或使食品免于褐变的添加剂，称为漂白剂。

从其作用看，漂白剂可分为两大类：

（1）氧化漂白剂：是通过其本身强烈的氧化作用使着色物质被氧化破坏而达到漂白的目的。例如，偶氮甲酰氮，它们多用于面粉的品质改良，又称面粉改良剂或面粉处理剂。

（2）还原漂白剂：是当其被氧化时将有色物质还原而具强烈漂白作用的物质。我国使用的还原漂白剂主要是亚硫酸及其盐类。

5. 调味剂

调味剂在食品中有重要的作用，它不仅可改善食品的感官性质，使食品更加美味可口，而且能促进消化液的分泌和增进食欲。此外，有些调味剂还具有一定的营养价值。它是人们日常生活的必需品。

广义地讲，调味剂包括咸味剂、甜味剂、酸味剂、鲜味剂及辛香剂。这里仅讨论鲜味剂、酸味剂和甜味剂。

1）鲜味剂

鲜味剂也可称为风味增强剂，主要是指能增强食品风味的物质。我国目前应用最广的鲜味剂是谷氨酸钠（味精），5-肌苷酸及 5′-鸟苷酸也有生产。由于肌苷酸钠或鸟苷酸钠等与谷氨酸钠混合后，鲜味可增加几倍到几十倍，具有强烈增强风味的作用，随着发酵工业的发展，也可能在食品中得到广泛的应用。

2）酸味剂

酸味剂是以赋予食品酸味为主要目的的食品添加剂。酸味剂给味觉以爽快的刺激，具有增进食欲的作用。酸可调节食品的 pH，还具有一定的防腐作用，又有助于溶解纤维素及钙、磷等物质，可以促进消化吸收。食品中天然存在的酸，主要是柠檬酸、酒石酸、苹果酸等有机酸以及由食品发酵产生的乳酸、醋酸等。目前作为酸味剂使用的主要是这些有机酸。

酸味剂的酸味一般说是氢离子的性质。但是，酸味的强弱并不能单独用 pH 表示。不同的酸有不同的酸味感，这与其 pH、酸根种类、可滴定酸度、缓冲作用以及其他物质特别是糖的存在有关。

上述各种酸味剂都可参加体内正常代谢，而且由于消费者可接受性的限制，食品中加入酸味剂的量也不可能过大。因此，我国许可使用的酸味剂如柠檬酸、酒石酸、苹果酸、乙酸、乳酸等，均可在许可使用的范围内按正常需要添加。葡萄糖酸-δ-内酯用做豆腐的凝固剂时，最大使用量为 3.0g/kg。

3）甜味剂

甜味剂是赋予食品以甜味的食品添加剂。按其来源不同可分为天然甜味剂和人工合成甜味剂；按其营养价值来分可分为营养型和非营养型的甜味剂；按其化学结构和性质又可分为糖类和非糖类甜味剂。

至于葡萄糖、果糖、蔗糖、麦芽糖及乳糖等通常视为食品原料，习惯上统称为糖，在我国不作为食品添加剂。我国许可使用的甜味剂有：甘草、甜菊糖苷、甜味素等。

6. 香精香料

食品的香是重要的感官性质。赋香剂的使用为了改善或增强食品的香气和香味，通常是用几种香料经配制成香精进行使用，食用香精分水溶性和油溶性两种，大多数是模仿各种果香而调合的果香型香精，其中使用最广的是橘子、柠檬、香蕉、菠萝、杨梅等五大类，还有一些其他香型如香草香精、奶油香精、乳化香精等。

在食用香精中提倡使用安全性较高的香料。常用天然香料有甜橙油、橘子油、薄荷素油、桉叶油、桂花浸膏等；常用合成香料有香兰素、柠檬醛、苯甲醛、麦芽酚、松油醇等。

7. 增稠剂和乳化剂

（1）增稠剂，可以改善食品物理性质，增加食品的黏度，赋予食品以黏滑适口的舌感。它还可作为食品乳化辅助和稳定之用，所以在冷饮等食品行业中也将这类物质作为稳定剂使用。

增稠剂的种类很多，多数是以含有多糖类黏质物的植物和海藻类制取的，如淀粉、果胶和琼脂等；也有从含蛋白质的动物原料制取的，如明胶和酪蛋白等。

（2）乳化剂，是一种分子中具有亲水基和亲油基的物质。它可介于油和水的中间，使一方很好地分散于另一方的中间而形成稳定的乳浊液。

乳化剂能稳定食品的物理状态，改进食品的组织结构，简化和控制食品加工过程，改善风味、口感，提高食品质量，延长货架寿命等。

根据油在水中分散或水在油中分散的不同，乳化剂大体可分为造成水包油（油/水）型乳浊液的亲水性强的水溶性乳化剂，和造成油包水（水/油）型乳浊液的亲油性强的油溶性乳化剂两大类。

衡量乳化性能最常用的指标是亲水亲油平衡值（HLB 值）。HLB 值低，表示乳化剂的亲油性强，易形成油包水型体系；HLB 值高，则表示亲水性强，易形成水包油型体系。因此 HLB 值有一定的加和性，利用这一特性，可制备出不同 HLB 值系列的乳液。

我国许可使用的乳化剂有：单硬脂酸甘油酯、蔗糖脂肪酸酯、山梨醇酐单硬脂酸酯、山梨醇酐三硬脂酸酯、木糖醇单硬酯酸酯等。

此外，我国许可使用的食品添加剂还有：

凝固剂：如硫酸钙、氯化钙等。

膨松剂：如碳酸氢钠、碳酸氢铵等。

消泡剂：如乳化硅油等。

抗结块剂：如亚铁氰化钾等。

食品强化剂：抗坏血酸、生育酚等。

正确使用食品添加剂是直接关系人民健康的重要问题，应大力研制推广无毒的新品种。作为食品添加剂最重要的条件是使用安全性，其后才是工艺功效。

（五）生产绿色食品的食品添加剂使用目的与使用原则

1. 生产绿色食品的食品添加剂和加工助剂的使用目的

（1）保持和提高产品的营养价值。

（2）提高产品的耐贮性和稳定性。

（3）改善产品的成分、品质和感官，提高加工性能。

2. 生产绿色食品的食品添加剂和加工助剂的使用原则

（1）如果不使用添加剂或加工助剂就不能生产出类似的产品。

（2）绿色食品中只允许使用"绿色食品生产资料"食品添加剂类产品，（即：由专门机构认定，符合绿色食品生产要求，并正式推荐用于绿色食品生产的生产资料。）在此类产品不能满足生产需要的情况下，允许使用《中华人民共和国农业行业标准：绿色食品　食品添加剂使用准则》（NY/T 392—2000）。

（3）在这些添加剂均不能满足生产需要的情况下，允许使用除（7）以外的化学合成食品添加剂。

（4）所用食品添加剂的产品质量必须符合相应的国家标准、行业标准。

绿色食品生产中常见食品添加剂使用示例见表 2.1。

表 2.1　绿色食品生产中常用添加剂使用示例

食品种类	添加剂	使用量	备　注
谷物产品	磷酸钙	2.4g/kg 以下	用于面粉
	碳酸钙	0.9g/kg 以下	
	硫酸钙	0.9g/kg 以下	
酒类	二氧化硫	0.15g/kg 以下	
	焦亚硫酸钾	0.006g/kg 以下	
	柠檬酸	适量	
	酒石酸及其盐类	适量	
	蛋清白蛋白	适量	
糖果蜜饯	酒石酸及其盐类	适量	
	磷酸钠	0.3g/kg 以下	
	碳酸钾	适量	
大豆产品	硫酸钙	0.9g/kg 以下	
	氯化镁	5g/kg 以下	
奶产品	氯化钙	适量	仅限于奶产品
	硫酸钙	0.9g/kg 以下	
肉产品	乳酸	适量	
	柠檬酸钾	适量	
	柠檬酸钠	适量	
果蔬产品	柠檬酸	适量	只用于浓缩果蔬汁和蔬菜
	黄原胶	0.6g/kg 以下	果酱
	乙二胺四乙酸二钠	0.15g/kg 以下	饮料
	乳酸	适量	酱菜、罐头
	D-异抗坏血酸	0.6g/kg 以下	浓缩果蔬汁和蔬菜制品、果蔬罐头、果酱
油脂产品	茶多酚	0.24g/kg 以下	油脂、火腿、糕点
	磷酸		
糕点产品	柠檬酸钾	适量	糕点、起酥油
	黄原胶	6g/kg 以下	
	碳酸钾	适量	
	丙酸钙	1.5g/kg 以下	面包、豆制品
茶叶	天然香料（花卉）	适量	用于制茶工艺
不限制添加剂	谷氨酸钠		
	二氧化碳		
	卡拉胶、瓜儿豆胶		
	洋槐豆胶、果胶		
	氧		
	蜂蜡		

（5）允许使用食品添加剂的使用量应符合 GB 2760—2007、GB 14880—1994 的规定。

（6）不得对消费者隐瞒绿色食品中所用食品添加剂的性质、成分和使用量。

（7）在任何情况下，绿色食品中不得使用的食品添加剂，见表 2.2。

表 2.2 生产绿色食品不得使用的食品添加剂

类 别	食品添加剂名称	代 码
抗结剂	亚铁氰化钾	02.001
抗氧化剂	4-己基间苯二酚	04.013
漂白剂	硫磺	05.007
膨松剂	硫酸铝钾（钾明矾）	06.004
	硫酸铝铵（铵明矾）	06.005
	赤鲜红	—
	赤鲜红铝色锭	08.003
	新红	—
	新红铝色锭	08.004
着色剂	二氧化钛	08.001
	焦糖色（亚硫酸铵法）	08.109
	焦糖色（加氨生产）	08.110
护色剂	硝酸纳（钾）	09.001
	亚硝酸纳（钾）	09.002
乳化剂	山梨醇酐单油酸酯（司盘80）	10.005
	山梨醇酐单棕榈酸酯（司盘40）	10.008
	山梨醇酐单月桂酸酯（司盘20）	10.015
	聚氯乙烯山梨醇酐单油酸酯（吐温80）	10.016
	聚氧乙烯（20）-山梨醇酐单月桂酸酯（吐温20）	10.025
	聚氧乙烯（20）-山梨醇酐单棕榈酸酯（吐温40）	10.026
面粉处理剂	过氧化苯甲酰	13.001
	溴酸钾	13.002
防腐剂	苯甲酸	17.001
	苯甲酸纳	17.002
	乙氧基喹	17.101
	仲丁胺	17.011
	桂醛	17.012
	噻苯咪唑	17.018
	过氧化氢（或过碳酸钠）	17.020
	乙萘酚	17.021
	联苯醚	17.022
防腐剂	2-苯基苯酚纳盐	17.023
	4-苯基苯酚	17.024
	五碳双缩醛（戊二醛）	17.025
	十二烷基二甲基溴化胺（新洁尔灭）	17.026
	2,4-二氧苯氧乙酸	17.027
甜味剂	糖精纳	19.001
	环己基氨基磺酸纳（甜蜜素）	19.002

任务二　绿色食品加工的原料要求与贮备

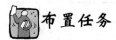 **布置任务**

任务描述	本任务要求通过果蔬的化学成分与加工的关系、果蔬加工原料及其预处理的学习，掌握绿色食品加工的原料要求与贮备。通过实训任务"新鲜果蔬在加工中的护色及处理"对新鲜果蔬加工原料的性能有更深入的了解
任务要求	了解加工用水的要求及净化，掌握绿色食品生产中果蔬加工原料的要求与贮备；掌握南亚热带果蔬各项预处理措施和方法及绿色食品的处理要求

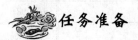 **任务准备**

一、植物性食品原料及其要求

（一）果蔬加工原料

1. 果蔬的组织结构及种类

1）果品
果品中的加工部位主要是果实部分，果实是由子房膨大形成的，包括：
（1）常绿果树：
① 柑橘类：柑橘、红橘、温州蜜柑、橙、柚、柠檬、金橘、佛手等。
② 其他常绿果树：荔枝、橄榄、芒果等。
③ 多年生草本植物：香蕉、菠萝等。
（2）落叶果树：
① 仁果类：苹果、梨、山楂、花红、海棠等。
② 核果类：桃、李、杏、梅、樱桃等。
③ 浆果类：葡萄、草莓、木瓜、猕猴桃等。
④ 坚果类：核桃、板栗、山核桃等。
⑤ 杂果：柿子、枣等。
2）蔬菜
按可食部分不同蔬菜可分为：
（1）根菜类：食用其肥大的根，如萝卜、胡萝卜、甜菜等。

（2）茎菜类：竹笋、土豆、莲藕、姜、荸荠、洋葱、莴笋、豆芽等。

（3）叶菜类：食用叶片或叶柄的。如大白菜、连花白、菠菜、雪里蕻等。

（4）花菜类：黄花菜（金针菜）、菜花、油菜苔等。

（5）果菜类：番茄、茄子、青椒、黄瓜、苦瓜、豆类、甜玉米等。

（6）食用菌：平菇、香菇、木耳等。

2. 果蔬的化学成分与加工的关系

在日常生活中，果蔬可以说是人们赖以生存的主要食品。各种各样的水果蔬菜以它们独特的色、香、味、质地和它们所含有的营养成分来满足广大消费者的不同需要，特别是含有丰富的维生素、矿物质以及食物纤维等。

果蔬原料中水分含量最高，其余成分是固形物，固形物按是否溶解于水可以分为水溶性固形物和水不溶性固形物两类。可溶性固形物含量可以用折光仪直接测量。水溶性固形物主要有糖、有机酸、果胶和单宁等。水不溶性固形物主要有淀粉、纤维素和半纤维素、脂肪、原果胶等。果蔬的其他成分还有维生素、矿物质、色素、含氮物质以及芳香性物质等，这些物质有的是水溶性的，有的则是水不溶性的。

在果蔬的加工贮藏中，其化学成分会发生各种各样的变化，有些变化是我们所需要的，但有些变化则对原料的保藏，产品的质量极为不利。这些不利变化带来的结果是保质期的缩短，腐败变质的发生，营养成分的损失，风味色泽的变差及质地的变劣。

在果蔬加工过程中，应该防止食品腐败变质，最大限度地保存食品的营养成分，降低加工和贮藏过程中的色、香、味和质地的变化。因此，了解和掌握果蔬中的化学成分及其在加工中性质的变化，对合理选用加工工艺和参数具有重要意义。

1）水分

水分对果蔬的质地、口感、保鲜和加工工艺的确定有十分重要的影响。果蔬中的水分含量很高，一般在 90% 左右，有的高达 95% 以上，如冬瓜；有的低一些，如核桃、板栗的含水量为 60% 左右。按照水分的存在形式，可将果蔬中的水分分为：

（1）游离水（自由水）。在果蔬中作为一种溶剂，易结冰，热容量也较大，在细胞中能自由出入，占整个含水量的 70%~80%，为干制品的主要脱出成分。

（2）结合水。

① 胶体结合水：同一些胶体物质，如果胶、蛋白质等结合的水，与游离水不同，胶体结合水冰点低，为干制的后期主要蒸发的水分。大概占整个含水的 20% 左右。

② 化学结合水：存在于化学物质晶格中的水，性质很稳定，在加工过程中一般不与它发生作用，在干制过程中一般不容易脱出。

除水分的其他剩余物质称为干物质。

2）碳水化合物

碳水化合物主要包括：糖类、淀粉、纤维素、半纤维素、果胶等。

（1）糖类。在果蔬中以果糖、葡萄糖和蔗糖分布最广，含量也最多，一般情况下，水果中的总糖含量为 10% 左右，其中仁果和浆果类果实中还原糖含量较多，核果类中蔗糖含量较多，坚果类中糖的含量较少；蔬菜中除了甜菜以外，糖的含量较少。

将蔗糖水解生成的葡萄糖和果糖称为转化糖，转化糖其味近于蜂蜜味，而且甜度高于蔗糖。

糖的甜度是一个相对的甜度，一般以蔗糖为标准，在 20℃ 条件下，以浓度为 10％ 的蔗糖溶液的基数为 100 来比较。糖因种类不同而甜度差别较大，糖的含量以及糖酸比对制品的口味有很大影响。

表 2.3 和表 2.4 中分别列出了几种糖的相对甜度和不同糖酸比的口味。

表 2.3　几种糖的相对甜度

糖类	甜度	糖类	甜度	糖类	甜度
蔗糖	100	木糖	40	果糖	173
半乳糖	32	葡萄糖	74	甘油	49
转化糖	127	乳糖	16	麦芽糖	32

表 2.4　不同糖酸比的口味

口　味	糖含量/％	酸含量/％	糖酸比
甜味突出	10	0.01～0.25	100.0～40.0
酸甜	10	0.25～0.35	40.0～28.6
酸	10	0.35～0.45	28.6～22.2
酸味突出	10	0.45～0.60	22.2～16.7
强酸	10	0.60～0.85	16.7～11.8

当糖液浓度大于 70％ 时，黏度高，在生产过程中的过滤和管道输送都会有较大的阻力，在降低温度时还容易产生结晶析出。但在浓度较低时，由于渗透压较小，在暂存或保存时产品容易遭受微生物的污染。故在生产过程中，配料之前的糖液浓度一般控制在 55％～65％。

（2）淀粉。淀粉是由葡萄糖分子缩合而成的多糖。蔬菜中淀粉含量高于果品中，如马铃薯、红薯、藕、山药、甜玉米等淀粉含量都较高；果品中淀粉含量较高的为香蕉，可为 4.69％，苹果为 1.0％～1.5％。

淀粉含量高的用于做清汁类罐头时，易使汤混浊，为了防止这类现象的发生，在生产过程中，一方面要控制好原料的成熟度，另一方面要选择合适的工艺参数。例如，青豌豆，做罐头的应注意采摘期，一般在乳熟期采收，此时含糖量高，淀粉含量低，做出的罐头汁液不容易混浊；而有些原料，需利用其淀粉。例如，用马铃薯等来提取淀粉，应使它充分成熟后才能采收，并且采后立即加工，以防止淀粉率下降。

（3）纤维素与半纤维素。纤维素和半纤维素在植物界分布极广，数量很多，蔬菜中纤维素与半纤维素含量高于果品中，主要存在于保护组织和厚壁组织中，是植物的骨架物质。

纤维素和半纤维素含量高的原料在加工中除了会影响产品的口感外，还会使饮料和清汁类产品中产生混浊现象，故此时，一般将其作为不可食部分而去掉。

（4）果胶物质。果胶的基本结构：D-吡喃半乳糖醛酸以 α-1,4 苷键结合，果胶物质是构成细胞壁的主要成分，也是影响果实质地的重要因素，果实的软硬程度和脆度与原料中果胶的含量和存在形式密切相关。

各种植物的果胶物质随成熟度不同分为：原果胶、果胶、果胶酸。

果蔬中山楂果胶含量较高，其次是柑橘，再其次是苹果、梨、杏等。柠檬皮中果胶含量为 $2.5\% \sim 5.5\%$，甜橙皮中果胶含量为 $1.5\% \sim 3.0\%$，向日葵盘白皮海绵层中果胶含量为 $8.0\% \sim 10.0\%$，根用甜菜中果胶含量为 8.0%。

① 果胶物质的凝胶特性：

果胶物质常以甲脂化状态存在，甲氧基含量最高为 16.3%，把甲氧基含量为 16.3% 的称为酯化度为 100%。根据甲氧基含量不同，可将果胶分为：

A. 高甲氧基果胶：甲氧基含量大于等于 7%，即酯化度大于等于 45%；

B. 低甲氧基果胶：甲氧基含量小于 7%，即酯化度小于 45%。

a. 高甲氧基果胶的胶凝（果胶—糖—酸凝胶）。

胶凝条件：果胶、糖、酸在一定的比例条件下才能形成胶凝，一般果胶含量为 1.0% 左右，糖的含量大于 50%，pH$2.0 \sim 3.5$（pH 过低易引起果胶水解），温度在 $0 \sim 50\text{℃}$ 即可形成胶凝。这里，糖起脱水的作用，酸中各果胶中的负电荷形成胶凝的结构。

影响胶凝强度的因素：

（ⅰ）果胶相对分子质量越大，胶凝强度越大，果胶相对分子质量最大的是柠檬果胶，为 10 万 ~ 20 万，柑橘果胶 4.0 万 ~ 5.0 万，苹果的为 2.5 万 ~ 3.5 万。

（ⅱ）酯化度：即甲氧基含量的高低，甲氧基含量高，从速度上讲也很快。若甲氧基含量达 16.3%，在缺酸的条件下也可形成；若甲氧基含量为 $11.4\% \sim 16.2\%$，在高温下也可进行胶凝；若甲氧基含量为 $8.0\% \sim 11.4\%$，必须在有果胶、糖、酸条件下，在低温下才能形成凝胶。

b. 低甲氧基果胶的胶凝（离子结合型凝胶）。

只有在 Ca^{2+}、Mg^{2+} 或 Al^{3+} 这些多价离子存在的条件下，才能形成凝胶，据此，可以生产低糖果冻或果酱。

影响胶凝形成的条件主要有：

（ⅰ）金属离子用量的多少：若 Ca^{2+} 含量在 25×10^{-6}，低甲氧基果胶就可形成胶凝。在生产上采用的制法有酸法、碱法、酶法。酸法制取的需 Ca^{2+} $(30 \sim 60) \times 10^{-6}$，碱法的需 Ca^{2+} $(15 \sim 30) \times 10^{-6}$，酶法制取的需 Ca^{2+} $(5 \sim 10) \times 10^{-6}$。

（ⅱ）对 pH 要求：离子结合型凝胶的形成对 pH 要求不是很严格，一般在 pH$2.5 \sim 6.5$ 范围内都可形成凝胶。

（ⅲ）温度：一般来说胶凝形成的温度在 $0 \sim 58\text{℃}$，温度越低，胶凝强度越大。一般要求温度 $< 25\text{℃}$，胶凝的保存才比较好。

② 果胶的其他特性：

A. 原果胶经酸，酶、碱可水解为果胶，果胶不溶于丙酮和乙醇等有机溶剂。根据此特点工业上用来提取果胶。

B. 原果胶在加热作用下酯化度和聚合度下降，因而可用热力去皮。

C. 制作澄清的果汁和果酒时，要求原料中果胶的含量要低些，因果胶含量高易引起汁液混浊。

D. 在腌制食品的加工中,对于果胶含量较多的原料,可运用钙盐、铝盐来置换果胶的氢离子,生成不溶性的钙盐和铝盐,来增加原料的脆度以及耐煮制性。

3) 有机酸

(1) 种类。果蔬中主要的有机酸有柠檬酸、苹果酸、草酸、酒石酸。酸味是氢离子的性质,有机酸是果蔬中的主要呈酸物质,但酸的种类对酸味的呈现有很大的影响。无机酸的酸根离子大多带有苦涩味且酸感强烈,而有机酸口感柔和。有机酸的酸感也不完全一样。在有机酸中,酒石酸的酸性最强,并有涩味,其次是苹果酸、柠檬酸。在一些蔬菜中存在的草酸对人体的钙吸收会带来一定影响。

酸感的产生除了与酸的种类和浓度有关外,还与体系的温度、缓冲效应和其他物质的含量,主要是糖和蛋白质的含量有关。体系缓冲效应增大,可以增大酸的柔和性。在饮料及某些产品的加工过程中,使用有机酸的同时加入该酸的盐类,其目的就是为了使体系形成一定的缓冲能力,改善酸感,糖和酸的含量及糖酸比对果蔬制品的风味有很大影响。

(2) 与加工的关系。酸与加工工艺的选择和确定有十分密切的关系。可按 pH 将食品原料进行分类。

4) 含氮物质

果蔬中含氮物质的种类主要有蛋白质、氨基酸、酰胺、氨的化合物及硝酸盐等。蔬菜中的含氮物质相对较为丰富,一般含量在 0.6%~9.0%;果实中除了坚果外,含氮物质一般比较少,在 0.2%~1.5%之间。

蔬菜中含氮较高的有:冬笋、胡豆、土豆等;果品中含氮较高的有:桂圆、龙眼、荔枝、樱桃、草莓等。

含氮物质与加工的关系:

(1) 含氮物质是加工食品的风味来源之一,主要形成鲜味,也有的具有甜味或苦味。

(2) 含氮物质是加工食品的色泽来源之一。

A. 有些氨基酸在氧参与下,氧化酶的催化作用下,形成酶褐变,这些氨基酸主要是指酚类的氨基酸。在很多食品中产生酶褐变是不利的,但在有些食品中,如腌渍的冬菜的褐色,是在加工的后期发生的色泽变化,其中包含了酶褐变。

B. 原料中的蛋白质或氨基酸与还原糖(或五碳糖)发生反应也发生褐变,在浅色果汁中较为明显。

(3) 一些含氮的硫化物在高温中由于硫化氢的生成使金属的容器产生硫化斑。一般生产这类罐头,都用抗硫涂料。

(4) 由于在原料中存在蛋白质,尤其在加热过程中它的凝固作用会产生沉淀物或产生泡沫,在制汁中造成困难,影响品质。在生产中蛋白质和单宁形成的络合物可吸附汁液中的杂质,作为澄清剂。

5) 单宁物质

单宁又称鞣质,属酚类化合物,其结构单体是邻苯二酚、邻体三酚及间苯三酚。单宁也属一种糖苷,较易被氧化,风味是涩味,与酸共存时,对酸味有增强的作用。单宁主要存在于水果，例如，柿子、山楂、苹果、梨桃、葡萄等木本果实中。蔬菜中单宁的含量较低，其主要成分是黄酮醇糖苷和酚的衍生物。大多数蔬菜不含儿茶酚和花色素。果蔬中的酚类物质往往是决定果蔬颜色的重要因素。

单宁与加工的关系：

（1）单宁是多酚类物质，在多酚氧化酶的催化下，在氧的参与下而发生酶促褐变，从而使产品变色，pH 接近中性时该变化最易进行。

（2）单宁在酸性加热条件下会发生自身的氧化缩合。在较低的 pH 下，尤其是在 pH 小于 2.5 时，单宁能够自身氧化缩合而生成红粉，加热时该反应更容易产生。

从以上两个性质可知，在单宁含量较高的原料加工过程中，pH 的控制是十分重要的。pH 高时，易发生酶促褐变，pH 低时又易发生自身的氧化缩合，两者都会对产品的色泽产生影响。

（3）单宁可与金属作用。单宁遇铁生成深蓝色；与锡作用生成玫瑰红色。因此，在加工过程中，与食品接触的设备和容器具等不应用铁质材料，最好用不锈钢材料。在用马口铁包装的果蔬产品中，防止铁离子、锡离子溶出也十分重要。

（4）单宁遇碱也会引起变色。单宁遇碱会变成蓝黑色，这在使用碱液去皮时应特别注意。

（5）原料中若有单宁，经热烫或冷冻都可减少单宁的含量，因热烫或冷冻后，水溶性的单宁可下降，从而使其涩味降低。

（6）单宁与蛋白产生絮凝，这在果汁澄清中为常利用的一种性质。

6）酶

果蔬中的酶类多种多样，食品工业中常见的主要有两大类，一类是水解酶类，一类是氧化酶类。

（1）水解酶类。主要包括：果胶酶、淀粉酶、蛋白酶等。

① 果胶酶类：包括能够降解果胶的任何一种酶。

在加工过程中，由于果胶酶对果胶的水解作用，有利于果汁的澄清和出汁率的提高。如用 0.05% 的果胶酶处理葡萄浆，则葡萄的出汁率可提高 15% 左右，过滤速度加快一倍，用 0.5% 果胶酶处理葡萄汁 3h，则可达到完全澄清。

在加工过程中，并不都要利用果胶酶的水解作用，有时则要抑制果胶的水解作用。如在生产混浊果汁、果冻或果酱等产品时，为了保持产品的黏度和稠度，则需要破坏原料中的天然果胶酶，防止其对果胶产生水解作用。

② 淀粉酶类：包括能够水解淀粉的酶。包括：

A. α-淀粉酶：属内切酶，可随机催化淀粉分子内部 α-1,4-糖苷键水解。

B. β-淀粉酶：属外切酶，从淀粉分子的非还原末端水解 α-1,4-糖苷键，依次切下麦芽糖单位。

C. β-葡萄糖淀粉酶：属外切酶，它催化淀粉分子的非还原末端，逐个水解下葡萄糖单位。

D. 脱支酶：能够水解支链淀粉，糖原及相关大分子化合物中的 α-1,6 糖苷键。

③ 蛋白酶类：蛋白酶可以将蛋白质降解，从而降低因蛋白质的存在而引起的浑浊

和沉淀。可分为：

A. 内肽酶（肽链内切酶）：从多肽链内部随机地水解肽键，使之成为肽碎片和少量游离氨基酸。

B. 外肽酶（肽链端解酶）：从多肽链的末端开始将肽键水解使氨基酸游离出来的酶。外肽酶还可以根据开始作用的肽链末端不同，又有氨肽酶和羧肽酶之分。从肽链氨基末端开始水解肽键的叫氨肽酶；从肽链羧基末端开始水解肽键的叫羧肽酶。

（2）氧化酶类。

果蔬中的氧化酶是多酚氧化酶，在苹果、梨、杏、香蕉、葡萄、樱桃、草莓等仁果、核果、浆果中含量较高，在橙、柠檬、葡萄柚、菠萝、番茄、南瓜等原料中含量较少。

该酶诱发酶促褐变，对加工中产品色泽的影响很大，加工过程中主要采用加热破坏酶的活力、调 pH 降低酶的活力、加抗氧化剂、与氧隔绝等几种方法来防止酶促褐变。

7）糖苷类物质

果蔬中的糖苷类物质很多，这里主要介绍以下几种：

（1）苦杏仁苷，存在于多种果实的种子中，核果类原料的核仁中苦杏仁苷的含量较多，如在杏仁中含量为 0～3.5％。苦杏仁苷在酶的作用下或在酸、热的作用下能够水解为葡萄糖，苯甲醛和氢氰酸。因此，在利用含有苦杏仁苷的种子食用时，应事先加以处理，除去其所含的氢氰酸。

（2）柑橘苷（橙皮苷），是柑橘类果实中普遍存在的一种苷类，在皮和络中含量较高。柑橘苷是维生素 P 的重要组成部分，具有软化血管的作用。柑橘苷不溶于水，而溶于碱液和酒精中，在碱液中呈黄色，溶解度随 pH 升高而增大。原料成熟度越高，柑橘苷含量越少。

（3）黑芥子苷，为十字花科蔬菜辛辣味的主要来源，含于根、茎、叶和种子中。黑芥子苷在酶或酸的作用下水解，生成具有特殊刺激性辣味和香气的芥子油，葡萄糖和硫酸氢钾。这种变化在蔬菜的腌制中十分重要。

（4）茄碱苷，又称龙葵苷，是一种剧毒且有苦味的生物碱，含量在 0.02％时即可引起中毒。茄碱苷主要存在于马铃薯的块茎中，在番茄和茄子中也有，特别是在薯皮和萌发的芽眼附近，以及受光照而发绿的部分含量特别多，故发芽之后的马铃薯不宜食用。在未熟的绿色茄子和番茄中，茄碱苷的含量也较多，成熟后含量减少。

8）色素物质

果蔬中的色素来自果蔬的细胞液或果蔬肉、果蔬皮中。果蔬中的色素可分为水溶性色素和水不溶性色素两类，水溶性色素主要是黄酮素和花色素，水不溶性色素主要有类胡萝卜素和叶绿素。

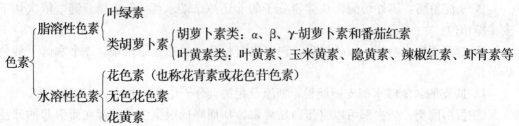

（1）叶绿素的性质。叶绿素不耐光也不耐热，光照或加热时叶绿素生成脱镁叶绿素，呈暗绿色至绿褐色或紫褐色。在酸性条件下，尤其是在加热时，叶绿素更易生成脱镁叶绿素；在弱碱中，叶绿素能够水解成为叶绿醇、甲醇及水溶性叶绿酸，叶绿酸呈较稳定的鲜绿色。

（2）类胡萝卜素的性质。类胡萝卜素属脂溶性色素，包括叶红素、番茄红素和叶黄素色素，其颜色从黄、橙到红，如番茄汁、西瓜汁、柑橘汁、胡萝卜汁等许多果蔬汁的色泽都是由这类色素赋予的。总体上讲类胡萝卜素对热稳定，颜色不易产生变化。但因类胡萝卜分子中含有多个双键，因而在光照、氧和脂肪氧化酶存在的情况下，会被氧化退色。

（3）花色素性质以及受介质 pH 的影响而发生的变化。花色素类（花青素）色素是广泛分布于植物界的红色至紫色调的色素，特别是在水果和菠菜中含量较高，不仅含于花中，还存在于植物的根（如红萝卜）、叶（紫苏、红叶）、果皮（葡萄、茄子）、果汁（葡萄）和种皮（黑豆）等部位中，是构成果蔬色泽的重要成分。由于花色素易氧化、还原，分解时生成不溶性的褐色物质，因此在加工过程中应注意护色。花色素的性质很不稳定，受光照和加热的作用会退色或变褐，受氧化还原作用也会褪色。如二氧化硫可使其褪色，但当二氧化硫除去之后，其色泽又会恢复。抗坏血酸存在时，尤其在加热时，会分解，受酚酶作用也会氧化褪色。

此外，某些金属离子如 Ca、Mn、Mg、Fe、Al 能够与花色素形成络合物，此后其色泽不再受 pH 的影响，但与原来的色泽有所不同。花色素遇铁变成灰紫色，遇锡变成紫色，另外，花色素与 K^+、NH_4^+ 等以盐的形式存在，其色泽也不受 pH 的影响。

花色素具有锌盐的结构，这种结构受介质 pH 的影响而发生变化，pH 在 3 以下，花色素为阳离子型，呈红色；pH 为 4～5，花色素呈无色—黄色；pH 为 7～8，花色素呈紫色；pH 在 11 以上，花色素呈蓝色。

（4）果蔬加工预处理时的热烫有利于绿色的保护，其原因是经过热烫驱除了果蔬组织中的空气，一方面可以使绿色更加容易显示，另外，由于空气的去除，避免了叶绿素的氧化，从而有利于绿色的保护。

9）维生素

果蔬中含有多种维生素，是人体维生素的主要来源之一。加工过程中如何保持原料中原有的维生素和强化维生素是经常遇到的问题。

维生素 C 是己糖衍生物，天然存在且生物效价最高的有 L-抗坏血酸，其分子中相邻的烯醇式羟基易离解，放出氢离子，因而具有很强的酸性和还原性。人类饮食中 90% 的维生素 C 是从果蔬中得到。此外，还有维生素 A、维生素 B_1 等。

10）矿物质

果蔬中含有多种矿物质，如钙、磷、铁、钾、钠、镁等。

11）芳香物质

果蔬的香味是由本身所含的芳香成分所决定的，芳香成分的含量随果蔬成熟度的增大而提高，只有当果蔬完全成熟的时候，其香气才能很好地表现出来，且仅在果蔬的皮中才有较高的芳香成分含量。

　　芳香性成分均为低沸点、易挥发的物质，因此果蔬贮藏过久，一方面会造成芳香成分的含量因挥发和酶的分解而降低，使果蔬风味变差，另一方面，散发的芳香成分会加快果蔬的生理活动过程，破坏果蔬的正常生理代谢，使保存困难。

　　此外，果蔬在加工过程中，主要是在高温处理和真空浓缩过程中，若控制不好，会造成芳香成分的大量损失，使产品品质下降。对果汁、果酱等的加工，最好有芳香物质的回收装置。

　　（二）大豆

　　大豆不仅是优质蛋白质和油脂的重要来源，而且它不含胆固醇。最新的研究结果表明，大豆还含有防治癌症和冠心病、降血脂、抗衰老等多种功能，从而引起人们的更大关注。目前，一个综合开发大豆资源，大力发展大豆食品的热潮正在世界各国兴起，大豆产业正在向深度与广度两个方向发展。中国是大豆的故乡，豆腐等多种豆制品为中国人所发明。在新的形势下，我们要把大豆食品作为优化膳食营养结构的突破口之一，特别是在广大农村和欠发达地区就更加需要加快大豆产业的发展步伐。从 1996 年起，由农业部、卫生部、教育部和前国家轻工业局共同组织实施的"国家大豆行动计划"，已经取得显著成绩，同时，还推动了中小学生豆奶计划、学生计划以及学生营养餐计划的开展。

　　1. 大豆中的蛋白质

　　大豆中的蛋白质是存在于大豆中的诸多蛋白质的总称，并不是单指某一蛋白质。一般情况下，大豆中平均含有 40% 的蛋白质，其中 80%～88% 是可溶的，在豆制品的加工中主要利用的就是这一类蛋白质。组成蛋白质的氨基酸有 18 种之多，大豆蛋白质中含有八种必需氨基酸，且比例比较合理。

　　2. 大豆油脂

　　大豆中油脂的含量在 20% 左右。大豆油脂的主要成分为脂肪酸与甘油所形成的酯类。大豆油中的不饱和脂肪酸含量为 50.8%，大豆油不但具较高的营养价值，而且对大豆食品的风味，口感等方面都有很大的影响。大豆中的脂类在脂肪氧化酶的作用下发生氧化降解，这是比较公认的豆腥味产生的途径，大致机制是：

　　不饱和脂肪酸氧化后形成氢过氧化物，它们极不稳定，裂解后形成异味化合物。加工过程中经常采用加热、调整 pH、闪蒸等方法脱除豆腥味。加热的作用是为了破坏脂肪氧化酶，该酶的耐热性较低，经轻度加热处理就可达到钝化酶的要求；调整 pH 是为了降低酶活性，通常在 pH3.0～4.5 和 7.2～9.0 时，脂肪氧化酶的活性已比较低，一般采用：Na_2CO_3 和 $NaHCO_3$，不但能够降低酶的活性，还能够提高蛋白质的溶出率；闪蒸可以将产生异味的成分脱除。

　　3. 碳水化合物

　　大豆中约含 25% 的碳水合物，包括淀粉、纤维素、多缩半乳糖、蔗糖、棉籽糖、水苏糖等。

4. 矿物质和维生素

大豆中含有丰富的矿物质，总含量为 4.5%～5.0%，有钙、磷、铁、钾、钠、镁等，其中钙的含量高于其他谷类食品。

大豆中含有胡萝卜素、维生素 B_1、维生素 B_2、烟酸、维生素 E 等，但是，干大豆中不含维生素 C 和维生素 D，而经发芽做成豆芽后维生素 C 的含量明显提高。

5. 抗营养因子

大豆中存在多种抗营养因子，它们不利于大豆中营养素的吸收利用，甚至对人体的健康有害。如胰蛋白酶抑制素（TI）、血细胞凝集素（Hg）、植酸、致甲状腺素、抗维生素因子等，它们的存在影响到豆制品的质量和营养价值。在这些抗营养因子中，胰蛋白酶抑制素对豆制品的营养价值影响最大。一般认为，要使大豆中蛋白质的生理价值比较高，至少要钝化 80% 以上的胰蛋白酶抑制素。

胰蛋白酶抑制素有很强的耐热性，若需要较快地降低其活性，则要经 100℃ 以上的温度处理。大豆中其他抗营养因子的耐热性均低于胰蛋白酶抑制素的耐热性，故在选择加工条件时，以破坏胰蛋白酶抑制素为参照即可。

（三）谷物

谷物是人们赖以生存的最基本的食物，它在我国国民的食物中占有很大比例，人体所需热量的近 80% 由粮食类食物所提供的，粮食所供的蛋白质在整个膳食中占 50%。在食品加工过程中，如何针对粮食中化学成分的营养特性和加工特性，丰富和改善其营养价值和产品质量，是十分重要的。

1. 谷物中的蛋白质

谷类蛋白质含量一般为 7%～12%，其中稻谷中的蛋白质含量低于小麦粉，小麦胚粉蛋白质含量最高，莜麦面中的含量也较高。谷类蛋白质氨基酸组成中赖氨酸含量相对较低，因此谷类蛋白质生物学价值不及动物性蛋白质。

2. 碳水化合物

谷类碳水化合物含量最为丰富，主要集中在胚乳中，多数含量在 70% 以上。稻米中的含量较高，小麦粉中的含量次之。

3. 脂肪

谷类脂肪含量多数在 0.4%～7.2%，以小麦胚粉中最高，其次为莜麦面、玉米和小米，小麦粉较低，稻米类最低。

4. 灰分

谷类矿物质含量在 1.5%～3.0%，包括钙、磷、钾、钠、镁及一些微量元素，其中小麦胚粉中除含铁较低外，其他矿物质含量普遍较高。

5. 维生素

谷类中的维生素主要以 B 族维生素为主，如维生素 B_1、维生素 B_2、烟酸、泛酸等，其中维生素 B_1 和烟酸含量较高，是我国居民膳食维生素 B_1 和烟酸的主要来源，维生素 B_2 的含量普遍较低，小麦胚粉中含有丰富的维生素 E。

二、果蔬加工原料的要求及预处理

（一）果蔬加工原料的要求与贮备

1. 原料基地的建设

原料不仅关系到产品的质量，而且关系到产品的数量，原料基地的建设是发展果蔬加工业的先决条件。一个加工厂的筹建，生产与发展，必须与原料基地的发展同步。原料基地的建设应遵循下述原则：

（1）原料基地应有充足的面积形成足够的产量供给加工。

（2）原料基地必须有适合的加工品种，且优质、价格合理。还应不断选育新品种，更新换代。

（3）原料基地必须交通方便，且应以加工厂为中心，半径 50km 以内，以减少运输，保证原料新鲜完整。

（4）原料基地种植的品种应配套，以延长加工期。

（5）生产绿色食品的原料基地必须符合绿色食品产地环境要求。

2. 果蔬加工原料的质量要求

1）原料种类，品种与加工制品品质的关系

果蔬的种类、品种繁多，虽然都可以进行加工，但种类、品种间的理化特性各异，因而适宜制作加工品的种类也就不同。

何种原料适宜何种加工品是根据其特性而定的。例如，制糖水桃罐头，最好的品种是黄桃，其次是白桃；苹果类中的富士、翠玉、红玉、国光、金冠等，肉质细嫩而白，不易变色，果心小，空隙少，香气浓厚，酸甜适口，耐用煮性好，可以制罐头。而香蕉、旭等组织松软、易发绵，只适宜制果干、果脯等；枣类肉质蔬松含水量低，柿肉质软，具胶黏性，只适宜制果干；葡萄、桑椹等适宜制果酒、果汁。

从加工手段来讲，要求原料组织细嫩、致密，含粗纤维少，含矿物质高。

2）原料的成熟度与加工的关系

果蔬采收成熟是表示原料品种与加工适宜性的指标之一，不同的加工品对原料采收成熟度的要求不同。例如，做蜜饯的红橘，大概七成熟即可；做罐头的红橘，要求八九成熟；做果酒的红橘，要求九成熟以上。

果品采收成熟度一般可分为三个阶段，即可采成熟度、加工成熟度和生理成熟度。

（1）可采成熟度，指果实已充分膨大长成，生长基本停止，绿色消褪，面色部分出现，但此时色泽风味都较差，这时采收的果实可作蜜饯类，或经贮运，后熟可达到正常要求。如香蕉、巴梨等采后必须经过后熟才能用于加工。

（2）加工成熟度，指果实已具备该品种应有的加工特性，又分为适当成熟与充分成熟。此时采收的可用于制作罐头、速冻制品、干制品以及果汁等。

（3）生理成熟度（过熟成熟度），指果实变软或老化，除可制作果汁、果酒外（因不需保持一定形态），一般不适宜制作其他加工品。

3）原料的新鲜度与加工的关系

加工用原料愈新鲜完整，成品的品质也就愈好，吨耗率也就愈低。有些原料，例如，葡萄、草莓、桑椹等果肉柔软，不耐重压，容易自行流汁，感染杂菌。若在采收、运输过程中造成部分机械损伤，若及时加工，仍能保证成品的品质，否则这些原料易腐烂，会失去加工价值。

因此，从果蔬采收到加工，应尽可能保持新鲜完整，果蔬运输到加工厂后，应尽快进行处理，如来不及及时加工，应贮存在适宜的条件下，以保证新鲜完整，减少腐烂损失。

3. 果蔬加工原料的贮备

原料的贮备是为了保持其新鲜度，延长加工期限。由于果蔬的成熟期短，产量集中，一时加工不完，故有贮备的必要，以待继续加工。

1）新鲜原料的保存

对用来制罐头、干制品、速冻制品、制汁、制酒等的都需做新鲜原料的保存。保证加工原料的新鲜完整，可分为短期贮存和较长期的贮存。

（1）短期贮存。原料运到加工厂后，宜将包装原料堆码存放于清洁、阴凉、干燥、通风良好、不受日晒雨淋的场所，堆码高度以便于搬运，底层箱等不受压坏为原则。根据原料的种类不同，在自然条件下贮存期期限各异，一般以不超过下列时间为宜：

① 葡萄、草莓、杏、樱桃等为 8～12h。

② 桃、李为 1d。

③ 苹果、梨（早熟种）为 2d，（中、晚熟种）为 7d。

④ 柑橘为 5d。

（2）较长期贮存。新鲜果蔬在冷藏条件下，一般能较长期的保存，冷藏温度条件根据种类和品种不同而异，冷藏期限也与种类、品种有关，一般不宜过长。

① 桑椹、草莓、樱桃、枇杷等 3～4d。

② 桃、李、荔枝、龙眼等 1～2 周左右。

③ 苹果、梨、柑橘等 1～2 月左右。

2）半成品的保存

半成品保存是将新鲜果蔬原料用食盐等保存起来，以待继续加工，制成成品。

这里着重介绍盐渍保存，主要用于蜜饯类、酱菜、糖醋菜等的生产。例如，广东的凉果、应子，江苏、福建的青梅蜜饯等。

先将新鲜原料（青梅、橄榄、李、桃等）用高浓度的食盐腌渍、制成盐坯，进行半成品保存，然后脱盐，配料加工，制成凉果、蜜饯等成品。

（1）盐渍的作用。

首先，食盐具有防腐力，能抑制有害微生物的活动，使半成品得以保存不坏。其次，食盐中含有的钙离子能增进半成品的硬度，提高耐煮性。食盐溶液的防腐效应在于：

① 食盐能增大渗透压力。1%的食盐溶液可产生的渗透压力。

一般鲜果盐坯腌渍用盐量为 8%～15%，在这样高的渗透压力下，细菌和真菌的细胞液渗透压当然不能与之相比（一般细菌细胞液的渗透压力为 350～1760kPa），迫使细胞失水而处于假死状态。

② 食盐能降低水分活性。水分活性是热力学表示水的自由度，即溶液中水的蒸汽压与纯水的蒸汽压之比。即

$$水分活性＝食品中水的蒸汽压/相同温度下纯水的蒸汽压$$

也可表示水被微生物可利用的程度。食品中水分活性低，微生物便不能发育。一般微生物发育要求的最低水分活性值（A_w 值）见表 2.5。

表 2.5　微生物发育要求的最低水分活性值（A_w 值）

菌　种	A_w 值	菌　种	A_w 值
细菌	1.95～0.91	耐盐性细菌	0.80～0.75
酵母	0.91～0.87	耐高渗透压酵母	0.65～0.60
霉菌	0.87～0.80	—	—

鲜果用 15% 左右食盐腌渍，其水分活性低到 0.9 以下，所以能抑制微生物的发育而得以保存不坏。食盐溶液的高渗透压及降低水分活性的作用，也迫使新鲜果蔬的生命活动停止，从而避免了果蔬的自身溃败。

但是，在盐腌过程中，果蔬中的可溶性固形物要渗出损失一部分，半成品再加工成成品的过程中，还须用清水反复漂洗脱盐，可溶性固形物又大部分流失，所以，用盐坯半成品加工制成的凉果、蜜饯等加工品，从营养上讲，果蔬原有的营养成分保存不多，只利用了果蔬中不可溶性的纤维素、半纤维素等骨架而已。

（2）腌制方法。

① 干腌：适于成熟度高含水分多的原料，一般用盐量为原料 14%～15%，腌制时，宜分批拌盐，拌匀，分层入池，铺平压紧，下层用盐较少，由下而上逐层加多，表面用盐覆盖隔绝空气，便能保存不坏，也可盐腌一段时间后，取出晒干或烘干做成干坯保存。

② 水腌：适于成熟度低水分少的原料，一般配制 20% 的食盐溶液将果蔬淹没，便能保存。

另外，应注意 pH，尤其是蔬菜多数属于低酸性食品，这对微生物的活动是有利的，因而要控制 pH，可用 HCl 进行调酸，降低 pH。

（二）果蔬加工原料的预处理

各类加工品的后续工艺不同，但在未进行后续工艺前各类加工产品都有一段共同

的工艺，叫原料的预处理，它包括原料的选别、分级、洗涤、去皮、切分破碎和护色。

原料的预处理主要为提高产品的品质，降低吨耗，提高原料的物理、化学性状。

1. 原料的选别

原料选别的目的在于剔除不合适的和腐烂霉变的原料。剔除受病虫害的，畸形的，品种不划一的，成熟度不一致的，破裂或机械损伤不合要求的。选别的具体标准根据各类加工品对原料的要求而定。

2. 原料的分级

按果形大小分为不同的等级，以便适合机械化操作，得到形态整齐的产品，主要利用分级筛、分级盘等进行分级。只有无需保持果品形态的制品，如果酒、果汁及果酱等才不需要进行大小分级。

3. 洗涤

果蔬原料在分级后进行洗涤。洗涤的目的：减少泥沙，减少微生物，去除残留农药。洗涤用水：除制蜜饯、果脯可用硬水外，其他加工原料须用软水洗涤。水温一般是常温，有时为了增加洗涤效果可以用热水，但热水不适用于柔软多汁，成熟度高的果品。果皮上残留有毒药剂的原料，还需用化学药品洗涤，一般常用的化学试剂为 $0.5\% \sim 1.5\%$ 盐酸、$0.03\% \sim 0.05\%$ $KMNO_4$ 溶液、或 600×10^{-6} 漂白粉液等。洗涤方法：将原料和药液比例 $1:1.5 \sim 2$，浸泡 $5 \sim 10min$，再用清水洗去化学试剂。洗涤用水应是流动水，循环水大大增加原料的带菌量，不如流动水好。原料较软的可用振荡式洗涤、毛刷式洗涤。

4. 去皮

很多果蔬原料的外皮，果心一般都较粗糙或有绒毛，具有不良风味，应当去掉，以提高制品的品质。例如，苹果、桃、李、杏等果皮中多富含纤维素、果胶及角质；柑橘类果实外皮中富含香精油、果胶、纤维及苦味的糖苷，这些原料除制汁、制酒外都必须去皮。去皮时，只要求去掉不合要求的部分，注意适度，过度的去皮去心，只能增加原料的消耗定额，并不能提高成品的品质。去皮的方法可用五种。

1) 机械去皮

（1）用手工借助小型刀具去皮。要求用不锈钢刀具，这种去皮方法简单、细致、彻底，但效率低。

（2）用小型机械去皮。用于体积大，外型整齐，肉质坚实的果实，如苹果、梨的旋皮机；菠萝的去皮切端通心机。此种去皮方法效率高，但去皮不完全，还需加以修整，去皮损失率也较高。要求凡与果肉接触的刀具、机器部件，必须用不锈钢或合金制成，铁质会引起果肉迅速变色，而且铁易被酸腐蚀增加成品的金属指标。

2）化学去皮

化学去皮，通常用 NaOH 或 KOH 或两者的混合液去皮，如桃、李去皮、橘子去囊衣等。

（1）化学去皮的原理：利用果蔬各组织抗腐蚀性的不一致来去皮的。果皮中的角质，半纤维素易被碱腐蚀而变薄及至溶解，果胶被碱水解而失去胶凝性，果肉组织为薄壁细胞，比较抗碱。因此，用碱液处理后的果实，果皮去掉而保存果肉。

（2）碱液去皮时应注意的事项：进行碱液去皮时碱液的浓度，温度以及处理时间随果蔬种类，品种及成熟度不同而异，必须很好掌握，要求能去掉果皮又不伤果肉。

碱液的温度越高、浓度越大及处理时间越长都会增加皮层松离及腐蚀的程度，适当增加任何一个因子的程度，都能加速去皮的作用，相反，则降低作用效果。碱液去皮应掌握上述三个因子的关联作用，原则是使原料表面不留有痕迹，皮层下肉质不腐蚀，用水冲洗略加搅拌或搓擦，即可脱皮为度。

（3）几种果蔬原料碱液去皮的条件见表 2.6。

表 2.6　几种果蔬原料碱液去皮的条件

种　　类	NaOH 溶液的浓度/%	液温/℃	浸碱时间/s
桃	2.0～6.0	90 以上	30～60
李	2.0～8.0	90 以上	60～120
橘囊	0.8	60～75	15～30
杏	2.0～6.0	90 以上	30～60
胡萝卜	4.0	90 以上	60～120
马铃薯	10～11	90 以上	120 左右

（4）方法：

浸碱法：{ 冷浸 热浸

淋碱法：将加热的碱液用高压喷淋需去皮的原料

3）热力去皮

热力去皮，即在高温短时间的作用下，果蔬表面迅速变热，表皮膨胀破裂，果皮与果肉之间的原果胶发生水解，失去胶凝性，果皮便容易被除去。例如，桃、杏、枇杷、番茄等薄皮果实的去皮。

4）酶法去皮

酶法去皮主要用于橘瓣的脱囊衣，在果胶酶的作用下，能使果胶水解，囊衣脱去。如用 1.5% 的 703 果胶酶溶液，温度为 35～40℃，pH2.0～1.5，处理橘瓣 3～8min，可达半脱囊衣的效果。用酶法去囊衣的橘瓣风味好，色泽美观。

5）冷冻去皮

将果蔬与冷冻装置的冷冻表面接触片刻，使其外皮冻结于冷冻装置上，当果蔬离开时，外皮即被剥离，冷冻装置的温度在 -28～-23℃，这种方法可用于桃、李、番茄等的去皮。

5. 原料的切分、破碎与取汁

体积较大的果蔬，用做干制，装罐，制蜜饯、果脯等时，需要适当的切分，保持一定的形态；用做制果馅，果酱的原料需要破碎，以便煮制；制果汁，果酒的原料经破碎后便于取汁。例如，劈桃机、菠萝切片机、打浆机、螺旋式榨汁机等。

6. 护色

苹果、梨等经去皮或切分、破碎、榨汁后，放置在空气中，很快就变色，其原因是苹果、梨等果蔬中含的鞣质——单宁，被氧化而变成暗褐色的物质，因而，在切分、破碎后常常进行护色处理。在果蔬加工中，常常采用热烫的方法加以处理，热烫也叫预煮。就是将果蔬原料用热水或蒸汽进行短时间加热处理。其目的主要有六个。

(1) 破坏原料组织中所含酶的活性，稳定色泽，改善风味和组织。因经去皮、切分后的果蔬与空气的接触面增加，氧化酶极为活跃，原料容易变色，维生素 C 容易损失。

(2) 软化组织，便于以后的加工和装卸。

(3) 排除部分水分，以保证开罐时固形物含量。

(4) 排除原料组织内部的部分空气以减少氧化作用，减轻金属罐内壁的腐蚀作用。

(5) 杀灭部分附着于原料的微生物，减少半成品的带菌数，提高罐头的杀菌效果。

(6) 可改进原料的品质。某些原料带有特殊气味，经过热烫后可除掉这些不良气味，从而改进原料的品质。

原料热烫的方法有热水处理和蒸汽处理两种。热水热烫简单方便，但存在原料的可溶性物质流失量大的缺点；蒸汽热烫必须要有专门的设备，原料的可溶性物质的流失量较热水热烫要小，但也不可避免。热烫的温度，时间视果蔬的种类，块形大小及工艺要求等而定。热烫的终点通常以果蔬的过氧化物酶完全失活为准。

三、加工用水的要求及净化

(一) 加工用水的要求

加工用水量大，生产一吨罐头产品需水约 40～60t，1t 糖制品需水 10～20t，而且对水的质量要求高。

1. 用水

(1) 生产用水：清洁用水 (清洗、冷却浸漂、清洗容器、加工用具等)；调制糖盐溶液 (罐液)；预煮水；杀菌水；冷却水。

(2) 锅炉用水 (动力用水)。

(3) 生活用水 (包括个人卫生)。

(4) 消防用水。

2. 用水质量要求

凡与原料直接接触的用水，应符合 "GB 5749—2006 生活饮用水卫生标准"。无色、澄清、无悬浮物质、无异味异嗅、无致病细菌、无耐热微生物及寄生虫，不含对人体健康有害、有毒的物质。此外，水中不应含有硫化氢、氨、硝酸盐及亚硝酸盐等，也不应有过多的铁、锰等。

水的硬度也直接影响加工产品的质量。水中钙盐或镁盐的含量决定它的硬度，一般来说，1升水中含10mgCaO或MgO叫1°d的水，通常用CaO含量表示。

水的总硬度：0～4°d为最软的水；4～8°d为软水；8～16°d为中等硬度的水；16～30°d为硬水；30°d以上为极硬的水。

硬度过大的水不适宜作加工用水，因硬水中的钙盐与果蔬中的果胶酸结合生成果胶酸钙而使果肉变硬，镁盐味苦，1L水中含有MgO40mg便可尝出苦味。钙、镁盐还可与果蔬中的酸化合生成溶解度小的有机酸盐，并与蛋白质生成不溶性物质，引起汁液混浊或沉淀。所以，除蜜饯制坯，半成品保存可用硬度较大的水，以保持果蔬的脆性和硬度外，其他加工品要求水的硬度不宜过高。

具体的讲，用途不同，加工品种类不同，对水的硬度要求亦不同：一般锅炉用水要求0.035～0.1°d的水；罐藏品，速冻制品，干制品要求8～16°d的水，水过硬，易产生沉淀，影响品质，使罐液混浊；果酒、汽水要求透明度高，要求用4～8°d的软水；腌渍类产品，要求有一定的硬度，可用16°d以上的水。

（二）加工用水的处理（图2.1）

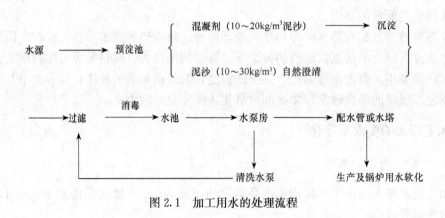

图2.1　加工用水的处理流程

1. 澄清

（1）自然澄清。将水静置于贮水池中，待其自然澄清，但只能除去水中较大的悬浮固体。

（2）过滤。水流经一种多孔性或有孔隙结构的介质（如砂、木炭）时，水中的一些悬浮物或胶态杂质被截留在介质的孔隙或表面上，使水澄清。一般常用的过滤介质有砂、石英砂、活性炭、磁铁矿粒、大理石等。

（3）加混凝剂澄清。自然水中，悬浮物表面一般带负电荷，当加入的混凝剂水解，生成不溶性带正电荷的阳离子，便发生电荷中和而聚集下沉，使水澄清。常用的混凝剂有铝盐及铁盐：铁盐主要有硫酸亚铁$FeSO_4 \cdot 7H_2O$，硫酸铁$Fe_2(SO_4)_3$及三氯化铁$FeCl_3$等。

混凝效果与投入的混凝剂的量成正相关，须按水的混浊度经混凝试验后确定其用量。$Fe_2(SO_4)_3$ 一般用量为 5～10mg/L 水；$FeSO_4$ 一般用量为 5～25mg/L 水；当温度低于 5℃以下时，凝聚速度甚慢，温度每升高 10℃，凝聚速度增加约 1 倍。使用铝盐要求原水的 pH6.5～7.5 混凝效果最好；铁盐要求原水的 pH6.1～6.4 混凝效果最好。混凝澄清可在沉淀槽中完成，大概 50m 以上，且有一定的坡度，0.2％比降，以便清除泥沙。绿色食品加工用水应符合《绿色食品 加工用水质量要求》的要求，详见表 2.7。

表 2.7 加工用水中各项污染物的指标要求

项 目	指 标	项 目	指 标
pH	6.5～8.5	氰化物/（mg/L）	≤0.05
汞/（mg/L）	≤0.001	氟化物/（mg/L）	≤1.0
镉/（mg/L）	≤0.01	氯化物/（mg/L）	≤250
铅/（mg/L）	≤0.05	细菌总数/（个/mL）	≤100
砷/（mg/L）	≤0.05	总大肠菌群/（个/L）	≤3
铬/（mg/L）	≤0.05	—	—

2. 消毒

经澄清处理的水，仍含有大量微生物，特别是致病菌与抗热性微生物，须进行消毒。加工用水一般采用氯化法消毒，常用漂白粉（$CaOCl_2$）、漂白精（$NaOCl$）、液态氯等。

漂白粉投入水中后生成次氯酸 HOCl，再分解出 [O]。

$$2CaOCl_2 + 2H_2O \longrightarrow Ca(OH)_2 + CaCl_2 + 2HOCl$$
$$HOCl \longrightarrow HCl + [O] \quad 或 \quad HOCl \longrightarrow H^+ + OCl^-$$

游离的 [O] 能氧化水中的微生物，使其生命活动停止。

漂白粉的用量，以输水管的末端放出的余氯量为 0.1～0.3mg/L 水之间为宜，如小于 0.1mg/L 水则消毒作用不完全，大于 0.3mg/L 水，会产生氯气味。

漂白精（NaOCl 次氯酸钠）杀菌力强，性质稳定，在水中保持时间较长，不含悬浮物，不增加水的硬度，比用漂白粉好。

此外，还有紫外线消毒、臭氧消毒等。

3. 软化

降低水的硬度，以适合加工用水的要求，特别是锅炉用水对硬度要求更严。

（1）加热法。可除去暂时硬度、水中含钙、镁碳酸盐的称为暂时硬水。含钙、镁硫酸盐或氯化物的称为永久硬水。暂时硬度＋永久硬度称总硬度。加热法可除去暂时硬度。

$$Ca(HCO_3)_2 \longrightarrow CaCO_3 \downarrow + H_2O + CO_2 \uparrow$$
$$Mg(HCO_3)_2 \longrightarrow Mg(OH)_2 \downarrow + H_2O + CO_2 \uparrow$$

（2）石灰与碳酸钠法。加石灰可使暂时硬水软化。

$$Ca(HCO_3)_2 + Ca(OH)_2 \longrightarrow 2CaCO_3 \downarrow + 2H_2O$$

$$Mg(HCO_3)_2 + Ca(OH)_2 \longrightarrow MgCO_3 + CaCO_3 \downarrow + 2H_2O$$

$$MgCO_3 + Ca(OH)_2 \longrightarrow Mg(OH)_2 \downarrow + CaCO_3 \downarrow$$

加碳酸钠能使永久硬水软化。

$$CaSO_4 + Na_2CO_3 \longrightarrow CaCO_3 \downarrow + Na_2SO_4$$

$$MgSO_4 + Na_2CO_3 \longrightarrow MgCO_3 + Na_2SO_4$$

石灰先配成饱和溶液，再与碳酸钠一同加于水中，搅拌，碳酸盐类沉淀后，再过滤除去沉淀物。

(3) 离子交换法。硬水通过离子交换剂层软化，即得到软水，含钙量可降至 0.01mmol/L 以下。多用离子交换树脂，硬水中的 Ca^{2+}、Mg^{2+} 被 H^+ 置换，使水软化。

4. 除盐

经软化的水含有大量的盐类及酸，为了得到无离子的中性软水，须除盐。

(1) 电渗析法。用电力使得阴阳离子分开，并被电流带走，而得到无离子中性软水，该法能够连续化、自动化，不需外加任何化学药剂，因此它不带任何危害水质的因素，同时对盐类的除去量也容易控制。

(2) 渗透法（或称超过滤法）。在反渗透器中，对水施加压力，使水分子通过半渗透膜，而水中其他离子被截留，从而达到除盐的目的。

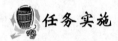 任务实施

实训任务二　新鲜果蔬在加工中的护色及处理

在加工中尽量保持果蔬原有美丽鲜艳的色泽，是加工的目标之一，但是原料中所含的各种化学物质，在加工环境条件不同时，会产生各种不同的化学反应而引起产品色泽的变化，甚至在色泽上的劣变，通过实操训练了解新鲜果蔬易产生的色泽变化及抑制变色的方法。

【生产标准】

(1) 生产中按绿色食品生产要求：中华人民共和国农业部发布的《中华人民共和国农业行业标准》（NY/T 1047—2006）执行。

(2) 绿色食品生产中所使用的食品添加剂应遵照中华人民共和国农业部批准的《中华人民共和国农业行业标准：绿色食品　食品添加剂使用准则》（NY/T 392—2000）执行。

【实训内容】

一、酶活性的检验及防止褐变的方法

（一）材料

马铃薯、苹果、梨、红薯。

电磁炉、铝锅、不锈钢刀、漏勺、搪瓷盘子（每组七个）、烘箱、天平。

（二）试剂

1%～5%愈疮木酚（或联苯胺）、3%氧化氢、1%邻苯二酚、偏重亚硝酸钾（或其他亚硫酸盐类）、柠檬酸食盐。

（三）实训步骤

1. 观察酶褐变的色泽

（1）马铃薯人工去皮，切成 3mm 厚的圆片，取一片切面滴上 2～3 滴 1.5% 滴愈疮木酚（或联苯胺）再滴上 2～3 滴过氧化氢，由于马铃薯中过氧化物酶的存在，愈疮木酚与过氧化氢经酶作用，脱氢而产生褐色的络合物，观察并记录。

（2）苹果人工去皮，切成 3mm 厚的圆片，滴 1% 邻苯二酚（或用邻苯三酚 2～3 滴，由于多酚氧化酶存在，而使原料变成茶褐色或深褐色的络合物，观察并记录。

2. 酶褐变的防止

（1）热烫、高温可以使氧化酶类丧失活性，生产中利用热烫防止酶褐变，将马铃薯片投入沸水中，待再次沸腾计时，每隔 1min，取出一片马铃薯用 1.5% 愈疮木酚和 3% 过氧化氢滴在切面上，观察其变色的速度和程度，直到不变色为止，将剩余马铃薯投入冷水中及时冷却，观察并记录。

（2）用不同化学试剂防止酶褐变：各种不同的化学试剂可降低介质中的 pH 和减少溶解氧，均可抑制氧化酶类活性，将切片的苹果分别取 3～5 片投入到 1%NaCl、0.1% $C_6H_8O_7 \cdot H_2O$、0.2%$K_2S_2O_5$ 中护色 20min，取出滴干，观察并记录。

（3）取去皮后的马铃薯、苹果各两片静置 10min，观察其色泽，并记录。

（4）将经（1）、（2）、（3）处理的马铃薯及苹果片投入 55～60℃ 烘箱中，恒温干燥，观察其经各种处理和未处理（对照），干燥前后色泽的变化，并进行记载。

二、叶绿素的变化及护绿

1. 试验材料

各种富含叶绿素的蔬菜如菠菜、藤菜（蕹菜）、叶用莴笋、小白菜等。

2. 仪器设备

不锈钢刀、烧杯、电磁炉、恒温烘箱等。

3. 试剂

0.5%$NaHCO_3$、0.5%CaO、0.1%HCl。

4. 实训步骤

（1）将洗净的原料各五条在 0.5%$CaHCO_3$、0.5%CaO、0.1%HCl 浸泡 30min 沥

出，滴干明水。

(2) 将经以上处理的原料放在沸水中 2~3min，取出放入冷水中冷却、滴干明水。

(3) 将洗净的蔬菜在沸水中烫 2~3min，捞出冷却，滴干明水。

(4) 将洗净的蔬菜取 3~4 条。

(5) 将洗净并经 1、2、3、4 处理的原料放入 60℃烘箱中恒温干燥，观察其不同处理产品的色泽，并进行记载。

三、实训完成后要求

(1) 进一步查资料，寻找新鲜果蔬加工中符合绿色食品生产要求的护色方法，找出各自的优缺点。

(2) 进一步阐述护色在果蔬加工中的重要性。

(3) 在上述阐述的基础上，写出不低于 1000 字的实训报告，总结经验，对不同的原料选择什么样的护色方法做出分析。

 作业

1. 什么是绿色食品？绿色食品的特点有哪些？绿色食品加工技术应遵循的原则是什么？

2. 请归纳总结各食品添加剂的性能、作用及使用要求。

3. 作为一名食品技术人员，在食品加工制造中必须注意哪几个方面的问题？

4. 简要说明控制酶促褐变的方法以及控制非酶褐变的方法。

5. 什么是原料的预处理？试述 SO_2 的作用及特征，食盐的保藏作用。

6. 为什么说果蔬加工预处理时热烫有利于绿色的保护？

7. 试述绿色食品原料基地的建设应遵循的原则。

8. 试述果蔬加工原料的要求及预处理。

9. 试述加工用水的要求及净化。

项目三 绿色罐藏食品的加工

☞ **教学目标**

(1) 熟悉绿色食品水果、蔬菜罐头生产的标准。

(2) 掌握罐头的定义及特点；了解罐藏原理及罐藏食品的类型。

(3) 了解罐藏容器应具备的条件及常用的罐藏容器。

(4) 掌握罐头食品的生产工艺及工艺要点。

(5) 了解罐头食品的检验与保存；罐藏技术的进展。

(6) 能够自行设计并生产出符合绿色食品要求的果蔬罐头。

☞ **教学重点**

绿色食品水果、蔬菜罐头的生产标准；罐藏原理；罐头食品杀菌的理论依据；罐藏容器应具备的条件及常用的罐藏容器；绿色食品罐头的加工工艺及工艺技术要点；罐藏食品的检验与保存。

☞ **教学难点**

绿色罐头食品的生产要求；罐藏工艺及各工艺要点，罐藏食品的检验与保存；符合绿色食品生产要求的罐头食品加工。

☞ **生产标准**

绿色食品果蔬罐头生产中应按：中华人民共和国农业部发布的《中华人民共和国农业行业标准：绿色食品　水果、蔬菜罐头标准》(NY/T 1047—2006) 执行。

一、罐头的定义和特点

罐头是将原料经预处理→装罐（装入能密封的容器内）→排气、密封、杀菌、冷却，经这一系列过程制成的产品。

罐头的主要特点有三个。

(1) 必须有一个能够密闭的容器（包括复合薄膜制成的软袋）。

(2) 必须经过排气、密封、杀菌、冷却这四个工序。

(3) 从理论上讲必须杀死致病菌、腐败菌、中毒菌，在生产上叫商业无菌，并使酶失活。

二、罐头工业的发展概况

罐藏食品的正式出现，现在公认的应归功于法国的阿培尔，他于 1810 年发明了食品保藏方法——用沸水煮、严密密封瓶装的各种食品，能长期贮存，曾被称为阿培尔技艺。

1795 年，法国政府出于战争的需要重金悬赏供军用食品保藏的方法。1804 年，阿培尔研究成功。他的保藏方法是将肉和黄豆装入坛子中，再轻轻塞上软木塞（保证气体能自由进出坛子）置于热水浴中加热，至坛内食品沸腾 30～60min，取出趁热将软木塞塞紧，并涂蜡密封。经过保藏试验证明，用这种方法保藏的食品具有较长的保存期。1809 年阿培尔向当时的拿破仑政府提出了自己的发明，获得了 12000 法郎的奖金。1810 年，阿培尔撰写并出版了《动物和植物物质的永久保存法》一书，书中提出了罐藏的基本方法——排气、密封和杀菌。1812 年，阿培尔正式开设了一家罐头厂，命名为"阿培尔之家"，这就是世界上第一家罐头厂。

其实，我国劳动人民对用密封和热处理保藏食品的可能性早已有所研究和应用。宋朝朱翼中著《北山酒经》（1117 年）也曾提到瓶装酒加药密封、煮沸、再静置在石灰上贮存的方法。但阿培尔对罐藏食品进行了系统的研发，并撰写了书出版。

罐藏保存食品的方法至今也就 200 年历史，但罐藏已成为食品工业中最重要的加工工艺之一，食品经排气、密封、杀菌、冷却，保存在不再受外界微生物污染的密闭容器中，能长期保存，不再引起败坏。但在罐藏技术刚发明的半个世纪期间，还没有微生物的发现，对保存的基本原理还缺乏正确的认识，因而进展比较缓慢。

1862 年，法国著名科学家巴斯德经过多次试验发现引起食品腐败的原因是微生物生长繁殖的结果，为罐藏方法找到了真正的科学依据，发明了"巴斯德杀菌法"。

20 世纪初，美国人 Bigelow 和 Esty 确立了食品的 pH 与细菌芽孢的耐热性之间的关系，从而为罐头食品根据其 pH 的大小分成酸性食品和低酸性食品奠定了基础。这种以 pH 进行分类的方法是确定罐头食品杀菌方法的一个重要因素。

1920 年，Ball 和 Bigelow 首先以科学为基础提出了罐头杀菌安全过程的计算方法，这就是众所周知的图解法。1923 年，Ball 又建立了杀菌时间的公式计算法，杀菌条件安全性的判别方法，后来经美国罐头协会热工学研究小组简化，用来计算热传导数据，这就是目前正在普遍使用的方法。

罐头杀菌技术的发展是罐头工业史上的一个里程碑。从杀菌的方式上讲也在不断发展，从刚开始的用沸水浴杀菌需 6h，后来用盐水浴（$CaCl_2$），温度高些（可达 115.6℃），杀菌所需的时间缩短了。罐头食品的品质明显提高，后来又产生了高压杀菌，现在还有高温短时杀菌、超高温短时杀菌等。

罐藏容器从开始的玻璃瓶罐，手工制作的金属缸，到后来的三片罐、二片罐，以铝合金为罐材的易拉罐以及后来的蒸煮袋的出现，使罐藏容器品种更为新颖、多样、实用化。罐藏技术也由最初完全手工操作演变到今日的机械化安全生产的近代食品工业。罐头工业历史中另一个重要的里程碑是无菌罐装工艺的出现。罐头食品不仅满足人民的日常需要，尤其在特殊条件下，如航海、勘探、军需等方面更为重要。

我国罐头工业创始于 1906 年，至今已有 100 多年的历史。上海泰丰食品公司就是我国首家罐头厂，而后沿海各省先后建罐头厂。到 1949 年，全国罐头总产量 484t。到 2003 年，我国罐头出口量就接近 160 万吨。

我国各类罐头已出口到一百多个国家和地区，不少产品受到国外好评，并享有一定的声誉。我国罐头出口量占世界第八位，主要有蘑菇罐头，世界第一，占世界的 40%，其他的有石刁柏罐头、青刀豆罐头、番茄酱，此外还有荔枝、龙眼、枇杷等罐头。

虽然，我国的罐头工业有了很大的发展，但从罐头产品的产量，品种规格，包装装潢，产品质量，贸易数量，劳动生产效率等方面与国外先进国家相比还存在相当大的差距。

当前，世界罐头总产量已达 5000 多吨，罐头种类繁多，用途广，有家庭食品小罐头、公共膳食罐头、开启方便的旅行罐头、各种疗效罐头，针对特殊需要的高空、高山、宇宙罐头以及婴幼儿儿童营养罐头等。从空罐到实罐，从原料到成品几乎全都有专用的设备。

我国罐头工业从长远发展考虑，应加强下列工作：适于加工的原料品种选育与繁殖；加工工艺设备的改进；新包装容器的研制使用；微生物、污染物、添加剂、食品中营养素、有害有毒成分、农药残留量的检测以及工业"三废"的防治。

任务一 罐藏食品加工的准备

布置任务

任务描述	本任务要求通过罐藏原理、罐藏容器及罐藏食品类型的学习，了解罐藏食品及相关知识；通过实训任务"绿色食品糖水菠萝罐头的制作"对绿色食品罐头有更深的了解
任务要求	了解绿色食品罐头的生产标准；掌握绿色食品罐头的生产要求；了解水果罐头的制作工艺

任务准备

一、罐藏原理

（一）罐头食品与微生物的关系

微生物主要包括细菌、霉菌和酵母菌、霉菌和酵母菌的败坏作用在食品原料装罐之前是重要的，除了在很少的特殊产品或密封缺陷的罐头中发生败坏外，它们一般不能在耐罐藏的热处理和密封条件下活动。导致罐头食品败坏的微生物最重要的是细菌。我们现在所采用的杀菌理论和计算标准都是以某类细菌的致死效应为依据。

细菌学杀菌是指绝对无菌,而罐头食品杀菌是指商业无菌。其含义是杀死致病菌、腐败菌,并不是杀灭一切微生物。严格控制杀菌温度和时间就成为保证罐头食品质量极为重要的事情。故有必要了解腐败微生物的一般习性。

1. 对生活物质的要求

食品原料含有微生物生长活动所需的营养物质,如糖、淀粉、油脂、维生素、蛋白质以及各种必要的盐类和微量元素,都是微生物生长的基本条件。微生物的大量存在,是罐头败坏的重要原因,因此,食品加工厂从原料处理到成品的各个环节中清洁卫生管理是非常重要的。

2. 微生物对水分的要求

微生物对营养物质的吸收是靠在溶液状态下通过渗透扩散作用进行的。因此,只有在充分的水分存在下,才能进行正常的新陈代谢。减少水分就限制了微生物的生长活动。例如,某些低酸性食品罐头在含水量低于 25%～30%时,可以安全保存。

3. 对氧的要求

微生物对氧的需要有很大的差别,依据对氧的要求可将它们分为:嗜氧微生物、厌氧微生物、兼性厌氧微生物。在罐藏方面,嗜氧微生物受到限制,而厌氧微生物则是一个重要因素,如果在热处理时没有杀死,则会造成罐头食品的败坏。

4. 酸的适应性

酸的适应性指产品中游离酸,而不是总酸。不同的微生物具有生长最适宜的 pH 范围,产品的 pH 对细菌的重要作用是影响其对热的抵抗力,在一定温度下 pH 越低,降低细菌及孢子的抗热力则越显著,也就提高了杀菌的效应。

根据食品酸性的强弱可分为:酸性食品(pH4.5 或以下)、低酸性食品(pH4.5 以上)。也有的将食品分为:低酸性食品(pH>4.5)、酸性食品(pH4.5～3.7)、高酸性食品(pH<3.7)。

在实际运用中,一般以 pH4.5 作为划分界线。在低酸性食品中的微生物以嗜温性产芽孢的厌氧细菌类最为重要,如腐败菌 PA3679 属于这一类,通常作为杀菌的标准;在酸性食品中造成败坏的是一类耐酸性的微生物它们没有特殊的抗热性。

5. 微生物的耐热力

各类微生物都有其最适的生长温度,温度超过或低于此最适范围,就影响它们的生长活动,抑制或致死。

根据对温度的适应范围,将其分为以下几类:

(1) 嗜冷性微生物。生长最适温度 14～20℃。霉菌和某些细菌能在此温度下生长,它们对食品安全影响不大。

（2）嗜温性微生物。活动温度范围为 21～43℃。这类微生物很容易引起罐藏食品的败坏，很多产毒素的败坏细菌适应这个温度。

（3）嗜热性微生物。最适温度 50～66℃，温度最低限在 38℃左右，有的可在 77℃下缓慢生长。这类细菌的孢子是最抗热的，有的能在 121℃下幸存 60min 以上，这类细菌在食品败坏中不产生毒素。

（二）影响杀菌的因素

1. 微生物

微生物的种类，抗热力与耐酸能力对杀菌的效力有不同的影响，但杀菌的效果涉及细菌方面，还应考虑以下因素：

1）食品中污染微生物的种类

食品中污染微生物的种类很多，微生物的种类不同，其耐热性有明显不同，即使同一种细菌，菌株不同，其耐热性也有较大差异。一般说，非芽孢菌、霉菌、酵母菌以及芽孢菌的营养细胞的耐热性较低。

营养细胞在 70～80℃下加热，很短时间便可杀死，细菌芽孢的耐热性很强，其中又以嗜热性的芽孢为最强，厌氧菌芽孢的次之，需氧菌芽孢最弱。同一种芽孢的耐热性又以其菌龄、生产条件等的不同而不同。

2）食品中污染微生物的数量

食品中微生物存在的数量，特别是孢子存在的数量越多，抗热的能力越强，在同温度下所需的致死时间就越长。对于某一种对象菌来说，在规定的温度下，细菌死灭的数量与杀菌时间之间存在着对数关系，用数学式表达为

$$\ln b = -kt + \ln a \quad \text{或} \quad b = a/\mathrm{e}^{kt}$$

式中：t——杀菌时间；

$\quad\quad k$——细菌死灭速度常数；

$\quad\quad a$——杀菌前的菌浓度；

$\quad\quad b$——经 t 时间杀菌后存活的菌浓度。

以上可看出，在相同的杀菌条件下（温度和时间为定值时），对于某一种特定的菌来说，b 就取决于 a，污染越严重 a 越大，残存量 b 也就越大。

因此，原料从采收到加工的拖延积压，对食品品质是很不利的。另一方面要注意卫生管理、用水质量及食品接触的一切机械设备的清洗和处理，否则都会影响杀菌效果。

3）环境条件的影响

孢子在形成过程中的环境条件对其抗热力有影响，即外界的物理化学条件对其抗热力有改变作用。例如，干燥可增加芽孢或孢子的抗热力，而冷冻有减弱抗热力的趋势。

2. 食品原料

食品原料的组织结构和化学成分是复杂的，在杀菌及以后的贮存期间有不同的影响。

1）原料的酸度（pH）

原料的酸度是影响抗热力的一个重要因素。原料的 pH 对细菌芽孢的耐热性影响最显著。大多数产芽孢的细菌，通常在中性时耐热性最强。提高食品的酸度，即降低 pH，就可以减弱微生物的抗热性并抑制它的生长。pH 越低，酸度越高，芽孢的耐热性就越弱。因而在低酸性食品中加酸（如醋酸、乳酸、柠檬酸等）可以提高杀菌和保藏的能力。当 pH＞5.0 时，影响细胞抗热力的则主要为其他因素。

2）含糖量的影响

糖对孢子具有保护作用，是由于细胞的原生质部分脱水，防止了蛋白质的凝结，使细胞处于更稳定的状态。所以，在一定范围内，装罐食品和填充液中糖的浓度越高，则需要较长的杀菌时间。

3）无机盐的影响

低浓度的食盐溶液（＜4%）对孢子有保护作用，但高浓度的食盐溶液（＞8%）则会降低孢子的抗热力。食盐也能有效地抑制腐败菌的生长。另外，磷酸盐能影响孢子的抗热力，它对孢子的形成和萌发都是很重要的。

4）其他成分

淀粉、蛋白质、油脂对孢子的抗热力有保护作用。淀粉本身不影响孢子的抗热力，但能有效地吸附有抑制性质的物质，对细菌提供有利的条件；油脂也有阻碍热对孢子作用的效果；蛋白质对孢子的抗热力也起一定的保护作用。果胶也使传热显著减缓。

5）酶的作用

酶是一种蛋白质性质的生物催化剂。在较高的温度下，蛋白质结构崩解，键断裂而失去活性。在罐头食品中因高温杀菌，绝大多数的酶活性在 79.4℃下几分钟就可破坏，但如果酶的活性没有完全被破坏，在酸性和高酸性食品中常引起风味、色泽和质地的败坏。一般来说，过氧化物酶系统的钝化，常作为酸性罐头食品杀菌的指标。

（三）罐头食品杀菌的理论依据

1. 杀菌的目的

（1）杀灭一切对罐内食品起败坏作用和产毒致病的微生物，破坏酶的活性，使食品得以稳定保存。

（2）改变食品质地和风味。

一般认为，在罐头食品杀菌中，酶类、霉菌类和酵母类是比较容易控制和杀灭的。罐头热杀菌的主要对象是抑制那些在无氧或微量氧条件下，仍然活动而且产生孢子的厌氧性细菌。这类细菌的孢子抗热力是很强的。

2. 食品杀菌的理论依据

要完成杀菌的要求就必须考虑到杀菌的温度和时间的关系。

热致死时间是指：罐内细菌在某一温度下需要多少时间才能将其杀死。常以此数据作为杀菌操作的指导。

在实验室中进行这种测定必须采用抗热力能够代表食品内有害细菌的菌种，该菌种被杀死，也就基本上消灭了其他有害菌种。在罐头食品工业上一般认可的试验菌种，是采用产生毒素的肉毒杆菌的孢子为对象，但也有采用抗热力更高的菌种，如 FS1518 和 FA3679 为标准对象，视目的要求而选用之。

热对细菌致死的效应是操作时的温度与时间控制的结果。温度越高，处理时间越长，则效果越显著，但同时也提高了对食品营养的破坏作用，因而合理的热处理必须以两方面的资料为依据。

(1) 抑制食品中最抗热的致败，产毒微生物所需的温度和时间。

(2) 了解产品的包装和包装容器的热传导性能，温度只要超过微生物生长所能够忍受的最高限度，就具有致死的效应。

另外，在流体和固体食品中，升温最慢的部位有所不同，罐头杀菌必须以这个最冷点作为标准，热处理要在这个部位满足杀菌的要求，才能使罐头食品安全保存。

二、罐藏食品的分类

罐藏食品的种类很多，分类方法也各不相同。1989 年，中华人民共和国颁布了罐头食品分类标准 (GB 10784—1989)。标准中首先将罐藏食品按原料分成六大类，再将各大类按加工或调味方法的不同分成若干类。按原料分为以下六大类罐头。肉类罐头、禽类罐头、水产类罐头、水果类罐头、蔬菜类罐头、其他类罐头。

三、罐藏容器

(一) 罐藏容器应具备的条件

(1) 对人体没有毒害，不污染食品，保证食品符合卫生要求。

(2) 具有良好的密封性能，保证食品经消毒杀菌之后与外界空气隔绝，防止微生物污染，使食品能长期贮存而不致变质。

(3) 具良好的耐腐蚀性。因为各种罐藏食品一般都含有糖类，蛋白质等有机化合物及无机盐类，在罐藏食品生产过程中会发生一些化学变化，分解出具有一定腐蚀性的物质，罐藏食品在贮存过程中也会缓慢地进行变化，腐蚀容器，甚至造成穿孔泄漏。

(4) 适合工业化生产，能随承受各种机械加工。能适应工厂机械化和自动化生产的要求，容器规格一致，生产率高，质量稳定，成本低。

(5) 容器应易于开启，取食方便，体积小，重量轻，便于携带，利于消费。

(二) 常用的罐藏容器

目前，用于罐头生产的容器主要有镀锡薄板罐、镀铬薄板罐，铝合金薄板罐、玻璃罐、塑料罐及复合塑料薄膜袋等。下面介绍几种常用的罐藏容器：

1. 薄锡薄板罐（马口铁罐），简称铁罐

马口铁罐是两面镀锡的低碳薄钢板，含碳量在 $0.06\% \sim 0.12\%$，厚度 $0.15 \sim 0.49mm$。为五层结构，包括钢基、合金层、锡层、氧化膜层、油膜层，如图 3.1 所示。

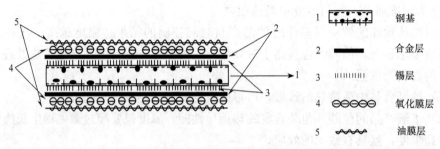

1		钢基
2		合金层
3		锡层
4		氧化膜层
5		油膜层

图 3.1　马口铁的结构

2. 铝合金薄板罐（铝罐）

铝及铝合金薄板罐是纯铝或铝锰、铝镁按一定比例配合经过铸造、压延、退火制成的具有金属光泽、质量轻能耐一定腐蚀的金属材料。

此类罐质轻，便于运输；抗大气的腐蚀不生锈；通常不会受到含硫产品的染色；易于成型；不含铅，无毒害。但强度低，易变形；不便于焊接；对产品有漂白作用；使用寿命不及马口铁罐；成本费用比马口铁昂贵。

铝罐看似耐腐蚀但实验证明，还是能与食品起反应。如果铝罐用于装果蔬加工品，必须进行内部涂料，这样成本费用就大为提高了。

3. 玻璃罐

玻璃罐（瓶）在罐头食品中占的比重不小，是以玻璃作为材料制成的。玻璃为石英砂（硅酸）和碱，即中性硅酸盐熔融后在缓慢冷却中形成的非晶态固化无机物质。玻璃的种类很多，随配料成分而异。装食品用的玻璃罐（瓶）是用碱石灰玻璃制成，即将石英砂、纯碱（Na_2CO_3）以及石灰石（CaO）按一定比例配合后在 $1500℃$ 高温下熔融，再缓慢冷却成型铸成的。玻璃瓶由三部分组成：瓶身、瓶盖、瓶圈。

玻璃罐的特点：化学性质稳定，一般不与食品发生化学反应；可直观罐内产品的色泽、形状、产生吸引力或反感；可重复使用；原料丰富，成本低；硬度高，不变形。但热稳定性差；质脆易破；重量大；导热系数小；因它透光，因而对某些色素产生变色的反应。

4. 软罐头

软罐头是由聚酯、铝箔、聚烯烃组成的复合薄膜为材料制成的。这类软罐头包装具有如下特点：

能够忍受高温杀菌，微生物不会侵入，贮存期长；不透气及水蒸气、内容物几乎不可能发生化学作用，能够较长期的保持内容物的质量；质量轻，密封性好，封口简便牢固，可以电热封口；杀菌时传热速度快；开启方便，包装美观。

蒸煮袋的研究成功被认为是罐藏食品技术开发在食品包装方面的一次重要进展。随着高温瞬间杀菌和装罐技术的发展，使得软罐头食品无论在色、香、味以及食品组织形态和营养价值方面均比传统罐头食品要好。因此，软包装的使用，被认为是罐头工业技术的革新，软罐头被称为第二代罐头。

（三）罐藏容器的清洗与消毒

罐藏容器是用来装盛食品的，与食品直接接触，应保证卫生。然而，容器在加工运输和贮存中不可避免的会污染一些微生物，吸附灰尘、油脂等污物，有的还可能残留焊锡药水等。因此，必须清洗干净、消毒和沥干，保证容器的清洁卫生，提高杀菌的效率。清洗的方法视容器的种类而定。

1. 金属罐的清洗

金属罐的清洗分为人工清洗和机械清洗。人工清洗，一般在小型企业多采用，在热水中逐个洗刷，然后再将空罐置于沸水或蒸汽中消毒 0.5～1min。取出后倒置，沥水后使用。人工清洗效率低，劳动强度大。在大中型企业多用洗罐机进行清洗，洗罐机种类很多，有链带式洗罐机、滑动式洗罐机、旋转式洗罐机、滚动式洗罐机等。这些洗罐机的不同之处是空罐的传送方式不同，工作能力不同，而清洗的过程是相同的。

2. 玻璃瓶的清洗和消毒

人工清洗：先用热水浸泡玻璃瓶，然后用毛刷逐个刷洗空瓶的内外壁，再用清水冲净，最后用蒸汽或热水（95～100℃）消毒，即可沥水使用。对于回收的旧瓶子，应先用温度为 40～50℃，浓度为 2％～3％的 NaOH 溶液浸泡 5～10min，以便使附着物润湿而易于洗净。

具有一定生产能力的工厂多用洗瓶机清洗，常用的有喷洗式洗瓶机，浸喷组合式洗瓶机等。喷洗式洗瓶机洗瓶时，瓶子先用具有一定压力的高压热水进行喷射冲洗，而后再以蒸汽消毒，这种喷洗式洗瓶机仅适用于新瓶的清洗。瓶盖先用温水冲洗，烘干后以 75％的酒精消毒。

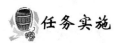 任务实施

实训任务一　绿色食品糖水菠萝罐头的制作

【生产标准】

（1）生产中按绿色食品生产要求：中华人民共和国农业部发布的《中华人民共和国

农业行业标准》(NY/T 1047—2006) 执行。

（2）绿色食品果蔬罐头生产中应按：中华人民共和国农业部发布的《中华人民共和国农业行业标准：绿色食品　水果、蔬菜罐头标准》(NY/T 1047—2006) 执行。

（3）绿色食品生产中所使用的食品添加剂应遵照中华人民共和国农业部批准的《中华人民共和国农业行业标准：绿色食品　食品添加剂使用准则》(NY/T 392—2000)执行。

【实训内容】

菠萝又称凤梨，盛产于我国南方与台湾，较适合用于制罐头等加工品。

一、原辅材料

符合绿色食品要求，适宜做菠萝罐头的罐藏品种，要求肉色黄，甜酸适宜，肉质致密、爽脆，纤维少，成熟度八成熟，无损伤、无病害，可溶性固形物含量为 10% 左右；符合绿色食品要求的砂糖。

二、设备与工具

半自动玻璃罐封罐机、500g 玻璃罐、不锈钢刀、不锈钢盘子、不锈钢中、小号盆、1000g 天平、不锈钢锅、电磁炉、温度计等。

三、工艺流程

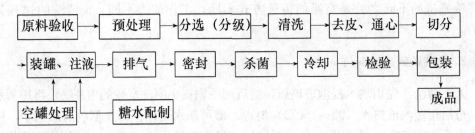

操作要点：

（1）选料去皮、切端、通心：除去成熟度不足，病虫伤痕、烂果，用清水洗净，去皮、挖眼，切端、通心；用清水漂洗；按要求切分，并漂洗，待装罐。

（2）配糖液：按照开罐糖度的要求，计算应加入的糖浓度，菠萝含酸量较高无需加酸，糖水配好后用 120 目滤布过滤。

（3）装罐：选择大小一致，同一部位、相同色泽的装同一罐内，固形物及汤汁量见表 3.1。

表 3.1　糖水罐头固形物及汤汁的比例

罐 类 型	净重/g	菠萝质量/g	汤汁质量/g
玻璃罐	500	300~325	200~175

（4）排气、密封：中心温度 85℃ 以上排气，然后趁热封罐。

（5）杀菌冷却：100℃，杀菌 25min，逐级分段冷却至 38~40℃。

四、成品指标（表 3.2）

表 3.2　糖水菠萝罐头成品指标

项　目		要　求
感官指标	色泽	具有本品种成熟菠萝之颜色，同一罐内色泽一致
	滋味及气味	具有糖水菠萝之应有滋味及气味，无异味
	组织及形态	菠萝去皮切分后，大小大致均匀，汤汁透明，稍有肉屑
	杂质	外来杂质不允许存在
理化指标	固形物	开罐后固形物重不低于 57%（即菠萝）开罐后平衡糖度按折光仪 14%～18%
	酸	要求总酸 0.2%～0.4%
	pH	4.0 左右

注：重金属及微生物指标参照《糖水菠萝罐头》。

五、杀菌实验，设对照

以上述杀菌时间为对照，再采用缩短或延长杀菌时间处理，如可设杀菌时间为 15min 和 30min 处理，杀菌冷却后放入恒温箱在 23～32℃下保温 5d，检验罐头品质。

六、观察记载

1. 理化指标及处理（表 3.3）

表 3.3　糖水菠萝罐头理化指标

项目 处理	物理指标				理化指标		
	真空度/Pa	质量/g			糖度	pH	保温检验
		净重	果肉	汤汁			
杀菌							

2. 感观指标 100 分（表 3.4）

表 3.4　糖水菠萝罐头感官指标

项目 处理		色泽	滋味及气味	组织形态	汤汁	杂质	总分	备注
		15 分	30 分	30 分	15 分	10 分		
杀菌时间	15min							
	25min							
	35min							

七、实训完成后要求

（1）掌握糖水菠萝罐头的工艺流程及操作要点，以此查资料设计出糖水番茄罐头的工艺流程及操作要点，并列出两者的不同之处。

（2）通过糖水菠萝罐头的鉴评，对其产品进行综合评价。

（3）写出不低于 2000 字的实训报告，对你做出产品的质量做出评价，总结经验，分析原因。

任务二　绿色罐头食品的加工

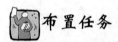 **布置任务**

任务描述	本任务要求通过绿色食品罐头的加工工艺及技术要点的学习，掌握罐头食品的绿色加工技术，罐藏食品的检验技术与保存方法。通过实训任务"低糖果酱罐头的制作"，熟练掌握绿色罐头食品的加工
任务要求	深入了解绿色食品罐头的生产标准；掌握罐头食品的绿色加工技术；掌握果蔬罐头的制作工艺，并能自主设计并制造出符合绿色食品要求的果蔬罐头

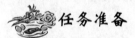 **任务准备**

罐头生产的工艺流程：

原料→预处理（选别、分级、清洗、去皮、切分、烫漂）→装罐→注入汤汁或不注→排气（抽气）→密封→杀菌→冷却→包装。

食品加工的预处理已经在项目二中讲述，这里主要介绍罐藏的后续工艺。

一、原料装罐

1. 空罐的准备

空罐的准备包括空罐的清洗及内壁钝化。

2. 糖液的配制

（1）果蔬罐藏中，经常使用糖盐溶液填充罐内除果蔬以外所留下的空隙，其目的在于：调味；充填罐内的空间，减少空气的作用；有利于传热，提高杀菌效果。

我国目前生产的各类水果罐头，要求产品开罐后糖液浓度为 14%～18%。大多数罐装蔬菜装罐用的盐水含盐量 2%～3%。

（2）糖水的种类。糖水主要是蔗糖水，蔗糖通常称为砂糖。另外还有果葡糖浆、玉米糖浆、葡萄糖等。要求糖水清晰透明、无沉淀、无混浊，糖的甜度纯，无异味。

（3）配制方法。生产上常用直接配制法和稀释法。

① 直接配制法。30%糖水：30kg 糖＋70kg 水。

溶糖锅（不锈钢锅）内溶解，加热，搅拌，过滤，校正糖度。

② 稀释法。用糖和水配成高浓度的糖液，用时再稀释为所需浓度的糖水。稀释后的糖液应当天用完。

加水量（kg）＝［（浓糖液浓度－要求浓度）/要求浓度］×浓糖用量（kg）

装罐时所需糖液浓度，一般根据水果种类、品种和产品等级而定，并可结合装罐前水果本身可溶性固形物含量，每罐装入果肉量及每罐实际注入的糖水液量，按下式进行计算：

$$Y = (m_3 Z - m_1 X)/m_2$$

式中：m_1——每罐装入果肉量，g；

m_2——每罐装入糖液量，g；

m_3——每罐净重，g；

Z——要求开罐时糖液浓度，%；

X——装罐前果肉可溶性固形物含量，%；

Y——注入罐的糖液浓度，%。

3. 装罐操作

原料准备好后应尽快装罐。若不赶快装罐，易造成污染，细菌繁殖，造成杀菌困难。若杀菌不足，严重情况下，造成腐败，不能食用。

1）装罐注意事项

（1）装罐量必须准确。要求净重偏差不超过±3%，含量包括净含量和固形物含量。净含量指罐头食品重量减去容器重量后所得的重量，包括液态和固态食品。固形物是指罐内的固态食品的重量。

（2）按大小、成熟度分级装罐。无论是果蔬原料，还是肉禽类，在装罐时都必须合理搭配，并注意大小、色泽、成熟度等基本一致，分布排列整齐，特别是玻璃罐更应注意。

（3）应保持一定的顶隙。

实装罐内由内容物的表面到盖底之间所留的空间叫顶隙。

罐内顶隙的作用很重要，需要留得恰当，不能过大也不能过小，顶隙过大过小都会造成一些不良影响。

① 顶隙过小的影响。

A. 顶隙过小，杀菌期间内容物加热膨胀，会使顶盖顶松，造成永久性凸起，有时会和由于腐败而造成的胀罐弄混。也可能使容器变形，或影响缝线的严密度。

B. 顶隙过小，有的易产生氢的产品，易引起氢胀，因为没有足够的空间供氢的累积；

C. 有的材料因装罐量过多，挤压过稠，降低热的穿透速率，可能引起杀菌不足。此外，内容物装得过多会提高成本。

② 顶隙过大的影响。

A. 顶隙过大，会引起装罐量的不足，不合规格，造成伪装。

B. 顶隙过大，保留在罐内的空气增加，O_2含量相应增多，O_2易与铁皮产生铁锈蚀，并引起表面层上食品的变色，变质。

C. 顶隙过大，杀菌冷却后罐头外压大大高于罐内压，易造成瘪罐。

因而装罐时必须留有适度的顶隙，一般装罐时的顶隙在 6～8mm，封盖后为 3.2～4.7mm。

（4）严格防止夹杂物混入罐内。装罐时应特别重视清洁卫生，保持操作台的整洁，同时，要严守规章制度，工作服尤其是工作帽必须按要求穿戴整齐，严防夹杂物混入罐内，确保产品质量。此外，瓶口应清洁，否则会影响封口的严密性。

2）装罐方法

（1）人工装罐。块状食品，形态，组织结构大小不一致的，机械装罐较困难，多采用人工装罐。

（2）机械装罐。适于流体、半流体、颗粒体、较整齐的食品。

机械装罐的特点：准确干净，汤汁的外流较少，可人为地调节装罐量，便于清洗，保持一定的卫生水平，劳动生产率高，但适应性较小。

4. 注液

除了流体食品、糊状、糜状及干制食品外，大多数食品装罐后都要向罐内加注液汁。所加注的液汁视罐头品种的不同而不同，有的加清水，如清水马蹄；有的加注糖液，如糖水苹果；有的加注盐水，如蘑菇、青豆等；有的加注调味液，如红烧猪肉等。

二、排气

原料装罐注液后，封罐前要进行排气，将罐头中和食品组织中的空气尽量排除，使罐头封盖后能形成一定程度的真空度防止败坏，有助于保证和提高罐头食品的质量。

1. 排气的目的

（1）抑制好氧性微生物的活动，抑制其生长发育。

（2）减轻食品色、香、味的变化，特别是维生素等营养物质的氧化损耗。

（3）减轻加热杀菌过程中内容物膨胀对容器密封性的影响，保证缝线安全。

（4）罐头内部保持真空状态，可以使实罐的底盖维持一种平坦或向内陷入的状态，这是正常良好罐头食品的外表征象。以此与微生物败坏产生气体而引起的胀罐相区别。

（5）排除空气后，减轻容器的铁锈蚀。因为空气中有氧存在，会加速铁皮的腐蚀。罐头经过排气，减少了残存氧含量，可减缓罐内壁的腐蚀程度。

2. 真空度及测定

（1）真空度是罐头食品真空度指罐外的大气压与罐内气压的差。常用 kPa 表示。即

$$真空度＝大气压－罐内残留压力$$

罐头真空度的测定工具常用一种简便的罐头真空计（图 3.2），较准确，但对罐头有破坏作用。这种真空表下端带有尖针，尖针后部有橡皮胶垫作密封用，测定时尖针插透罐盖而测得罐头的真空度，常用于检验部门进行检测。非破坏性的可用罐头真空度自动检测仪，这种检测仪实际上是一种光电技术检测仪，见图 3.3。

图 3.2　罐头真空计　　　　　　　　图 3.3　罐头真空度检测仪

此外，也可用人工打检法，即用小木条敲击，利用回声来判断。根据棒击罐头底盖时发出的清、浊声来判断罐头真空度的大小。生产规模不大时，这是一种常用的真空度的检测方法。

（2）真空度的影响因素。

① 排气的时间与温度是决定罐头真空度的重要因素。排气时间长，温度高，罐内和原料中保留的气体被排除得更彻底，封罐冷却后形成的真空度也更高。

② 罐头排气后，封罐前的时间间隔也影响罐头的真空度，即封口时罐头食品的温度，也叫密封温度。如时间拖长，罐温下降，就会吸入外界空气，降低其真空度，因此，排气后应迅速封盖，使封罐时保持较高温度。

③ 罐内顶隙的大小。对于真空密封排气和蒸汽密封排气来说，罐头的真空度是随顶隙的增大而增加的，顶隙越大，罐头的真空度越高。而对加热排气而言，顶隙对罐头真空度的影响是随顶隙的减小而增加的，即顶隙越小，罐头的真空度越高。

④ 食品原料的种类和新鲜度。各种原料都含有一定的空气，原料种类不同，含气量也不同，罐头经排气冷却后，组织中残存的空气在贮藏中会逐步释放出来，而使罐头的真空度降低，原料的含气量越高，真空度降低越严重。

原料的新鲜程度也影响罐头的真空度。因为不新鲜的原料，其某些组织成分已经发生变化，高温杀菌时将促使这些成分的分解而产生各种气体，如含蛋白质的食品分解放出 H_2S、NH_3 等，果蔬类食品产生 CO_2。气体的产生使罐内压力增大，真空度降低。

⑤ 食品的酸度。食品中含酸量的高低也影响罐头的真空度。食品的酸度高时，易与金属罐内壁作用而产生氢气，使罐内压力增加，真空度下降。因而对于酸度高的食品最好采用涂料罐，以防止酸对罐内壁的腐蚀，保证罐头真空度。

⑥ 外界条件变化也会影响罐内真空度。当外界温度升高时，罐内残存气体受热膨胀压力提高，真空度降低。外界气温越高，罐头真空度越低。罐头真空度还受大气压力的影响。大气压降低，真空度也降低。因而海拔高度也影响真空度，海拔越高，真空度

就越低。

此外，从安全生产的角度来考虑，对小型罐可以保持较高的真空度 39.5～50.0kPa，而对大型罐则宜保持稍低的真空度 29.0～39.5kPa。因为在大罐中保持真空度过高，会造成严重的罐体变形，罐壁受到过分的压力而向内瘪陷。

3. 排气方法

目前我国罐头食品厂常用的排气方法有热力排气、真空封罐排气和蒸汽喷射排气三种。

1）热力排气法

这种方法是利用食品和气体受热膨胀的基本原理，使罐内食品和气体膨胀，罐内部分水分气化，水蒸气分压提高来驱赶罐内的气体。排气后立即密封，这样，罐头经杀菌冷却后，由于食品的收缩和水蒸气的冷凝而获得一定的真空度。目前常用的热力排气方法有加热排气法和热装法两种。

（1）加热排气法。将装好原料和注液的罐头，放上罐盖或不加盖送入排气箱，进行加热排气。利用热使罐头中内容物膨胀，而原料中存留或溶解的气体被排斥出来，然后立即趁热密封、杀菌、冷却后罐头就可得到一定的真空度。加热时，使罐头中心温度达到工艺要求温度，一般在 80℃ 左右，使罐内空气充分外逸，可用罐头排气床排气，见图 3.4。

图 3.4　罐头排气床

当然，加热排气所采用的排气温度和排气时间视罐头的种类、罐型的大小、容器的种类，罐内食品的状态等情况而定。加热排气能使食品组织内部的空气得到较好的排除，能起到部分杀菌作用，但对于食品的色、香、味等品质多少会有一些不良的影响，而且排气速度慢，热利用率低。

（2）热装法。热装法排气就是先将食品加热到一定温度，然后立即趁热装罐并密封的方法。

这种方法适用于流体、半流体或食品的组织形态不会因加热时的搅拌而遭到破坏的食品，如番茄汁、番茄酱等。

采用这种方法必须保证装罐密封时食品有足够的温度，封罐后才能得到恰当的真空度。同时要注意密封后及时杀菌，否则嗜热性微生物就会在该温度下生长繁殖，而影响杀菌效果，严重时使食品在杀菌前就已腐败变质。若遇到装罐后罐头的平均温度低于工艺要求的温度，就需要对装罐后的罐头进行补充加热。

2）真空封罐排气法

这是一种借助于真空封罐机将罐头置于真空封罐机的真空仓内，在抽气的同时进行密封的排气方法。

真空密封排气法的特点：能在短时间内使罐头获得较高的真空度，能较好地保存维生素和其他营养素（因为减少了受热环节），适用于各种罐头的排气以及封罐机体积小，占地少的优点。所以被各罐头厂广泛使用。

但这种排气方法由于排气时间短，故只能排除罐顶隙部分的空气，食品内部的气体则难以抽除，因而对于食品组织内部含气量高的食品，最好在装罐前先对食品进行抽空处理，否则排气效果不理想。采用此法排气时，还需严格控制封罐机真空仓的真空度及密封时食品的温度，否则封口时易出现暴溢现象。

3）蒸汽喷射排气法（蒸汽密封排气法）

蒸汽密封排气就是在封罐的同时向罐头顶隙内喷射具有一定压力的高压蒸汽，利用蒸汽驱赶，置换罐头顶隙内的空气，密封、杀菌、冷却后顶隙内的蒸汽凝结而形成一定的真空度。这种方法只能排除顶隙中的空气，对食品组织中和溶液中残留的空气作用就很小。故这种方法只能适用于空气含量少、食品中溶解、吸附的空气较少的种类。此外，表面不允许湿润的食品也不宜采用这种排气方法。

影响这种排气方法的主要因素就是顶隙的大小，没有顶隙就形不成真空度。顶隙小时，杀菌冷却后罐头的真空度也很低，顶隙较大时，就可以获得较高的真空度。

这种排气方法的优点是：速度快，设备紧凑，不占位置，但排气不允分，使用上受到一定的限制。

4）各种排气方法的比较

各种排气方法都有其各自的优缺点，真空封罐排气是目前罐头工厂采用最多的排气方法。加热排气尽管有着一些不足，但由于它所需设备简单，操作方便，故仍然被许多工厂采用，尤其是小型工厂。

三、密封

密封是使罐头与外界隔绝，不致受外界空气及微生物污染而引起败坏。显然，密封是罐头生产工艺中极其重要的一道工序，密封质量的好坏直接影响罐头产品的质量。排气后立即封罐，是罐头生产的关键性措施。

不同种类、不同型号的罐使用不同的封罐机，封罐机的类型很多，有半自动封罐机、自动封罐机、半自动真空封罐机、自动真空封罐机等。

1. 金属罐的密封

金属罐的密封是指罐身的翻边和罐盖的圆边在封口机中进行卷封，使罐身和罐盖相互卷合，压紧而形成紧密重叠的卷边的过程。所形成的卷边称之为二重卷边。

二重卷边封口机完成罐头的封口主要靠压头、托盘头道滚轮和二道滚轮四大部件，在四大部件的协同作用下完成金属罐的封口。封口时，通过封罐机的滚轮，将罐盖与罐身边缘卷成双重卷边缝，缝的间隙填充橡胶，使罐内与外界隔绝。

2. 玻璃瓶的密封

玻璃瓶与金属罐不同，它的罐身是玻璃的，而罐盖是金属的，一般为镀锡薄钢板，它的密封是靠镀锡薄钢板和密封圈紧压在玻璃瓶口而形成密封的。目前常用的有：卷封式玻璃瓶（采用卷边密封法密封）、旋转玻璃瓶（采用旋转式密封法密封）、揿压式玻璃瓶（采用揿压式密封法密封）。

（1）卷封式玻璃瓶的密封。它是靠封罐机中的压头，托盘和两个滚轮协同作用完成卷边封口，这一点与金属罐的密封有相似之处，但封口的过程和封口结构不同。这种罐的密封是罐盖所带有的胶圈靠盖的边缘紧紧地压在玻璃瓶瓶径封口线凸缘上来实现的。这种玻璃瓶由于开启困难，应用范围在逐渐缩小。

（2）旋开式玻璃瓶的密封。这种玻璃瓶的瓶口上有三条、四条或六条斜螺纹，每两条螺纹首尾交错衔接，瓶盖上有相应数量的"爪"，密封时只需将"爪"斜螺纹始端对准拧紧即完成封口。瓶盖内注有密封胶垫，以保证玻璃瓶的密封性。

（3）揿压式玻璃瓶的密封。它的密封是靠预先嵌在罐盖边缘上的密封胶圈，由揿压机紧压在瓶口凸缘线的下缘而完成的，特点是开启方便。

四、杀菌

罐头食品在装罐、排气、密封后，罐内仍有微生物存在，会导致内容物腐败变质，所以在封罐后必须迅速杀菌。

罐头的杀菌不同于微生物学上的灭菌，微生物学上的灭菌是指绝对无菌，而罐头的杀菌是杀灭罐头食品中能引起疾病的致病菌和能在罐内环境中生长引起食品败坏的腐败菌，并不要求达到绝对无菌。

杀菌时必须考虑两方面的因素，一要杀死罐内的致病菌和腐败菌，二使食品不致加热过度，而保持较好的形态，色泽、风味和营养价值。因此，杀菌措施只要求达到充分保证产品在正常情况下得以安全保存，尽量减少热处理的作用，以免影响产品质量。这种杀菌称之为"商业无菌"。罐头在杀菌的同时也破坏了食品中酶的活性，从而保证罐内食品在保存期内不发生腐败变质。此外，罐头的加热杀菌还具有一定的烹调作用，能增进风味，软化组织。目前杀菌的方法多采用热处理。根据温度和时间的关系来控制杀菌操作，同时考虑罐内食品的种类和性质。

杀菌时由原始温度升高到杀菌的要求温度再在此温度下保持一定的时间，达到杀菌的目的后立即冷却。

罐头杀菌一般分为低温杀菌和高温杀菌两种，低温杀菌为 80～100℃，又称常压杀菌，时间 10～30min，适合于含酸量较高（pH 在 4.6 以下）的水果罐头和部分蔬菜罐头；高温杀菌为 105～121℃，又称高压杀菌，时间 40～90min，适用于含酸量较少（pH4.6 以上）的非酸性肉类、水产品及大部分蔬菜罐头。在杀菌中热传导介质一般采用水和蒸汽两种方式，而蒸汽的运用最普遍。

实罐在杀菌器中的热传导过程，是罐壁与传热介质的接触而升温，靠对流和传导的作用进行，由罐头的外壁传到内壁则通过导热方式，而罐内壁到内容物中心最冷的部位传热方式则取决于内容物的性质和装罐的情况，因此，罐头中心达到杀菌的温度需有一个过程，也受许多因素的影响。

1. 影响热传导的因素

1）罐藏容器的性质

加热杀菌时，热量从罐外向罐内食品传递，罐藏容器的热阻力自然要影响传热速度。玻璃罐的导热率比马口铁罐慢得多，因此，玻璃罐头杀菌的时间比马口铁要长一些。

2）罐型大小

罐型的大小不同，影响罐中心温度升高的速度，罐型越大，传热到中心所需时间越长，杀菌所需的时间就比小型罐长；罐型越小，传热越快，杀菌时间可短些。

3）罐内食品的性质

与热传导有关的食品物理特性主要是形状、大小、浓度、黏度、密度等，食品的这些性质不同，传热的方式就不同，传热速度自然也不同。

热的传递有传导、对流和辐射三种，罐头加热时的传递方式主要是传导传热（导热）和对流传热两种方式。传热的方式不同，罐内热交换速度最慢一点的位置就不同，传导传热和对流传热时的传热情况及其传热最慢点（常称为冷点）的位置示意图见图3.5。

（1）流体食品：黏度和浓度不大，加热杀菌时产生对流，传热速度快。如果汁、肉汤、清汤类罐头。

（2）半流体食品：浓度大、黏度高，流动性很差，杀菌时很难产生对流，主要靠传导传热，如番茄酱、果酱等罐头。

（3）固体食品：这类食品呈固态或高黏度状态，加热杀菌时不可能形成对流，主要靠传导传热，传热速度很慢，如红烧类、糜状类、果酱类罐头等。

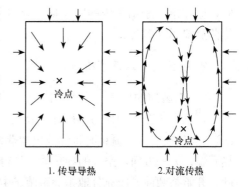

1. 传导导热　　　2. 对流传热

图3.5　传导传热和对流传热的冷点

（4）流体和固体混装的食品：这类罐头食品中既有流体又有固体，传热情况较为复杂，这类罐头加热杀菌时传导和对流同时存在。如糖水水果罐头、清渍类蔬菜罐头等。一般来说，颗粒、条形、小块形食品在杀菌时罐内液体容易流动，以对流为主，传热速度比大粒的、大块形的快；片层状食品的传热比竖条状食品的慢。

此外，食品中能形成胶体性质的成分，在热处理中有阻碍热传导的作用。试验证明淀粉在溶液中对热传导的阻碍随浓度而增加，食品中溶出黏胶性的物质对热的传导也有影响。

4）罐内食品的初温

罐内食品的初温是指杀菌开始时，也即杀菌釜开始加热升温时食品的温度。罐内食品初温较高，就可以很快达到杀菌的温度。因此，提高罐内食品的初温可使杀菌获得较好的效果，特别是对于传导传热型的罐头（这类罐头升温较慢）来说更为重要。因此，在排气封罐后要立即进行杀菌，切勿拖延时间，降低罐内的温度会影响杀菌效果。

5）杀菌釜的形式和罐头在杀菌釜中的位置

我国罐头厂采用的有静止式杀菌釜，即罐头在杀菌时静止置于釜内。静止式杀菌釜又分为立式和卧式两类。立式杀菌传热介质流动较卧式杀菌釜相对均匀。杀菌釜内各部位的罐头由于传热介质的流动情况不同而传热效果相差较大。尤其是远离蒸汽进口的罐头，传热较慢。

如果杀菌釜内的空气没有排除干净，存在空气袋，那么处于空气袋内的罐头，传热效果就更差。所以，静止式杀菌釜必须充分排净其中的空气，使釜内温度分布均匀，以保证各位置上罐头的杀菌效果。

除了静止式杀菌釜外，有的还使用回转式或旋转式杀菌釜。这类杀菌釜由于罐头在杀菌过程中处于不断转动的状态，罐内食品易形成搅拌和对流，故传热效果较静止式杀菌要好得多。回转杀菌时，杀菌釜回转的速度也将影响杀菌的效果。

6）杀菌器操作温度

杀菌温度是指杀菌时杀菌釜应达到并保持的温度。杀菌温度越高，热的穿透作用越强，即杀菌器内温度与罐头温度之间的差异越大，罐温的提高就越快，罐内温度到达所需温度的时间就缩短。

总之，罐头杀菌要维护产品的品质，必须要有充分均匀的杀菌措施，要达到这个目的，应注意，杀菌釜内的所有罐头要得到同样充分的处理；杀菌釜要迅速加热到持温，杀菌后要迅速冷却。

2. 杀菌前的注意事项

1）杀菌前的排气

蒸汽在杀菌釜内作为热传导的介质，它的传热效率是由于具有很高的潜热（2233.7J/kg），当其在物体上凝结时将释放出的热传到凝结物的表面上，从而使罐头在杀菌釜中加热升温；另一方面，空气的导热效率低得多，实际上起了隔热的作用，阻碍热的传导。因此，开始杀菌前，应充分地排除杀菌釜中的空气，才有利于杀菌器各部位都均匀受热。

2）罐头的堆叠

罐头在杀菌釜内的堆叠排列，对蒸汽的流通和空气的排除有一定的影响，如菠萝的大形圆片罐头以水平卧放较好。

3. 罐头热杀菌的工艺条件

罐头杀菌条件的表达方法。罐头热杀菌过程中杀菌的工艺条件主要是温度，时间和反压力三项因素，在罐头厂通常用"杀菌公式"的形式来表示，即把杀菌的温度，时间及所采用的反压力排列成公式的形式。一般的杀菌公式为

$$\frac{t_1 - t_2 - t_3}{t} \text{或} \frac{(t_1 - t_2),p}{t}$$

式中：t_1——升温时间；

t_2——持温时间；

t_3——降温时间；

t——杀菌温度；

p——降温时的反压。

4. 杀菌操作方法

1) 常压杀菌

常压杀菌就是常压沸水温度杀菌，大多数用于果品类以及其他酸性食品。

使用设备最简单，一般是各种形式的开口水池或柜子，柜内盛水，用蒸汽管加热至杀菌温度而后将罐头放在篮筐内，送入沸水柜中，经过规定的杀菌时间，而后取出冷却，这种方法现在仍有使用，又有间歇操作或自动操作，静止的或搅动的，在生产上广泛采用。

2) 加压杀菌

加压杀菌主要用于低酸性食品杀菌，温度在 100℃以上。

加压杀菌不仅是广泛地用于低酸性食品方面，果品等酸性食品罐头在加压杀菌下也可以大大地缩短杀菌时间。加压杀菌的操作可以分为三个阶段来考虑。

(1) 排气升温：将杀菌釜内部温度升到杀菌温度，即升温期。

(2) 杀菌阶段：维持杀菌温度下达到要求的时间。

(3) 消压降温：当达到杀菌要求后，压力减少，温度降低。

罐头装进杀菌釜后，将杀菌釜的盖密封锁严，而后将各排气阀门、泄气阀等全部开放，而后将蒸汽进口阀门尽量开放，以最大的流量冲击排出杀菌器内的空气。

杀菌器开始升温，升温时间愈短愈好，但要以排出杀菌器的空气为前提。升温时应注意温度计与压力表是否相符，如果温度低于压力表上所显示压力的相应温度，即压力超过了相应温度的压力，这说明杀菌器内有空气存在，必须继续充分排出，直到温度与压力读数相等，温度逐渐上升，直至达到杀菌温度，结束升温阶段。

当杀菌器达到杀菌温度后，关闭排气阀门，但泄气阀门在杀菌期间要保持开放，以便不能凝结的气体排出，并促进内部蒸汽的流通，调节蒸汽阀的进气量以维持杀菌器内稳定的杀菌温度，保持罐头在此温度下一直达到规定的时间，即规定的杀菌要求，不包括升温和降温的时间。

上面讲的是马口铁罐的加压杀菌，玻璃罐的加压杀菌则有下列不同之处：

① 玻璃罐的杀菌和冷却是在水中进行的。

② 消压降温时，需要具备压缩空气以维持杀菌器内的压力。

③ 在溢流管路上要有一个自动控制阀来维持必要的压力。

④ 温度与压力分别控制。

玻璃罐盖的质量和设计类型很多，它们密封后对内压的抵抗力各有不同，但都没有马口铁罐双压缝线的抗内压力强。因而在高温杀菌等条件下，内容物和气体的膨胀、水气压的增加，常影响罐盖的密封或脱落。因此，需引进压缩空气以抵消其内压而维持盖的密封和安全。如果杀菌器中采用蒸汽杀菌，同时又引入空气，这就在杀菌器内形成蒸汽与空气的混合物，对温度的影响很大，温度分配也不均匀，因此采用水作导热介质进行加温。在溢流管上装一压力控制器，因空气不断送入杀菌器中，当压力超过操作要求水平时，就有必要消释此过分的压力。但消释的压力不能降到足以影响罐盖的密封，因而需要一个空气操纵的压力控制阀以取得更均衡的控制。在上述的关系下，杀菌器的温度应当单独控制，因为杀菌的温度与杀菌器的压力没有直接关系，供玻璃瓶杀菌的温度控制器，只反应温度而不反应压力。

　　玻璃罐的杀菌操作，在装罐的篮框未进入杀菌器前先将水放进到杀菌器中至容积的一半左右，水温尽量接近产品装罐的温度，水温低会降低产品原始温度；过高温度则会在加压之前影响罐盖的安全。罐头篮框进入杀菌器后，注意水面要漫过最上层罐头 15cm 的位置。水面到杀菌器盖的底部约 10cm 的空间以供压缩空气储留的位置。装罐完毕后。关闭杀菌器的门盖，围着压力控制器的支管阀门也必须关闭，开放杀菌器底部的空气阀，并打开蒸汽阀。空气流量在升温时较大，在杀菌和冷却期间要小，有助于水的川流和温度的均匀分布。杀菌完毕时关闭蒸汽和控制器，空气阀仍照前开放，检查杀菌器内水平面是否正常，如果水平面低于罐头瓶，就要记下暴露在水平面上的罐头有几层，取出时要分开处理存放。如果水平面正常，就开放顶部冷水管，直到达到冷却要求。

　　5. 杀菌器的类型

　　杀菌的类型设计很多，可以大致分为下面几个类型：
　　(1) 常压杀菌器。
　　常压杀菌器包括间歇式开口杀菌锅、封闭式杀菌器两种。封闭式杀菌器又分为间歇静止式和连续回转自身动装卸式。
　　(2) 加压杀菌器。
　　加压杀菌器包括间歇式密封杀菌器（间歇静止操纵）、连续式密封杀菌器（自动装卸和回转操纵）。

五、罐头的冷却

　　1. 杀菌的罐头应立即冷却

　　杀菌的罐头应立即冷却，如果冷却不够或拖延冷却时间会引起不良现象发生。
　　(1) 罐头内容物的色泽、风味、组织、结构受到破坏。
　　(2) 促进嗜热性微生物的生长。
　　(3) 加速罐头腐蚀的反应。
　　罐头食品在高温杀菌后不及时冷却或冷却不够，在包装堆放贮存中散热更为缓慢，热效应继续作用，尤其是罐头中心部分，食品因过分受热而破坏其色泽、风味和质地，如发黑、变酸和软烂等，也容易因罐壁的腐蚀而发生胖听等现象。
　　罐头杀菌后一般冷却到 38～43℃ 即可。因为冷却到过低温度时，罐头表面附着的水珠不易蒸发干燥，容易引起锈蚀，冷却只要保留余温足以促进罐头表面水分的蒸发而不致影响败坏即可，实际操作温度还要看外界气候条件而定。

2. 冷却的方法

罐头冷却的方法根据所需压力的大小可分为加压冷却和常压冷却两种。

1) 加压冷却

加压冷却也就是反压冷却。杀菌结束后的罐头必须在杀菌釜内维持一定压力的情况下冷却，主要用于一些高温高压杀菌，特别是高压杀菌后容易变形损坏的罐头。因为加压杀菌的罐头在开始冷却时，因内容物在高温杀菌处理下而膨胀，内压较大，冷却时要保持一定的外压以平衡其内压，这样就不会因内压过大而引起罐头缝线的松弛损坏。通常是杀菌结束关闭蒸汽阀后，通入冷却水的同时通入一定的压缩空气，以维持罐内外的压力平衡，直至罐内压力和外界大气压相接近方可撤去反压，此时就可转入常压冷却。

2) 常压冷却

常压冷却主要用于常压杀菌的罐头和部分高压杀菌的罐头。罐头可在杀菌釜内冷却，也可在冷却池中冷却，可以泡在流动的冷却水中冷却，也可采用喷淋冷却。喷淋冷却效果较好，因为喷淋冷却的水遇到高温的罐头时受热而气化，所需的气化潜热使罐头内容物的热量很快散失。

3. 冷却时应注意的问题

(1) 冷却时金属罐头可直接进入冷水中冷却，而玻璃罐冷却时水温要分阶段逐级降温，以避免破裂损失。

(2) 冷却的速度越快，对罐内食品质量的影响越小，但要保证罐藏容器不受破坏。

(3) 罐头冷却所需要的时间随食品种类、罐头大小、杀菌温度、冷却水温等因素而异。但无论采用什么方法，罐头都必须冷透，一般要求冷却到38～43℃，以不烫手为宜。此时罐头尚有一定的余热以蒸发罐头表面的水膜，防止罐头生锈。

(4) 用水冷却罐头时，要特别注意冷却用水的卫生，以免因冷却水质差而引起罐头腐败变质，一般要求冷却用水必须符合饮用水标准。

六、成品的贴标包装

罐头冷却干燥后应贴上标签，贴标中应注明营养成分，增加商品的竞争力。

包装应考虑商品的性质特点，食品的生产、流通与消费的社会性，采用合适的包装材料与包装机械。

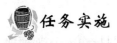任务实施

实训任务二　低糖果酱罐头的制作

【生产标准】

(1) 生产中按绿色食品生产要求：中华人民共和国农业部发布的《中华人民共和国农业行业标准》(NY/T 1047—2006) 执行。

（2）绿色食品生产中所使用的食品添加剂应遵照中华人民共和国农业部批准的《中华人民共和国农业行业标准：绿色食品　食品添加剂使用准则》（NY/T 392—2000）执行。

【实训内容】

国内果酱类多为高糖食品即含糖在 57％以上，总可溶性固形物在 65％以上，但从当前营养趋势和一些特殊需要来看，制作低热值食品已势在必行。低糖果酱含糖30％～35％。总可溶性固形物 35％～40％，含酸 0.4％～0.6％，是含糖低的中酸性食品。因含糖的降低，而使得成品出现黏稠度较差，酱体与汁液分离的现象，称为流泪。生产上多采用加入一定量的增稠剂，使其产品成为稠状物。

可生产果酱的原料大多可以作为此种产品的原料，如木瓜、柑橘、桃、李、番茄、红薯、马铃薯、南瓜、胡萝卜……甚至柑橘的果皮经处理后，也可以变废为宝，而且原料成本可以相应降低，是值得重视发展的一类食品。我们这里主要选用南亚热带盛产的木瓜、甜橙、红薯等作为加工原料。

学生可在下列果酱中选择进行，或在一种产品制作的基础上，再进行另一种的加工，以便熟练掌握操作技能；也可自主设计不同的品种，以培养一定的创新能力。

一、低糖木瓜果酱罐头的加工

（一）原辅材料

原料：选择符合绿色食品原料的产地及原料要求的成熟度近九成的成熟木瓜。

辅料：砂糖、柠檬酸、海藻酸钠。

要求：原辅料均符合绿色食品的要求，在生产中添加剂的使用及用量符合绿色食品生产标准要求。

（二）设备与工用具

半自动玻璃罐封罐机，320g 四旋玻璃罐或 380g 四旋玻璃罐、不锈钢刀、不锈钢小盆、不锈钢盆、1000g 天平、台称、不锈钢锅、电磁炉、组织捣碎机、胶体磨等。

（三）成品指标

应具有所用原料之色泽，酱体呈细腻或有小肉块存在，酱体为稠状、不流泪，甜酸适宜。含糖 30％～35％，可溶性固形物 35％～40％，含酸 0.4％～0.6％，pH 为 3.5～3.8。

（四）工艺流程

原料预处理（包括原料选择、清洗、去皮、破碎、打浆等）→煮制→第一次加糖加酸浓缩→加增稠剂、加糖至要求的浓度→起锅→装瓶→密封杀菌→分段冷却→保存→检验→成品。

（1）原料预处理：将木瓜洗净、去皮、用刀横切、挖去种子，并适当破碎。

（2）煮制：将破碎原料放入不锈钢锅或夹层锅煮制，将其中水分蒸发为原重的 1/4～1/3。

（3）第一次加糖浓缩。

① 配方计算。

A. 加糖量（或加酸量）公式：

加糖量(m_1)＝ 成品重量(m)× 成品总可溶性固形物浓度(Z)（或含酸量）

　　　　　　　－ 投入生产的原料量(W_1)× 原料可溶性固物浓度(Y)（或含酸量）

　　　　＝ $(mZ) - m_1 Y$（单位：kg）

如果要求成品为 2kg 投入生产的原料为 2.5kg，其可溶性固形物为 3％，成品可溶性固形物含量为 40％，则

$$m_{2糖} = 2 \times 0.40 - 2.5 \times 0.30 = 0.725(\text{kg})$$
$$m_{酸} = 2 \times 0.005 - 2.5 \times 0.003 = 0.0025(\text{kg})$$

B. 增稠剂：按成品重加入 0.3％的海藻酸钠。

② 第一次加糖浓缩。

按计算所得加糖量，加入用糖量的 1/2 浓缩 10～15min。

（4）第二次加糖浓缩。在第一次浓缩的基础上，加入剩余的 1/2 砂糖，浓缩至成品重所需含糖量。将已溶解在已知水量（少许）的柠檬酸和海藻酸钠，加入浓缩果酱中片刻至成品重（或 101～102℃）时起锅。

（5）将成品装入已消毒的瓶内留顶隙 5mm 密封。

（6）杀菌：380g、25min/100℃；320g、20min/100℃。分段冷却。

（五）实训后续要求

（1）对低糖果酱制作及工艺的优缺点加以评价。

（2）所用增稠剂的使用要求怎样？效果如何？

（3）写出不低于 2000 字的实训报告，对产品质量做出评价，并分析原因，提出改进措施。

二、红薯橙皮泥低糖果酱罐头的加工

（一）原辅材料

原料：选择符合绿色食品原料的产地、及原料要求的成熟原料。这里选用的是红薯以及甜橙皮。甜橙皮作为食品加工的副产物用来制作果酱可以变废为宝，在香味较为平淡的红薯中加入，又可使果酱的香味浓厚而独特。

辅料：砂糖、柠檬酸、海藻酸钠。

要求：原辅料均符合绿色食品的要求，在生产中添加剂的使用及用量符合绿色食品生产标准要求。

（二）设备与工用具

半自动玻璃罐封罐机，320g 四旋玻璃罐或 380g 四旋玻璃罐、不锈钢刀、不锈钢小盆、不锈钢盆、1000g 天平、台称、不锈钢锅、电磁炉、组织捣碎机、胶体磨。

（三）成品指标

应具有所用原料之色泽，酱体呈细腻或有小肉块存在，酱体为稠状、不流泪，甜酸适宜。含糖 30%～35%，可溶性固形物 35%～40%，含酸 0.4%～0.6%，pH 为 3.5～3.8。

（四）工艺流程

原料预处理（包括原料选择、清洗、去皮、破碎、打浆等）→煮制→第一次加糖加酸浓缩→加增稠剂、加糖至要求的浓度→起锅→装瓶→密封杀菌→分段冷却→保存→检验→成品。

（1）原料预处理：

① 红薯：原料经人工或机械洗涤，用人工或碱液（0～12%），液温 90℃ 以上，浸液 1～2min 去皮冲洗干净，也可以用蒸熟或煮熟去皮。

② 甜橙皮，用含盐 15% 以上的盐水渍皮，加工时先进行脱盐，为加速脱盐可煮沸 30min，再用流动水浸漂 24h。

③ 原料配比：红薯：橙皮：水＝2：1：3。

④ 打浆：将已配好的原料，放入磨距为 0.25～0.5μm 的胶体磨内磨细。

（2）浓缩加糖：方法与木瓜酱相同，由于甜橙皮和红薯含酸低，可按成品量 0.45%～0.5% 加入酸和 0.3% 海藻酸钠浓缩至成品要求的糖度起锅。

（3）装瓶密封、杀菌、冷却同木瓜酱。

（五）对比试验

为了进一步明确增稠剂的作用，可做如下对比试验：即可将加入的增稠剂以 0.1%、0.3% 及 0.5% 在起锅前添加，由低到高即加入 0.1% 增稠剂后，装取一瓶，再按所余量加入 0.2% 增稠剂使其增稠剂总含量达 0.3% 后再装罐，将剩余一罐量的酱内再加入 0.2% 增稠剂，使增稠剂总含量达 0.5% 装瓶，待保温后观察其成品稠度。

品尝不同配比的口感，并进行理化检测，是否符合绿色食品的产品标准。

（六）实训后续要求

（1）对低糖果酱的制作，特别是利用副产物甜橙皮后的产品优缺点加以评价。
（2）对所用增稠剂及对比试验的结果进行分析。
（3）写出不低于 2000 字的实训报告，并做具体分析，写出改进方案。

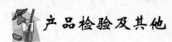 产品检验及其他

一、罐头食品的检验与保存

罐头食品的检验与保存，是罐头食品生产的最后一个环节，也是罐头食品生产中不

能缺少的环节。

绿色食品果蔬罐头标准应按：中华人民共和国农业部发布的《中华人民共和国农业行业标准：绿色食品　水果、蔬菜罐头标准》（NY/T 1047—2006）执行。

（一）检验方法

1. 罐头的外观检查

（1）密封性能的检查。将罐头放于80℃温度水中1~2min，如有气泡上升，表明罐头已漏气，应剔出检查分析原因。

（2）底盖状态检查。罐头底盖应保持平坦或微向内陷的状态，如发现底盖向外突出，应进一步检查分析，找出原因。

（3）真空度的测定。正常罐头一般应具有23.8~50.0kPa的真空度，如用特制真空表测定，则需要破坏罐头。近年来，使用非破坏性的光电技术检测器。在生产上可将低真空度的罐头剔出来，也可以采用敲击试验，或称人工打检法，来判断罐内的真空度，听罐内的空气与金属的共鸣声，共鸣声小，真空度就高，这种方法只能凭经验。

2. 感官检验

感官检验包括罐头内容物的色泽、风味、组织形态、有无杂质等。如同一果品罐头其果肉的色泽是否一致，糖水的透明度及罐头中碎屑的多少，有无机械伤及病虫斑点等。其他的罐头也同样看色泽是否一致，风味是否正常，有无异味产生，块状食品是否完整，同一罐内的块状是否均匀一致等。

3. 细菌检验

将罐头抽样，进行保温试验检验细菌。细菌的检验不仅判断杀菌是否充分，而且也要了解是否仍有造成败坏的活的微生物存在。为了获得准确的数据，取样要有代表性。抽样的罐头先放在室温，促使可能幸存的细菌生长。中性和低酸性食品以在37℃下最少保温一周。如在55℃保温时间可以缩短。酸性食品在25℃可保温10天。

在此期间，每日进行检查，如果发现有败坏征象的罐头，立即取出，开罐接种培育，在培育期间要做好记录，接种培育要注意环境条件，防止污染，以免结果不准确。检验记录范围应注意下列情况：

（1）产品在正常的存放期间内出现败坏的可能性。

（2）如果发现有活细菌存在，要辨明它们是不是能耐杀菌而幸存的类型。

（3）细菌是否有足够数量，能说明是杀菌不够，还是由于原料污染。

（4）如果发现有不抗热的微生物，要辨明它们究竟是在杀菌后进入的，而且有没有生活力；还是杀菌前存在于罐中的，通过消毒杀菌而将其杀灭的。

4. 化学指标的检验

化学指标的检验包括对总重、净重、汤汁浓度、罐头本身的条件等进行评定和分析。如果品罐头，可溶性固形物的含量，要求总酸 $0.2\% \sim 0.4\%$，总糖为 $14\% \sim 18\%$（以开取罐时计）；蔬菜罐头：要求含盐量为 $1\% \sim 2\%$。

5. 重金属与添加剂指标检验

重金属指标：$Sn < 100mg/kg$；$As < 0.3mg/kg$；$Pb < 0.5mg/kg$。

绿色食品生产中所使用的食品添加剂应遵照中华人民共和国农业部批准的《中华人民共和国农业行业标准：绿色食品 食品添加剂使用准则》（NY/T 392—2000）执行。

一般罐头企业主要靠感官鉴定、滋味、色泽、内容物，重量等，卫生指标的检测只是进行抽检。

（二）常见的败坏征象及其原因

罐头食品败坏的原因可以归纳为两类，即理化变化和微生物的败坏。现将常见的败坏从罐头的罐形及败坏原因，分三个方面做简单说明。

1. 罐形的损坏

罐形的损坏是指罐头外形不正常的损坏现象，一般用肉眼都可以鉴别。

1）胀罐

胀罐是由细菌作用产生气体而形成的内压超过外界的压力，而使罐头的底盖向外突出。这种胀罐随程度不同而有不同的名称。

（1）撞罐：外形正常，如将罐头抛落撞击，能使一端底盖突出，如施以压力底盖即可恢复正常；

（2）弹胀：罐头一端或两端稍稍外突，如果施加压力，可以保持一段时间的向内凹入的正常状态；

（3）软胀：罐头的两端底盖都向外突出，如施加压力可以使其正常，但是除去压力立即恢复外突状态；

（4）硬胀：这是发展到严重阶段加压也不能使其两端底盖恢复平坦或凹入。

（5）胀罐的形成可能是由于细菌的存在和活动，产生气体、恶臭味和毒物。轻微的胀罐也是可能由于装罐过量、排气不够而造成，但这种胀罐对内容物的品质无影响。

2）氢罐

氢罐也是一种胀罐，多发生在酸性食品罐头中，原因是由于罐头的腐蚀作用而释放出氢气，即由于罐头内壁的铁皮及镀在铁皮上的锡与食品中的酸起作用，因此产生氢气积累在罐内，产生内压，使罐头底盖外突。

3）漏罐

由罐头缝线或孔眼渗漏出部分内容物。这是由于以下几种原因：

（1）封盖时缝线形成的缺陷。

（2）铁皮腐蚀生锈穿孔，或是由于腐败微生物产生气体引起过大的内压，损坏缝线的密封。

（3）机械损伤也可能造成这种泄漏。

4）变形罐

变形罐是指罐头底盖不规则的突出成峰脊状，很像胀罐。这是由于冷却技术掌握不当，消除蒸汽压过快，罐内压力过大而使底盖不整齐的突出，冷却后仍保持突出状态，而内部并无压力，如稍加压力即可恢复正常。

5）瘪罐

瘪罐多发生在大型罐上，罐壁向内陷入变形。这是由于罐内真空过高，或过分的外压造成的。加压冷却易产生这种问题。

2. 理化因素的败坏

这种败坏如内容物的变色、变味，罐头的腐蚀或处理粗放造成的败坏。

1）罐头内容物的变色

这是经常遇到的问题，形成的原因很多。例如，在含硫多的食品罐头中，常看到黑色膜层或黑色粉末，影响外观，但无毒。其原因可能是原料在加工过程中与铜，铁用具接触形成的氧化物或盐类溶解在食品中，在高温杀菌过程中，食品蛋白质形成黑色的硫化铜或铁。另外，含单宁的食品，与铁皮腐蚀暴露出来的铁起反应也形成黑色物质。防止这类黑变的具体办法是：避免使用铜铁工具容器，用水质量一定要符合要求，注意防止金属成分的污染，也可使用 C—涂料空罐，因这种涂料含有锌与硫化合成白色的硫化锌，保留在涂料中不影响外观。

2）罐头铁皮的腐蚀

这是一种电化学腐蚀作用造成的。防止方法：充分预煮、排气、留有孔隙，对氢有足够的容纳量，罐头食品尽量在低温下贮存，使用适当的马口铁材料等。

3）罐头食品异味的发生

由于容器有气味而造成的食品异味，如松木箱装运桃、杏等，使产品具有松木气味；也可能在微生物的作用下，引起产品异味的产生；金属容器接触食品带有金属味道；铁罐内部在制作中受机油污染，会带来严重的机油味；杀菌过分也可能引起烧焦味等。

3. 微生物的败坏

罐头食品因微生物造成的败坏有以下几个方面：

1）杀菌方面的缺陷

杀菌不足，某些微生物得以幸存，在适宜的条件下活动，产生气体的形成胀罐，不产生气体的，则外形无变化，但罐内发生酸败现象。这类败坏的罐头一般存在的细菌种类很单纯。在低酸性和中性食品中是一种产生孢子的细菌存在。

2）由于漏泄引起的败坏

封罐机调节不当引起缝线的缺陷，或在杀菌中操作不慎，造成缝线松弛；冷却水过分污染吸入罐内；处理粗放，损害密封缝线等，引起外界微生物再感染。

这类败坏，经过培养检验，可以发现多种微生物存在，包括有抗热型的细菌。

3）杀菌前的败坏

在原料准备时，要经过各种处理，但到杀菌之间不应拖延时间过长，因为在此期间，原料提供各种微生物的良好培养条件发生败坏。杀菌后只是停止败坏，而已经败坏的保留在罐中。这类败坏经过显微镜的检验，可以看出各种微生物的存在，但在接种培养时没有活的微生物存在，这说明原料处理不得当。

（三）罐头食品的贮存

罐头食品的贮存涉及的问题很多，要针对不同的问题采取相应措施。

首先是仓库位置的选择，要便于进出库的联系；库房的设计要便于操作管理，防止不利环境因子的影响；库内的通风、光照、加热、防火等均要安排以利工作和保管的安全。

罐头在仓库中的贮存，有散堆和包装两种，一般装箱的比散堆的费人工少，操作方便，对罐头有保护作用。在库房中，堆的区域应进行合理划分，产品种类不应混在一起，堆与堆之间应有一定间隔，生产先后应有所区别。

贮存库应避免过高或过低的温度，也要避免温度的剧烈波动。罐头应充分冷却后进行包装，入库堆码，否则，在库房中温度不易降低，另外，仓库内和堆间要有良好的通风条件，对调节温度是有利的。空气湿度和温度的变化是影响生锈的重要因素，因此，在仓库管理中，应防止湿热空气流入库内，避免含腐蚀性的灰尘进入。

贮存库要有严密的制度，按顺序编排号码，安置标签，说明产品名称、生产日期、批次和进库日期，或预定出库日期。管理人员必须详细记录，便于管理，并经常进行检查，以便及时发现不良产品。

二、罐藏技术的进展

温度范围超过微生物适应的最高限时，每增加 10℃，对微生物的破坏力则提高 10 倍，而同样情况的温度提高对产品中化学反应速度只增加 1 倍。根据这个理论，提出了高温短时热处理技术，这在罐头食品生产方面，在杀菌技术上有了很大的改进。

对细菌具有同样致死的热处理条件下，对食品的质量和风味来讲，高温短时热处理比低温长时间的热处理要好很多。这一事实通过科学研究，生产实践和消费者的评价得到了证实。但如何改进热处理中热的传导作用仍需进一步研究，如同传统的杀菌过程一样，在杀菌和冷却期间罐内各部位的温度分布变化速度不能完全一致，就会有部分内容物受到过分的热处理，这种情况在高温短时杀菌处理中影响更大。

罐头在杀菌过程中能够滚动、翻转和震动都可以大大加强热的传导效率，提高杀菌效应。于是促进了杀菌器的设计改进和杀菌方法的改进，提高了生产效率和改进了产品的质量，如无菌装罐法。

无菌罐装法使高温短时杀菌原理和无菌装罐操作相结合，这种方法适应于各种不同性质的原料，无菌装罐系统都是在密闭和消毒条件下进行，这种系统包括有以下几个部分：

1. 热交换系统

热交换系统一般有四种类型，即蒸汽注射式、刮刀式、管式和平板式。食品通过热交换器有三个阶段。

（1）升温阶段：迅速升温到杀菌温度（132～149℃）。

（2）持温阶段：保持在杀菌温度下达到要求的时间。

（3）降温阶段：立即降到冷却的温度。

杀菌温度由仪表和自动控制器严密地控制，原料由压力泵连续不断而且均匀地通过热交换器。

杀菌的基本原理与传统方法一样，只是采用了高温在极短的时间内完成杀菌要求，大大提高了产品的质量和生产的速度。

2. 罐身的消毒

空罐连续通过一个通道消毒器，在此通道中用过热蒸汽，温度在 260℃左右注入通道，使空罐在消毒过程中升温到 204℃左右，过高温度会影响焊锡。过热蒸汽的温度由恒温器控制。

3. 罐盖的消毒

消毒的方法与罐身同，也是采用过热蒸汽。这个部分作为一个附件装在封罐机上，机械地将罐盖逐个分开进入到消毒器，使罐盖两面都受到过热蒸汽的处理，温度和速度均可调节控制。

4. 无菌罐装和封罐

原料经过热交换器杀菌冷却后，送到装罐器。装罐器有各种形式的加料头，消过毒的空罐排列通过加料头的下面逐个装入定量的原料。在装罐的部位由过热蒸汽维持其无菌状态。装好原料的实罐送到封罐机上，消过毒的罐盖落在罐口上，即进行封罐，而后送出此系统。

这几个部分是在密封的条件下相连通的。在使用之前都用高压过热蒸汽进行消毒并维持整个操作时期内都处于无菌状态。这种系统设计多样，原理相同。目前还只限于流体和半流体食品的罐头生产。

这种方法热处理时间短，冷却迅速，质量有很大的提高，特别是大型罐，在传统的杀菌处理下受热时间长而不均匀，在无菌装罐条件下大罐和小罐都是一样的。

根据高温短时杀菌的原理，显著地提高了产品的质量，增进生产效率，引起人们的重视，在这方面有了不少新的系统设计在生产上使用。这些方法的关键在如何控制高温短时杀菌的严密无菌条件，自动精确控制杀菌和冷却的要求，保证无菌密封。

近来还有许多新的方法，如水静压杀菌法、火焰杀菌法、水封法等。为了提高杀菌的效应，减少对产品的影响，在辐射消毒方面也有很多研究和应用，即将产品放在辐射场下，经过足够的时间杀死所有致败的微生物。这种辐射不会提高很多温度，因而称之为"冷杀菌"。各种辐射效果的差异在于它们的频率不同，频率越高时穿透力越强，一般以伦琴或拉德计。

辐射接触到物体时，一部分反射，一部分被透射，另一部分则被吸收，反射和透射对杀菌不起作用，如果完全吸收只在表面部分起作用，部分透射有利于穿透，部分吸收有利于产生能量在整个产品中起杀菌效应。可见光被吸收后大部分转变为热,而电离辐射被吸收后很少或者是不会提高温度,因为它的能量用于被辐射物质中分子的电离。在食品冷杀菌方面的应用上 X 射线,阴极射线和 γ 射线有较好的效应。紫外线对很清的液体效果较好。

在通常的杀菌剂量下,γ 射线和阴极射线处理的食品,经过实验的动物和人的试验,还没有看出什么致病的影响。但有些产品辐射后会产生异味,如菜豆和番茄汁等。辐射杀菌对实罐来讲还是很慢的。而且,辐射处理设备费用高,目前应用有限。

三、罐藏食品各论

(一) 糖水水果罐头

糖水水果罐头是水果经处理后注入糖液制成,制品较好地保持了原料固有的形状和风味。

糖水水果罐头生产的基本工艺流程:

原料验收──→预处理　──→分选(分级)──→预处理──→

装罐──→排气──→密封──→杀菌──→冷却──→检验──→包装──→成品

空罐处理　　糖水配制

(二) 果酱类罐头

果胶是果酱类制品形成凝胶的主要物质,它广泛存在于水果中,关于果胶形成凝胶的机理已在前面讲过,这里介绍其工艺。

果酱类罐头生产的基本工艺流程:

原料处理(选果、清洗、去皮、去核等)──→加热软化──→打浆(泥状酱)──→或取汁(果冻)配料浓缩──→装罐密封──→杀菌冷却──→检验──→包装──→成品。

(三) 蔬菜罐头

蔬菜类罐头包括:清渍类罐头、调味类罐头、醋渍类罐头、盐渍类(酱渍类)罐头、番茄制品。

(四) 软罐头

软罐头是以聚酯、铝箔、聚烯烃等薄膜复合而成的包装材料制成的耐高温蒸煮袋为包装容器,并经密封,杀菌而制得的能长期保存的袋装食品。

软罐头的容器主要是蒸煮袋。蒸煮袋是由多层复合材料制成的具有一定尺寸的软袋。按其材料构成及内容物的保存性分为两类。

(1) 透明普通型:两层薄膜复合而成,这种蒸煮袋是半透性的,不能完全隔绝光、氧、水蒸气,因此保存期一般较短。

（2）透明隔绝型：这种包装材料中间夹有高隔绝性聚偏二氯乙烯薄膜具良好的隔绝性，保存期比普通型长。

高温杀菌用袋：包括能耐135℃高温的蒸煮袋及能耐150℃高温的超高温蒸煮袋。软罐头的生产工艺与一般罐头的基本相同，但也略有差异。工艺流程如下：

原料→预处理（选别、分级、清洗、去皮、切分、烫漂）→装罐→注入汤汁或不注→排气（抽气）→密封→杀菌→冷却→包装。

通常采用热熔封口，热熔强度取决于复合塑料薄膜袋的材料性质及热熔合时的温度，时间和压力。

软罐头杀菌的基本原理及作用与金属罐相同，只是在杀菌过程中，自升温始即需加空气反压，直至冷却都要加一定的压力，以保持杀菌过程中的压力平衡防止蒸煮袋变形、破裂。

 作业

1. 试述罐头的特点？罐头生产中，装罐时应注意些什么？

2. 罐头杀菌的目的是什么？罐头加热杀菌时影响热传导的因素是什么？

3. 果蔬罐头生产中，经常使用糖盐溶液填充罐内除果蔬以外所留下的空隙，为什么？

4. 罐头生产时，排气的目的是什么？什么叫顶隙？顶隙过大、过小有什么不利影响？

5. 软罐头是由聚酯、铝箔、聚烯烃组成的复合薄膜材料为包装制成的。试述这种软罐头包装的特点。

项目四　冷冻冷藏食品的加工

随着我国人民生活水平的提高，生活节奏的加快，消费者选购果蔬时越来越强调新鲜、营养、方便，简单加工冷藏果蔬正是由于具有这些特点而深受重视。传统的果蔬保鲜技术是针对完整的果蔬进行的，低温影响动植物的生长，同样也影响食品的品质，利用低温技术，经过选择、清洗、切分、简单加工处理、整理、保鲜、包装、冷藏的果蔬产品，保鲜效果好，可直接进行烹调加工，甚至直接食用，要比新鲜果蔬产品方便、稳定，保藏期长。一方面，可以延长食品的保质期，增加食品销售的贮藏和货架时间，另一方面，也方便了老百姓的生活，既提高了人们的生活质量，又缓解淡季食品短缺的问题。

 任务一 冷藏食品的加工

 布置任务

任务描述	本任务要求通过冷藏方法的学习，了解冷藏及相关知识，简单加工果蔬及加工技术
任务要求	了解冷藏果蔬的相关标准；掌握冷藏果蔬加工技术及所需设备

任务准备

一、简单加工冷藏果蔬简介

简单加工冷藏果蔬主要是利用维持食品最低生命活动的保藏原理，根本任务在于其品质的维持、防止其发生褐变以及防止其形成病害而腐烂。其中基本的方法主要有果蔬最少加工处理、低温保鲜、气调保鲜、食品添加剂等，有时几种方法要配合使用。

1. 低温保鲜

温度对于果蔬质量的变化，作用最为强烈，影响也最大。低温可以抑制果蔬的呼吸作用以及酶的活性，降低其各种生理生化反应速度，从而延缓果蔬衰老和抑制褐变，同时也可以抑制微生物的活动及繁殖。因此，经简单加工低温处理果蔬品质的保持在于温度控制到相应的低温下保存。环境温度越低，果蔬的生命活动进行得就越缓慢，营养物质消耗得就越少，保鲜效果就越好，但是不同果蔬对低温的耐受力是各不相同的，每种果蔬都有其最佳的保存温度。当温度降低到超过某一程度时就会发生冷害，导致果蔬代谢失调，产生异味以及发生褐变加重等现象，其货架期也就相应地缩短了。因此，对于每一种果蔬有必要进行冷藏适温测试，以便在保持其品质的基础上，延长其货架寿命，实现较高的经济效益。值得一提的是，有些嗜冷的微生物和酶即使在低温下仍可以生长繁殖，所以在降低温度的同时，还要结合其他一些处理方式，如酸化、使用添加剂、简单的加工处理等，以保证冷藏果蔬的安全性。

2. 气调保鲜

气调主要是指降低 O_2 浓度，增加 CO_2 的浓度。这可利用适当包装通过果蔬的呼吸作用而获得相适应的气调环境，也称为 MA 保鲜；还可以人为地改变贮藏环境的气体组成，以达到理想的气调环境，也称为 CA 保鲜。当 O_2 浓度为 2%～5%，CO_2 的浓度为 5%～10%时，可以明显降低果蔬组织的呼吸速率，抑制其中酶的活性，从而延长简单加工冷藏果蔬的货架寿命。但是不同的果蔬对于最低 O_2 浓度和最高 CO_2

浓度的耐受程度是不同的，如果 O_2 浓度过低或者 CO_2 浓度过高，都会导致无氧呼吸和高 CO_2 伤害，使果蔬产生异味、褐变及腐烂。另外，果蔬组织经过切割后还会产生乙烯，乙烯的积累会促使组织软化而使品质劣化，因此在加工过程中还应加入乙烯吸收剂等。

3. 食品添加剂处理

低温保鲜和气调保鲜可以较好地保持简单加工冷藏果蔬的品质，但是不能完全抑制果蔬组织的褐变和微生物的生长繁殖。因此，为了达到较好的保鲜效果，在加工时必须使用食品添加剂进行处理。简单加工冷藏果蔬外观的主要变化是褐变，而褐变则主要是酶褐变，由多酚氧化酶催化酚类与氧的反应造成，这种变化必须具备三个条件：即酚类底物、多酚氧化酶和氧气。防止酶褐变可以从控制酶的活性和减少氧气的存在两个方面入手。如加入酶抑制剂抑制酶的活性；利用酸如柠檬酸降低 pH 抑制酶活性；利用螯合剂如 EDTA 等抑制酶活性；隔绝果蔬与氧气的接触；利用抗氧化剂如维生素 C 消耗氧气以有效地抑制果蔬组织的褐变，保护产品的颜色；钝化多酚氧化酶的活性如热烫杀酶等。除此之外，醋酸、柠檬酸对微生物也有一定的抑制作用，可结合护色处理以达到酸化防腐的目的。

需要注意的是，这些处理均需要符合绿色食品生产标准，在满足绿色食品生产要求的前提下进行。

二、简单加工冷藏果蔬加工技术

（一）简单加工冷藏果蔬加工所需的主要设备

简单加工冷藏果蔬加工的工艺流程：

原料→分级挑选→清洗→整理→切分→保鲜→脱水→灭菌→包装→冷藏。

根据工艺流程，简单加工冷藏果蔬的生产加工大致可以分为六个部分，即分级挑选、清洗、整理切分、保鲜、脱水灭菌和包装冷藏部分。主要设备有：浸渍池、清洗机、喷淋池、砂棒过滤器、切割机、输送机、离心脱水机、紫外线灭菌器、真空预冷机或其他预冷装置、真空封口机、冷藏库等。

1. 分级处理设备

1) 滚筒式分级机

滚筒式分级机主要由一块厚为 1.5～2.0mm 的不锈钢板冲孔后卷成圆柱形筒状筛，筒筛之间用角钢成为加强圈，将滚筒用托轮支撑在机架上，机架用角钢焊接而成。出料口设在滚筒的下面，出料口的数目与分级的数目相同。滚筒上有许多小孔，每组小孔孔径各不相同。从物料进口端到出口端，后组的孔径比前组大，进口一端的孔径最小，出口一端的孔径最大，每一级都有一个出料口，通过物料在滚筒内的转动和移动，使得物料从进料口进入到每级的出料口筛出，从而达到了分级的目的。该机械较适于圆形或类圆形物料，如马铃薯、苹果、豆类等。结构简图如图 4.1 所示。

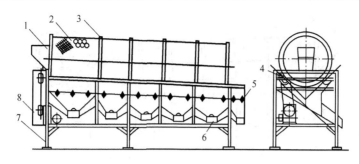

图 4.1　滚筒式分级机

1. 进料斗；2. 滚筒；3. 滚圈；4. 摩擦轮；5. 铰链；6. 集料斗；7. 机架；8. 传动装置

2）输送带式分级机

输送带式分级机主要由两条呈 V 型的输送带组成，物料输送带从窄的入口端进入，两条带间的距离从入口端延至出口末端逐渐增大，小的物料在进口端的两条输送带间落下，较大的物料在离入口端较远的出口处落下，从而将大小物料进行分级输送。

此种分级机速度快，原料受损小，可用于圆形果蔬分级。结构简图如图 4.2 所示。

2. 清洗设备

1）鼓风式清洗机

鼓风式清洗机是将空气鼓入洗槽，在空气的剧烈搅拌下使水产生强烈的翻动，从而除去物料表面的灰尘、污物等。利用空气搅拌，既可加速污物从物料上除去的速度，又可以使物料在强烈的翻动下不破坏其完整性。结构简图如图 4.3所示。

2）滚筒式清洗机

滚筒式清洗机主要由传动装置、滚筒、水箱等组成。通过滚筒的不断旋转，使得物料在滚筒内不断翻动。该机结构简单、生产效率高、清洗能力强，且对物料损伤小，使用较为广泛。结构简图如图 4.4 所示。

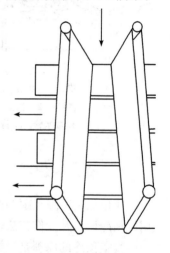

图 4.2　输送带式分级机

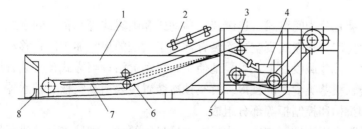

图 4.3　鼓风式清洗机

1. 洗槽；2. 喷水装置；3. 压轮；4. 鼓风机；5. 机架；6. 链条；7. 吹泡管；8. 排水管

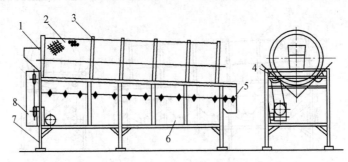

图 4.4　滚筒式清洗机

1. 进料斗；2、3. 滚筒；4. 摩擦轮；5. 铰链；6. 循环水箱；7. 机架；8. 传动装置

3）毛刷式清洗机

毛刷式清洗机主要由可转动的毛刷、输送带、喷水管、进料斗、排水口等组成，槽内设有喷水管，可进行喷射洗涤，再由下面的输送带传送出来。该机适于耐摩擦果蔬的清洗。结构简图如图 4.5 所示。

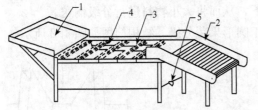

图 4.5　毛刷式清洗机

1. 进料斗；2. 输送带；3. 毛刷；
4. 喷水管；5. 排水口

3. 脱水设备

离心机属于间歇操作的一种通用机械设备，适用于分离含固相颗粒大于 0.01mm 的悬浮液，如粒状、结晶状或纤维物料的分离，也可用于果蔬的脱水等。SS 型离心机具有可随时掌握过滤时间，并使滤渣充分洗涤，被分离物料不被破坏等优点。

4. 真空预冷设备

简单加工冷藏果蔬的原料必须新鲜，因此要做好原料的预冷处理。下面介绍较为常用的预冷设备及操作方法。

真空预冷的原理是根据水随着压力的降低其沸点也降低的物理性质，将预冷果蔬置于真空槽中进行抽真空，当压力降低到一定值时，食品表面的水分开始蒸发，从而达到预冷的目的。

真空预冷装置分为间歇式、连续式、移动式和喷雾式等几种。间歇式真空预冷装置常用于小规模生产；连续式真空预冷装置常用于大型的果蔬加工厂；移动式真空预冷装置可组装在汽车等装载设备上，可异地使用，机动灵活；喷雾式预冷装置用于表面水分较少的果实类、根茎类食品的预冷。真空预冷装置主要由真空槽、捕水器、真空泵、制冷机组、装卸机构和控制柜等部分组成。

真空槽通常采用不锈钢制成。小型真空槽呈圆筒形，加装加强筋进行增强处理，所有焊口均采用破口焊，可进行 X 光探伤检验。槽体门可电动或手动开启，加工、精洗系统密封性能好。真空槽底设有轨道便于物料的装卸，槽体内设有排水装置和清洗系统；捕水器也称冷槽，与真空冷冻干燥装置中的捕水器具有相同的功能，即用于浓缩空气中水分，防止水分进入真空泵乳化润滑油造成真空泵组件的损坏，间歇式真空预冷装置的捕水器通常设计成圆筒形结构；真空泵是真空预冷系统的关键部件，选用时应根据不同规格的真空预冷装置及具体情况进行确定，如旋片真空泵组、水环增压泵组、水蒸气喷射泵组等。

小型间歇式或连续式真空预冷装置的制冷机组一般应选择水冷或风冷氟利昂冷凝机组，大型装置常采用氨制冷系统。对于较热的气候一般选择氟利昂水冷机组，制冷机组与真空泵组、控制柜等组装在一个公用底盘上。

真空预冷装置与传统的冷却方法相比，具有以下优点：冷却速度快，一般只需20～40min；不受采收时间和果蔬表面水分情况限制，雨天收获或清洗过的果蔬都可快速排除表面水分；冷却均匀、迅速、清洁，不存在局部冻结，处理的时间短，不会产生局部干枯变形、无污染；使用灵活，成本低；操作简单，自动化程度高。

5. 去皮机

如图 4.6 所示的去皮机适于马铃薯等圆形硬质果蔬的去皮。该机只产生含有皮渣的半固体废料。物料从进料口进入，由于物料自身的重力作用而向下移动，移动的过程中与旋转盘揩擦而将皮除掉，去皮后的物料从出口处卸下，皮渣从装置中落下集于渣盘中。

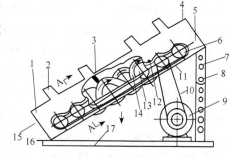

图 4.6　去皮机示意图

1. 去皮装置；2. 桥式构件；3. 挠性挡板；
4. 进口；5. 侧板；6. 滑轮；7. 支柱；8. 螺柱；
9. 电动机；10、11. 皮带；12. 压轮；13. 支板；
14. 圆盘；15. 卸料口；16. 铰链；17. 出皮

6. 切割机械

如图 4.7 所示为多用切菜机的示意图，主要由动刀片、输送带、出料斗等部件组成。物料通过输送带被送至喂料口，随即被旋转的刀具切下，切下的物料由下方的出料口排出。该机械适用于青梗菜、卷心菜、芹菜茎等物料。切料长度段形为 2～20mm，块形为 8mm×8mm～20mm×20mm，还可用于切割成 3mm×3mm～30mm×30mm 的形状。切丁机主要用于胡萝卜、洋葱、薯块类物料的切片、切丝、切条、切粒等用途。

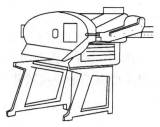

图 4.7　多用切菜机

7. 杀菌设备

通常的杀菌设备有臭氧杀菌设备、二氧化氯浸泡杀菌槽。

臭氧杀菌设备主要利用臭氧水杀菌代替传统的消毒剂在食品工业中显示出巨大的优越性，该技术具有杀菌谱广、操作简单、无任何残留及可以瞬时灭菌等特点，且应用后剩余的是氧气，不存在二次污染，完全规避了化学消毒剂给环境带来的危害，属于一种理想的杀菌新方法。臭氧及臭氧水的消毒灭菌技术在食品工业中的应用十分广泛，已被美国等许多国家批准。臭氧分子式为 O_3，是氧气的同素异形体，液态下呈现淡蓝色，具有特殊气味，易溶于水，常温下易分解还原为氧气，低温（低于 $0℃$）下不易分解。臭氧的杀菌速度为氯的 $600\sim3000$ 倍，是紫外线的 1000 倍。因臭氧不能储存和运输，只能现产现用，所以臭氧发生器便成了臭氧技术的代表设备，工业臭氧的产生主要以空气中的氧气为原料，在强电场的作用下，将氧气分子打开重新组合后产生臭氧。某些化学反应也可产生臭氧。

二氧化氯浸泡杀菌主要是将物料放入二氧化氯浸泡池中进行浸泡处理，在此过程既可以进行杀菌，又可去除部分残留的农药。

8. 包装设备

简单加工冷藏果蔬常采用真空包装和充气包装两种形式。

真空包装可以抑制微生物的生长，防止二次污染；还可以减缓脂肪的氧化速度；使得产品外观整洁，提高竞争力。包装形式有三种：一种是将整理好的物料放进包装袋内，抽去空气，然后真空包装，接着吹热风使得受热材料收缩，紧贴于物料表面；一种是热成型滚动包装；再一种是真空紧缩包装。真空包装机主要由真空泵、带气密罩的操作室和热封装置等部件组成。将装好的物料的塑料袋放到气密罩里的热封条处，紧闭密封罩，抽去罩内空气直到达到所需的真空度，热封带加热将袋口熔封。

充气包装是在包装容器内放入物料，抽掉空气，然后用选择的气体代替包装内的气体环境，从而抑制微生物的生长，延长产品的货架期。常用的气体有三种：一种是 CO_2 它可以抑制细菌和真菌的生长，同时可以抑制酶的活性，在低温和 25% 的含量时效果最佳；一种是氧气，它可以维持果蔬的基本呼吸，并能抑制厌氧细菌，但也会为许多有害菌创造良好的气体环境；再一种是氮气，它是一种惰性填充气体，可以防止氧化酸败、霉菌的生长和寄生虫害。在果蔬保鲜时，通常选用二氧化碳和氧气两种气体，一定量的氧气存在有利于延长产品的保质期，但必须选择适当的比例与二氧化碳相混合。

9. 冷藏保鲜库

将加工好的果蔬置于冷藏保鲜库中贮藏，喜温的果蔬贮存在 $4\sim8℃$，其他的存放在 $2\sim4℃$ 条件下。

（二）原料选择及洗涤

简单加工冷藏果蔬操作过程中应尽量减少对果蔬的机械损伤。原料选择的主要工作是对果蔬的成熟度、大小进行选择，剔除不良果蔬，然后在浸泡池中进行人工分级挑选、按规格要求把产品分成不同的等级，并进行初步清洗，将果蔬中夹杂的一些黄叶、杂物等剔除。果蔬在水中浸泡的时间不宜过长，一般不要超过 $2h$。

1. 除杂

果蔬在分级、清洗前要去除腐烂叶、剔除果梗等工作。对于水果和蔬菜类，如番茄、荔枝、甜辣椒等，要去除混杂在果实中的杂叶和杂物、果梗上的叶片等，还应剪切果梗使其与果肩平；具有外叶和茎梗的蔬菜，如绿叶菜、生菜、白菜、芹菜等，要去除所有腐烂、损伤、枯黄、腐败变质的叶子和茎梗；根菜类如胡萝卜、马铃薯等要去除大块的泥土等；一些果蔬如鲜玉米还要求剥除外皮等。

2. 分级

分级可分为按品质分级和按大小分级或质量分级等。

1) 按品质分级

分级的目的就是要剔除不合格的果蔬，如机械损伤严重、病虫腐烂、畸形、成熟度不够、有少量病虫害等部分；另外就是把优质果蔬挑选出来。果蔬的品质由于种性、环境和栽培等因素的差异而表现较大的差异，且由于供食用的部分不同，成熟度不一致，只能按照各种果蔬品质的要求制定个别标准。

2) 按大小或质量分级

品质分级后对于一些形状整齐的果蔬为了使产品大小一致一般要再进行大小分级，如番茄、黄瓜等；对于一些形状不规则的果蔬则根据质量来进行分级，如马铃薯等。

3. 清洗

清洗的目的就是要通过水的冲刷洗去果蔬表面的灰尘、污物以及残留的农药等。清洗时，通常要向水中加入清洁剂，最常用的就是偏硅酸钠。此外，还要加入消毒剂以减少病菌的污染，因为氯及氯化物，如次氯酸钠等在果蔬表面无残留而被广泛应用。氯的防腐效果与氯的浓度、溶液温度、pH 及浸泡时间有很大关系。

如果病菌已侵入果蔬的表皮，大多数的表面消毒剂就不能很好地发挥防治作用。清洗时可用水冲洗或用压力水喷洗，将部分侵入果蔬表皮的细菌冲出。如果果蔬表面残留农药较多，用水则不易洗去，清除残留农药一般还要用盐酸溶液浸渍，用 0.5%～1.0% 的盐酸溶液洗涤，可除去大部分农药残留物，且稀盐酸溶液对果蔬组织没有副作用，不会溶解果蔬表面的蜡质。洗涤后残留溶液易挥发，用一般清水漂洗即可，不需做中和处理。清洗时果蔬常倾入水池内，为了减少果蔬的交叉感染，通常采用流动式水槽，也有采用有擦洗作用的清洗机，但容易对物料造成损伤。为防止致病微生物的生长，清洗后的果蔬通常还要进行干燥，以除去多余的水分破坏其生长环境。

清洗是延长果蔬保存时间的重要处理过程。果蔬表面上的细菌数量越少，其保存时间就越长，清洗干净后不仅可以减少果蔬表面上的病原菌数，还可以洗去附着在果蔬表面的细胞液，减少变色。清洗可先用鼓风式清洗机清洗，再用洁净水喷淋。

（三）原料处理

原料的处理主要包括果蔬的去皮、切分（割）、保鲜、脱水和杀菌等工序。

1. 去皮

去皮的方法主要有手工去皮、机械去皮、热去皮、化学去皮和冷冻去皮等。

2. 切分

切分操作一般采用机械操作，有时也用手工切分，主要有切片、切块、切条等。果蔬切分的大小是影响产品品质的重要因素之一。切分越小，总切分表面积就越大，果蔬相应的保存性就越差。刀刃状况与所切果蔬的保存时间也有很大的关系。用锋利的刀切割果蔬，其保存时间较长；用钝刀切割的果蔬，切面受创伤较多，容易引起变色和腐败。因此，加工时要尽量减少切割次数，同时应使用刀身薄、刀刃利的切刀。一般切刀应为不锈钢材质。

3. 保鲜

简单加工冷藏果蔬相对于未加工的果蔬来说，更容易产生质变，这主要是由于切割使果蔬受到机械损伤而引发一系列不利于储藏的生理生化反应，如呼吸加快、乙烯产生加快、酶促和非酶促褐变加快等，同时由于切割作用使得一些营养物质流失，更易滋生微生物引起腐烂变质，而且切割使得果蔬自然抵抗微生物的能力下降。所有的操作都使得简单加工冷藏果蔬的品质下降，货架期缩短，因此必须对其进行保鲜处理。

简单加工冷藏果蔬的褐变主要是酶促褐变，防止措施主要从控制酶的作用和氧气的浓度两方面入手，如加抑制剂抑制酶的活性或隔绝果蔬与氧气的接触。保鲜剂一般可采用异维生素 C 钠、植酸、柠檬酸、$NaHSO_3$ 等，也可采用它们的混合物。这些保鲜剂对简单加工冷藏果蔬的保鲜都有一定的效果，且浓度越高，浸泡时间越长，保鲜效果就越好。但是考虑到其风味问题，保鲜液浓度不宜过高，或浸泡时间不宜过长，要选择适宜的条件，下面介绍几种预处理过程中常用的护色方法。

1）NaCl 护色

将切分后的果蔬浸于一定浓度的 NaCl 溶液中，使得酶活力被 NaCl 溶液破坏，从而起到一定的抑制酶活性的作用，同时由于氧气在 NaCl 溶液中的溶解度比空气中的小，也可起到一定的护色效果。通常加工中采用 1%～2% 的 NaCl 溶液护色，适用于苹果、梨、桃等，护色后要将 NaCl 溶液漂洗干净，这一点尤为重要。

2）酸溶液护色

酸性溶液中氧气的溶解度较小，如此既可以降低 pH 及多酚氧化酶的活力，又兼有抗氧化作用，而且大部分有机酸是果蔬的天然成分，护色效果较好。常用的酸有柠檬酸、苹果酸或抗坏血酸等，由于抗坏血酸费用较好，生产上一般采用柠檬酸，浓度在 0.5%～1% 左右。

4. 脱水

切分果蔬保鲜后，其内外都有许多水分，若在这样的湿润状态下放置，很容易变质或老化，因此，需要进行适当的加工以去掉水分。脱水可用冷风干燥机干燥，也可用离心机处理，通常情况下选用后者。离心机脱水时间要适宜，如果脱水过多，产品容易干燥枯萎，反而使其品质下降。如切分甘蓝处理条件应以离心机转速 2825r/min 的条件下保持 20s 为宜。

5. 杀菌

经过去皮、切分、保鲜、脱水后，果蔬表面上虽然细菌总数大大减少，但是仍有较多的残留细菌，因此有必要进行杀菌处理。简单加工冷藏果蔬的加工一般选择紫外线灭菌器杀菌，杀菌过程要掌握好时间。时间过长，则可能由于温度升高而导致产品的品质劣化；时间过短则达不到相应的杀菌效果。

（四）包装、预冷

果蔬切分后若暴露于空气中，很容易因失水而萎蔫，因氧化而变色，所以应尽快进行包装，防止或减轻此类不良变化。包装材料的选择一般根据果蔬及加工种类的不同而选择不同种类和厚薄的包装材料。使用最多的材料有聚氯乙烯（PVC）、聚丙烯（PP）、聚乙烯（PE）、乙烯-乙酸-乙烯共聚物（EVA）及其他的复合薄膜。包装方法上既可以用真空包装机进行真空包装，也可以进行气调包装。相对而言，气调包装效果较好，但工序复杂，且成本较高，所以多数企业选择真空包装。真空包装的真空度必须根据加工冷藏果蔬种类的不同而有所不同。研究表明，切分甘蓝其包装真空度不能太高，而切分马铃薯可以采用较高的真空度，这是因为马铃薯的呼吸强度比甘蓝要弱。

对于气调包装，包装材料透气率大或真空度低时简单加工冷藏果蔬都容易发生褐变，透气率小或真空度高时易发生无氧呼吸而产生异味，因此要选择适宜的包装材料以控制合适的透气率或真空度。在贮藏过程中，简单加工冷藏果蔬在包装袋内由于呼吸作用会消耗 O_2 生成 CO_2。从而造成 O_2 含量逐渐减少，CO_2 含量逐渐增加。根据这一特点，加工冷藏果蔬包装时应选择适当的包装材料以保障包装袋内最低限度的有氧呼吸和造成低 O_2 高 CO_2 的环境，从而延长简单加工冷藏果蔬的货架期。

简单加工冷藏果蔬的包装分为运输包装和销售包装。运输包装的主要功能是在装载、运输、卸货时对果蔬产品能起保护作用，主要材料有木箱、塑料箱、纸箱及麻布袋等。销售包装的主要功能是在加工冷藏果蔬展示销售的过程中起到保护、展示、方便消费者携带等作用。包装方式有聚乙烯、聚丙烯、醋酸纤维等做成的提袋，纸板、塑料板、泡沫塑料或薄木板做成的盘、盒等，还有收缩包装、拉伸包装等。不同材料的包装对水分、CO_2、O_2 的渗透性各不相同。采用的包装设备主要有装袋机和装盘机。这些设备的自动化程度高，可以实现从输送、称重、装袋、封袋到运送的要求。

选择在果蔬产地进行包装，还是在消费区域包装，主要是看果蔬的易腐程度、运输方便程度及经济利益等因素。在产地包装有劳动力成本低、可减少运输质量、可与果蔬的清洗和分级配套进行等优点。对于易腐烂果蔬倾向于在消费区域内进行包装，因为在销售之前可以进行果蔬的修整和分级不仅可以较好的保持蔬菜的新鲜度，还可以对不同时期不同地区运到的果蔬进行包装，包装线的利用时间较长。

预冷是果蔬储运保鲜采取的重要措施之一，它可以迅速排除果蔬的田间热，使温度在较短时间内降到所要求的范围。最常用的方法是水冷却法，费用低，冷却速度快，通常结合果蔬的清洗进行，还可以把碎冰直接放在果蔬中，使之冷却，属直接接触的冷却方法。近年来，一些低水分残留的冷却方法应用广泛，最典型的为真空预冷，效率高，它是在减压的条件下，使果蔬表面的水分蒸发而导致吸热冷却，特别适合于叶菜类，有时真空冷却可以省去脱水工序。

（五）冷藏、运销

简单加工冷藏果蔬要进行低温保存。环境温度越低，冷藏果蔬的生命活动进行越缓慢，营养素消耗越少，保鲜效果也就越好。每种果蔬都有其最佳保存温度，但考虑到实际生产需要，不可能每种果蔬都用最适冷藏温度，因此一般采用 4～8℃的冷藏温度，这样的条件下可避免发生冷害现象。

果蔬从包装车间到达消费者，在运输或转运过程中应保持所需求的低温范围，根据果蔬的性质和价值可选择如冷藏火车、汽车和船等运输工具。20 世纪 70 年代以来，冷藏货柜的应用发展非常迅速，它可以在转运和装卸过程中，不必把加工冷藏果蔬从低温环境中取出，从而使其保持良好的状态，冷藏货柜已广泛应用于国际贸易。

销售时一般采用冷柜，冷柜温度一般保持在 5℃左右、湿度保持在 85%～90%较好，可以保证简单加工冷藏蔬菜的新鲜度，超市和连锁店一般都有冷库进行产品的暂存。

综上所述，果蔬从采收到消费者手中，整个流程都应保持适当的低温范围，形成所谓的冷链流通系统，从而对简单加工冷藏果蔬产生较好的保鲜作用。

任务二　　冷冻食品的加工

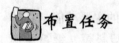 **布置任务**

任务描述	本任务要求通过水的冻结及冰结晶、食品在低温条件下的化学变化、果蔬的速冻加工等的学习，了解冰结晶的条件及变化等；通过实训任务"冷冻蔬果的加工"、"速冻调理食品加工"对冷冻食品加工有更深的了解
任务要求	了解食品中水的冻结和冰结晶；食品在低温条件下各成分所发生的变化；掌握果蔬的速冻加工以及速冻调理食品的加工

 **任务准备**

一、食品中水的冻结和冰结晶

（一）冰结晶条件

常识告诉我们水在 0℃结冰，但实际情况是水或水溶液的温度降低至冻结点时并不都会结冰，较多的场合是温度要降至冻结点以下，造成过冷却状态时，水或水溶液才会结冰。

水或水溶液结冰时，被称为"冰结晶之芽"的晶核形成是必要条件。当液体处于过冷却状态时，由于某种刺激作用会形成晶核，例如，溶液内局部温度过低，水溶液中的气泡、微粒及容器壁等。

晶核形成以后，冰结晶开始生长。冷却的水分子向晶核移动，凝结在晶核或冰结晶的表面，形成固体的冰。晶核形成速度、冰晶生长速度与过冷却度的关系如图4.8所示。图中A点是晶核形成的临界温度。在过冷度较小的区域（冻结点至A点之间），晶核形成数少，但以这些晶核为中心的冰晶生成速度快；过冷度超过A点，晶核形成的速度急剧增加，而冰晶生长的速度相对比较缓慢。

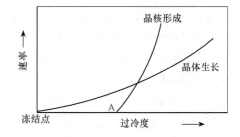

图4.8　晶核形成、冰晶生长速度与过冷却度

食品冻结时，冰晶体的大小与晶核数直接有关。晶核数越多，生成的冰晶体就越细小。缓慢冻结时，晶核形成放出的热量不能及时被除去，过冷却度小并接近冻结点，对晶核的形成十分不利，晶核数少且生成的冰晶体大。快速冻结时，晶核形成放出的热量及时被除去，过冷却度大，当超过A点后晶核大量形成，而且冰晶生长有限，生成大量细小的冰晶体。

为了促进晶核的生成，日本采用微生物作为冻结促进剂。一种已商品化的冰核活性菌，具有可形成水冻结时的晶核的功能，加快冻结的进行，减少能耗。经试验表明，可降低能量消耗10%～15%。

纯水通常在1.013×10^5Pa温度降至0℃就开始结冰，0℃称为水的冰点或冻结点。食品中的水分不是纯水，是含有有机物质和无机物质的溶液，这些物质包括盐类、糖类、酸类及水溶性蛋白质、维生素和微量气体等。根据拉乌尔定律，溶液冰点的降低与溶质的浓度成正比。1kg水中每增加1mol溶质，水的冰点下降1.86℃，因此食品的温度要降至0℃以下才产生冰晶，此冰晶开始出现的温度即食品的冻结点。由于食品的种类、动物类死后条件、肌浆浓度等不同，各种食品的冻结点也不相同。一般食品冻结点的温度范围为-2.5～-0.5℃。

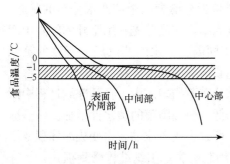

图4.9　食品冻结曲线

（二）食品的冻结曲线和最大冰晶生成带

食品冻结时，随着时间的推移表示其温度变化过程的曲线称为食品冻结曲线。

新鲜食品冻结曲线的一般模式如图4.9所示。图中有三条曲线，表明冻结过程中的同一时刻，食品的温度始终以表面为最低，越接近中心部位温度越高，不同深度温度下降的速度是不同的。

　　食品的冻结曲线表示的食品冻结过程大致可分为三个阶段。第一阶段是食品从初温降至冻结点，放出的是显热。此热量与全部放出的热量相比值较小，故降温快，曲线较陡。第二阶段是食品温度达到冻结点后，食品中大部分水分冻结成冰，水转变成冰过程中放出的相变潜热通常是显热的 50～60 倍，食品冻结过程中绝大部分的热量是在第二阶段放出的，温度降不下来，曲线出现平坦段。对于新鲜食品来说，一般温度降至 −5℃时，已有 80%的水分生成冰结晶。通常把食品冻结点至 −5℃的温度区间称为最大冰晶生成带，即食品冻结时生成冰结晶最多的温度区间。最近也有人提出，−15～0℃温度区间为最大冰晶生成带，当然它已包含了原有的温度区间。由于食品在最大冰晶生成带放出大量热量，食品温度降不下来，食品的细胞组织易受到机械损伤，食品构成成分的胶体性质会受到破坏，因此，最大冰晶生成带也是冻结过程中对食品品质带来损害最大的温度区间。第三阶段是残留的水分继续结冰，已成冰的部分进一步降温至冻结终温。水变成冰后其比热容下降，冰进一步降温的显热减小，但因还有残留水分结冰放出冻结潜热，所以降温没有第一阶段快，曲线也没有第一阶段那样陡。

　　人们对食品冻结速度快与慢的划分，目前还未完全统一。冻结速度通常有以时间来划分和以距离来划分两种方法。以时间划分，是指食品中心温度从 −1℃降至 −5℃所需的时间，如在 30min 之内谓快速冻结，超过 30min 属于慢速冻结。由于食品的种类、冻结点、前处理不同，其耐冻程度也不一样。所以对任何食品都以 30min 为标准有不妥之处。

　　另外可以距离划分，它是指单位时间内 −5℃的冻结层从食品表面向内部推进的距离。时间以小时为单位，距离以厘米为单位。冻结速度 v 的单位为 cm/h。R. Plank 把食品冻结速度分为三类：快速冻结 $v \geqslant 5～20$cm/h，中速冻结 $v = 1～5$cm/h，慢速冻结 $v = 0.1～1$cm/h。

　　目前国内使用的各种食品冻结装置，由于性能不同，其冻结速度有很大差异，一般范围为 0.2～100cm/h。例如，食品在吹风冷库中冻结，其冻结速度为 0.2cm/h，属慢速冻结；食品在吹风冻结装置中冻结，其冻结速度为 0.5～3cm/h，属中速冻结；食品在流态化冻结装置中冻结，冻结速度为 5～10cm/h，在液氮冻结装置中冻结，冻结速度为 10～100cm/h，均属于快速冻结。

　　动植物组织是由无数细胞所构成。细胞内的水分与细胞间隙之间的水分由于其所含盐类等物质的浓度不同，冻结点也有差异。当食品温度降低时，冰结晶首先在细胞间隙中产生。如果快速冻结，细胞内外几乎同时达到形成冰晶的温度条件，组织内冰层推进的速度也大于水分移动的速度，食品中冰晶的分布接近冻前食品中液态水分布的状态，冰晶呈针状结晶体，数量多，分布均匀。如果缓慢冻结，冰晶首先在细胞外的间隙中产生，而此时细胞内的水分仍以液相形式存在。由于同温度下水的蒸汽压大于冰的蒸汽压，在蒸汽压差的作用下，细胞内的水分透过细胞膜向细胞外的冰结晶移动，使大部分水冻结于细胞间隙内，形成大冰晶，并且数量少，分布不均匀。由于食品冻结过程中因细胞汁液浓缩，引起蛋白质冻结变性，保水能力降低，使细胞膜的透水性增加。缓慢冻结过程中，因晶核形成数量少，冰晶生长速度快，所以生成大冰晶。水变成冰体积要增大 9%左右，大冰晶对细胞膜产生的胀力更大，使细胞破裂，组织结构受到损伤，解冻时大量汁液流出，致使食品品质明显下降。而快速冻结时，细胞内外同时产生冰晶，晶核形成数量多，冰晶细小且分布均匀，组织结构无明显损伤，解冻时汁液流失少，解冻品的复原性好。所以快速冻结的食品比缓慢冻结的食品质量好。

（三）冰结晶的长大

冻结食品在 $-18℃$ 以下的低温冷藏室中贮藏，食品中 90％以上的水分已冻结成冰，但其冰结晶是不稳定的，大小也不全部均匀一致。在冻结贮藏过程中，如果冻藏温度经常变动，冻结食品中微细的冰结晶量会逐渐减少、消失，大的冰结晶逐渐生长，变得更大，整个冰结晶数量大大减少，这种现象称为冰结晶的长大。食品在冻结过程中，冰结晶在生长；冻藏的过程中，由于冻藏期很长，再加上温度波动等因素，冰结晶就有充裕的时间长大。这种现象会对冻结食品的品质带来很大的影响。即使原来用快速冻结方式生产的、含有微细冰结晶的快冻食品的结构，也会在冻藏温度经常变动的冻藏室内遭到破坏。巨大的冰结晶使细胞受到机械损伤，蛋白质发生变性，解冻时汁液流失量增加，食品的口感、风味变差，营养价值下降。

冰结晶的长大是由于冰结晶周围的水或水蒸气向冰结晶移动，附着并冻结在它上面的结果。冰结晶的长大，其原因主要在于蒸汽压差的存在。冻结食品中还有残留未冻结的水溶液，其水蒸气压大于冰结晶的水蒸气压；在冰结晶中因粒子大小不同，即使同一温度下，其水蒸气压也各异。小冰晶的表面张力大，其水蒸气压要比大冰晶的水蒸气压高。水蒸气总是从蒸汽压高的方向蒸汽压低的方移动，因而小冰晶的水蒸气不断地移向大冰晶的表面，并凝结在它的表面，使大冰晶越长越大，小冰晶逐渐减少、消失。但是，这样的水蒸气移动速度极其缓慢，所以只有在冻结食品长期贮藏时才需要考虑此问题。

更多的情况是冻结食品的表面与中心部位之间有温度差，从而产生蒸汽压差。如果冻藏室的温度经常变动，当室内空气温度高于冻结食品温度时，冻结食品表面的温度也会高于中心部位的温度，表面冰结晶的水蒸气压高于中心部位冰结晶的水蒸气压，在蒸汽压差的作用下，水蒸气从食品表面向中心部扩散，促使中心部位微细的冰结晶生长、变大。这种现象持续发生，就会使食品快速冻结生成的微细冰晶变成缓慢冻结时生成的大块冰晶，给细胞组织造成破坏。

为了减少冻藏过程中因冰结晶的长大给冻结食品的品质带来的不良影响，可从两个方面采取措施来加以防止：

（1）采用快速降温的冻结方式，使食品中 90％的水分在冻结过程中来不及移动，就在原位置变成微细的冰结晶，其大小、分布都较均匀。同时由于冻结终温低，提高了食品的冻结率，使食品中残留的液相减少，从而减少冻结贮藏中冰结晶的长大。

（2）冻结贮藏室的温度要尽量低，并要保持稳定、少变动，特别要避免 $-18℃$ 以上的温度变动。

（四）干耗与冻结烧

由于食品表面的冰结晶直接升华而造成的食品中的水分减少称为食品的干耗。食品在冷却、冻结、冻藏的过程中都会发生干耗，随冻藏期限延长，干耗问题也更为突出。

在冻藏室内，由于冻结食品表面的温度、室内空气温度和空气冷却器蒸发管表面的温度三者之间存在着温度差，因而也形成了水蒸气压差。冻结食品表面的温度如高于冻藏室内空气的温度，冻结食品进一步被冷却，同时由于存在水蒸气压差，冻结食品表面的冰结晶升华，跑到空气中去。这部分含水蒸气较多的空气，吸收了冻结食品放出的热量。密度减小向上运动，当流经空气冷却器时，就在温度很低的蒸发管表面水蒸气达到露点，凝结成霜。冷却并减湿后的空气因密度增大而向下运动，当遇到冻结食品时，因水蒸气压差的存在，食品表面的冰结晶继续向空气中升华。这样周而复始，以空气为介质，冻结食品表面出现干燥现象，并造成质量损失，俗称干耗。冻结食品表面冰晶升华需要的升华热是由冻结食品本身供给的，此外还有外界通过围护结构传入的热量，冻藏室内电灯、操作人员发出的热量等也供给热量。

当冻藏室的围护结构隔热不好，外界传入的热量多；冻藏室内收容了品温较高的冻结食品；冻藏室内空气温度变动剧烈；冻藏室内蒸发管表面温度与空气温度之间温差太大；冻藏室内空气流动速度太快等时都会使冻结食品的干耗现象加剧。开始时仅仅在冻结食品的表面层发生冰晶升华，长时间后逐渐向里推进，达到深部冰晶升华。这样不仅使冻结食品脱水，造成质量损失，而且冰晶升华后留存的细微空穴大大增加了冻结食品与空气的接触面积。在氧的作用下，食品中的脂肪氧化酸败，表面发生黄褐变，使食品的外观损坏，食味、风味、质地、营养价值都变差，这种现象称为冻结烧（Freezer Burn）。冻结烧部分的食品含水率非常低，接近2%～3%，断面呈海绵状，蛋白质脱水变性，食品质量严重下降。

为了减少和避免冻结食品在冻藏中的干耗与冻结烧，在冷藏库的结构上要防止外界热量的传入，提高冷库外墙围护结构的隔热效果。20世纪70年代，先进的国家开始建设新型的夹套冷库，使由外围结构传入的热量在夹套中及时被带走，不再传入库内，使冻藏室的温度保持稳定。如果冻结食品的温度能与库温一致的话，可基本上不发生干耗。对一般冷库来讲，要维护好冷库的外围结构，减少外界热量传入；将冷库的围护结构外表面刷白，减少进入库内的辐射热量，维护好冷藏门和风幕，在库门处加挂棉门帘或硅橡胶门帘，减少从库门进入的热量；减少开门的时间和次数，减少不必要进入库房的次数，库内操作人员离开时要随手关灯，减少外界热量的流入。在冷库内要减少库内温度与冻品温度及空气冷却器之间的温差，合理地降低冻藏室的空气温度和保持冻藏室较高的相对湿度，温度和湿度不应有大的波动。

通常水分蒸发会抑制果蔬的呼吸作用、影响果蔬的新陈代谢，当水分蒸发>5%时，会对果蔬的生命活动产生抑制。食品中的水分减少后，造成质量损失，对于植物性食品会失去新鲜饱满的外观、新鲜度下降、果肉软化收缩、氧化反应加剧；对于动物性食品（肉类）会因水分蒸发而发生干耗，同时肉的表面收缩、硬化，形成干燥皮膜，肉色也有变化。鸡蛋内的水分蒸发主要表现为鸡蛋气室增大而造成质量下降。

为了减少蔬菜类食品冷却时的水分蒸发量，要根据各种蔬菜的水分蒸发特性控制其冷却湿度、温度及风速。肉类食品冷却时的水分蒸发量，除了与温度、湿度和风速有关外，还与肉的种类、单位质量表面积的大小、表面形状、脂肪含量等有关。

对于食品本身来讲，可采用加包装或镀冰衣的方法。冻结食品使用包装材料的目的通常有三个方面：卫生、保护表面和便于解冻。包装通常有内包装和外包装之分，对于冻品的品质保护来说，内包装更为重要。由于包装把冻结食品与冻藏室的空气隔开了，就可防止水蒸气从冻结食品中移向空气，抑制了冻品表面的干燥。为了达到良好的保护效果，内包装材料不仅应具有防湿性、气密性，还要求在低温下柔软，有一定的强度和安全性。常用的内包装材料有聚乙烯、聚丙烯、聚乙烯与玻璃纸复合、聚乙烯与聚酯复合、聚乙烯与尼龙复合、铝箔等。食品包装时，内包装材料要尽量紧贴冻品，如果两者之间有空气间隙，水蒸气蒸发、冰晶升华仍可能在包装袋内发生。

二、食品在低温条件下的化学变化

（一）蛋白质的冻结变性

食品中的蛋白质在冻结过程中会发生冻结变性，在降温的过程中，因温度的变动和冰结晶的长大，会增加蛋白质的冻结变性程度。在－20℃以上，随着低温的时间延长，蛋白质变性加剧；当温度进一步下降到－30℃，这种变性的速度减慢。将－35℃吹风冻结的鳕鱼肉分别放在－14℃、－21.7℃、－29℃温度下进行冷冻，图 4.10 中的曲线表示蛋白质在 5％食盐水中溶解度的变化，从图中可见，在－14℃，可溶性蛋白质减少的速度（曲线的斜率）快；在－29℃时，可溶性蛋白质减少的速度慢，说明蛋白质的冻结变性程度小。

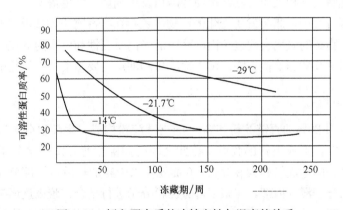

图 4.10　鳕鱼蛋白质的冻结变性与温度的关系

鱼类因鱼种不同，其蛋白质的冻结变性程度有很大差异，这与鱼肉蛋白质本身的稳定性有关。例如，鳕鱼肉的蛋白质很容易冻结变性，而鲈鲉、狭磷庸鲽却不容易变性。此外，鱼肉蛋白质的冻结变性还受到共存物质的影响。例如，脂肪的存在，特别是磷脂质分解产生的游离脂肪酸，是促进蛋白质变性的因素。又如钙、镁等水溶性盐类会促进鱼肉蛋白质冻结变性，而磷酸盐、糖类、甘油等可减少鱼肉蛋白质的冻结变性。据报道，把鳕鱼肉浸在 0.5％的焦磷酸钠水溶液中，或者是浸在 0.5％焦磷酸钠与三聚磷酸钠的混合水溶液中，以后分别放在－5℃、－30℃、－90℃温度下冻结，并在－26℃冻藏约 2 个月，与没有经过处理的鳕鱼肉相比较，其解冻流出液少，流出液中所含的脱氧核糖核酸中的磷（DNAP）量也少，因此认为磷酸盐类对于抑制蛋白质冻结变性和肌肉组织的变化有一定的效果。

（二）脂类的变化

脂质劣化有氧化和水解两种，这两种反应包括两方面的因素：一种是纯粹的化学反应；另一种是酶的作用。水解反应在 $-14 \sim -10$℃ 温度下可以有所抑制，但某些水解酶在低温下仍然有一定的活性。在冷却储藏过程中，食品中所含的油脂仍会发生水解、脂肪酸氧化、聚合等复杂的变化，使食品的口味变差，出现变色、脂肪酸败、黏度增加现象，严重时就称为"油烧"，使食品质量下降。应当注意水分蒸发在冷却初期特别快，肉类在冷却过程中的水分蒸发会在肉的表面形成干化层，加剧脂肪的氧化。

鱼类按含脂量的多少可分为多脂鱼和少脂鱼。多脂鱼大多为洄游性鱼类，少脂鱼大多为底栖性鱼类。鱼的脂类分为组织脂肪和贮藏脂肪，它们主要是甘油三酸酯，还有一些其他脂类，如磷酸甘油酯、固醇类等。它们在脂酶和磷脂酶的作用下水解，产生游离脂肪酸。鱼类的脂肪酸大多为不饱和脂肪酸，特别是一些多脂鱼，如鲱鱼、鳙鱼，其高度不饱和脂肪酸的含量更多，主要分布在皮下靠近侧线的暗色肉中，即使在很低的温度下也保持液体状态。鱼类在冻藏过程中，脂肪酸往往因冰晶的压力由内部转移到表层中，因此很容易在空气中氧的作用下发生自动氧化，产生酸败臭。脂肪酸败并非是油烧，只有当与蛋白质的分解产物共存时，脂类氧化产生的羰基与氨基反应，脂类氧化产生的游离基与含氮化合物反应，氧化脂类互相反应，其结果使冷冻鱼发生油烧，产生褐变。

鱼类在冻藏过程中，脂类发生变化的产物中还存在有毒物质，如丙二醛等，对人体健康有害。另外，脂类的氧化会促进鱼肉冻藏中的蛋白质变性和色素的变化，使鱼体的外观恶化，风味、口感及营养价值下降。由于冷冻鱼的油烧主要是由脂类氧化引起的。

（三）淀粉老化

普通淀粉是由 20% 的直链淀粉和 80% 的支链淀粉构成。生淀粉分子靠分子间氢键结合而排列得很紧密，形成束状的胶束，彼此之间的间隙很小，即使水分子也难以渗透进去。具有胶束结构的生淀粉称为 β-淀粉。β-淀粉在水中经加热后，一部分胶束被溶解而形成空隙，于是水分子浸入内部，与余下部分淀粉分子进行结合，胶束逐渐被溶解，空隙逐渐扩大，淀粉粒吸水后，体积膨胀，生淀粉的胶束消失，这种现象称为膨润作用。继续加热，淀粉胶束全部崩溃，形成单个淀粉分子，并被水包围而成为溶液状态，这种现象叫淀粉的糊化。所以糊化作用实质上是把淀粉分子间的氢键断开，水分子与淀粉形成氢键，形成胶体溶液。糊化的淀粉叫 α-淀粉。糊化了的淀粉在室温或低于室温的条件下慢慢冷却，经过一段时间，变得不透明，甚至凝结沉淀，这种现象称为淀粉的老化，俗称淀粉的返生。老化是糊化的逆过程，但老化不能使淀粉彻底复原到 β-淀粉的结构状态，它比 β-淀粉的晶化程度低。老化过程的实质是：在糊化过程中，已经溶解膨胀的淀粉分子重新排列组合，形成一种类似天然淀粉结构的物质。老化后的淀粉与水失去亲和力，不仅口感变差，消化吸收率也随之降低。值得注意的是：淀粉老化的过程是不可逆的，如生米煮成熟饭后，不可能再恢复成原来的生米。

食品中的淀粉是以 α-淀粉的形式存在，但是在接近 0℃ 的低温范围中，β-淀粉老化迅速出现。

淀粉老化的速度也与食物的储存温度有关，一般淀粉老化最适宜的温度是 2~4℃。面包冷却储藏时淀粉迅速老化，味道就变得很不好吃。土豆在冷冻陈列柜中存放时，也会有淀粉老化的现象发生。储存温度高于 60℃或低于-20℃时都不会发生淀粉的老化现象。因为低于-20℃，淀粉分子间的水分冻结，形成了结晶，阻碍了淀粉分子间的相互靠近而不能形成氢键，所以不会发生淀粉老化的现象。需储存的馒头、面包、凉粉、米饭等，不宜存放在冰箱保鲜室。因为保鲜室的温度恰好是淀粉老化最适宜的温度，最好把它们放入冷冻室速冻起来，就可以阻止这些食品中淀粉的老化，使之仍保持糊化后的 α 型状态。加热后再食用，口感如初、香馨松软。淀粉老化作用的控制在食品工业中有重要的意义。

（四）色泽的变化

冻结食品在冻藏过程中，除了因制冷剂泄漏造成变色（例如，氨泄漏时，胡萝卜的橘红色会变成蓝色，洋葱、卷心菜、莲子的白色会变成黄色）外，其他凡在常温下发生的变色现象，在长期的冻藏过程中都会发生，只是进行的速度十分缓慢。

1. 脂肪的变色

如前所述，多脂肪鱼类如带鱼、沙丁鱼等，在冻藏过程中因脂肪氧化会发生氧化酸败，严重时还会发黏，产生异味，丧失食品的商品价值。

2. 蔬菜的变色

植物细胞的表面有一层以纤维素为主要成分的细胞壁，它没有弹性。当植物细胞冻结时，细胞壁就会胀破，在氧化酶的作用下，果蔬类食品容易发生褐变。所以蔬菜在速冻前一般要将原料进行烫漂处理，破坏过氧化酶，使速冻蔬菜在冻藏中不变色。如果烫漂的温度与时间不够，过氧化酶失活不完全，绿色蔬菜在冻藏过程中会变成黄褐色；如果烫漂时间过长，绿色蔬菜也会发生黄褐变，这是因为蔬菜叶子中含有叶绿素而呈绿色，当叶绿素变成脱镁叶绿素时，叶子就会失去绿色而呈黄褐色，酸性条件会促进这个变化。蔬菜在热水中烫漂时间过长，蔬菜中的有机酸溶入水中使其变成酸性的水，会促进发生上述变色反应。所以正确掌握蔬菜烫漂的温度和时间，是保证速冻蔬菜在冻藏中不变颜色的重要环节。

三、果蔬的速冻加工

果蔬类食品属于活性食品，由多种化学物质组成，这些物质是维持人体正常生理机能，保持人体健康不可缺少的营养物质。但是，这些物质在水果、蔬菜收获之后，不断地发生变化，影响水果、蔬菜的色、香、味及营养价值，一般只进行冷却冷藏。但是，在冷却冷藏条件下，贮藏期短，全年供应困难，也不适合长距离运输与销售。为克服以上缺点，达到长期贮藏以及出口创汇的目的，有必要对果蔬类食品进行速冻。

果蔬中的水分尤其是自由水是衡量果蔬新鲜程度的一个重要指标，一般新鲜的水果、蔬菜水分减少 5％以上，就会失去鲜嫩饱满的外观，发生萎蔫，食用品质下降。而且由于水分的减少，水果、蔬菜中酶的活性增强，加强了水果、蔬菜的化学反应速度使营养物质减少，水果、蔬菜的耐藏性和抗病性减弱，易发生腐烂变质，使贮藏期大大缩短。因此，如何防止水果、蔬菜在整个贮藏过程中水分的丢失，是水果、蔬菜保藏中研究的重要内容。

（一）果蔬速冻前的预处理

果蔬在采摘、运输、预冷后，在进行速冻加工前，为保证果蔬冻结的均匀一致和产品质量的稳定性，要做好以下几个方面的预处理：

1. 选别

去掉有病虫害、机械伤害或品种不纯的原料，有些果蔬要去掉老叶、黄叶，切去根须，修整外观等，使果蔬品质一致，做好速冻前的准备。

2. 分级

同品种的果蔬在大小、颜色、成熟度、营养含量等方面都有一定的差别。按不同的等级标准分别归类，达到等级质量一致，优质优价。

3. 洗涤

原料本身带有一定的泥沙、污物、灰尘和残留农药等，尤其是根菜类表面，叶菜类根部都带有较多的泥沙，要注意清洗干净。

4. 去皮

去皮的方法有手工、机械、热烫、碱液、冷冻去皮等。

5. 切分

切分方法有机械和手工两种，按照要求可以切分成块、片、条、丁、丝等形状。切分要根据实用要求而定，要做到薄厚均匀，长短一致，规格统一。切分后尽量不与钢铁接触，避免变色、变味。

6. 烫漂

加热烫漂时以 90～100℃为宜。蒸汽烫漂时以常压下 100℃水蒸气为宜，几种常见蔬菜的烫漂时间见表 4.1。

表 4.1 几种主要蔬菜的烫漂时间 （100℃水）

蔬菜种类	烫漂时间/min	蔬菜种类	烫漂时间/min
菜豆	2.0	青菜	2.0
刀豆	2.5	荷兰豆	1.5
菠菜	2.0	芋头	10～12
黄瓜	1.5	胡萝卜	2.0
蘑菇	3.0	蒜	1.0
南瓜	2.5	蚕豆	2.5

7. 冷却沥水

经热处理的原料，其中心温度在80℃以上，应立即进行冷却，使其温度尽快降到5℃以下，以减少营养损失。方法有冰水喷淋、冷水浸泡、风冷等。

8. 防止褐变

果蔬原料采用0.2%～0.4%亚硫酸盐溶液、0.1%～0.2%柠檬酸溶液或0.1%的抗坏血酸溶液浸泡，都能有效地防止速冻产品的褐变。

（二）果蔬的速冻工艺

1. 工艺流程

原料→洗涤→选别整形→漂烫→加工处理→冷却→包装→装盘→冻结→装箱→冻藏。

2. 技术关键点

1）原料选择

应选择适宜的种类、成熟度、新鲜度及无病虫害的原料进行速冻，才能达到理想的速冻效果。速冻原料要求新鲜，放置或贮藏时间越短越好。

2）品种

适宜速冻的蔬菜主要有青豆、青刀豆、芦笋、胡萝卜、蘑菇、菠菜、甜玉米、洋葱、红辣椒、番茄；果品有草莓、桃、樱桃、杨梅、荔枝、龙眼、板栗等。

3）速冻

原料经过预处理后就要进行速冻，这是速冻加工的重要环节，是保证产品质量的关键。一般冻结速度越快，温度越低越好。原料在冻结前必须冷透，尽量降低速冻原料的中心温度，在冻结过程中，最大冰晶生成带为−10～−5℃。在这个温度带内，原料的组织损伤最为严重。所以在冻结时，要求以最短的时间，使原料的中心温度低于最大冰晶生成的温度带，以保证产品质量。这就要求速冻装置要有较好的低温环境，一般在−35℃以下。

4）包装

冻结的产品要及时进行包装。包装容器所用的材料种类和形式多种多样，通常有马口铁罐、纸板盒（纸盒内衬以胶膜、玻璃纸、聚酯层），也可用塑料薄膜袋或大型桶装。一般多用无毒、透明、低透水性的塑料薄膜袋包装速冻产品。包装有先冻后包装和先包装后冻两种，目前国内绝大多数产品是冻结后包装，少数叶菜类是冻结前包装。包装有两种形式：小包装和大包装。小包装一般每袋净重250～1000g，大包装采用瓦楞纸箱，净重10～20kg。包装物上应注明产品名称、生产厂家、净重和出厂日期，小包装还要注明使用方法和贮藏条件。

（三）速冻果蔬的质量控制

果蔬经过一系列处理而迅速冻结后在 $-20\sim-18℃$ 低温环境中贮藏。在此温度下微生物的生长发育几乎完全停止，酶活性大大减弱，水分蒸发少，也有利于冷藏运输。一般在此温度下贮藏 1 年左右的冻结食品其品质和营养价值都能得到良好的保持。

速冻果蔬贮藏期间维持相对的低温，有利于保持产品的品质。重结晶是贮藏期间反复解冻和再结晶后出现的一种结晶体积增大的现象，重结晶不利于果蔬的保存。速冻包装好的产品应及时入库，入库前，保持清洁卫生；入库后，按要求进行产品堆码，在堆码时要注意上层对下层的积压，防止产品破碎。

（四）常见果蔬的速冻工艺

1. 速冻草莓

1）工艺流程

选料→清洗→装盒、加糖（草莓：糖 = 2：1）→速冻（$-40\sim-30℃$）→包装。

2）操作要点

（1）原料的挑选、清洗。选择符合绿色食品标准的新鲜、果面红色或浅红色，果实整齐、成熟一致的草莓，剔除不合格的果实。然后倒入水槽中，用符合饮用水标准的流动水缓缓冲洗，以除去果叶及泥沙等杂质。注意洗果时间不能太长，以 $15\sim20min$ 为宜，防止变质变味。捞出后认真检查。

（2）装盒、加糖。清洗后的草莓迅速装入盒或桶中，并加入干糖（干糖中先加入适量的抗坏血酸，混合均匀），草莓与糖的比例为 2：1。拌匀后送入速冻装置进行速冻。

（3）速冻、冷藏。将装盒加糖后的草莓，送入速冻间速冻，$-40\sim-30℃$ 条件下速冻 20min 使中心温度下降到 $-18℃$。草莓速冻多采用流态化冻结法，采用此法冻结的草莓应立即装盒或包装。在 $-18℃$ 冷藏库中保存。冷藏时要使用专用库，不能与肉、鱼或有异味的蔬菜等食品共用同一个冷库。

2. 速冻青豌豆

豌豆别名蜜糖豆、蜜豆、青豆，属豆科植物，在我国已有两千多年的栽培历史，现在各地均有栽培，主要产区有四川、河南、湖北、江苏、青海等十多个省区。豌豆种子的形状因品种不同而有所不同，大多为圆球形，还有椭圆、扁圆、凹圆、皱缩等形状。颜色有黄白、绿、红、玫瑰、褐、黑等颜色。豌豆豆粒圆润鲜绿，十分好看，也常被用来作为配菜，以增加菜肴的色彩，促进食欲。

1）工艺流程

原料→洗涤→烫漂→冷却→甩干→速冻→冷藏。

2）操作要点

① 原料。选白花品种为宜，它不易变色且含糖高，淀粉低，质地柔软，风味爽口，但此品种成熟期很短，应严格掌握，往往推迟采摘 1d，质量相差悬殊，如采收早，水

多、粒小、糖低、易碎；过迟，质地粗劣、淀粉多、风味不好。以 7～8、8～9、9～10、10～11mm 分级，在 2.7％盐水中浮选，用冷水冲洗。

② 烫漂。在 100℃水中灭酶 2～4min，并及时在冷水中冷却，把不完整粒去除。

③ 甩干。用甩干机，转速 2000r/min，30s 甩干水分。

④ 速冻。在−30℃下速冻，使中心温度达到−18℃。

⑤装盒。每盒豆粒有 0.4、1、2.5、10kg 等规格。

⑥ 冷藏。贮于−18℃的冷库中。

3. 速冻糯米玉米

糯米玉米食性似糯米，黏柔适口，近年来受到广大消费者的喜欢。玉米的采收期一般在每年的秋季，为满足糯米玉米全年消费的需求，一般采用速冻技术。

1）工艺流程

玉米果穗→人工去皮→洗净并剔除杂质→蒸煮→急剧冷却→沥干水分→速冻→包装→冷藏。

2）操作要点

（1）采收糯玉米果穗。一般在糯玉米授粉后 22～27d 时采收为宜，此时玉米籽粒基本达到最大，胚乳呈糊状，粒顶将要发硬，用手掐可有少许浆状水。为减少营养成分的损失，一般要求采收后立即加工处理，不能在常温下过夜。

（2）人工去皮。去除病虫害和秀尖部分，剪去花丝残余，去穗柄，要求保留靠籽粒的一层嫩皮，也可根据需要将玉米穗切整齐。

（3）清洗。用清水将玉米冲洗干净并去除杂质。

（4）蒸煮。根据收获玉米的老嫩，在 105℃温度下，嫩穗蒸 10min，老穗蒸 15min，以熟透为宜。

（5）急剧冷却。用温度为 4～8℃的净水，使糯玉米的中心温度急剧冷却到 25℃以下，目的是防止果穗籽粒脱水，之后沥干玉米上的水分。

（6）速冻。采用速冻可减少玉米营养成分的损失。方法是用速冻机在−30℃进行速冻，速冻愈快，质量越好。速冻的方法有两种，一是干法速冻，即将处理好的玉米棒直接速冻；二是湿法速冻，即将玉米棒放入含有 6.5％的糖和 2％的盐溶液中浸泡后再速冻。湿法速冻比干法速冻的产品味道好，色泽鲜。

（7）包装冷藏。速冻好的玉米用塑料袋包装后送入−18℃的冷藏库冷藏。

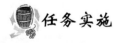 任务实施

实训任务一　　冷冻果蔬的加工

【生产标准】

（1）处理过程中按绿色食品生产要求：中华人民共和国农业部发布的《中华人民共和国农业行业标准》（NY/T 1047—2006）执行。

（2）绿色食品生产中所使用的食品添加剂应遵照中华人民共和国农业部批准的《中华人民共和国农业行业标准：绿色食品　食品添加剂使用准则》（NY/T 392—2000）执行。

【实训内容】

一、训练目的

掌握速冻果蔬的生产工艺。

二、原理

利用高温，使果蔬的酶变性；通过护色剂使蔬果的颜色不会发生改变；再让其在低温下使得蔬果可以长期贮藏。

三、实训材料、试剂和仪器

（1）实验材料：鲜荔枝。

（2）试剂：4%柠檬酸溶液。

（3）仪器：控温冰箱、恒温水浴锅、漏瓢、塑料袋、塑料盘、水桶。

四、操作步骤

1. 工艺流程

荔枝→分选→清洗→热烫→冷却→沥水→护色→沥水→预冷→包装→冷冻保藏。

2. 操作要点

（1）荔枝品种选择。选择大田栽培中不易裂果的品种，如怀枝、黑叶、白蜡、桂味等。果实成熟时颜色不够鲜红的品种，如妃子笑，三月红等，应避免选用。

（2）分选。按照制定的分选标准进行分选。基本技术要求为：除去不符合要求的非加工品种及烂果、褐变果、虫果、小果、连体果、形态怪异果及色差果和低成熟度果；按照大小进行分级；对符合加工要求的荔枝剪去果枝，应特别注意不能伤及果皮。

（3）清洗。用洁净水清洗，要保证荔枝不沉于底部。

（4）热烫与冷却。将荔枝放入60℃、90℃水浴，时间分别5min，2min，用漏瓢沥干。

（5）护色。把沥干冷却的荔枝放入4%的柠檬酸溶液中。

（6）预冷和包装。在-5℃冰箱预冷1h，然后由塑料袋封装。

（7）速冻。在-25℃冰箱速冻。

 任务准备

速冻调理食品的加工

速冻调理食品是指以农产、畜禽、水产品等为主要原料，经前处理及配制加工后，

采用速冻工艺，并在冻结状态下（产品中心温度在−18℃以下）贮藏、运输和销售的包装食品。速冻调理食品可分为生制冻结和熟制冻结。速冻调理食品是速冻食品四大类之一，是继速冻畜禽产品、速冻水产品、速冻果菜产品之后又一个速冻食品的主要大类。近年来，畜禽、水产、果菜和调理四大类速冻食品发展较快，产业门类齐全，品种多。据统汁，目前国际市场上有速冻食品 3500 多种，其中调理食品就有近 2000 种，每年增长速度超过 10%。国内速冻调理食品最初以发展主食类产品开始起步，如饺子、馄饨、包子、花卷等，近几年速冻调理食品突破传统的中式点心为主，已逐步扩大了冷冻菜肴、米饭、面条的开发生产，以新型家庭取代餐（HMR）形式出现。

（一）速冻调理食品的分类

速冻调理食品分类大多是以食品名称标明某种速冻调理食品的名称，如炸鱼排、牛肉饺子、烧卖、包子等，相互间混合，尚未形成科学的分类。这可能是与速冻调理食品进入销售市场时间短、品种开发快有关。不同的地方有不同的分类方法。按目前市场上常见的速冻调理食品所使用的主原料及工艺特点的不同大致可分为以下几类。

1. 速冻面点食品类

以面粉为主要原料，经过预制、调味、成型的速冻产品统称为面点类制品。这类产品根据制作工艺的不同可分两大类：发酵类和非发酵类两种。发酵类包括馒头、包子、花卷等，非发酵类主要是水饺。水饺类按馅料的不同有猪肉水饺、牛肉水饺、鸡肉水饺、韭菜水饺、雪菜水饺、芹菜水饺、三鲜水饺、笋肉水饺等。包点类又可分为馒头、包子和花卷三个系列。馒头有刀切馒头、蛋奶馒头、咖啡馒头、牛奶馒头、椰味馒头等品种。包子的品种很多：按口味性质可分为肉包、菜包、甜包等；按外形特征可分小笼包、叉烧包、水晶包、玉兔包、寿桃包、鸳鸯包等；按馅料不同可分为鸡肉包、鲜肉包、豆沙包、奶黄包、香芋包等；还有的根据地域传统分为天津狗不理、广州酒家等。花卷的生产量和销售量均不大，普通花卷、葱花卷、鸡蛋卷等都是常见的花卷品种。

2. 速冻米类制品

以糯米、大米、玉米等为主要原料，经过调味、加工，成型的速冻产品统称为米类制品。常见的米类制品有汤圆类、八宝饭、粽子、玉米棒等，其中汤圆占的比例较大，常见的汤圆有花生汤圆、芝麻汤圆、豆沙汤圆、鲜肉汤圆、莲蓉汤圆、香芋汤圆、椰味汤圆等。

3. 速冻鱼肉食品类

以鱼、虾等水产品为原料，经过切块或加工，并通过速冻装置快速冻结的小包装水产类食品，如鱼糜、鱼丸、鱼片、虾仁等。人们通常将鱼、虾等水产品加工成鱼浆，而后经过预制、调味、成型的速冻产品，这一类统称为鱼肉类制品。这类产品根据外形的不同一般又分为三个系列：丸类系列、火锅料系列和火锅饺系列。丸类系列有鲜虾丸、鲤鱼丸、章鱼丸、鱼丸、海螺丸、贡丸、牛肉丸、发菜丸等；火锅料系列有龙虾棒、蟹肉棒、豆竹轮、鱼卵卷、亲亲肠等；火锅饺系列有虾饺、鳗鱼饺、蟹肉饺、燕肉饺等。

4. 速冻调理配菜食品类

将各种菜肴结合冷冻技术，选择适合于速冻的种类，进行速冻保藏，以方便的形式销售这一类型的速冻食品。

5. 油炸香酥制品类

油炸香酥类制品的归类比较笼统，一般指油炸后熟食的速冻产品。其种类很多，常见的有虾饼、鱼排、芋丸、芋饼、春卷、狮子头、芝麻球等，有几十个品种。

（二）速冻调理食品的特点

速冻调理食品是采用科学方法加工而成的现代美食，在速冻调理食品的工业化生产中，实现了定量、定性和标准化，突破了个人技艺、祖传配方等缺陷，推动了现代饮食的发展。对于加工采用有绿色标签的原料、工艺符合绿色食品要求的调理食品，是可以申请绿色食品标签的。速冻调理食品的优越性体现在：可以减轻家务劳动，节约厨房空间，减少浪费，同时可将各种不易制作的或者各种异域情调的食品带给消费者，给人们提供大量有吸引力的、富有营养的食品。速冻调理食品食用简便是其区别与其他冷冻食品的判断依据。调理食品在食用时不要进行调味，或煮、或蒸、或烤、或炸、或煎，熟透就可以食用。

（三）冷冻调理食品加工技术

冷冻调理食品的制造工艺包括：
原料处理→调理食品制作（成形、加工、冻结）→成品包装。

1. 原料处理

在原料处理方面主要是操作环境和操作状态管理。在使用冷冻品原料时，要进行解冻的管理、用水的水质管理等。

1）操作环境

操作环境管理的主要目的是减少开始阶段的细菌污染。已清洁的原料要从这第一阶段开始保证不再被污染。

2）操作状态

从前处理操作起，要对冷却的必要用冰量、有无不良的原材料、农药残留量进行检查，对附着的异物和夹杂物等进行清除。

（1）食肉要从冷冻库移向冷藏库，使品温升到 $-7 \sim 10℃$ 预备解冻（同样，冷藏的果蔬也有个升温过程）。然后用切片机切割后再用切碎机切碎，或者是用压轧机切成细段，再作粉碎处理。这种场合还需注意是否有异物混入，同时要使肉温在 $-3 \sim 5℃$ 的条件下保存。

（2）对水产品、虾类，要采用流水解冻法，并剔除异物、夹杂物和鲜度不良及黑变的虾。

（3）对肉糜预解冻后，用切断机切断后作肉馅处理。

（4）对蔬菜类要进行选择，剔除夹杂物和已腐烂不可食用的部分，经水洗后切碎。在刀切时尽量不使蔬菜组织受到破坏。

3）水质处理

在用水的水质管理方面，无论是洗涤原料还是在调理加工等各个工序中，所有用水水质都必须符合饮用水的标准。

4）原料的混合

原料的混合是将肉食、蔬菜、淀粉、调味料、香辛料、食用油、水等根据配方正确称量，然后按顺序一一放到混合锅内。原料的混合过程兼有调味的过程，要混合均匀。搅拌过度则其食感不好，混合时间应为 2～5min。在混合工程中，温度管理也很重要，各种原料混合时的品温都不能升高，一般采用冰或者干冰颗粒来调节温度，也有在混合搅拌机的外面用装配冷媒循环的冷却夹套的方式来保持低温，控制在 5℃以下。由于混合原料的产地、收获时间、使用部位等不同，它的含水量也各有差异，这对以后的成形工艺会产生影响，所以要控制和把握好混合终了时的含水量。

2. 成形

在冷冻食品成形方面，由于种类不同而有各式各样的形状。例如，油炸丸子、汉堡包、烧麦、饺子、春卷、小笼包子等的形状各不相同，一般除一种原料外还有其他材料的复合食品，其成形是大有区别的。食品的成形一般都采用成形机制作，成形机最主要的功能是能进行定量分割，使制品具有一定的形状、一定的质量，设备的结构不能损伤食品原材料，作业后又要容易洗涤和杀菌。至于附面包粉工程，油炸鱼、油炸虾等操作工程则需在另外的机器设备中进行。对面包副粉机、黄油挤压机等，通常要求配套，能自动而连续地进行工作。黄油要滑溜，能引起良好的食感，在作业中要求保持一定的黏度，就是要保持在机械循环中流通。面包粉的附着量不能过多，不然它会引起加黄油时量也过多，从而引起恶感。所以小麦粉的选定、低温管理、黏度的调节等因素在这一工程中是影响食品品质的重要因素。

根据食品的规格标准，要规定食品内容量（单位克）和一定质量单位内的个数。在内容量方面，油炸鱼类一般都是取中等质量形状不整齐的鱼体，由于表面积有差异，故而挂衣的附着量也就不同，常常会发生质量不足的问题。油炸丸子在成形机中也会由于个体的质量不等和形状的不均一性，造成挂衣附着量的混乱。

3. 加热

加热条件不但会影响产品的味道、口感、外观等重要品质，同时在冷冻调理食品的卫生保证与品质保鲜管理方面也是至关重要的环节。按照该类产品的"最佳推荐工艺"（GMP）、"危害因素分析与关键点控制"（HACCP）和该类产品标准所设定的加热条件，必须能够彻底地实现杀菌的目的。从卫生管理角度看，加热的品温越高越好，但加热过度会使脂肪和肉汁流出、出品率下降、风味变劣等。一般要求产品中心温度达到70~80℃。像汉堡包等焙烤类产品，在管理烤箱加热温度、时间的同时，还要看烤后的色泽、形状及产品中心温度，这类食品一般要求中心温度在70℃以上。烧麦等蒸制品的加热，要按照设备与工艺要求保持规定的蒸汽压、蒸煮装置的温度；入口中心与出口处均应保持在规定的温度指标范围内；蒸制时间还要依据蒸制后的形状和温度来加以确认。产品冷却后再进行冷冻。

调理加热机器的应首先满足加热时温度能自动控制；其次，设备要省力高效，并与前后工艺连结成为系列；再次，在卫生要求上，机器构造容易洗净杀菌；最后，热效率良好。另外，前处理后的成形、加热、调理、冷却及冻结工艺的卫生管理上也要能机械化，因为加热调理后要迅速进行冻结。为此，连续式冻结装置和加热调理工艺应连接起来，成为整体的流水作业。综上所述，引入系列化冻结装置，既省力又能防止冻结前的滞留而引起的细菌污染，这对保证食品的品质卫生有着显著的效果。

4. 冻结

对冷冻食品的品质，消费者在感官方面最为关心的是食感（食味），所以在食品品质设计中这点必须予以考虑。影响口感的因素有蛋白质、碳水化合物、脂肪和水等，这些物质在食品中以怎样的状态存在，决定了食品的物理特性。蛋白质在冷冻过程中的变性是其口感和滋味下降的主要原因，使其负面影响降低到最低且最有效的办法是快速、低温冷冻。米饭制品和淀粉类制品的主要成分是淀粉，在低温冷冻时，会因淀粉老化而使食品的口感下降。-4~0℃是其最易老化的温度环境，因此，这类食品用速冻机冷冻时，需快速经过容易发生淀粉老化的温度带，进入快速冻结温度，完成速冻过程。米饭类用液氮作为冷媒时，其冷冻品质良好。

5. 食品的包装和冷冻保藏

从冻结装置出来的制品，要立即进行包装，不能停滞，防止品温升高。包装就是要使内容物的品质受到保护。包装材料要具备许多性能以达到保持冷冻食品品质的目的，有一定的物理强度、防湿性、防水性、防气性、保香性、防紫外线等的阻挡性、耐热性、耐热水性、蒸汽杀菌性、耐冷性、热成形性等，在使用时能携带方便、便于废弃处理。

在包装作业中，对包装材料的入库、出库数量、有无返回品以及由于作业中其他原因造成的损耗数量的管理要细心；还要对包装机械的检查，制造时间的印记状况、封印状况、耗费劳动时间的确认进行管理。一般在这道工程中，配有金属探测器。

在包装结束后，要立即进行冷冻保藏。标准的保藏温度是-18℃。一般要求冷冻食品在库时间几乎都要达到1年的冷冻保管寿命，所以保持低温的条件是十分必要的。为此，在包装结束后，不能迟缓入库。入库后要稳定温度，定时测定并记录库温，坚持先入先出的原则；配置冷风设备，为便于冷风的良好循环，底垫与地面间距要保持10~15cm，与顶棚间距20~40cm。保藏温度的变动最主要原因是门的开闭，因开门的次数和时间影响着温度变动。为防止这种冷量损失，往往在门的后边装有橡胶的遮幕以减少开门时冷量的损耗。冷库保冷温度的变动幅度为±2℃，故而除霜作业要定期进行，防止降低冷冻效率，但在操作时要采取措施不能使制品受到污染。

6. 速冻调理食品的低温冷藏链

速冻调理食品因加工工艺的不同，其种类很多，但低温控制则是共同的。一种是以0℃为中心、±10℃左右的低温控制，大多数是在原料保质及其制造产品的过程中实施；另一种是制成成品后，在冻结、储藏、输送（包括配送）、销售、消费过程的冰箱中储藏的低温控制，要求食品的温度保持在－18℃以下。这两种低温控制构成了速冻调理食品的低温冷链。

建立和完善速冻调理食品的冷藏链的基础条件是：一要具备必要的设备、装置及其配套设施；二是企业管理者、从业人员要具备质量意识和认真负责的工作态度。

（四）常见的速冻调理食品

1. 速冻饺子

饺子又称水饺，形如半圆月，内有菜肉馅心，水煮即可食用，是我国北方传统的风味小吃。每逢佳节，北方人都喜欢包饺子欢度节日。按馅心的不同，常见的品种有三鲜、白菜、鲜肉、芹菜等馅的饺子。速冻饺子食用时与普通饺子下法相似。下面以白菜饺子为例，介绍其制作及速冻方法。

制作及速冻工艺流程为：原辅料配方及处理→制馅→和面制皮和包馅→速冻。

（1）原辅料配方及处理。配方：富强粉 500g，夹心猪肉 300g，白菜或卷心菜500g，酱油 10g，猪油 50g，芝麻油（香油）50g，味精 10g，料酒、葱、姜、盐适量。

将夹心猪肉洗净后用绞肉机绞成肉酱，再用多功能食品加工机将白菜（或卷心菜）和葱、姜分别切成碎末。

（2）制馅。用搅拌机先将各种调味料加入肉酱内拌匀，分 3 次按馅水比例为 6∶1加入水，再将菜末均匀拌入肉酱中即可，然后置于 5～7℃下冷却数小时。

（3）和面制皮和包馅。按面水比例 2.5∶1，用和面机制成软硬适度的面团，用包饺子机直接包馅。

（4）速冻。包好的饺子应尽快在－30℃下速冻 10～20min，然后装袋封口。

2. 速冻粽子

粽子是我国人民传统的节令小吃。最著名的是我国江南的粽子，尤其是浙江嘉兴的五芳斋粽子。按制作分，江南粽子有苏式和广式两种。按原料种类分，苏式可分为赤豆粽、鲜肉粽、旺沙粽、火腿粽、白米粽等，广式又分猪油沙粽、叉烧蛋黄粽、烧鸭粽等。按包法分，又可分为枕头粽、小脚粽、三角粽、四角粽等。速冻粽子食用时用慢火煮开即可。下面以常见的鲜肉枕头粽为例，介绍其制作及速冻工艺。

其制作及速冻工艺流程为：原辅料配办及处理→包粽子→水煮→速冻。

（1）原辅料配方及处理。配方：糯米 1000g，夹心猪肉 600g，白糖 40g，酱油 80g，食盐 10g，料酒 15g，葱、姜适量。

将糯米下水掏洗净后沥干水分，加入酱油和盐，搅拌均匀，使米粒充分吸收调料2~3h。再将夹心猪肉洗净后切成质量为30g的小方块，加入其他作料，拌匀后让肉浸渍在调料中2~3h备用。棕叶在前一天就预先浸泡在清水中。

（2）包粽子。取光面向外的两张棕叶相叠，在中间折成斗形。先在斗形中放入25g糯米，中间放入一块猪肉，再盖25g糯米，然后将斗形上部的棕叶折拢，裹成长形枕头状，再用线绳由左到右扎牢。

（3）水煮。将包好粽子用旺火猛煮3h后，以文火再煮3~4h，使米无夹生即可。

（4）速冻。新煮的粽子应在冷库内冷却1h后装袋封口，在−25℃下速冻30min。

3. 速冻鱼香肉丝

鱼香肉丝是深受大众欢迎的菜肴，也可速冻后销售。其配菜制作及速冻工艺流程为：原辅料配方→切丝处理→调料制作→速冻。

（1）原辅料配方。猪腿肉150g，冬菇、冬笋、红辣椒各25g，油、盐、料酒、醋、白糖、水淀粉、辣油、酱油、蛋清、葱、姜、高汤适量。

（2）切丝处理。将肉、冬菇、冬笋、红辣椒切成细丝，用蛋清和少许盐上浆后装盒。

（3）调料制作。将盐、料酒、醋、白糖、水淀粉、酱油用高汤调成调料汁。再用辣油煸炒葱、姜、辣椒后倒入调料汁，装袋封口即成配菜调味袋。

（4）速冻。将原料盒在−30℃下速冻5min后取出，放入配菜调味袋后在−18℃下冻藏和销售。

4. 速冻宫保鸡丁

宫保鸡丁是著名的川菜，其配菜制作及速冻工艺流程为：原辅料配方→切丁处理→调料制作→速冻。

（1）原辅料配方。净鸡肉200g，水发玉兰片75g，清油、香油、辣豆瓣酱、盐、料酒、白糖、水淀粉、味精、酱油、蛋清、葱、姜、高汤适量。

（2）切丁处理。将鸡肉、玉兰片切成1cm见方的丁块，用蛋清和少许盐上浆后装盒。

（3）调料制作。将味精、料酒、香油、白糖、水淀粉、酱油用高汤调成料汁。用油煸炒葱、姜、辣豆瓣酱后倒入调料汁中，装袋封口即成配菜调味袋。

（4）速冻。将原料盒在−30℃下速冻5min后取出，放入配菜调味袋后在−18℃下冻藏和销售。

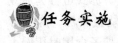 **任务实施**

实训任务二　速冻调理食品加工

【生产标准】

（1）处理过程中按绿色食品生产要求：中华人民共和国农业部发布的《中华人民共

和国农业行业标准》（NY/T 1047—2006）执行。

（2）绿色食品生产中所使用的食品添加剂应遵照中华人民共和国农业部批准的《中华人民共和国农业行业标准：绿色食品　食品添加剂使用准则》（NY/T 392—2000）执行。

【实训内容】

一、训练目的

了解调理食品的加工的工作环境、原料处理、食品成形、包装、速冻技术。

二、原理

调理食品的种类繁多，有面食，米制品，速冻鱼糜、鱼丸、虾仁等肉制品，速冻配菜、熟菜，油炸食品等众多食品，其原理是利用低温延长食品的保质期，利用快速结冰尽可能地降低低温对食品品质的影响。调理食品的加工场所安排在学校食堂，学生以小组为单位在食堂选择一类食品作为速冻的对象，整理出加工步骤、质量控制的关键等，学生要选择合适的方式包装，同时由于调理食品生产的关键在市场和冷链，因此对市场的调查也是本实训的任务之一。

三、实训材料、试剂和仪器

（1）实验材料：馒头、包子等。
（2）仪器：控温冰箱、塑料袋、塑料盘、纸盒。

四、操作步骤和注意要点

要求学生自行设计并写出要速冻的调理食品的制作步骤和加工要点。

 作业

1. 低温对果蔬的影响？
2. 为什么果蔬的冷藏加工中要进行护色？
3. 食品在冻结期出现表面干燥现象的原因是什么？
4. 冷冻食品发生冻结烧的原因是什么？如何避免？
5. 冷冻调理食品有何特点？

项目五　绿色干制食品的加工

　　食品的腐败变质速度与其水分的含量间存在着非常密切的关系，食品干制的方法是由食品的保藏技术中逐渐衍生出来，在现代食品生产技术中的应用已经非常广泛，由过去简单的食品脱水方式变成了生产风味食品的重要技术手段，在绿色食品的生产加工及保藏工程中的作用尤为突出。

　　本项目中描述了食品中的水分含量与食品稳定性之间的关系；常见的食品干制技术及常用设备；南亚热带果蔬干制产品的一般加工技术，南亚热带果蔬的冷冻干制技术。

任务一　普通果蔬干制技术

布置任务

任务描述	本任务要求通过食品干制保藏原理，掌握常见南亚热带水果的热风、冷冻干制方法。通过实训任务"绿色荔枝的热风干制"掌握食品原料在干制中硬化和酶褐变的控制方法
任务要求	了解食品干制保藏与微生物、酶活性的关系；掌握干制中硬度及褐变的控制措施

任务准备

食品的腐败变质速度与食品中水分含量具有一定的关系，但我们不能仅根据食品中的水分含量来简单判断食品的稳定性，例如，如鲜肉与咸肉，水分含量相差不多，但保藏期却不同，这里存在一个水分能否被微生物、酶或化学反应所利用的问题，而这些问题都与水在食品中的存在状态有关。

一、食品中水分存在的形式

食品中的水分存在形式主要包括以下两种类型：

1. 自由水或游离水

自由水或游离水存在于食品中的毛细管中，具有水的全部性质。在食品中以液体和蒸气两种形式移动，容易结冰，也能容易溶解溶质。食品物料在干制时容易释出的这部分水。自由水的作用非常重要，例如，动物血液中含水 83%，主要为自由水，可把营养物质输送到各个细胞，又把细胞产生的代谢废物运到排泄器官。其数量制约着细胞的代谢强度。自由水占总含水量百分比越大则代谢越旺盛。

2. 结合水或被束缚水

结合水或被束缚水与其他极性分子如氨基、羧基、羟基等间形成氢键，按严格的数量比例，牢固地同固体物质结合的水。这部分水不易结冰（一般冰点为 $-40℃$），也不能作为溶剂来溶解其他溶质。

二、水分活度 (A_w)

游离水和结合水可用水分子的逃逸趋势来反映（简称：逸度，用 f 来表示），我们把食品中水的逸度和纯水的逸度之比称为水分活度，用 A_w 来表示，$A_w = f/f_0$，一般水分活度 $A_w \leqslant 0.7$ 为安全食品。

水分逃逸的趋势 f 通常可以近似地用水的蒸气压 p 来表示，在低压或室温时，f/f_0 和 p/p_0 之差非常小（$<1\%$），故用 p/p_0 来定义 A_w 是合理的。

1. 定义

$$A_w = p/p_0$$

式中：p——食品中水的蒸汽分压；

p_0——纯水的蒸汽压（相同温度下纯水的饱和蒸汽压）。

2. 食品中水分活度与食品中微生物、酶的活性、非酶褐变间的关系

食品的腐败变质通常是由微生物作用和生物化学反应造成。任何微生物进行生长繁殖以及多数生物化学反应都需要以水作为溶剂或介质。大多数新鲜食品的 A_w 在 0.99 以上，适合各种微生物生长。大多数重要的食品腐败细菌所需的最低 A_w 都在 0.9 以上，肉毒杆菌在低于 0.94 就不能生长。只有当 A_w 降到 0.75 以下，食品的腐败变质才显著减慢；若将 A_w 降到 0.65，能生长的微生物极少。一般认为，A_w 降到 0.7 以下物料才能在室温下进行较长时间的贮存。

食品中酶的活性也随水分活度增大上升迅速，水分活度到 0.3 左右后变得比较平缓，当水分活度上升到 0.6 以后，酶活性随水分活度的增大而迅速提高。

对于非酶褐变而言，当水分活度超过 0.9 后，由于与褐变有关的物质被稀释，且水分为褐变产物之一，水分增加将使褐变反应受到抑制。

干制的实质就是通过对食品中水分的脱除，进而降低食品的水分活度，从而限制微生物活动、酶的活力以及化学反应的进行，达到长期保藏的目的。

三、干制与食品的稳定性的关系

1. 干制抑制微生物生长

干制后食品和其中的微生物同时脱水，这样微生物所处环境中的水分活度不适于微生物生长，微生物只能长期处于休眠状态，环境条件一旦再次适宜，又会重新吸湿恢复活动。干制并不能将微生物全部杀死，只能抑制其活动，但保藏过程中可使微生物的总数稳步下降。由于大多数的病原菌能忍受不良环境，食品应在干制前设法将其杀灭。

2. 干制降低酶的活性

水分减少时，酶的活性也就下降，酶和底物的浓度自然会同时增加。在低水分干制品中酶仍会缓慢的活动，只有在水分降低到 1% 以下时，酶的活性才会完全消失。酶在湿热条件下易钝化，为了控制干制品中酶的活动，就有必要在干制前对食品进行湿热或化学钝化处理，以使酶失去其活性为度。

3. 干制降低氧的含量

食品原料在降低了水分的同时，其中的含氧量也在同步减少，对于食品中的有氧反应也起到很好的抑制。

也就是说，食品在干制后，降低食品的水分活度，限制了微生物活动、酶的活力以及化学反应，提高了其稳定性。

四、食品的干制过程

（一）干制过程中存在水分与热的梯度促进湿热交换

食品的干制过程也称湿热传递过程，随着环境温度的不断升高，外界的热量则从食品表面传递到食品的内部，同时食品表面的水分扩散到空气中，食品内部水分也转移到表面，见图5.1。这一过程中存在着两个梯度：水分梯度和温度梯度。

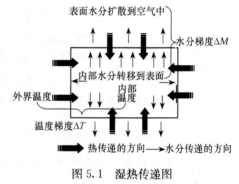

图 5.1　湿热传递图

1. 水分梯度

干制过程中潮湿食品表面水分受热后首先由液态转化为气态，即水分蒸发，而后，水蒸气从食品表面向周围介质扩散，此时表面水分含量比物料中心的水分含量低，出现了水分含量的差异，即存在水分梯度。水分扩散一般总是从高水分处向低水分处扩散，亦即是从内部不断向表面方向移动，这种水分迁移现象称为导湿性。

2. 温度梯度

食品在热空气中，食品表面受热程度高于它的中心，因而在物料内部会建立一定的温度差，即温度梯度。温度梯度将促使水分（无论是液态还是气态）从高温向低温处转移，这种现象称为导温性。

（二）干制过程中产品的水分、温度及干制速率变化

食品在干制过程中，食品水分含量逐渐减少时，干制速率则逐渐变低，食品温度也会不断上升。我们将其变化绘制成了干制水分曲线、食品温度曲线、干制速率曲线，以便对其内在的过程做更好的了解。

1. 干制水分曲线

图5.2（上）为干制过程中食品水分和干制时间

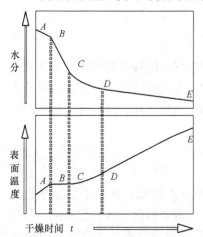

图 5.2　干制水分、温度曲线

的关系曲线。其中横坐标为干制的时间，纵坐标为水分含量。干制时，食品水分含量在短暂的平衡后，出现迅速下降，几乎是直线下降，当达到较低的水分含量时（第一临界水分），干制速率减慢，随后再达到平衡水分。平衡时候的水分含量取决于干制时的空气状态。

2. 食品温度曲线

如图 5.2（下）初期食品温度上升，直到最高值，整个恒率干制阶段温度不变，即加热转化为水分蒸发所吸收的潜热（热量全部用于水分蒸发）。在降率干制阶段，温度上升直到干球温度，说明水分的转移来不及供水分蒸发，则食品温度逐渐上升。

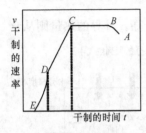

图 5.3　干制速率曲线

3. 干制速率曲线

如图 5.3 随着热量的传递，干制速率很快通过 E、D 点达到最高值 C 点，然后稳定不变到 B 点，此时为恒速干制阶段，此时水分从内部转移到表面足够快，从而可以维持表面水分含量恒定，也就是说水分从内部转移到表面的速率大于或等于水分从表面扩散到空气中的速率。

（三）影响食品干制速率的因素

食品干制速率主要取决于干制设备类型、操作状况和被干制物料的性质，主要由九个因素决定。

1. 介质温度

对于空气作为干制介质，提高空气温度，会加快干制。这是由于温度的提高，传热介质与食品间的温差越大，热量向食品传递的速率越大，水分外逸速率因而加速。对于一定相对湿度的空气，随着温度提高，空气相对饱和湿度下降，这会使水分从食品表面扩散的动力增大。

2. 空气流速

空气流速加快，食品干制速率也加速。不仅因为热空气所能容纳的水蒸气量将高于冷空气而吸收较多的水分；还能及时将聚集在食品表面附近的饱和湿空气带走，以免阻止食品内水分进一步蒸发；同时还因和食品表面接触的空气量增加，而显著加速食品中水分的蒸发。

3. 空气相对湿度

脱水干制时，如果用空气作为干制介质，空气相对湿度越低，食品干制速率也越快。介于湿空气进一步吸收水分的能力远比干制空气差。饱和的湿空气不能在进一步吸收来自食品的蒸发水分。脱水干制时，食品的水分能下降的程度也是由空气湿度所决定。食品的水分始终要和周围空气的湿度处于平衡状态。干制时最有效的空气温度和相对湿度可以从各种食品的吸湿等温线上寻找。

4. 大气压力和真空度

气压可以影响水分的平衡，因而能够影响干制，当真空下干制时，空气的蒸气压减少，在恒速阶段干制更快。气压下降，水沸点相应下降，气压愈低，沸点也愈低，温度不变，气压降低则沸腾愈加速。但是，若干制由内部向外转移受到限制，则真空干制对干制速率影响不大。

5. 蒸发和温度

干制空气温度不论多高，只要有水分迅速蒸发，物料温度一般不会高于湿球温度。若物料水分下降，蒸发速率减慢，食品的温度将随之而上升。脱水食品并非无菌。

6. 食品的表面积

水分子从食品内部行走的距离决定了食品被干制的快慢。小颗粒、薄片的食品易干制，速度快。

7. 食品中组分的定向

水分在食品内往不同方向上转移干制速率差别很大，这取决于食品组分的定向。例如：芹菜的细胞结构，沿着长度方向比横穿细胞结构的方向干制要快得多。在肉类蛋白质纤维结构中，也存在类似行为。

8. 食品细胞结构

细胞结构间的水分比细胞内的水更容易除去。

9. 食品中溶质的类型和浓度

溶质与水相互作用，抑制水分子迁移，降低水分转移速率，干制慢。

总之，干制过程中干制速率取决于干制的温度、食品及热空气的湿度、空气流速以及食品表面的蒸发面积和食品的形状等。

（四）食品干制过程中的主要变化

1. 干制过程中食品的物理变化

（1）干缩、干裂：干制过程中水分被除去而导致食品体积缩小，组织细胞的弹性部分或全部丧失使物料的表面出现收缩甚至裂开的现象。食品干缩可分为均匀干缩和非均匀干缩。有充分弹性的细胞组织在均匀而缓慢的失水时，产生均匀干缩，反之为非均匀干缩。

（2）热塑：食品在干制过程中其内部除了水分向表层迁移外，溶解在水中的溶质也会迁移，称为溶质的迁移现象。

（3）表面硬化：有些干制后的食品出现了外表虽然干制而内部仍然软湿的现象为表

面硬化，这是由于食品表面干制过于强烈，而内部水分向表面迁移的速度滞后于表面水分汽化速度，从而使表层形成一层干硬的膜进一步抑制内部水分的蒸发所造成的。同时，食品干制时，溶质的迁移积累而在表面形成结晶也是表面硬化的主要原因。

（4）出现多孔：快速干制时，由于食品表面的干制速度比内部水分迁移速度快，食品的表面迅速干制硬化成型。在内部继续干制收缩，内部不断产生的应力将组织与表层脱开，干制品内部就会出现大量的裂缝和孔隙，形成多孔的结构。

2. 干制过程中食品的化学变化

（1）干制会使食品的营养成分减少。主要是由于在干制过程中会出现：蛋白质变性、碳水化合物分解、脂肪高温脱水时氧化比低温时严重、维生素高温损失等现象，导致很多营养物质的减少。

（2）干制食品中的色素也在不断损失；色泽会随物料本身的物化性质而发生改变，如有些食品中的色素，例如，类胡萝卜素、花青素、叶绿素受热不稳定会分解，有些色素会褐变：羟胺反应（Maillard），有些会发生酶促褐变和焦糖化转变等，都会使食品中原有色素的含量减少。

（3）干制食品有时也会产生不良的气味。干制也会引起一些挥发物质的消失；热会在食品中产生异味、煮熟味。有时干制的同时，可用芳香物质回收、低温干制、加包埋物质、使风味固定等措施来降低风味的改变。

3. 干制品的复水性

干制品复水后恢复原来新鲜状态的程度是衡量干制品品质的重要指标。干制品的复原性就是干制品重新吸收水分后在重量、大小和性状、质地、颜色、风味、结构、成分以及可见因素（感官评定）等各个方面恢复原来新鲜状态的程度。

干制品的复水性：新鲜食品干制后能重新吸回水分的程度，一般用干制品吸水增重的程度来表示。

复水比：
$$R_复 = m_复 / m_干$$
式中：$m_复$——干制品复水后沥干重；
$m_干$——干制品试样重。

复重系数：
$$K_复 = m_复 / m_原$$
式中：$m_原$——干制前相应原料重。

干制比：
$$R_干 = m_原 / m_干$$

五、食品干制常用的方法与设备

（一）利用对流空气干制食品的方法与设备

利用对流空气对食品干制是最常见的食品干制方法，这类干制技术在常压下进行，食品也分批或连续地干制，而空气则自然或强制地对流循环。流动的热空气不断和食品密切接触并向它提供蒸发水分所需的热量，有时还要为载料盘或输送带增添补充加热装置。

采用这种干制方法时干制设备的主要设备及工作方式详细说明如下：

1. 柜式干制设备

在此类型设备中，冷风从底部吹进干制器被底部的加热电器加热成热风，热风从下到上进入道干制其中央，实现对食品进行加热干制。图 5.4 为柜式干制设备，冷风从右下部进入干制设备，同时被加热为热风，自下而上与食品接触，将食品加热实现干制自身温度降低与水气一起从左上部出口排出。

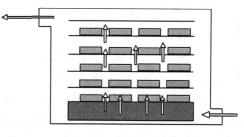

图 5.4　柜式干制设备

（1）特点：简单好操作；属间歇式工作，不能连续不断工作；设备容量小所以只能实现小批量生产；长期的电加热使得操作成本较高。

（2）操作条件：空气温度<94℃，空气流速 2～4m/s。

（3）适用对象：果蔬或价格较高的食品。

2. 隧道式干制设备

隧道式干制设备是利用空气与食品物料的相对运动，从而控制食品物料的温度变化，实现食品物料与空气进行热的交换，最后将物料干制，也是块型或大颗粒型食品物料被干制常用的方法。隧道式干制设备有几个概念：

热端：高温低湿空气进入的一端。

冷端：低温高湿空气离开的一端。

湿端：湿物料进入的一端。

干端：干制品离开的一端。

顺流式干制：热空气气流与物料移动方向一致。

逆流式干制：热空气气流与物料移动方向相反。

1）顺流隧道式干制

对于水分含量比较高的物料，如苹果、梨等食品通常选择顺流式干制设备进行干制，如图 5.5 所示。湿物料与干热空气相遇，水分蒸发快，湿球温度下降比较大，可允

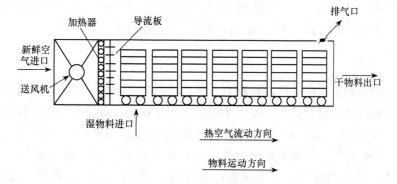

图 5.5　顺流隧道式干制设备

许使用更高一些的空气温度如 80～90℃，进一步加速水分蒸干而不至于焦化。干端处则与低温高湿空气相遇，水分蒸发缓慢，干制品平衡水分相应增加，干制品水分难以降到 10% 以下，因此吸湿性较强的食品不宜选用顺流干制方式，例如，含糖量高的粉状物料。这种方法在国外通常见到用于葡萄的干制。

　　2）逆流式隧道干制设备

对于一些含水量不高但含糖量较高的物料，通常选择逆流式隧道干制设备进行干制，如图 5.6 所示。湿物料遇到的是低温高湿空气，虽然物料含有高水分，尚能大量蒸发，但蒸发速率较慢，这样不易出现表面硬化或收缩现象，而中心有能保持湿润状态，因此物料能全面均匀收缩，不易发生干裂，适合于干制水果。干端处食品物料已接近干制，水分蒸发已缓慢，虽然遇到的是高温低湿空气，但干制仍然比较缓慢，因此物料温度容易上升到与高温热空气相近的程度。此时，若干物料的停留时间过长，容易焦化，为了避免焦化，干端处的空气温度不易过高，一般不宜超过 66～77℃。

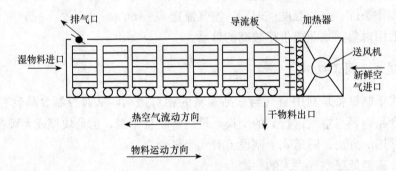

图 5.6　逆流隧道式干制设备

　　由于在干端处空气条件高温低湿，干制品的平衡水分将相应降低，最终水分可低于5%。特别注意，逆流干制中湿物料载量不宜过多，因为低温高湿的空气中，湿物料水分蒸发相对慢，若物料易腐败或菌污染程度过大，有腐败的可能。载量过大，低温高湿空气接近饱和，物料增湿的可能。

　　3. 输送带式干制

　　输送带式干制设备见图 5.7，是液态物料常见的干制机械，多层输送带，物料在干制过程中有翻动；物流方向有顺流和逆流；可以适当降低单一顺流或逆流的干制缺点。

　　这种设备的特点：操作连续化、自动化、生产能力大、占地少。

　　4. 气流干制

　　对于干制成粉末状的固体颗粒物料、液体物料等可以选择利用高速的热气流来输送食品物料使粉状或颗粒食品在热空气中迅速干制，这里设备属于气流干制设备。

　　特点：干制强度大，悬浮状态，物料最大限度地与热空气接触；干制时间短，0.5～5s，并流操作；散热面积小，热效高，小设备大生产；适用范围广，物料（晶体）有磨损，动力消耗大。适用对象：水分低于 35%～40% 的物料。图 5.8 是气流

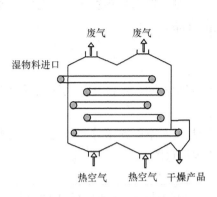

图 5.7　带式干制设备

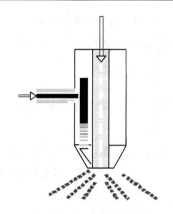

图 5.8　气流式喷雾器

式干制设备中的物料的物化器即喷雾器，使物料在喷雾器中受到较大的剪切力被雾化成很小的颗粒，从而更加容易被加热干制。图 5.9 是一般气流式干制设备的结构示意图。

5. 流化床干制

图 5.10 是流化床，也是粉态食品物料常见的快速干制设备。利用该设备可以使颗粒食品在干制床上呈流化状态或缓慢沸腾状态（与液态相似）。适用对象为粉态食品，例如，固体饮料及造粒后二段颗粒的后期干制。

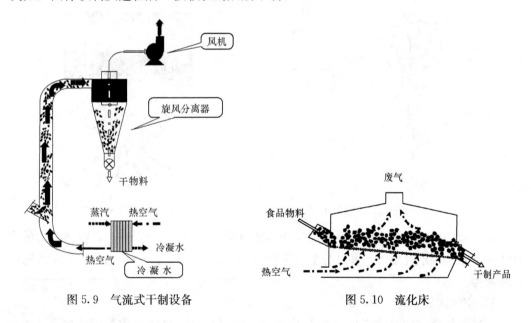

图 5.9　气流式干制设备　　　　　　　　　图 5.10　流化床

6. 泡沫干制

泡沫干制是先将液态或浆质态物料首先制成稳定的泡沫料，然后在常压下用热空气干制。发泡时一般是利用机械搅拌或者是添加发泡剂、泡沫稳定剂进行发泡。

泡沫干制方法与设备的特点：接触面大，干制初期水分蒸发快，可选用温度较低的干制工艺条件。适用对象：水果粉，易发泡的食品。

7. 喷雾干制

喷雾干制就是将液态或浆质态的食品喷成雾状液滴，悬浮在热空气气流中进行脱水干制过程。

设备主要由雾化系统、空气加热系统、干制室、空气粉末分离系统、鼓风机等主要部分组成。图 5.11 是喷雾干制系统的主要结构示意图。

1）常用的喷雾系统

（1）压力式喷雾：液体在高压下（700～1000kPa）下送入喷雾头内以旋转运动方式经喷嘴孔向外喷成雾状，一般这种液滴颗粒大小约 100～300μm，其生产能力和液滴大小通过食品流体的压力来控制。图 5.12 所示为压力式喷雾器，液体在压力作用下，通过很细微的间隙，在产生较强的剪切力的作用下被切分成很细微的颗粒，从而实现了雾化的效果。

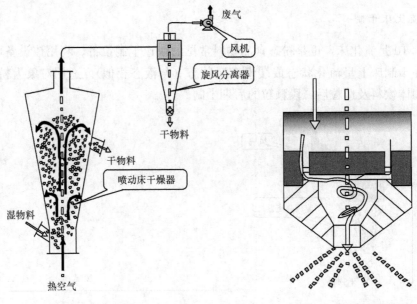

图 5.11　喷雾干制系统　　　　图 5.12　压力式喷雾器

（2）离心式喷雾：液体被泵入高速旋转的盘中（5000～20000rpm），在离心力的作用下经圆盘周围的孔眼外逸并被分散成雾状液滴，大小 10～500μm。如图 5.13 为离心式喷雾器。

2）空气加热系统

一般采用蒸气加热或者电加热对热交换的空气加热，热空气的温度范围为 150～300℃，食品体系物料的温度一般在 200℃左右。

3）干制室

干制室是液滴和热空气接触的地方，干制室包括立式或卧式，室长几米到几十米都有。

4）旋风分离器

将空气和粉末分离，大粒子粉末由于重力而将到干制室底部，细粉末靠旋风分离器来完成。

5）喷雾干制的特点

蒸发面积大；干制过程液滴的温度低；过程简单、操作方便、适合于连续化生产；耗能大、热效低。

6）喷雾干制的典型产品

奶粉、速溶咖啡和茶粉、蛋粉、酵母提取物、干酪粉、豆奶粉、酶制剂。

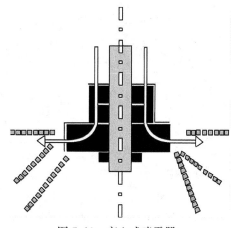

图 5.13　离心式喷雾器

（二）接触式干制设备与方法

接触式干制设备是被干制物与加热面处于密切接触状态，蒸发水分的能量来自传导方式进行干制，间壁传热，干制介质可为蒸气、热油。该设备的特点：可实现快速干制，采用高压蒸气，可使物料固形物从 3％～30％增加到 90％～98％，表面湿度可达 100～145℃，接触时间 2s 至几分钟，干制费用低，带有煮熟风味。

适用的原料对象：浆状、泥状、液态，一些受热影响不大的食品，如麦片、米粉。

接触式干制设备主要用滚筒式。金属圆筒在浆料中滚动，物料随之粘贴上去成为薄膜状，热由里向外传导，物料薄膜受热其中的水分蒸发，使之实现干制。设备类型有三类。

1.单滚筒

如图 5.14 所示，一端给料，另一端设有刮刀将干制后硬化好的物料下来，其生产率较低。

2.双滚筒

如图 5.15 所示，两端同时给料，中间的位置设有刮刀将干制后硬化好的物料下来，其生产率为单滚筒式的 2 倍。

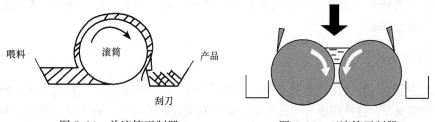

图 5.14　单滚筒干制器　　　　　　　图 5.15　双滚筒干制器

3.真空滚筒

如图 5.16 所示，在滚筒式干制设备的外面设有一个密闭的不锈钢外罩，干制过程中，

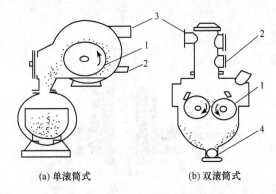

(a) 单滚筒式　　　　　　(b) 双滚筒式

图 5.16　真空滚筒干制器

1. 滚筒；2. 加料口；3. 通冷凝真空系统；
4. 卸料阀；5. 贮料槽

先将罩中抽真空，真空度越高可以降低物料中水分的沸点，加快水分蒸发的速度，从而实现低温快速的物料滚筒受热干制。

（三）辐射式干制设备与方法

在前述的干制方法中，如空气对流干制或热传导的干制方法中要快速使物料升高温度，必然会给物料表面提供一个过度热量（也就是高温），这就影响了物料营养物质的保留。近年来为了减少这个缺陷，发展了辐射式干制技术，主要包括红外线干制技术和微波干制技术。

1. 红外干制

1）红外干制的原理

构成物质的分子、原子、电子，即使处于基态都在不停地运动着振动或转动，这些运动都有自己的固有频率。当这些质点遇到某个频率与它的固有频率相等时，则会发生与振动、转动的共振运动，使运动进一步激化，微观结构质点运动加剧的宏观反映就是物体温度升高，即物质吸收红外线后，便产生自发的热效应，由于这种热效应直接产生于物体内部，所以能快速有效地对物质加热，电磁波谱中波长在 $1\sim1000\mu m$ 区域称为红外区。在食品中有很多物料对红外区波长在 $3\sim15\mu m$（$2.5\sim25\mu m$）范围的红外线有很强的吸收，这样食品物料的温度也会升高，从而使食品物料实现干制，这就是红外线加热的原理。

2）红外干制的特点

（1）有一定的穿透能力，热吸收率高，物体内部直接加热，食品受热比较均匀，不会局部过热。

（2）加热速度快，传热效率高，在保证物料不过热的情况下使物料被加热，因没有传热界面，故速度比传导和对流快得多，热损失也小，物料受热时间短。

（3）产品质量好，通过控制红外线辐射，避免过度受热，则食品干制时可使色、香、味、营养成分受到保留。如红外干制比传统对流干制方法像叶绿素、维生素等易分解成分损失小得多。

2. 微波干制

微波干制的原理是因为水分子是一个偶极分子，一端带正电，一端带负电，在没有电场存在的情况下，这些偶极分子在介质中做杂乱无规则的运动。在电场作用下，偶极分子定向排列，有规则的取向排列。若改变电场方向，则偶极分子取向也随之改变。若电场迅速交替改变方向，则偶极分子亦随之做迅速的摆动，由于分子的热运动和相邻分子间的相互作用，产生了类似摩擦作用，使得分子以热的形式表现出来，表现为介质温度升高，如图 5.17 所示。工业上采用高频交替变换电场，如 915MHz 和 2450MHz，即意味着在 1s 内

有 9.15×10^8 次或 2.45×10^9 次的电场变化，分子如此频繁的运动，其摩擦产生的热量则相当大，故能瞬间升高温度。微波是指波长在 1mm～100cm 范围的电磁波，其对应的频率范围为 300～300000MHz，故能使极性分子瞬间产生非常大的能量，干制食品中极性分子的速度也就毋庸置疑了。

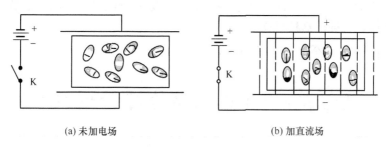

(a) 未加电场　　　　　　　　　　(b) 加直流场

图 5.17　介质中偶极子的排列

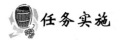 **任务实施**

实训任务一　绿色荔枝的热风干制

【生产标准】

绿色食品果蔬干制生产中应按：中华人民共和国农业部发布的《中华人民共和国农业行业标准：绿色食品　干果》(NY/T 1041—2006) 执行。

【实训内容】

一、材料与设备

材料：绿色荔枝、焦亚硫酸钠、柠檬酸。

设备：热风干制设备。

二、操作流程

1. 工艺流程

原料选择→护色处理→干制（日晒法、烘焙法、烘干法）→包装。

2. 操作要点

（1）原料选择选果肉厚、含糖量高、果皮厚的品种，主要加工品种是槐枝，其次为糯米糍。成熟度以八九成（果皮有 85% 呈现砖红色，果柄部位仍带有青色）的新鲜果为佳。

（2）护色处理：浸泡在 2% 焦亚硫酸钠溶液和 0.5% 柠檬酸的混合溶液中 10～15min 或熏硫 20～30min。

（3）热风干制：初期温度控制在 80～90℃，时间 4～6h；后期温度控制在 60～70℃，时间 24～36h，每干制 8～12h，需回湿 4～6h，干制和回湿的时间比例约为 2∶1。

（4）包装：干制后散去余热。用 PE 塑料袋进行 0.25、0.5、1kg 包装，再用纸箱做外包装。

三、产品质量标准

参照《绿色食品　干果标准》(NY/T 1041—2006)。

① 感官标准：果皮赤红色，自然扁瘪或不扁瘪、不破裂、果肉呈蜡黄色、有光泽；口味清甜可口，有浓郁荔枝风味。

② 理化标准：含水量 15%～20%。

任务二　绿色果蔬冷冻干制技术

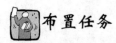 **布置任务**

任务描述	本任务要求通过食品冻干原理的学习，掌握南亚热带水果蔬菜的冻干技术。通过实训任务"香蕉片的真空冷冻干制"，掌握冻干食品与热风干制食品的不同
任务要求	了解食品的冻干技术和特点及南亚热带果蔬冻干的制作难点

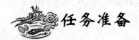 **任务准备**

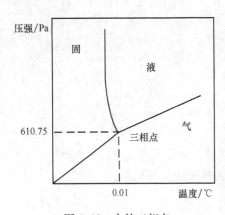

图 5.18　水的三相点

水三相点是水的固、液、汽三相平衡共存时的温度，如图 5.18 所示，其值为 273.16K (0.01℃)，相应的外界压力为 610Pa，此时如果将外界压力减小，冰冻固态下的水就会直接升华由固态转变为气态，从而达到被干制的目的。

食品真空冷冻干制的操作中，利用真空冷冻干制机，先冷冻食品，使食品中的水变成冰，再在将食品放入冷冻干制机中，抽真空，为了加快干制速度要适当低温加热（一般都低于 50℃），使冰直接从固态变成水蒸气（升华）而脱水，故真空冷冻干制又称为升华干制。

一、冷冻干制的一般要求

1. 冷冻干制的条件

(1) 真空室内的绝对压力至少 $<0.5 \times 10^3$ Pa，高真空一般达到 $(0.26 \sim 0.01) \times 10^3$ Pa。

(2) 冷冻温度 <-4℃。

(3) 冻结方法：自冻法、预冻法。

自冻法：就是利用物料表面水分蒸发时从它本身吸收汽化潜热，促使物料温度下降，直至它达到冻结点时物料水分自行冻结，如能将真空干制室迅速抽成高真空状态即压力迅速下降，物料水分就会因水分瞬间大量蒸发而迅速降温冻结。

但这种方法因为有液→气的过程会使食品的形状变形或发泡，沸腾等，适合于一些有一定体形的如芋头、碎肉块、鸡蛋等。

预冻法：用一般的冻结方法如高速冷空气循环法、低温盐水浸渍法、液氮或氟利昂等制冷剂使物料预先冻结，一般食品在−4℃以下开始形成冰晶体，此法较为适宜。主要将液态食品干制。

2. 冷冻干制设备基本结构

冷冻干制设备组成和真空干制设备相同，但要多一个制冷系统，主要是将物料冻结成冰块状。

设备类型：间歇式冷冻干制设备、隧道式连续式冷冻干制设备、间歇式冷冻干制设备、隧道式连续式冷冻干制设备。

3. 冷冻干制特点

在−35℃以下冻结情况下，绝对压力666.6Pa以下的真空条件下，使食品中的冰晶升华，从而达到干制的目的。冷冻干制具有以下特点：

（1）能最大限度地保存食品的色香味，如蔬菜的天然色素基本保持不变，各种芳香物质的损失可减少到最低限度。

（2）因低温操作，特别适合热敏性高和极易氧化的食品干制，能保存食品中的各种营养成分。

（3）冻干食品具有多种结构，因此具有理想的速溶性和快速复水性。复水后的冻干食品比其他干制方法生产的食品更接近于新鲜食品。

（4）能最好地保持原物料的外观形状。

（5）在低温脱水过程中，抑制了氧化过程和微生物的生命活动。升华过程中避免了果蔬内部成分的迁移。

（6）保存期长，食用方便。

二、干制品的包装与贮藏

食品经干制脱水处理后，其本身的一些物理特性发生了很大改变，如密度、体积、吸湿性等。为了保持干制品的特性以及便于储藏运输，通常对于干制品而言包括三部分：干制品预处理、干制品包装、干制品的贮藏。

（一）包装前干制品的预处理

1. 筛选分级

剔除块片和颗粒大小不合标准产品或其他碎屑杂质等物，有时在输送带上进行人工筛选。

2. 均湿处理

有时晒干或烘干的干制品由于翻动或厚薄不均会造成制品中水分含量不均匀一致（内部亦不均匀），这时需要将它们放在密闭室内或容器内短暂贮藏，使水分在干制品内部重新扩散和分布，从而达到均匀一致的要求，这称为均湿处理。特别是水果干制品。均湿处理还常称为回软和发汗。

3. 灭虫处理

干制品，尤其是果疏干制品常有虫卵混杂其间，虫卵在适宜的条件下会生长给干制品造成损失。故常用甲基溴作为有效的烟熏剂，使害虫中毒死亡。因溴会残留，一般允许残溴量应小于 150×10^{-6}，有些水果干制品甚至在 100×10^{-6} 以下，如李干为 20×10^{-6}。

4. 速化复水处理

速化复水处理即为了加快干制品的复水速度，常采用：

（1）压片法即将颗粒状果干经过相距为一定距离（0.025～1.5mm）间隙转辊，进行轧制压扁，薄果片复水比颗粒状迅速得多。

（2）刺孔法将半干制品水分含量16%～30%的干苹果片进行刺孔，然后再干制到5%水分，不仅可加快干制速度，还可使干制品复水加快。

（3）刺孔压片法在转辊上装有刺孔用针，同时压片和刺孔，复水速度可达最快。

5. 压块（片）

将干制品压缩成密度较高的块状或片状，如紫菜，减小体积，但只对有韧性的果蔬产品才采用。

（二）干制品的包装

1. 干制品包装的基本要求

（1）能防止干制品吸湿回潮以免结块和长线。包装材料在90%相对湿度中，每年水分增加量不超过2%。

（2）能防止外界空气、灰尘、虫、鼠和微生物以及气味等入侵。

（3）能不透外界光线。

（4）贮藏、搬运和销售过程中具有耐久牢固的特点，能维护容器原有特性，包装容器在30～100cm高处落下120～200次而不会破损，在高温、高湿或浸水和雨淋的情况也不会破烂。

（5）包装的大小、形状和外观应有利于商品的销售。

（6）和食品相接触的包装材料应符合食品卫生要求，并且不会导致食品变性、变质。

（7）包装费用应做到低廉或合理。

注意点：要耐久牢固；防湿；不吸湿密封，或加干燥剂；防氧化，充氮气，抽真空。

2. 干制品的包装主要的容器材料

纸箱和盒、塑料袋、金属罐、玻璃瓶。

（三）干制品的贮藏基本要求

良好的贮藏环境是保证干制品耐藏性的重要因素。环境相对湿度是水分的主要决定因素。干制品贮藏的要求有避光；相对湿度<65%；低温，冷暗处贮藏。

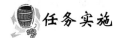 **任务实施**

实训任务二 香蕉片的真空冷冻干制

【生产标准】

绿色食品果蔬干制生产中应按：中华人民共和国农业部发布的《中华人民共和国农业行业标准：绿色食品 水果、蔬菜脆片》（NY/T 435—2000）执行。

【实训内容】

目的：通过任务了解真空冷冻干制的基本知识及设备的操作过程。本任务目的在于将香蕉切片制成冻干片。

一、实训材料与设备

1. 材料

市售成熟的符合绿色食品要求的香蕉、包装袋等。

2. 设备

速冻设备（−38℃以下）、真空冷冻干制机、真空包装机、台秤与天平等。

二、方法

1. 工艺流程

一般食品真空冷冻干制可按下面工艺流程进行：原料→前处理→速冻→真空脱水干燥→后处理。

2. 操作要点

1）前处理
将新鲜成熟的香蕉切成 4~5mm 厚片，称重后放在托盘中（单层铺放）。

2）速冻
将装好的香蕉片速冻，温度在 −35℃ 左右，时间约 2.0h。冻结终了温度约在 −30℃，使物料的中心温度在共晶点以下（溶质和水都冻结的状态称为共晶体，冻结温度称为共晶点)。

3) 真空脱水干制

真空脱水干制包括升华干制和解析干制两个阶段。

(1) 升华干制:冻结后的食品须迅速进行真空升华干制。食品在真空条件下吸热,冰晶就会升华成水蒸气而从食品表面逸出。升华过程是从食品表面开始逐渐向内推移,在升华过程中,由于热量不断被升华热带走,要及时供给升华热能,来维持升华温度不变。当食品内部的冰晶全部升华完毕,升华过程便完成。首先,将冷阱预冷至-35℃,打开干制仓门,装入预冻好的香蕉片并关上仓门,启动真空机组进行抽真空,当真空度达到 30~60Pa 左右时,进行加热,这时冻结好的物料开始升华干制。但加热不能太快或过量,否则香蕉片温度过高,超过共溶点,冰晶溶化,会影响质量。所以,料温应控制在-20~25℃之间,时间约为 3~5h。

(2) 解析干制:升华干制后,香蕉片中仍含有少部分的结合水,较牢固,所以必须提高温度,才能达到产品所要求的水分含量。料温由-20℃升到 45℃左右,当料温与板层温度趋于一致时,干制过程即可结束。

真空干制时间约为 8~9h。此时水分含量减至 3% 左右,停止加热,破坏抽真空,出仓。如此干制的香蕉片能在 80~90s 内用水或牛奶等复原,复原后仍具有类似于新鲜香蕉的质地、口味等。

4) 后处理

当仓内真空度恢复接近大气压时打开仓门,开始出仓,将已干制的香蕉片立即进行检查、称重、包装等。

冻干食品的包装是很关键的。由于冷冻食品保持坚硬,外逸的水分留下通道,冻干食品组织呈多孔状,因此与氧气接触的机会增加,为防止其吸收大气水分和氧气可采用真空包装或充氮包装。为保持干制食品含水在 5% 以下,包装内应放入干制剂以吸附微量水分。包装材料应选择密闭性好、强度高、颜色深的为好。

3. 项目设计

在真空冻干过程中影响因素很多,如物料厚度、预冻温度和升华真空度等条件,可进行多因素多水平的项目设计。通过项目结果确定最佳工艺参数。

三、项目结果

1. 产品的脱水率

$$计算冻干产品的脱水率 = \frac{m_1 - m_2}{m_1} \times 100$$

式中:m_1——冻干前的重量,g;

m_2——冻干后的重量,g。

2. 产品的评价

感官指标:外观形状饱满(不塌陷);断面呈多孔海绵样疏松状;保持了原有的色

泽；具有浓郁的芳香气味。复水较快，复水后芳香气味更浓。

卫生指标：应符合国家标准。

 作业

1. 常见南亚热带绿色果蔬干制品有哪些？
2. 为何要将南亚热带果蔬进行干制？
3. 南亚热带绿色果蔬干制品的基本加工流程是怎样的？
4. 简述干制机理和干制过程特性。
5. 如果想要缩短干制时间，该如何控制干制过程？
6. 绿色食品干制与常规食品干制有哪些不同？
7. 加热升华时温度是不是越低越好？为什么？
8. 冻干食品与传统干制食品相比有哪些优点？

项目六　饮料制品的加工

☞ **教学目标**

（1）掌握碳酸饮料生产中糖浆的制备、投料顺序和操作要点。

（2）熟悉碳酸饮料、植物蛋白饮料、果蔬汁饮料的生产工艺及操作要点。

（3）能生产出符合绿色食品要求的豆乳和椰子汁以及果蔬汁饮料。

（4）了解这三类饮料生产中常用的设备和常见质量问题。

（5）了解碳酸饮料、植物蛋白饮料和果蔬汁饮料的质量标准。

☞ **教学重点**

糖浆（基料）的制备方法及投料顺序、碳酸饮料的生产工艺及其主要生产设备（碳酸化，CO_2 的溶解）；影响豆乳质量的因素及其控制措施、绿色食品豆乳饮料的生产工艺要点、绿色食品椰子汁的生产工艺要点；绿色食品果蔬汁对原料和其它辅料的要求；果蔬取汁、澄清、均质与脱气技术；果蔬中维生素的保护和果蔬汁的调配。

☞ **教学难点**

糖浆的调配、碳酸化过程；提高大豆蛋白提取率，去除豆腥味的方法；绿色食品椰子汁制作时的调配工艺；果汁饮料的调配、果蔬汁的护色；澄清、均质与脱气技术。

☞ **生产标准**

（1）《碳酸饮料（汽水）》（GB/T 10792—1995）；《碳酸饮料卫生标准》（GB 2759.2—2003）；《运动饮料》（GB 15266—2000）；备案有效的企业标准。

（2）绿色食品植物蛋白饮料生产中应按：中华人民共和国农业部发布的《中华人民共和国农业行业标准：绿色食品　植物蛋白饮料》（NY/T 433—2000）执行。

（3）绿色食品果蔬汁饮料生产中应按：中华人民共和国农业部发布的《中华人民共和国农业行业标准：绿色食品　果蔬汁饮料》（NY/T 434—2007）执行。

一、饮料与软饮料的定义

1. 传统饮料的定义

饮料是经过加工制作、供人饮用的食品，它以提供人类生活必需的水分和营养成分，达到生津止渴中增进身体健康为目的。GB 10789—1996（软饮料分类）中规定饮料概括起来可分为两大类，即含酒精饮料（包括各种酒类如啤酒、白酒、黄酒、葡萄酒等，俗称硬饮料）和不含酒精饮料（并非完全不含酒精，如所加香精的溶剂往往是酒精，另外发酵饮料可能产生微量酒精）。

通常情况下，饮料含水量很高，以呈液态的居多。从组织形态来讲，饮料可分为液体饮料和固体饮料两种。液态饮料的固形物含量为 5%～8%（浓缩者达到 30%～50%），没有一定形状，容易流动。固体饮料是以糖（或不加糖）、果汁（或不加糖果汁）、植物提取物及其他配料为原料，加工制成粉末状、颗粒状或块状，水分含量在 5% 以下，经冲溶后可饮用的制品。

2. 新标准规定饮料的定义

新标准 GB 10789—2007 直接用饮料代替原软饮料一词，并做了新的概述。GB 10789—2007（饮料通则）规定：饮料是指经过定量包装的供直接饮用或用水冲调饮用的，乙醇含量不超过质量分数 0.5% 的制品，不包括饮用药品。

本项目按照饮料通则（GB 10789—2007 替代 GB 10789—1996）中的规定，采用"饮料"替代"软饮料"一词。

二、饮料的分类

1. GB 10789—1996 的软饮料分类

根据国家标准 GB 10789—1996，按照原辅料或产品形式的不同，可将软饮料分为 10 类，见表 6.1。

表 6.1　软饮料的分类

分类标准	GB 10789—1996	GB 10789—2007
软饮料/饮料分类	1. 碳酸饮料类	1. 碳酸饮料类
	2. 果汁（浆）及果汁饮料类	2. 果蔬汁饮料类
	3. 蔬菜汁及蔬菜汁饮料类	3. 蛋白饮料类
	4. 含乳饮料类	4. 包装饮用水类
	5. 植物蛋白饮料类	5. 茶饮料类
	6. 瓶装饮用水类	6. 咖啡饮料类
	7. 茶饮料类	7. 固体饮料类
	8. 固体饮料类	8. 特殊用途饮料类
	9. 特殊用途饮料类	9. 植物饮料类
	10. 其他饮料类	10. 风味饮料类
	—	11. 其他饮料类

2. GB 10789—2007 的饮料分类

根据国家标准 GB 10789—2007（饮料通则）规定，按照原辅料或产品形式的不同，可将饮料分为以下 11 类别及相应的种类（表 6.1）。

（1）碳酸饮（汽水）料类。碳酸饮料类是指在一定条件下充入二氧化碳气的饮料，不包括由发酵法自身产生二氧化碳气的饮料。其成品中容量（20℃时的容积倍数）不低于 1.5 倍。碳酸饮料又分为果汁型、果味型、可乐型及其他型四种。

（2）果汁和蔬菜汁类。果汁和蔬菜汁类是指用水果和（或）蔬菜（包括可食的根、茎、叶、花、果实）为原料，经加工或发酵制成的饮料。该类可分为果汁（浆）及蔬菜（浆）、浓缩果汁（浆）及蔬菜（浆）、果汁饮料及蔬菜饮料、果汁饮料浓浆及蔬菜饮料浓浆、复合果蔬汁（浆）及饮料、果肉饮料、发酵型果蔬汁饮料、水果饮料、其他果蔬汁饮料九种类型。

（3）蛋白饮料类。蛋白饮料类以乳或乳制品为原料，或以有一定蛋白质含量的植物的果实、种子或种仁等为原料，经加工或发酵制成的饮料。蛋白饮料类可分为含乳饮料、植物蛋白饮料、复合蛋白饮料三种类型。

（4）包装饮用水类。包装饮用水类是指密封于容器中可直接饮用的水。包装饮用水类包括饮用天然矿泉水、饮用天然泉水、其他天然饮用水、饮用纯净水、饮用矿物质水、其他包装饮用水六类。

（5）茶饮料类。茶饮料类是以茶叶的水抽提液或浓缩液、茶粉等为原料，经加工制成的饮料。茶饮料包括茶饮料（茶汤）、茶浓缩液、调味茶饮料、复（混）合茶饮料四种类型。

（6）咖啡饮料类。咖啡饮料是以咖啡的提取液或速溶咖啡粉为原料，经加工制成的饮料。咖啡饮料类可分为浓咖啡饮料、咖啡饮料、低咖啡因咖啡饮料三种类型。

（7）植物饮料类。植物饮料类是以植物或植物抽提物（水果、蔬菜、茶、咖啡除外）为原料，经加工制成的饮料。植物饮料类可分为食用菌饮料、藻类饮料、可可饮料、谷物饮料、其他植物饮料五种类型。

（8）风味饮料类。风味饮料类是以食用香精（料）、食糖和（或）甜味剂、酸味剂等作为调整风味主要手段，经加工制成的饮料。风味饮料类包括果味饮料、乳味饮料、茶味饮料、咖啡味饮料和其他风味饮料五种类型。

（9）特殊用途饮料类。特殊用途饮料类是通过调整饮料中营养素的成分和含量，或加入具有特定功能成分的适应某些特殊人群需要用的饮料。包括运动饮料、营养素饮料和其他特殊用途饮料三种类型。

（10）固体饮料类。固体饮料类是用食品原料、食品添加剂等加工制成粉末状、颗粒状或块状等固态的供冲调饮用的制品。如果汁粉、豆粉、茶粉、咖啡粉、果味型固体饮料、固态汽水（泡腾片）、姜汁粉。

（11）其他饮料类。以上分类中未能包括的饮料。

本项目不同饮料的概念严格执行新标准规定，但需要说明的是，本项目不同任务的设置考虑了南亚热带原料和饮料产业的关联性，以方便学生对比和掌握相关知识。因而，在本项目中重点讲授碳酸饮料、植物蛋白饮料和果蔬汁饮料。

三、饮料的发展概况

1. 世界饮料的发展状况

饮料作为一种独具特色的食品，在国外特别是欧美国家已有很长的历史，深受广大消费者喜爱，是日常生活中不可缺少的一个部分。

目前全球饮料销售总额已超过 2000 亿美元。世界软饮料强国依次为美国、日本、德国、巴西、英国、意大利、墨西哥、中国和加拿大。美国软饮料人均消费量约 300L/a，消费量多的饮料是碳酸饮料、果汁饮料和瓶装饮用水。

近年来，世界软饮料需求连续稳定增长，饮料市场不断扩大，特别是具有减肥功能、低糖、卫生和健康等特点的饮料，越来越受到消费者的欢迎，销售量连年快速上扬。其主要原因是发展中国家对软饮料消费量的增加和饮料消费方式的改变。发达国家在逐步减少含乙醇饮料消费量的同时，追求天然的、含糖量少的有益于健康的饮料。这一方面促进了饮料工业的发展，另一方面又促使软饮料制品逐渐向包装饮用水和果汁饮料倾斜，碳酸饮料的主导地位受到挑战。未来的竞争将是产品品种多样化的竞争，发达国家饮料市场将以健康和天然饮料为发展方向，包装饮用水、果汁和茶饮料、功能性饮料、保健性饮料以及运动饮料所占的比例将会越来越高。

2. 中国饮料行业的发展状况

中国饮料工业起步于 20 世纪 80 年代初期。20 世纪 90 年代以来，中国饮料工业发展十分迅速，已成为食品工业的重要组成部分，其迅速发展的状况可从近二十几年来软饮料的总产量增长看出，见表 6.2。

表 6.2 软饮料年总产量（1980～2007 年）

年份	1980	1985	1990	1995	2000	2001	2003	2006	2007
总产量/万吨	28.8	100	330	946	1491	1669	2375	4220	5110

近几年，中国饮料年产量平均以 20% 的增长率递增，以 5 年翻一番的速度前进，饮料市场已成为中国食品行业中发展最快的门类之一，是最具潜力的朝阳产业。各个细分门类齐头并进，产品更新换代速度加快。碳酸饮料不再一枝独秀，果蔬汁饮料与茶饮料及功能性饮料均呈现增长势头，从包装水饮料的兴起到茶饮料的风靡，从果蔬汁饮料的异军突起到后来的保健饮料的迅速发展以及运动饮料的火暴，反映出中国饮料的消费变化趋势基本与国际市场的发展同步。

中国饮料工业在高速发展的同时，仍存在许多不足，表现在：饮料行业企业整体生产水平较低，形成规模生产的还不多，缺少在全国范围内有一定影响力和较高市场份额的企业；品牌杂，结构有待进一步优化，东西部发展不平衡，内地、沿海地区饮料总产量相差甚远；生产、消费与发达国家相比有较大差距。

3. 饮料行业发展趋势

当今世界对食品和饮料的总体要求可以归纳为"四化"、"三低"、"两高"和"一无"。"四化"是多样化、简便化、保健化以及实用化。"三低"是低脂肪、低胆固醇和低糖。"两高"是高蛋白和高膳食纤维。"一无"是无添加剂（防腐剂、香精以及色素）。面对全球经济一体化，软饮料企业应充分利用我国的丰富自然资源优势，遵循天然、营养、回归自然的发展方向，适应消费者对饮料多口味的需要，优化饮料结构；大力推广饮料主剂"集中生产、分散包装"的产业政策，以名优产品为龙头，形成主剂生产厂与灌装厂专业化协作；重点扶持名优产品，增强企业实力，扩大企业规模，实现产业升级，开创更多有自主知识产权的产品和相关技术，打造中国饮料的民族品牌，并积极开拓国际市场；抓好饮料标准化、规范化，确保产品质量。

未来很长的一段时期，国内饮料市场前景看好。人民生活水平的提高使饮料生产量和消费量的持续增长成为可能。消费者对天然、低糖、健康型饮料的需求，促进了新品种的崛起。在广东南亚热带地区，碳酸饮料发展势头看好，植物蛋白饮料和果蔬汁饮料的风靡，反映出了与国际发展同步的好势头；再加上绿色食品的美名，在人们尤为关注食品安全、崇尚绿色天然食品的今天显得特别具有吸引力和实际价值。可以相信，未来中国的饮料行业将会更加健康、平稳和快速地向前发展。

任务一　碳酸饮料的加工

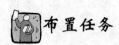

布置任务

任务描述	本任务要求通过碳酸饮料的概念、加工工艺及技术要点的学习，了解碳酸饮料及相关知识；掌握碳酸饮料的加工技术和检验技术。通过实训任务"果味汽水的制作"，熟练掌握碳酸饮料的加工
任务要求	了解碳酸饮料的分类及特点；掌握碳酸饮料生产中糖浆的制备和投料顺序；熟悉及掌握碳酸化的基本原理与影响因素、碳酸化的常用方式以及常用汽水混合机的主要类型和工作原理；深入了解碳酸饮料生产中的质量控制

任务准备

一、碳酸饮料的概念

碳酸饮料是指含有 CO_2 的软饮料。通常由水、甜味料、酸味剂、香精香料、色素、CO_2 气体及其他原辅料组成，俗称汽水。

二、碳酸饮料的分类

根据《饮料通则》（GB 10789—2007）的规定，碳酸饮料的分类：

1. 果汁型碳酸饮料

果汁型碳酸饮料是含有一定量原果汁的碳酸饮料，如橘汁汽水、橙汁汽水、菠萝汁汽水或混合果汁汽水等。

2. 果味型碳酸饮料

果味型碳酸饮料是以果味香精为主要香气成分，含有少量果汁或不含果汁的碳酸饮料，如柠檬味汽水、橘子味汽水等。

3. 可乐型碳酸饮料

可乐型碳酸饮料是以可乐香精或类似可乐果香型的香精为主要香气成分的碳酸饮料。代表产品为"可口可乐"、"百事可乐"等，国内可乐型饮料是 20 世纪 80 年代的新产品，如"天府可乐"、"非常可乐"等。

4. 其他型碳酸饮料

其他型碳酸饮料是指除上述三种类型以外的碳酸饮料，如苏打水、盐汽水、姜汁汽水、沙士汽水等。

三、工艺流程

1. 一次灌装法

一次灌装法也称预调法、成品灌装法或前混合法。一般有两种形式：一是将各种原辅料按工艺要求配制成调和糖浆（基料），然后与碳酸水（充有二氧化碳的水）在配比器内按一定比例进行混合，进入灌装机一次灌装；二是将调和糖浆（基料）和水预先按一定比例泵入汽水混合机内，进行定量混合后再冷却，然后将该混合物碳酸化后再装入容器。

一次灌装是较先进的灌装方式，大型设备均采用，其特点如下所述：

（1）糖浆与水的比例准确。

（2）当灌装容量发生变化时，不需改变比例，产品质量一致。

（3）糖浆和水的温度一致，起泡少，CO_2 的含量容易控制和稳定。

（4）生产速度快。

（5）不适于带果肉碳酸饮料的灌装，且设备较为复杂，混合机与糖浆接触，洗涤与消毒都不方便（果肉颗粒通过混合机时容易堵塞喷嘴，不易清洗）。

2. 二次灌装法

二次灌装法（现调试）是先将调和糖浆（基料）定量注入容器中，然后加入碳酸水至规定量，密封后再混合均匀。这种调和糖浆和碳酸水先后各自灌装的方法也称现调试灌装法。

二次灌装特点如下所述：

(1) 二次灌装是一种传统的灌装方法，设备简单，投资少，比较适合于中小型饮料厂生产，故现在仍然被采用。

(2) 从卫生角度考虑，易于保证产品卫生。糖浆和碳酸水各有独立的系统。糖浆含糖量高，渗透压高，对微生物能起抑制作用，碳酸水也不易繁殖细菌，其管道也是单独装置，清洗很方便。

(3) 用于含果肉汽水的灌装，便于清洗。

(4) 容易产生泡沫，造成 CO_2 的损失及灌装不足。调和糖浆和碳酸水的温度不一样。可在调和糖浆灌装前通过冷却使其温度下降，接近碳酸水的温度，同时可避免在灌装时起泡。

(5) 提高碳酸化的浓度。由于调和糖浆未经碳酸化，若与碳酸水调成制品，会使含气量降低。因此，为保证成品的含气量达到标准，必须使碳酸水的含气量高于成品的预期含气量。

(6) 成品质量难保证。调和糖浆是定量灌装，而碳酸水的灌装量会由于瓶子的容量不一致，或灌装后液面高低不一致而难以准确，从而使成品的质量有差异。

四、工艺要点

1. 调和糖浆制备

调和糖浆又称主剂、基料，一般是根据不同碳酸饮料的要求，在一定浓度的糖液中加入甜味剂、酸味剂、香精香料、色素、防腐剂等，并充分混合后得到的浓稠状糖浆。它是饮料的主体之一，与碳酸水混合即成碳酸饮料。因此，基料的优劣直接影响产品质量，调和糖浆制备是饮料生产中的关键。

1) 溶糖（糖溶液的制备）

把定量的砂糖加入定量的水中溶解，制得具有一定浓度的糖液，称糖的溶解。溶糖方法一般分冷溶法（美国的可口可乐公司采用此方法）与热溶法。制得的糖溶液必须进行严格的过滤，以除去糖溶液中的许多细微杂质，常采用不锈钢板框压滤机或硅藻土过滤机过滤糖溶液。如果砂糖质量较差或者是对于一些特殊的饮料，如无色透明的白柠檬汽水，对糖溶液的色度要求很高，则要用活性炭（一般用量为砂糖质量的 0.5%～1.0%）吸附脱色以及硅藻土助滤的办法，使糖溶液达到要求。

中国饮料行业所用的糖溶液浓度单位有三种表示方法：

(1) 相对密度。单位体积物质的质量，即用密度计测定糖溶液浓度。

(2) 百利度（°Bx）。即糖溶液中的含糖量（质量分数），如糖溶液的百利度为 55°Bx，表示 100g 糖液中含糖 55g，含水 100－55＝45（g）。百利度随温度而变化，在配糖浆时，一般以 20℃来计算。

(3) 波美度（°Be）。此为译音，以波美计测量数值。

$$1°Bx \approx 波美度(°Be) \times 1.8$$

$$15℃时的相对密度＝144.3/(144.3－波美度)$$

糖溶液浓度为：冷溶一般为 45～65 百利度（°Bx）；热溶一般为 55～65 百利度（°Bx）。糖溶液浓度小于 55°Bx，较稀（糖度低），则糖溶液易腐败变质；糖溶液浓度大于 65°Bx，则糖度高，较浓，虽然保存性好，但冷却后黏度太大，有时会有糖析出。糖的溶解度随着温度不同而变化，温度越高，蔗糖的溶解度越大。

糖溶液的配制：按照各种浓度的糖溶液，加水配制好，制得的糖溶液必须经过严格的过滤。

2）其他辅料的配制

为了制出不同风味的汽水，需在糖溶液中加入如防腐剂、酸味剂、香精香料、色素等辅料。为了使配方中的物料混合均匀，减少局部浓度过高而造成的反应，物料不能直接加入，而应预先制成一定浓度的水溶液，并经过过滤，再进行混合配料。

（1）甜味剂：常用甜叶菊苷等甜味剂代替蔗糖。一般应配成 50% 的水溶液再加入。甜叶菊苷溶解速度慢，且溶解度低（在水中可溶解 0.12%），故需加热煮沸后使其溶解。注意：用人工合成甜味剂代替蔗糖时，饮料的固形物含量会下降，其相对密度、黏度、外观等都会发生改变，口感也会变得单薄。因此，必须加入增稠剂。

（2）酸味剂：柠檬酸和酒石酸是碳酸饮料的主要酸味剂，使用前均需配成 50% 的溶液（500g 柠檬酸以温水溶化成 1kg 溶液）。磷酸主要用在可乐型饮料中，食用磷酸其规格有 75% 和 85% 两种。如用 75% 的磷酸 293mL 或用 85% 磷酸 242mL 稀释至 1000mL 时，其酸的浓度相当于 50% 柠檬酸 1000mL。

（3）色素：天然色素由于稳定性较差，难以用来拼配不同色调，加上有时有异味、成本较高等，目前尚未普遍使用。饮料生产中使用最多的还是人工合成色料。直接使用粉状色素不易在糖浆中分布均匀，因此，最好用蒸馏水或去离子水配成 1%～10% 溶液（以防因水的硬度太大而造成色素沉淀），配好的色素经过滤再加入到糖液中。

色素溶液配制时应注意以下事项：饮料的色调应接近于天然果实的色泽，并严格按国家 GB 2760—2007 规定进行配色。应注意选择耐酸、耐光性色素；用分析天平准确称取所需用量；现用现配，不宜存放，否则易于沉淀析出；避免与金属接触（溶解色素的容器应采用不锈钢或食用级塑料容器和搅拌棒）。

（4）香精：在饮料中可单独使用，也可组合使用，但应注意香精的协调。水溶性香精经滤纸过滤后可直接使用。油溶性香精需溶于 7～10 倍容积 90% 食用乙醇中。

3）调和糖浆的制备

（1）投料顺序。调和糖浆的制备是将各种原辅料计量之后，在有容积刻度的不锈钢锅内（内有搅拌器）按下列顺序投加：

① 冷却至室温的糖溶液。

② 25% 浓度的苯甲酸钠溶液。

③ 50% 浓度的糖精钠溶液。

④ 50% 浓度的柠檬酸溶液。

⑤ 果汁或稀释的果酱。

⑥ 香精。

⑦ 1％～10％浓度的色素溶液。

⑧ 加水到规定容积为止。

（2）配制注意事项。

要在不断搅拌的情况下缓慢加入各种原料，搅拌速度不能过快，时间也不宜过长，否则会混入空气，从而妨碍后续的碳酸化工序；调和糖浆配制时的加料顺序十分重要，各种原料要分别溶解，并按顺序添加，否则会造成不良现象的发生。配合完毕后，测定糖浆浓度（°Bx），同时取一定量的调味糖浆加碳酸水观察色泽、风味，检查是否与标准相符合；配好的基料应立即进行装瓶，不要过夜，尤其是乳浊型饮料，糖浆储存时间过长会发生分层现象。

（3）调味糖浆的定量：调味糖浆的定量是关系到汽水的质量规格统一的关键操作。控制糖浆定量是控制成本和产品质量统一的主要操作。要使定量准确，应经常校正糖浆定量器，校正时要反复测定。在二次罐装法生产工艺中，调味糖浆注入量一般为容器的 1/7～1/5，即 15％～20％。

2. 碳酸化

将水和 CO_2 的混合过程称为碳酸化。

（1）CO_2 在碳酸饮料中的作用。

① 清凉作用。

② 抑制微生物生长，延长汽水的货架寿命。国际上认为 3.5～4 倍含气量是汽水的安全区，可完全抑制微生物的生长，并使其死亡。

③ 突出香味，增强饮料风味特征。

④ 有舒服的杀口感。一般果汁型汽水和果味型汽水含 2～3 倍容积的 CO_2，可乐型汽水和勾兑苏打水含 3～4 倍容积的 CO_2。

（2）影响碳酸化作用的因素。

① 温度和压力。在一定的压力和温度下，CO_2 在 1L 水中所能溶解的最大溶解量称溶解度。溶解度一般有两种表示法。一种是将每升溶液中所溶解 CO_2 的质量（g/L）作为溶解单位（欧洲常用）。另一种是以气体的容积来表示，常用"容积倍数"。中国常用单位容积内所溶的 CO_2 容积数来表示。在压力为 0.1MPa、温度为 15.56℃时，1 体积水可以溶解 1 体积的 CO_2，其溶解倍数为 1。

CO_2 在水中的溶解度与温度成反比，即温度愈低，CO_2 的溶解度愈大。在不影响其他操作设备的前提下，充气压力适当提高可增加 CO_2 的溶解量。因此，碳酸化时应使吸收气体的水或液体的温度尽可能降低，而充气压力则尽可能提高，以提高 CO_2 溶解度，一般饮料碳酸化温度采用 3～5℃、CO_2 压力为 0.3～0.4MPa。

② 空气含量。空气对碳酸化作用的影响是极其重要的。另外空气对品质也有影响，空气的存在有利于微生物（特别是霉菌和腐败菌）的生长，空气中的 O_2 会促进饮料中某些成分氧化，由于空气的存在，灌装时还会造成起泡喷涌现象，增加灌装难度，影响灌装定量的准确性。

空气的来源：CO_2 气体不纯；水、糖浆中溶解有空气（注意溶糖时的搅拌）；CO_2

气路有泄漏；糖浆混合机及其管线中存在有空气。

排除空气的措施：一般采用脱氧排气。脱氧排气一般安排在水冷却后、碳酸化之前，其主要形式是采用真空脱氧，即迫使液体形成雾滴或液膜并造成负压，借助液体内部压力大于外部压力使溶解在液体中的气体逸出而排除。

③ 气体和液体的接触面积、接触时间。工业生产中选用的碳酸化设备，必须做到能使水雾化成膜，以增大与 CO_2 的接触面积，同时能保证有一定的接触时间。

（3）碳酸化设备/系统。由 CO_2 气调压站、水或混合液冷却器、汽水混合机等组成。

① CO_2 气调压站。CO_2 气调压站是将 CO_2 的压力调节到混合机所需压力的设备。在生产中最常用的是液体 CO_2，当打开储罐阀门时 CO_2 立即汽化，其压力可达 7.8MPa。最普通的调压站只用一个降压阀，通过可调节的降压阀就可把 CO_2 的压力调节到混合机所需要的压力。当 CO_2 不需净化时，必须经调压站才能送到混合机。

对于工业副产品 CO_2，即使其纯度能达到近 99%，也还带有少量的有机杂质并伴有异味，如发酵碳酸气会有酒精味等，所以在进入碳酸化器前要先经过净化处理，其过程如图 6.1 所示。

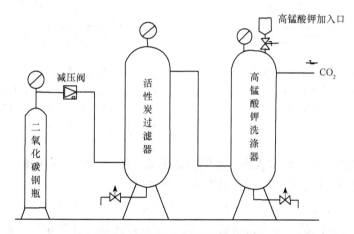

图 6.1 CO_2 净化处理流程示意图

钢瓶中的 CO_2 经减压阀减压至一恒定的压力后，输送至活性炭过滤器。为了使 CO_2 均匀地通过过滤介质活性炭，CO_2 由过滤器底部经过一多孔管分散开来。过滤后的 CO_2 由过滤器上部的出口，经管道至高锰酸钾洗涤器。CO_2 由洗涤器底部进入，经多孔管分散，再通过一定浓度的高锰酸钾溶液，最后从洗涤器上部出口送至混合器使用。也可将高锰酸钾溶液用泵加压，在洗涤器内由上而下喷出雾状与 CO_2 充分接触，洁净的 CO_2 再经过一次清水冒泡和脱水处理会更好。

② 水冷却器。水冷却器主要是将水温降到碳酸化所需要的温度。目前多采用板式热交换器，一般放在混合机前或脱气机前，也可以放在混合机后作为二次冷却用。

③ 汽水混合机。汽水混合机是混合水与 CO_2 的设备，或称碳酸化设备。混合机的混合形式主要有薄膜式、喷雾式和喷射式三种。

A. 薄膜式碳酸化机。薄膜式碳酸化机如图 6.2 所示。CO_2 经过阀门 3 恒定地向恒定压力容器中输送，充满时内压控制在 0.4～0.6MPa。经过冷却的水用泵压入，从容器中间直立管 6 上口溢出。溢出的水均匀落在圆盘 5 表面上，形成一层层较薄的水膜，水膜的表面就是 CO_2 和水的接触面，在水成膜状流过的过程中完成碳酸化。碳酸水由碳酸化机的底部出口 1 流出，被送往灌装机。

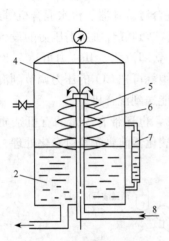

图 6.2 薄膜式碳酸化机

1. 碳酸水出口；2. 碳酸水；3. CO_2 进气阀；
4. 压力容器；5. 圆盘；6. 直立管；
7. 液位计；8. 净冷水入口

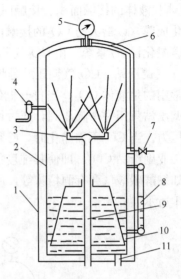

图 6.3 喷雾式混合机结构示意图

1. 外罩；2. 内筒；3. 雾化器喷嘴；4. CO_2 止逆阀；
5. 压力表；6. 排气管；7. 放气阀；8. 液位显示控制器；
9. 中心进水管；10. 防雾筒；11. 碳酸水出口

B. 喷雾式混合机。喷雾式混合机结构如图 6.3 所示。它是我国用得最多的混合机，喷雾法是增大 CO_2 和水接触面积的最有效方法之一。

喷雾式混合器罐中安装有几只雾化器，并充满 CO_2。由泵压入的水，通过中心进水管 9 到达顶部的雾化器（雾化器喷嘴 3）时，即被雾化成直径极小的雾滴，与 CO_2 进行充分混合。常用的雾化方法有两种，即离心喷雾法和压力喷雾法。

C. 喷射式混合机。喷射式混合机（文丘里管混合器）如图 6.4 所示。该混合机是一种生产能力较大、结构新颖的汽水混合机，在国外引进设备及大型饮料厂中使用较多。这种混合机内部结构是一根管径发生变化的管子，其中部有锥形窄通路，连接 CO_2 入口。当加压的水流经此处时，由于截

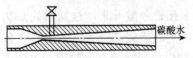

图 6.4 喷射式混合器示意图

面逐渐缩小，流速加快，液体压力则降低。流速越大，压力越低，所以在锥形喷嘴处的压力最低。CO_2 通过管道被不断吸入。当这种混合液离开锥形喷嘴进入扩大管时，周围的环境压力与液体的内部压力形成较大的压差，为了维持平衡，液体爆裂成细小的微滴，扩大了与管内 CO_2 的接触面积，提高了碳酸化效果。混合后的液体经管道储存在混合容器内。

④ 碳酸化过程中的注意事项。

A. 保持合理的碳酸化水平。碳酸饮料中 CO_2 的压力对于饮料的味道影响很大，

要根据不同饮料要求合理调控 CO_2 的含量。但另一方面，碳酸饮料中 CO_2 含量的高低并不是衡量质量的唯一标准。特别是对于风味复杂的碳酸饮料，CO_2 含量过高反而会冲淡饮料应有的独特风味。对于含挥发性成分低的柑橘型碳酸饮料，应具有不同的 CO_2 含量。如果汁型汽水和果味型汽水 CO_2 的含量要比可乐型汽水和勾兑苏打水 CO_2 的含量低。

二次灌装法的糖浆一般不进行碳酸化，而是先将糖浆灌入容器，然后再向容器中充入碳酸水。因此，在水碳酸化时含气量需要比成品预期的含气量高，以补偿未碳酸化糖浆的需要。例如糖浆和水的比例为 1∶5，成品的预期含气量为 3 倍容积，则碳酸化水的含气量应为 $3×6/5＝3.6$ 倍容积。

B. 保持灌装机一定的过压程度。混合机和灌装机的连接一般采用直接连接法，由于饱和溶液从混合机流向灌装机时压力降低，温度可能升高，这时饱和溶液会立即变成过饱和溶液，饮料中的 CO_2 会迅速涌出。尤其在灌装压力降低时，往往会因泡沫过多而使灌装不满。因此，灌装机常需保持一个过压力（额外压力），即保持一个高于在灌装机内饱和溶液所需的压力。这样，在灌装完毕泄压时，虽然大量的压力气体迅速由瓶中排出，但首先排出的是过压力。由于惯性的作用，液体中 CO_2 气体分子扩散的方向不可能迅速转变为相反的方向，即与泄压的气体方向一致，因此，溶液中溶解的 CO_2 气不会迅速从液体中分离而产生反喷。

一个最佳的过压程度需由经验决定，一般法则是灌装机压力和容器平均压差为98kPa 时较为有利。这一过压将保持碳酸化饮料的稳定，直到放气后期在放气操作时，容器内压力下降为止。

C. 将空气混入控制在最低限度。切实采取有效措施，防止空气进入液体饮料中；定期向混合机灌注液体（水或消毒剂），然后用 CO_2 排出，以排出混合机内积存的空气；过夜时，碳酸化罐应经常保持一定的压力，以防空气进入。

3. 灌装

（1）灌装的方法和特点。碳酸饮料的灌装方法有一次灌装法和二次灌装法。对于大型的一次灌装法连续化生产线多采用定量混合方式，也就是把处理水和调和糖浆以一定比例作连续地混合，压入碳酸气后灌装。在一次灌装的混合机内常配有冷却器或冷却碳酸化器，如图 6.5 所示。

（2）罐装的主要技术要求。灌装是碳酸饮料生产的关键工序，无论是采用玻璃瓶、金属罐和塑料容器等不同的包装形式，也无论是采用何种灌装方式和灌装系统，都应保证碳酸饮料的质量要求，这些质量要求主要有如下几点：

① 达到预期的碳酸化水平。

② 保证糖浆和水的正确比例。

③ 保持合理和一致的灌装高度。

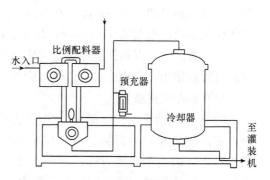

图 6.5　碳酸化冷却混合器

④ 容器顶隙应保持最低的空气量。

⑤ 密封严密有效。

⑥ 保持产品的稳定性。

(3) 灌装系统。灌装系统是指灌糖浆、灌碳酸水和封盖等操作的组合体系。灌装方法不同灌装体系也不同。二次灌装系统由灌浆机（又称糖浆机或定量机）、灌水机和压盖机组成。大规模生产均采用一次灌装法，灌装系统由灌装机和压盖机组成。

① 灌浆机。灌浆机又称糖浆加料机，是二次灌装系统灌装糖浆用的设备，由定量机构、瓶座、回转盘、进出瓶装置和传动机构组成。瓶座安装在转盘上，随转盘转动，由进瓶装置送进的瓶子，由拨盘拨入瓶座，瓶座下的弹簧有一个向上的力，将瓶座顶起，顶开装在定量机构下部的阀。糖浆依靠本身的静压流入瓶中。瓶座下的小滚轮在斜铁的作用下，将瓶座压下，瓶子脱离定量机构，阀即关闭，装好糖浆的瓶子由出瓶拨盘拨到输送带上，送到灌装机。

② 灌装机。灌装机用于灌装碳酸水或混合好的饮料，因此灌装机又称灌水机。目前常采用等压式灌装。等压式灌装是先往瓶中充气，使瓶内的气压与料液上部气压相等，然后再进行灌装。

③ 封（压）盖机或封罐机。碳酸饮料灌装完后，应立即进行封（压）盖操作，其间隔时间一般为 10s，以免 CO_2 逸散，保证饮料的质量和存放时间。压盖要做到密封、不漏气，又不能太紧而损坏瓶口或使罐变形。

聚酯（PET）瓶采用螺旋防盗盖机或旋盖机封盖；易拉罐采用二重卷边封罐机封罐；玻璃瓶用皇冠盖封口机封口。

压盖前，应对瓶盖进行清洗消毒。瓶盖清洗消毒的方法较多，可根据具体情况选择。常用的方法有乙醇浸洗、蒸汽消毒、漂白粉溶液消毒和二氧化氯消毒等。

A. 乙醇浸洗。把瓶盖放在 75% 的乙醇溶液中荡洗，再放入另一 75% 乙醇溶液中浸泡几分钟，沥去乙醇，然后烘干即可使用。

B. 蒸汽消毒。将瓶盖先用热水冲洗，然后放入蒸汽柜直接用蒸汽蒸 5min，取出，摊晾备用。

C. 漂白粉溶液消毒。先用热水冲洗瓶盖，沥去水分，放入含氯量为 150～200mg/kg 的漂白粉溶液中消毒，取出后用处理水冲洗至无氯味为止，烘干后备用。

D. 二氧化氯消毒。二氧化氯是目前国际上公认的新一代的安全、高效、广谱杀菌剂，是氯制剂最理想的替代品，在发达国家中已得到广泛应用。用 40～50mg/L 浓度的二氧化氯溶液浸泡瓶盖 5～10min，烘干后即可使用。

上述方法中，以蒸汽消毒较为简便，效果也好，是常用方法。压盖机需要的压缩空气应过滤后使用，以免吹送瓶盖时污染瓶盖。

(4) 容器清洗系统。

① 容器的清洗。由于碳酸饮料灌装后不再杀菌，因此，容器的干净与否直接影响产品的质量和卫生指标。对一次使用的易拉罐、聚酯瓶等，由于包装严密，出厂后无污染，因而不需要清洗，或用无菌水洗涤喷淋即可用于生产。对于可回收的玻璃瓶来说则比较脏，微生物残留在瓶内较多，所以要将空瓶清洗干净、消毒后使用。

玻璃瓶经过洗涤后必须满足如下要求：空瓶内外清洁无味，瓶口完整无损；空瓶不残留余碱及其他洗涤剂；瓶内经微生物检验，细菌菌落不得超过 2 个/mL，大肠杆菌、致病菌不得检出。

②洗瓶的步骤。洗瓶的基本过程包括浸泡、喷射、洗刷和验瓶，具体操作如下。

A. 浸泡。瓶子浸没于一定温度、一定浓度的洗涤剂或烧碱液中，利用它们的化学能和热能来软化、乳化或溶解黏附于瓶上的污物，并加以杀菌。为达到清洗和杀菌的要求，碱液浓度与温度、浸泡时间应根据瓶子的清洁程度、瓶子的耐温情况以及洗瓶设备的运转速度来调节。一般浸泡条件为：碱液浓度为 2%～3.5%、温度为 55～65℃；浸泡时间一般为 10～20min，最少 5min。应注意：温度每 0.5h 检查一次，碱液每班需检查 2 次，以确保其浓度在需要范围之内；氢氧化钠溶液会侵蚀皮肤，且操作中易溅入眼内，应注意工作时的防护。

B. 喷射。洗涤剂或清水在一定的压力（0.2～0.5MPa）下，通过一定形状的喷嘴（喷嘴口径一般较小），对瓶内、外进行喷射，利用洗涤剂的化学能和动能来去除污物。但若洗液流量太大，洗涤剂会起泡，要添加消泡剂。

C. 洗刷。旋转洗刷将瓶内污物洗刷干净，瓶口向下，用无菌水冲洗空瓶内部，喷眼应保持水流通畅，压力要保持在 1MPa，冲洗时间≥5～10s。

D. 验瓶。清洗过的瓶子在灌装前应经过检验，检出那些不清洁、破损及形状不符合要求的瓶子，以保证饮料不被污染和避免灌装时的爆瓶现象。一般采用空瓶电子检查机和人工检查相结合的方法。

目前饮料厂洗瓶主要采用全自动洗瓶。按瓶在机器中的流向和进出瓶方式，可分为单端式（图 6.6）和双端式（图 6.7）两种。

单端式是瓶子在这种洗瓶机上都在机器的同一侧，所以又称来回式。单端式洗瓶机空间紧凑，输送带在机内无空行程，热能利用率高，仅需一人操作，但易在洗瓶过程中使洗涤的瓶子再次污染，而且不适于连续化生产。

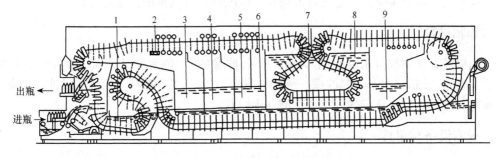

图 6.6 单端式全自动洗瓶

1. 预泡槽；2. 新鲜水喷射区；3. 冷水喷射区；4. 温水喷射区；5. 第二次热水喷射区；
6. 第一次热水喷射；7. 第一次洗涤液浸泡槽；8. 第二次洗涤液浸泡槽；9. 第一次洗涤剂喷射

双端式是瓶子由一端进去从另一端出来，亦称为直通式，双端式瓶套自出瓶处回到进瓶处为空载，因而洗瓶空间及利用不及单端式的充分，但卫生可靠性高。检验合格的瓶子用传送带送到灌装机用于灌装（图 6.7）。

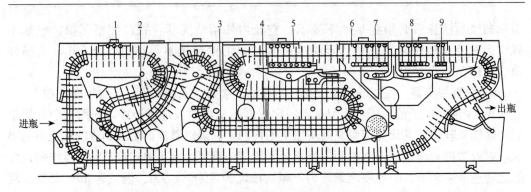

图 6.7　双端式全自动洗瓶

1. 预洗刷；2. 预泡槽；3. 洗涤浸泡槽；4. 洗涤喷射槽；5. 洗涤喷射区；
6. 热水预喷区；7. 热水喷射区；8. 温水喷射区；9. 冷水喷射区

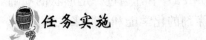任务实施

实训任务一　果味汽水的制作

【生产标准】

《碳酸饮料（汽水）》（GB/T 10792—1995）；《碳酸饮料卫生标准》（GB 2759.2—2003）。

【实训内容】

一、训练目的

（1）熟悉碳酸饮料的一般生产过程。

（2）理解碳酸饮料碳酸化的主要影响因素。

（3）进一步熟练掌握糖浆浓度的测定和碳酸饮料含气量的测定方法。

二、原辅材料

白砂糖，防腐剂（苯甲酸钠），酸味剂（柠檬酸），色素（日落黄、胭脂红、柠檬黄、亮蓝），香精（橘子、白柠檬、菠萝、香瓜香精），工业酒精（瓶盖、砂滤棒消毒），汽水瓶，瓶盖，二氧化碳气，工业烧碱（泡瓶）。

三、仪器设备与用具

折光计（测糖度），测二氧化碳强度压力表，汽水机，轧盖机，二氧化碳钢瓶，毛刷，刷瓶机，橡胶手套，不锈钢桶，不锈钢锅，量筒，天平，汤匙，汽水箱。

四、操作步骤

1. 原辅材料预处理

（1）原糖浆的制备（65°Bx，高浓度糖液）。加水时一定不要超过量；刚开始煮开时

注意电炉及搅拌；用微火煮沸 5min；趁热过滤；取样冷却后用折光计测糖度。

（2）防腐剂：25%苯甲酸钠溶液。

（3）酸味剂：50%柠檬酸溶液。

（4）色素：亮蓝 0.1%溶液，其他 1%溶液。

2. 糖浆的配合（果味糖浆，底料）（表 6.3）

加料时需边搅拌边混匀，马上灌瓶前加香精，具体配料顺序：原糖浆＋防腐剂＋糖精＋酸＋色素＋香精。

表 6.3　糖浆配方

配方/%	橘子	柠檬	菠萝	香瓜
白砂糖	10	9	10	8
柠檬酸	0.13	0.15	0.14	0.14
白浊	0.06	—	0.04	0.04
香精	0.04	0.03	0.02	0.014
日落黄	0.002	—	—	0.001
柠檬黄	—	—	0.001	—
亮蓝	—	—	—	0.0002

3. 碳酸水制备（汽水机）

水处理，冷却（4℃），混合。

4. 汽水的灌装

一次灌装（预调式）：底料＋水＋二氧化碳→一次灌入瓶中。
二次灌装（现调式）：底料＋碳酸水→轧盖。

5. 汽水瓶、盖的清洗与消毒

瓶：碱液浸泡：2%～3.5%，55～65℃，10～20min（室温需几小时），除碱液，水清洗，毛刷逐个刷瓶；清水冲；返冲用消毒水（汽水机砂滤泵中放出的水）。
盖：温水洗，75%酒精消毒，消毒水冲洗。

五、实训后续要求

（1）对不同果味配方设计的糖浆和汽水进行感官评价，比较其优缺点。
（2）写出不低于 2000 字的实训综合报告，并做具体分析，写出产品改进方案。

 产品检验及其他

一、碳酸饮料生产的质量问题

碳酸饮料生产中出现的质量问题很多也很复杂，主要质量问题有：CO_2 含量低；有固形物杂质；有沉淀物生成；生成黏性物质；风味异常变化；变色；过分起泡或不断冒泡等。

产生以上现象的原因也是多方面的，应根据不同情况采取必要的措施，以减少或避免质量问题的出现。

1. 杂质

造成杂质的原因主要有：瓶子或瓶盖未洗干净；原料带入的杂质；机件碎屑或管道沉积物；香精的存放地点和条件；饮料生产过程中添加剂的投料顺序等。生产上要采取相应的措施。

2. 含气量不足或爆瓶

碳酸饮料含气量不足就是 CO_2 含量太少或根本无气，这样的产品开盖无声，没有气泡冒出。CO_2 含量不足或无气易引起产品变质。CO_2 含量不足的原因主要有：CO_2 气不纯或纯度不够标准；碳酸化时液体温度过高，混合的效果不好，或有空气混入；混合机或管道漏气，压力不够；生产过程中脱气不彻底；灌装时排气不完全；封盖不及时或不严密。

提高饮料碳酸化水平的方法和措施有：降低水温；排净水中和 CO_2 容器中的空气；提高 CO_2 纯度；选用优良的混合设备（设有冷却装置及排空气装置）；保持 CO_2 供气过程中的压力稳定平衡；进入混合机中的水与 CO_2 的比例适当；根据封盖前汽水温度和含气量要求，调整混合机的混合压力，保证含气量；经常检查管路、阀门，随坏随修，保证密封好用，严格执行操作规程。

爆瓶是由于 CO_2 含量太高、压力太大，在储藏温度高时气体体积膨胀超过瓶子的耐压程度，或是由于瓶子质量太差而造成。因此应控制成品中合适的 CO_2 含量，并保证瓶子的质量。

3. 浑浊与沉淀

碳酸饮料有时会出现白色絮状物，使饮料浑浊不透明，同时在瓶底生成白色或其他沉淀物。碳酸饮料浑浊沉淀的原因是多方面的，主要是由于物理作用、化学反应和微生物活动引起的。

为了保证产品质量，杜绝浑浊、沉淀现象，在生产中应采取的措施有：加强原料的管理；保证产品含有足够的 CO_2 气体；减少各生产环节的污染，水处理、配料、瓶子清洗、灌装、压盖等工序都必须严格执行卫生标准；对所用容器、设备有关部分及管道、阀门要定期进行消毒灭菌；一般不用储藏时间长的混合糖浆，若需使用必须采用消毒密封措施，在下次使用前先进行理化和微生物检测，合格后方可使用；加强过滤介质的消毒灭菌工作；防止空气混入；采用合理的配料工序；选用符合卫生要求的原料用水；选用优质的香精、食用色素，注意用量和使用方法；回收瓶一定要清洗干净。

4.产生糊状物

碳酸饮料生产出来放置几天后，有些会变成乳白色胶体状态，形成糊状物，往外倒时呈糨糊状。引起这种现象的原因主要有：砂糖质量差，含有较多的蛋白质和胶体物质；CO_2含量不足或空气混入过多，为一些好氧微生物生长繁殖提供了条件；瓶子清洗不彻底，残留有细菌，细菌繁殖所致。

为了防止这种现象的发生，应加强设备、原料、操作等环节的卫生管理；生产时选用优质的白砂糖；洗瓶要彻底；充入的CO_2量要足够。

5.变色与变味

碳酸饮料在储存中受外界条件的影响会出现变色、褪色等现象。碳酸饮料应尽量避光保存，避免过度曝光；产品储存时间不能过长；储存温度不能过高；每批存放的产品数量也不能过多。碳酸饮料的变味一般是由微生物引起。CO_2不纯以及掺杂过量的其他气体如H_2S、SO_2等，也会给产品带来异味。采用处理粗糙的发酵法生产的CO_2，也会给产品带来酒精味或其他怪味，生产过程的操作不当也会导致饮料产生异味，必须搞好生产过程中的质量控制及原料质量的控制工作，严格要求水处理、配料、洗瓶、灌装、压盖等工序按规程操作，并全面搞好卫生管理。

二、碳酸饮料产品的质量标准

碳酸饮料产品的质量标准主要表现在以下几个方面：

1.感官指标

1）色泽

产品色泽应与品名相符，果汁、果味汽水应具有新鲜水果近似的色泽或习惯认可的颜色。可乐型汽水应有焦糖色泽或类似焦糖的色泽，其他汽水应有与品名相同的色泽，同一产品色泽一致，无变色现象。

2）香气与滋味

具有本品应有的香气，口感柔和协调，酸甜适口，有清凉感，不得有异味。

3）外观形态

果汁、果味汽水的清汁类，应澄清透明，不浑浊，不分层，无沉淀；其混浊汁类应具有一定混浊度，均匀一致，不分层，允许有少量果肉沉淀；可乐汽水澄清透明，无沉淀。

4）液面高度

灌装后液面与瓶口的距离为2~4cm。

5）瓶盖

瓶盖不漏气，不带锈。

6）杂质

无肉眼可见的外来杂质。

2. 理化指标

碳酸饮料理化指标（GB 27592—2003）见表6.4。

表6.4　碳酸饮料理化指标

项　目	标　准
食品添加剂	按GB 2760—2007规定
铜（以Cu计）/(mg/kg)	≤5
铅（以Pb计）/(mg/kg)	≤0.3
砷（以As计）/(mg/kg)	≤0.2

3. 微生物指标

微生物指标（GB 27592—2003）见表6.5。

表6.5　碳酸饮料微生物指标

项　目	标　准
菌落总数/(个/mL)	≤100
大肠菌数/(个/100mL)	≤6
致病菌（沙门菌、金黄色葡萄球菌、志贺菌）	不得检出
霉菌数/(个/100mL)	≤10
酵母数/(个/100mL)	≤10

任务二　绿色食品植物蛋白饮料的加工

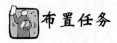 **布置任务**

任务描述	本任务要求通过植物蛋白饮料概念及类型、绿色食品豆乳饮料和椰子汁饮料加工技术的学习，了解植物蛋白饮料及相关知识；通过实训任务"绿色食品豆乳饮料制作及其稳定性试验"、"绿色食品椰子汁的制作"对绿色食品植物蛋白饮料有更全面深入的了解
任务要求	了解植物蛋白饮料的分类及特点、营养和发展概况；掌握影响豆乳质量的因素及其控制措施，熟悉影响豆乳稳定性的三大因素；掌握绿色食品豆乳、绿色食品椰子汁生产的基本工艺流程及工艺要求；掌握绿色食品植物蛋白饮料生产的质量控制

任务准备

一、概述

植物蛋白饮料主要包括豆乳、椰子汁、杏仁露、核桃露和花生乳等产品。

目前世界上以豆乳为主的植物蛋白饮料，因具有营养丰富、风味优良、原料来源广泛、销售饮用方便等特点，已经发展成为现代化工业产品，特别是在日本、东南亚等地发展更为迅速。近年来，中国植物蛋白饮料发展也很快。经过工艺调制加工的植物蛋白饮料，与中国传统的豆浆相比，不仅营养全面、风味好，且有害因子去除彻底，产品经包装杀菌，可以常温下保存，食用方便安全，是一种比较理想的营养型饮料。

（一）植物蛋白饮料的定义

根据 GB 10789—2007，植物蛋白饮料是指用一定蛋白质含量的植物果实、种子或果仁等为原料，经加工制得（可经乳酸菌发酵）的浆液中加水，或加入其他食品配料制成的饮料。成品中蛋白质含量不低于 5g/L。

（二）植物蛋白饮料的分类

根据 GB 10789—2007 规定，我国植物蛋白饮料可分为以下五大类。

1. 豆乳类饮料

以大豆为主要原料，在经磨碎、提浆、脱腥等工艺制得的浆液中加入水、糖液等调制而成的制品，成品中蛋白质含量不低于 0.5%（质量浓度），可分为纯豆乳、调制豆乳以及豆乳饮料。

2. 椰子乳（汁）饮料

以新鲜、成熟适度的椰子为原料，取其果肉加工制得的椰子浆中加入水、糖液等调制而成的制品。

3. 杏仁乳（露）饮料

杏仁乳（露）饮料是以杏仁为原料，经浸泡、磨碎等工艺制得的浆液中加入水、糖液等调制而成的制品。

4. 核桃露（乳）

以核桃仁为原料经磨碎等工艺制得的浆液中加入水、糖液等调制而成的制品。

5. 花生露（乳）

以花生为原料经磨碎等工艺制得的浆液中加入水、糖液等调制而成的制品。

（三）植物蛋白饮料的营养

植物蛋白饮料含有丰富的蛋白质、脂肪、维生素、矿物质等人体生命活动中不可缺少的营养物质。植物蛋白饮料中，蛋白质和氨基酸含量较高，如豆乳中蛋白质的氨基酸组成合理，属优质蛋白，是人类优质蛋白的重要来源之一。

植物蛋白饮料不含胆固醇而含有大量的亚油酸和亚麻酸，人们如果长期饮用，不仅不会造成血管上的胆固醇沉积，而且还对血管壁上沉积的胆固醇具有溶解作用。大多数植物蛋白饮料含有维生素 E，可防止不饱和脂肪氧化，去除人体中过剩的胆固醇，防止血管硬化，减少褐斑，有预防老年病的作用，已受到越来越多西方人的青睐。植物蛋白饮料还富含钙、锌、铁等多种矿物质和微量元素，为生理碱性食品，可以缓冲肉类、鱼类等生理酸性食品对人体造成的不良作用。亚洲人多数体内不含乳糖酶，饮用牛奶易出现"乳糖不耐症"，会产生腹泻现象，而植物蛋白饮料中不含乳糖，饮用植物蛋白饮料就无此问题发生。植物蛋白饮料易被人体消化吸收，以豆乳喂养的婴儿，其肠道细菌组成与母乳喂养相同，其中双歧杆菌占优势，可抑制其他有害细菌生长，预防感染，对婴儿有保护作用。而以牛奶喂养的婴儿，则双歧杆菌很少，嗜酸乳酸菌多，婴儿易出现腹泻等消化不良症。

植物种仁除含有丰富的蛋白质、脂肪等营养成分外，许多植物种仁亦具有疗效作用，如杏仁，现代医学临床调查揭示，杏仁有降血脂和预防动脉粥样硬化形成的功能。花生仁可预防高血压、动脉硬化和心血管等疾病。《本草纲目》中记载，椰子能止血、治霍乱等症。目前，随着人们对大豆的不断深入研究，大豆的营养特性，特别是大豆所具有的生理和生物活性越来越被人们所认识。大豆磷脂及大豆低聚糖开发较早，美国将大豆磷脂保健饮品称为脑力劳动者的特殊营养补剂。大豆低聚糖对双歧杆菌具有增殖的作用，并且不易被人体消化吸收，可作为糖尿病人、肥胖病人和低血糖病人的健康食品基料。大豆活性肽的研究在日本比较深入，已出现多肽饮料等保健食品。大豆皂苷和大豆异黄酮因其具有防癌和抗癌的作用而备受重视。1990 年，美国癌症学会召开了一次关于大豆抗癌功效的研讨会，专家们证明了大豆中至少有五种具有防癌功效的物质，即皂苷、异黄酮、蛋白酶抑制素、肌醇六磷酸酶和植物固醇。

经过工艺调制加工后所获得的植物蛋白饮料，不仅营养全面，风味优良，且有害因子去除彻底。产品经包装杀菌，可在常温下保存，食用方便安全，是一种比较理想的营养保健饮料。长期饮用，不仅可提供人体所需的营养物质，而且对高血压、冠心病、动脉硬化、肥胖病等人类现代"文明病"及其他疾病有预防和治疗作用。

（四）植物蛋白饮料的发展概况

近年来，我国非常重视植物蛋白饮料的开发利用，1994 年国家食物与营养咨询委员会向国务院及有关部委提出了在中国城乡实施："大豆行动计划"的建议，1996 年 8 月得到国务院正式批准。"大豆行动计划"是根据中国人的饮食习惯、消费水平和中国食物资源生产及供应情况，实施的符合中国人民合理膳食结构要求的社会公共营养行动计划。这种合理膳食结构的主导思想就是：不提倡欧美高热量、高动物蛋白的模式，而是积极发展动物性食品的生产，在增加动物蛋白的同时，更好地利用大豆等优质植物蛋白，实行两者并行的方针。

中国虽然一直是生产大豆的故乡，但仍以传统的加工产业为主。中国植物蛋白饮料工业化生产虽然起步较晚，但发展较快，自 20 世纪 80 年代初广东引进第一条豆乳生产线至今，国内已有数千家豆乳工厂，同时开发出了具有民族特色的椰子汁、杏仁露、花生乳、核桃露等产品并进行了工业化、规模化生产。但从饮料总量来看其产量仍然偏低，品种亦偏少；从总体上看，单个企业规模太小，数量过多，经营分散，生产集中度不高；产品总体质量水平和档次上不去；科技投入也少，研究开发力量弱，许多科研成果没有转化成产品而实现产业化；产品的标准和质量控制体系不完善。这些问题的存在不利于发展国际贸易的需要。

为解决大豆产业存在的问题，振兴大豆产业，专家建议：首先，走"三化"道路，即生产工业化、品种多元化和经营产业化。在扩大生产规模的同时，努力开发多种口感和风味的产品；其次，企业要依靠科技力量，提高大豆食品的附加值，做好大豆的综合开发利用，还要鼓励和支持绿色食品认证。

相信随着人们消费水平的不断提高，对植物蛋白饮料的要求趋于营养、保健、安全、卫生、回归自然，获得绿色食品认证的植物蛋白饮料，必将受到人们的青睐，具有广阔的发展前景。

二、绿色食品豆乳饮料的加工

（一）基本工艺流程

豆乳生产工艺流程如下所示：

大豆→精选→清洗、浸泡→脱皮→磨浆→分离、过滤→调制→高温杀菌→真空脱臭

→匀质→冷却┬→①包装→冷藏（贮藏期短）。

　　　　　├→②罐装→杀菌→冷藏（贮藏期长）。

　　　　　└→③无菌包装→冷藏（贮藏期长）。

（二）工艺要点

1. 原料

选取优质的绿色食品大豆。一般采用豆脐（或称豆眉）大豆，它色浅、含油量低、含蛋白质高，以白眉大豆为最好，其色泽光亮、子粒饱满，无霉变、虫蛀、病斑，并且以在良好的条件下储存 3～9 个月的新大豆为佳，杂质控制在 1% 以下，水分应在 12% 以下。

2. 精选

对选用的原料应首先进行风选或筛选，去除金属、柴草、尘土、砂石等杂质，以及破碎及其他不合格颗粒，所以常用精选设备来完成此项工作。

3. 清洗、浸泡

大豆表面有很多微细皱纹，其中附着了许多尘土和微生物，浸泡前应进行清洗。一般用清水洗 3 次左右。大豆浸泡是提取大豆蛋白的首要条件，也是磨浆工序的准备。将清洗好的大豆按 1:3 的豆水比，浸入 0.5% $NaHCO_3$ 水溶液中，加入 $NaHCO_3$ 的作用是钝化脂肪氧化酶的活性，改善豆乳风味；同时，软化细胞组织，降低磨浆时的能耗与磨损，提高胶体分散度，缩短浸泡时间，提高均质效果，增加蛋白质得率。根据季节温度的变化，控制浸泡时间，夏天 8～10h，冬天 16～20h。应随时检查浸泡情况，确定浸泡程度，浸泡时间过短或过长都对豆乳的质量有影响。应当以水面上有少量泡沫，豆皮平滑胀紧，将豆粒搓成两瓣后，子叶表面平滑，中心部位与边缘色泽一致，沿横向剖面易于断开为准。浸泡后的大豆应沥干备用。这时大豆增重 2.0～2.2 倍。

4. 脱皮

脱皮是豆乳生产中的一个重要工序。脱皮不仅可以去除大豆表面所污染的杂质，减少细菌，而且可以去除胚轴及皮的涩味（胚轴具有苦味、收敛味，可抑制起泡性），改进豆乳风味以及缩短灭酶所需要的加热时间，因而，可以减少蛋白质变性和防止褐变，限制豆乳加工中泡沫的生成，减少对豆乳质量的影响。脱皮率一般要求为 80%～90%。

浸泡前脱皮一般采用干法，要求大豆的含水量不得超过 13%，否则应先进行干燥，可用 105～110℃ 的热风干燥，待大豆水分干燥至 9.5%～10.5% 时进行冷却，然后脱皮。大豆原料净化和去皮的主要设备包括磨碎机（最简单的脱皮方法是用凿纹磨将整粒豆分为两瓣）和各种分离与集尘装置（例如旋风分离器、筛分机、风选机、布袋除尘等），根据要求合理选用。脱皮时应调节好磨片之间的间隙，以能将多数大豆分成 2～4 瓣为宜，应避免将豆粒过于破碎，否则易使油脂在脂肪氧化酶的作用下氧化，产生豆腥味。大豆脱皮的重量损失一般在 15% 左右，同时，脱皮大豆需及时加工。

5. 灭酶与去豆腥味

破坏酶活力也是制造豆乳的重要工序。生豆中的酶在豆乳制造中产生豆腥味、苦味、涩味等，影响豆乳风味；有时还影响人体消化，产生毒性分解物。这些酶通过一般的加热处理大多失去活性，目前，破坏酶活力的方法主要有以下几种。

1）干热法

这是美国农业部（USDA）采用的方法。将大豆脱皮压扁，在挤压机式加热膨化装置中用蒸汽和加压方法灭酶和清除抗营养因子。在常压下膨化，使豆的组织软化，然后粉碎。另一种方法是轻度烘烤，但如果大豆芯部受到加热而表面焦化时，容易产生炒豆粉味。干热处理过的大豆直接磨碎制豆乳，往往稳定性不好，但若在高温下用碱性钾盐（如 $KHCO_3$、K_2CO_3 等）进行浸泡处理后，再磨碎制浆，则可以大大提高豆乳的稳定性，阻止沉淀分离。

2）热水浸泡法

传统的豆乳制造方法是浸泡，使大豆吸水便于磨浆，同时溶去部分低聚糖。热水浸泡法是用 2.5 倍量的水，在接近 100℃温度下浸泡 30min 左右。时间过长，会造成水溶性成分的损失，而且溶出的糖质易发生褐变。为提高大豆固形物的回收率，应适当控制浸泡时间。在浸泡过程中添加碱性物质 Na_2CO_3、$NaHCO_3$、$NaOH$ 等，可减少豆腥味，同时也可降低大豆低聚糖的含量。

3）热磨法

热磨法又称康奈尔法，是美国康奈尔大学 W. F. Wllkcns 发明的抑制和钝化脂肪氧化酶活力的良好方法，浸泡或未浸泡的圆粒大豆用 90～100℃的高温水磨浆，并保温 10min，可以消除豆腥味。这一方法后来进行改良，即将大豆浸泡在 50～60℃、含有 0.05moL/L（0.2%）NaOH 的溶液中 2h，用清水洗净后，边加热水边磨浆，可以显著改善豆乳风味和口感。目前该法已得到广泛应用。

4）脱氧水磨法

在煮沸水中排除氧气以防氧化，与热磨法相似。

5）蒸煮法

与热水浸泡法相似，美国伊利诺伊大学 Nelson 等人发明的蒸煮法是将脱皮大豆煮沸 30min，以钝化脂肪氧化酶的活力。煮沸水中可加入 0.25%NaHCO₃ 以加强作用。另一蒸煮法是在 10～15min 内将脱皮大豆加热至 80℃，并保持 5min。以上各种去除酶活力的方法可以根据生产规模以及后续制造工序的情况加以选用。

6. 磨碎与分离

轻度烘烤与干热灭酶的大豆比蒸煮或浸泡的大豆质硬，如果在未冷却以前磨碎，由于大豆软化而和浸泡豆一样能简单磨碎。传统磨浆法豆水比一般为 1：（5～10），豆乳中固形物含量为 6.5%～11.5%，固形物回收率为 40%～55%。为了提高固形物的提取率，可以采用二次磨浆法。两次磨浆最好选用不同的磨浆机。

7. 调制

豆乳通过调配，可以调制成各种风味的豆乳产品，有助于改善豆乳稳定性和质量。

1）添加甜味料

调制豆乳的加糖量一般为 6%～8%。为了防止加热杀菌时发生褐变，添加的糖类应避免使用与氨基酸容易结合的单糖类和混合糖，最好用甜味温和的双糖类。主要为砂糖，同时可以使用淀粉糖和非营养型甜味剂。

2）添加脂肪

豆乳中加入油脂可以改善口感和色泽，油脂添加量在 1.5%左右，一般选用不饱和脂肪酸亚油酸和维生素 E 含量高的油脂。这种油脂熔点低、流动性好，但容易被氧化，易上浮形成"油圈"。使用时需要加乳化剂进行乳化。由于豆乳中原来含有卵磷脂，而且大豆蛋白质主要是容易乳化的球蛋白，因此，调制液可不用水而用豆乳直接调制，当调制液为 3%左右时可以避免使用乳化剂。

3）添加稳定剂

豆乳是以水为分散介质，以大豆蛋白及大豆油脂为主要分散相的乳浊液，具有热力学不稳定性，需要添加乳化剂以提高豆乳乳化稳定性，防止脂肪析出和上浮。豆乳中使用的乳化剂以蔗糖脂肪酸酯、单甘酯和卵磷脂为主。

豆乳的乳化稳定性不但与乳化剂有关，还与豆乳本身的黏度等因素有关。因此，良好的乳化剂常配合使用一定的增稠稳定剂和分散剂。豆乳中常用的增稠稳定剂有羧甲基纤维素钠、海藻酸钠、明胶、黄原胶等，用量为 $0.05\% \sim 0.1\%$。常使用的分散剂有磷酸二钠、六偏磷酸钠、三聚磷酸钠和焦磷酸钠，其添加量为 $0.05\% \sim 0.3\%$。

4) 添加营养强化剂

虽然豆乳的营养价值很高，但也有一些不足之处。豆乳中最常增补的无机盐是钙盐，即 $CaCO_3$。由于 $CaCO_3$ 溶解度低，宜均质处理后添加，避免 $CaCO_3$ 沉淀。生产时可用一台小型均质机预先加以均质，增加乳化效果。

5) 添加香味料

豆腥味虽然大多数人可以适应，但仍有很多人，尤其是儿童和青少年对它不适应。因此除了采用一些措施尽量减少豆腥味外，常使用香味料以提高豆乳的风味。乳味豆乳是市场上最普遍的豆乳品种，也容易被人们接受。豆乳生产一般使用香兰素进行调香，可得乳味鲜明的豆乳。当然，最好使用乳粉或鲜乳。乳粉使用量一般为 5%（占总固形物）左右，鲜乳为 30%（占成品）左右。欧美国家的豆乳中常使用可可、果味香料来生产可可、果汁豆乳饮料。

8. 杀菌

豆乳的加热杀菌是既要杀灭豆乳中的微生物还要破坏酶类，消除豆腥味和涩味，同时还要使大豆蛋白质不变性。主要采用超高温的板式或管式杀菌机，进行 $120 \sim 140℃$、1min 左右的杀菌处理。

9. 脱臭、均质、冷却

脱臭、均质和冷却是豆乳生产的核心工序，是最终决定产品质量的关键。

1) 脱臭

脱臭主要目的是去除加热过程中产生的和前处理过程中留下的不愉快味。即将前一工序所得的热豆乳喷入真空脱臭罐中，由于压力骤然降低，部分水分瞬间蒸发，从而引起带有豆腥味和其他异味的蒸汽迅速排除；同时由于水分迅速蒸发时吸收冷凝热，使豆乳迅速降温（80℃以下），可使蛋白质避免加热时间过久而产生热变性，避免因豆乳加热时间过长产生的加热臭和褐变。此外，脱臭还可以防止豆乳气泡的溢出，脱臭豆乳可以与多种香味调和，易于加香。

一般采用真空脱臭法，控制真空度在 $26.7 \sim 40kPa$ 为佳，不宜过高，否则会使气泡加剧，使豆乳与蒸汽一起排出，造成产品损失。脱臭时温度一般在 75℃以下，这一温度对以后的乳化和均质也是适合的。脱臭以采用大型真空罐较为有利。

2) 均质

均质处理可以提高豆乳的口感和稳定性，增加产品的乳白度。豆乳在高压下从均质阀的狭缝中压出，油滴、蛋白质等粒子在剪切力、冲击力与空穴效应的共同作用下进行细微化，形成稳定良好的乳状液。

豆乳均质的效果取决于均质的压力、物料的温度和均质次数。均质压力越大，效果越好，但均质压力受设备性能的限制，生产中常用 20～25MPa 的均质压力；均质时物料的温度越高，效果越好，一般控制物料的温度为 80～90℃ 为宜；均质次数越多，效果也越好，从经济和生产效率的角度出发，生产中一般选用两次均质。

均质工序可以放在杀菌之前，也可以放在杀菌之后。杀菌之前均质会由于加热引起脂肪游离，使混合物不能完全均质，同时豆乳在高温杀菌时，会引起部分蛋白质变性，产品杀菌后会有少量沉淀存在；均质放在杀菌之后，豆乳的稳定性高，但需采用无菌型均质机或无菌包装系统，以防杀菌后的二次污染。

10. 包装

由于豆乳营养丰富，很容易受到微生物的污染而变质，所以除以散装形式供应或销售外，豆乳均需以一定包装形式供应市场。

欧洲约有一半的牛乳采用 1L 包装，这是采用超高温（UHT）工艺的无菌包装形式。只要加强微生物管理，豆乳采用 1L 包装是完全可以的。由于豆乳来自原料的耐热性细菌显著多于牛乳，牛乳的 UHT 杀菌工艺不能照搬用于物性不同的豆乳，而且豆乳流通环境比牛乳差，因此豆乳产品更应加强质量管理，对生产线各工序均需进行无菌状态检查。实验证明，包装产品 95% 的污染源是包装密封不完全造成的。包装体内气体的产生是由于大肠菌混合菌群以非常快的速度增生，主要影响因素包括包装材料、豆乳黏性、气泡和品温等。

11. 二次杀菌与冷却

如果均质后采用的是无菌充填灌装工艺，则不再进行二次杀菌处理。对于非无菌灌装豆乳，为使产品在室温下长期保存，必须使包装后的豆乳处于商业无菌状态。因此豆乳在灌装密封后需进行二次杀菌。采用二次杀菌工艺的豆乳需要使用耐热处理的包装容器如玻璃瓶、金属罐、蒸煮袋。二次杀菌是为了提高豆乳饮料的保藏性，但对豆乳饮料质量来说却是不利的。因豆乳 pH 近中性，属低酸性食品，采用高温杀菌法，杀菌公式一般为 10min — 20min — 10min/（121℃±3℃）（250g 马口铁罐装），再冷却至 37℃，冷却时需加反压以防止冲盖爆袋。使用的设备一般为卧式杀菌锅。

超高温瞬时灭菌是将豆乳加热至 130～138℃，经过十几至数十秒灭菌，然后迅速冷却和无菌包装。该方法可以显著提高豆乳的稳定性和口感，是近年来豆乳生产日渐广泛采用的方法。

（三）影响豆乳质量的因素及防止措施

1. 豆乳的稳定性

影响豆乳稳定性的因素有很多，主要有浓度、黏度、粒度、pH、电解质、微生物以及工艺条件等。针对以上原因，在蛋白质饮料生产过程中，用于提高乳化稳定性的方法有均质处理、使用乳化剂、使用增稠剂、添加糖比如蔗糖、除去金属离子等。

2. 豆乳不良风味的产生及控制

1) 豆腥味

脂肪氧化酶是豆腥味产生的关键所在。目前较好的钝化酶的方法大致有远红外加热、磨浆后超高温瞬时杀菌、调节 pH（通常调整 pH 以降低酶的活性，pH3.0～4.5 和 pH7.2～9.0 时，脂肪氧化酶的活性比较低。在大豆浸泡时，一般采用 Na_2CO_3 和 $NaHCO_3$ 调整至 pH9.0 碱液浸泡，既有助于抑制脂肪氧化酶活性，又有利于大豆组织结构的软化，使蛋白质的提取率提高。）、酶法（蛋白质分解酶、醛脱氢酶、醇脱氢酶）等几种。

2) 苦涩味

豆乳中的苦涩味主要与大豆异黄酮和大豆蛋白质降解产物有关。防止的方法是在生产豆乳时尽量避免生成这些苦味物质，如控制蛋白质水解度、添加葡萄糖内酯、控制加热温度和时间以及控制溶液接近中性等。另外，发展调制豆乳不但可掩盖大豆异味，还可以增加豆乳的营养成分及具新鲜的口感。

3) 生理有害因子

生豆浆或未煮熟的豆浆会引起中毒，就是因为大豆中存在胰蛋白酶抑制因子、大豆凝集素、大豆皂苷及棉子糖、水苏糖等低聚糖类。胰蛋白酶抑制因子可抑制胰蛋白酶的活力，大豆凝集素能使红细胞凝集，大豆皂苷则有溶血作用，低聚糖则会引起胀气。

大豆凝集素属于蛋白类，大豆皂苷则属于糖类，它们均不耐热，加热可使它们破坏或变性。胰蛋白酶抑制因子属于蛋白类，热处理可使其失活，但在处理时应注意其最佳失活条件，否则会影响产品质量或影响胰蛋白酶抑制剂的失活效果。热处理过度会使豆乳营养价值下降，产生焦味或褐变。

4) 胀气变质

有的豆乳产品很容易出现变质，发臭、发酸、水乳分层，打开盖后有气冲出的现象。其原因往往是由微生物引起，污染菌多为革兰氏球菌、短杆菌等。其来源主要是：原料污染严重，如大豆脱皮率较低；生产管道残存微生物多、环境不清洁，杀菌强度低。

避免胀气变质的方法为：要求脱皮率高于 80%，每天用酸、碱清洗管道，提高杀菌强度，杀菌温度为 121℃，时间为 15～20min。

5) 口感不佳

口感不佳的豆乳，组织粗糙，对口腔和喉咙均有不适感，产品的稳定性差。防止措施：大豆磨碎时应达到一定细度外，均质处理影响很大。同时均质时应注意选择合适的温度和压力，并相互结合。为了得到具有更好口感的豆乳，在生产中应进行两次均质处理，可有效地改善豆乳的口感。

6) 褐变

由于生产中加入的糖，经二次杀菌高温处理会因为美拉德反应而出现褐变。若豆浆经脱臭、杀菌、均质后，待冷却到 30℃ 左右时加入糖，再灌装进行二次杀菌；少加糖或采用不参与褐变反应的甜味剂代替蔗糖，或控制二次杀菌时的温度、时间及采取反压降温等措施，均可减少褐变反应，保证产品品质。

三、绿色食品椰子汁饮料的加工

（一）椰子的营养成分与加工特性

椰子别名乳桃，是棕榈科植物椰子树的果实，椰子树为重要的热带木本油料作物。椰子原产于亚洲东南部、中美洲，我国南方的很多省份也有栽培，其中以海南省的椰子最为著名，椰子已成为海南的象征，海南岛更被誉为"椰岛"。椰子果实为植物中最大核果之一，呈圆形、三棱形（小量）。由外果皮、中果皮、种皮、椰肉（固体胚乳）、椰水（液体胚乳）、胚组成。椰子多汁，油脂丰润，富含营养。椰子的营养价值成分丰富，我国的中医认为，椰肉味甘，性平，具有补益脾胃、杀虫消疳的功效；椰汁味甘，性温，有生津、利水等功能，是药食两用的佳品。

（二）加工工艺流程

椰子汁由椰子的果肉经过浸泡后磨浆制取，也可以经压榨、部分脱油后粉碎取浆制取。它是一种乳浊型蛋白饮料，对其浸泡磨浆工艺流程如下所示：

椰子→去皮、破壳→刨肉→浸泡磨浆→过滤→调配→高温杀菌→均质→罐装→压盖→二次杀菌→检验→成品。

四、加工要点

1. 椰子

根据《绿色食品　植物蛋白饮料》，（NY/T 433—2000），应出自绿色食品产地，产地环境应符合 NY/T 391—2000 的要求。

2. 剥壳取肉

一般剖食椰子的方法是用利刃剖开其表皮，用力撕拉椰衣，将露出的球状坚果冲洗后，用竹筷等尖锐物将果壳顶部芽眼戳破其中两个，便可以吸出或倒出椰汁，然后将椰壳一分为二，椰肉附着在壳壁上，呈白色乳脂状，质脆润滑，入口清香，可用特制刀将白色椰肉刮下。

3. 浸泡、磨浆和过滤

椰肉漂洗后浸于 60～80℃的热水中 10～20min，浸泡后破碎果肉并磨浆。磨浆时加水量为椰肉量的 2.5～3.0 倍。采用热水磨浆法，60～80℃可以进行粗磨和细磨两次磨浆。热水浸泡和两次磨浆可以提高椰子蛋白质的提取率。椰肉磨细粒径要适当，粒径大影响蛋白质提取率，粒子过小又不利于过滤。磨浆后两次过滤，筛网分别为 100 目和200 目，也可以采用离心过滤。椰蓉可以用水冲洗后回收其中残留的水溶性蛋白质。

4. 调配

在过滤椰子汁中添加甜味料、乳化剂和稳定剂等添加剂。

使用砂糖，用量为6%～10%，也可将阿斯巴甜、甜菊糖苷等甜味剂复合使用。

乳化剂和稳定增稠剂要求见项目二中的相应内容。乳化剂和稳定剂可分别用4～5倍的热水，在60～70℃下搅拌3～5min后按先后顺序加入椰子汁中并不断搅拌3～5min。为防止pH接近其等电点，可适当加入一些pH调节剂。

目前市面的椰子汁品牌中，很多种情况下除了加砂糖外，不需要加任何添加剂。

5. 脱气与均质

脱气真空度为67～80kPa，均质压力为18～20MPa，椰子汁温度为60～75℃。

6. 灌装与杀菌

均质后将椰子汁加热至85～95℃，进行巴氏杀菌，趁热灌装，密封后再进行二次杀菌和冷却，杀菌公式为10min—20min—15min/121℃，冷却至37℃。

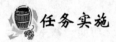任务实施

实训任务二　绿色食品豆乳饮料制作及其稳定性试验

【生产标准】

(1) 处理过程中按绿色食品生产要求：中华人民共和国农业部发布的《中华人民共和国农业行业标准：绿色食品　植物蛋白饮料》(NY/T 433—2000) 执行。

(2) 绿色食品生产中所使用的食品添加剂应遵照中华人民共和国农业部批准的《中华人民共和国农业行业标准：绿色食品　食品添加剂使用准则》(NY/T 392—2000) 执行。

【实训内容】

一、训练目的

(1) 熟悉绿色食品豆乳饮料对原料和其他辅料的要求。

(2) 熟悉植物蛋白饮料的一般生产过程，理解各操作步骤的要点及作用，重点掌握豆腥味的产生及去腥方法。

(3) 了解植物蛋白饮料稳定性的主要影响因素，比较不同稳定剂及配比、添加量对蛋白饮料的稳定效果，掌握蛋白饮料的稳定性评定方法。

(4) 理解蛋白饮料产品质量的感官检验及理化检测。

二、原辅材料

大豆，全脂奶粉，小苏打，白砂糖，单甘酯，蔗糖酯（SE15），香精，饮料瓶，

瓶盖。

三、仪器设备与用具

磨浆机，胶体磨，高压均质机，高压杀菌锅，真空脱气机，离心沉淀机，电子天平，温度计，不锈钢桶，不锈钢锅，量筒，汤匙，烧杯，药匙。

四、操作步骤

大豆→浸泡→磨浆→浆渣分离→脱臭→豆奶基→调配→均质→灌装→密封→杀菌→冷却→产品检验。

1. 浸泡、磨浆

将大豆浸入常温水中，大豆/水＝1/3，16～20h（冬天），8～12h（夏天）；大豆吸水量1:（1～1.2），即增重至2.0～2.2倍。或将除杂后的大豆浸入沸腾的1%小苏打溶液中，豆与溶液比为1:8，再迅速加热至沸，保持6min，取出沥干；再用82℃以上的热水冲碱洗豆（要漂洗干净，否则色黄）。

浸泡好的大豆洗净沥干后加热水或加0.1%小苏打溶液（＞90℃）磨浆，豆与溶液比为1:8～10（10），磨浆时料温始终不得低于82℃。

2. 浆渣分离

热浆黏度低，趁热离心分离2000rpm，5min；或8层纱布过滤。

3. 脱臭

真空脱臭26.6～39.9kPa；或煮浆除部分豆腥味。

4. 调配

奶味豆奶饮料1000mL。

配方（m/v%）：豆奶基料40，白砂糖4，全脂奶粉0.5（鲜奶3），蔗糖酯或单甘酯0.1，CMC-Na0.1。

砂糖糖浆的制备（65Brix）：加水时一定不要超过量；刚开始煮开时注意火候及搅拌，用微火煮沸5min，趁热过滤，取样冷却后用手持糖量计测糖度；

将奶粉与42℃温水按照1:6的比例充分搅拌混匀，搅拌速度不宜过快，防止蛋白质离心沉淀，静置2h使其充分溶胀；

将稳定剂CMC-Na与白砂糖粉按照1:5的比例混合均匀，边搅拌边缓慢加入到70～80℃的热水中，充分分散后静置半小时左右使其充分溶胀成2%～3%的胶体溶液；

乳化剂单甘酯隔水加热融化后，加热水（＞80℃）溶解；或先溶解在少量热油中，再分散至热水中。乳化剂蔗糖酯直接加热水（＞80℃）溶解即可。

按不同的稳定剂、配比及添加量设计3组配方，注意比较其对饮料稳定性的影响。

5. 均质

$75\sim80℃$，$150kg/cm^2$，$50kg/cm^2$二次均质；或$75\sim80℃$，$200kg/cm^2$一次均质，注意比较两者均质效果。

6. 高温高压杀菌

$121℃$、$15min$，杀灭致病菌和大多数腐败菌，钝化胰蛋白酶抑制素。

五、质量检验

1. 感官检验

2. 稳定性评定

（1）快速判断法：在洁净的玻璃杯内壁上倒少量饮料成品，若其形成牛乳似的均匀薄膜，则证明该饮料质量稳定。

（2）自然沉淀观察法：将饮料成品在室温下静置于水平桌面上，观察其沉淀产生时间，沉淀产生的越早，则证明该饮料越不稳定。

（3）离心沉淀法：取样品饮料 1mL，稀释 100 倍后在 785nm 下测其吸光度，为 A 前；另取样品饮料 10mL，在 3000rpm 下离心 10min 后取其上清液，稀释 100 倍后在 785nm 下测其吸光度，为 A 后。稳定系数 $R = A_后 \times 100 / A_前$，如 $R \geqslant 95\%$，则饮料稳定性良好，蛋白质等悬浮粒子沉降速度较小。

六、实训后续要求

（1）对所做豆奶的品质进行评价，有无豆腥味？如何有效去除？

（2）比较不同稳定剂和不同配方对豆奶稳定性的影响。

（3）写出不低于 2000 字的实训综合报告，并写出产品改进方案。

实训任务三　绿色食品椰子汁的制作

【生产标准】

（1）处理过程中按绿色食品生产要求：中华人民共和国农业部发布的《中华人民共和国农业行业标准：绿色食品　植物蛋白饮料》（NY/T 433—2000）执行。

（2）绿色食品生产中所使用的食品添加剂应遵照中华人民共和国农业部批准的《中华人民共和国农业行业标准：绿色食品　食品添加剂使用准则》（NY/T392—2000）执行。

【实训内容】

一、训练目的

（1）熟悉绿色食品椰子汁饮料对原料和其他辅料的要求。

（2）熟悉植物蛋白饮料的一般生产过程，理解各操作步骤的要点及作用。

二、原辅材料

绿色食品椰子，氢氧化钠，白砂糖，柠檬酸，食盐。

三、仪器设备与工用具

磨浆机，胶体磨，高压均质机，高压杀菌锅，真空脱气机，离心沉淀机，电子天平，温度计，不锈钢桶，不锈钢锅，量筒，汤匙，烧杯，药匙。

四、操作步骤

椰子→破壳、取水→刮丝→烘干→干椰丝→磨浆→分离→配料→均质→灌装→压盖→杀菌→成品。

1. 椰子破壳、取水、刮丝

将成熟的椰子洗净后，沿中部剖裂，使椰水流出，椰水收集后过滤备用。将椰子分裂成两块，用特制的带齿牙刮丝器刮出椰肉，使之成为疏松的椰肉，然后摆盘放入烘干机中，控制温度70~80℃，烘干成具有浓郁椰香的干丝，贮存备用。

2. 加水磨浆

将自来水经净水器过滤后，再流经快速热水器升温至70℃，在热水罐中配入0.04%氢氧化钠，搅拌，按椰丝：水＝1：10（质量比）将椰丝和热水搅拌均匀，放入砂轮磨中磨浆。椰浆经第一台浆渣分离机120目筛分离，然后再用第二台分离机180目分离得头道汁，椰渣可加入少量热水过滤得二道汁。将头道汁、二道汁混合，泵入贮罐备用。

3. 配料

白砂糖用夹层锅煮溶，制成浓度50%的浓糖浆，经过滤机过滤后备用。打开贮罐出料阀，让椰汁下流至配料罐，定容以后将滤净的椰水按10%配入，然后加柠檬酸调pH至6~7，再加入18%白砂糖、0.05%食盐、0.2%乳化剂，加入适量稳定剂，加热到80℃，再加入少量香精（或不加）。

4. 高压均质

两级均质，第一级均质压力为23MPa，第二级均质压力30MPa，均质温度80℃左右。

5. 杀菌

杀菌温度121℃，杀菌时间15min。

五、产品质量指标

1. 感官指标

色泽：外观呈乳白色，无沉淀和分层现象；风味：具有新鲜椰子汁特有的风味和香味，无异味。

2. 理化指标

总糖（以还原糖计）＞8g/100mL；蛋白质≥0.6g/100mL；总酸（以乳酸计）≤0.1g/100mL；总固形物＞8g/100mL。

六、实训后续要求

（1）查阅相关资料，了解目前市场上椰子汁的发展现状。
（2）对所做产品的理化指标进行检测，结合产品质量指标进行分析评价。

 产品检验及其他

绿色食品植物蛋白饮料产品的质量标准

根据绿色食品植物蛋白饮料（NY/T 433—2000），感官要求应符合表6.6的规定。

表6.6　绿色食品植物蛋白饮料感官要求

项　目	指　标
色泽	色泽鲜亮一致．无变色现象
性状	均匀的乳浊状或悬浊状
滋味与气味	具有本品种固有的香气及滋味，不得有异味
杂质	无肉眼可见外来杂质
稳定性	振摇均匀后12h内无沉淀、析水，应保持均匀体系

理化要求应符合表6.7的规定。

表6.7　绿色食品植物蛋白饮料理化要求

项　目	指　标
蛋白质（kg/L）/%	≥0.60
可溶性固物（20℃）/%	≥8.0
净含量/mL	按包装标示规定。负偏差符合国家包装商品计量规定

卫生要求应符合表6.8的规定。

表6.8　绿色食品植物蛋白饮料卫生要求

项　目	指　标
黄曲霉毒素 B_1/（μg/L）	＜5
氰化物（以杏仁等为原料，以 CN^- 计）/（mg/L）	＜0.05
脲酶试验（以大豆为原料）	阴性
铅/（mg/L）	＜0.04

续表

项　　目	指　　标
砷/(mg/L)	<0.10
铜/(mg/L)	<1.00
汞/(mg/L)	<0.01
氟/(mg/L)	<0.10
铬/(mg/L)	<0.10
锡/(mg/L)	<10
山梨酸/(g/L)	≤0.5
苯甲酸	不得检出
糖精钠	不得检出
六六六	不得检出
滴滴涕	不得检出
菌落总数/(个/L)	≤100
大肠菌群/(MPN/100mL)	≤3
致病菌	不得检出
霉菌和酵母菌总数/(个/mL)	≤20

任务三　绿色食品果蔬汁饮料的加工

 **布置任务**

任务描述	本任务要求通过果蔬汁饮料的概念及类型、果蔬汁饮料加工技术的学习，了解果蔬汁饮料及相关知识；通过实训任务"绿色食品澄清草莓汁饮料制作"、"绿色食品混浊芒果汁（带果肉）饮料的制作"对绿色食品果蔬汁饮料的生产加工有更全面深入的了解
任务要求	了解果蔬汁饮料的类型及特点、营养价值和发展概况；熟悉绿色食品果蔬汁饮料的分类；掌握果蔬汁饮料的加工工艺及关键工序；掌握绿色食品果蔬汁饮料生产及生产过程中可能存在的质量问题与解决的方法

 **任务准备**

一、概述

（一）果蔬汁的概念

果蔬汁包括果汁和蔬菜汁。以新鲜果品和蔬菜为原料，经挑选、分级、洗涤、取汁，再过滤、装瓶、杀菌等工序制成的汁液称为果蔬汁，也称为"液体水果或蔬菜"。

以果蔬汁为基料，添加糖、酸、香料和水等物料调配而成的汁液称为果蔬汁饮料。

（二）果蔬汁饮料的分类

根据我国的《饮料通则》（GB 10789—2007），按原料或产品的性状，对果蔬汁及其饮料产品的分类进行了如下具体规定。

1. 果汁（浆）和蔬菜汁（浆）

采用物理方法，将水果或蔬菜加工制成可发酵但未发酵的汁（浆）液；或在浓缩果汁（浆）或浓缩蔬菜汁（浆）中加入果汁（浆）或蔬菜汁（浆）浓缩时失去的等量的水，复原而成的制品。可以使用食糖、酸味剂或食盐调整果汁、蔬菜汁的风味，但不得同时使用食糖和酸味剂调整果汁的风味。基本技术要求具有原水果果汁（浆）和蔬菜汁（浆）的色泽、风味和可溶性固形物含量（为调整风味添加的糖不包括在内）。

2. 浓缩果汁（浆）和浓缩蔬菜汁（浆）

采用物理方法从果汁（浆）或蔬菜汁（浆）中除去一定比例的水分，加水复原后具有果汁（浆）或蔬菜汁（浆）应有特征的制品。基本技术要求可溶性固形物含量和原汁（浆）的可溶性固形物含量之比≥2。

3. 果汁饮料和蔬菜汁饮料

（1）果汁饮料。在果汁（浆）或浓缩果汁（浆）中加入水、食糖和（或）甜味剂、酸味剂等调制而成的饮料，可加入柑橘类的囊胞（或其他水果经切细的果肉）等果粒。基本技术要求果汁（浆）含量质量分数≥10％，如橙汁饮料、菠萝汁饮料、苹果汁饮料等。

（2）蔬菜汁饮料。在蔬菜汁（浆）或浓缩蔬菜汁（浆）中加入水、食糖和（或）甜味剂、酸味剂等调制而成的饮料。基本技术要求蔬菜汁（浆）含量质量分数≥5％。

4. 果汁饮料浓浆和蔬菜汁饮料浓浆

在果汁（浆）和蔬菜汁（浆）、或浓缩果汁（浆）和浓缩蔬菜汁（浆）中加入水、食糖或甜味剂、酸味剂等调制而成，稀释后方可饮用的饮料。基本技术要求按标签标示的稀释倍数稀释后，其果汁（浆）和蔬菜汁（浆）含量不低于对果汁饮料和蔬菜汁饮料的规定。

5. 复合果蔬汁（浆）及饮料

含有两种或两种以上果汁（浆）、或蔬菜汁（浆）、或果汁（浆）和蔬菜汁（浆）的制品为复合果蔬汁（浆）。基本技术要求应符合调兑时使用的单果汁（浆）和蔬菜汁（浆）的指标要求。

含有两种或两种以上果汁（浆），或蔬菜汁（浆），或其混合物并加入水、食糖和（或）甜味剂、酸味剂等调制而成的饮料为复合果蔬汁饮料。基本技术要求复合果汁饮料中果汁（浆）总含量质量分数≥10％；复合蔬菜汁饮料中蔬菜汁（浆）总含量质量分数≥5%；复合果蔬汁饮料中果汁（浆）蔬菜汁（浆）总含量质量分数≥10%。

6. 果肉饮料

在果浆或浓缩果浆中加入水、食糖和（或）甜味剂、酸味剂等调制而成的饮料。基本技术要求果浆含量质量分数≥20%。

含有两种或两种以上果浆的果肉饮料称为复合果肉饮料。

7. 发酵型果蔬汁饮料

水果、蔬菜或果汁（浆）、蔬菜汁（浆）经发酵后制成的汁液中加入水、食糖和（或）甜味剂、食盐等调制而成的饮料。基本技术要求按照相关标准执行。

8. 水果饮料

在果汁（浆）或浓缩果汁（浆）中加入水、食糖和（或）甜味剂、酸味剂等调制而成，但果汁含量较低的饮料，如橘子饮料、菠萝饮料、苹果饮料等。基本技术要求果汁含量质量分数为5%～10%。

9. 其他果蔬汁饮料

上述八类以外的果汁和蔬菜汁饮料。基本技术要求按照相关标准执行。

（三）绿色食品果蔬汁饮料的分类

按照《绿色食品　果蔬汁饮料》（NY/T 434—2007），可分为以下六类。

1. 果汁

由完好的、成熟适度的新鲜水果或适当物理方法保存的水果的可食部分制得的可发酵的但未发酵的汁体。

2. 蔬菜汁

由完好的、成熟适度的新鲜蔬菜或适当物理方法保存的蔬菜的可食部分制得的可发酵的但未发酵的汁体。

3. 浓缩果汁

由果汁经物理脱水制得的可溶性固形物提高50%以上的浓稠液体。

4. 浓缩蔬菜汁

由蔬菜汁经物理脱水制得的可溶性固形物提高50%以上的浓稠液体。

5. 果汁饮料

由果汁或浓缩果汁加水，还可加糖、蜂蜜、糖浆和甜味剂制得的稀释液体。

6. 蔬菜汁饮料

由蔬菜汁或浓缩蔬菜汁加水，还可加糖、蜂蜜、糖浆和甜味剂制得的稀释液体。

（四）果蔬化学成分及其加工特性

1. 水分

果蔬原料含有大量的水分，新鲜状态的制汁水果其含水量在 70%～90% 之间，大部分新鲜状态的果蔬原料的含水量超过 90%，表 6.9 为部分果蔬的水分含量。水分是影响果蔬嫩度、鲜度和味道的极其重要成分，同时又是果蔬储存性差、容易变质与腐烂的原因之一。果实中的水包括自由水（游离水）和束缚水（胶体结合水）。果蔬原料的其余成分是固形物，固形物按是否溶解于水可以分为水溶性固形物和水不溶性固形物两类。可溶性固形物含量可以用折光仪直接测量。水溶性固形物主要有糖、有机酸、果胶和单宁等。水不溶性固形物主要有淀粉、纤维素和半纤维素、脂肪、原果胶等。果蔬的其他成分还有维生素、矿物质、色素、含氮物质以及芳香性物质等，这些物质有的是水溶性的，有的则是水不溶性的。在制汁过程中含水量高的果蔬原料内的绝大部分可溶性固形物会随水分进入果蔬原汁中；而对含水量较低的果蔬原料，则必须另外加入水分以提取它们所含的可溶性固形物。

表 6.9　部分果蔬的水分含量　　　　　　　　单位:%

种类	含量	种类	含量	种类	含量
葡萄（圆、紫）	87	樱桃	89.2	甘蔗	77
柚	84.8	柿	84	西瓜	94.1
橙	86.1	石榴	78.7	白兰瓜	93.1
蜜橘	89.2	番石榴	86	哈密瓜	90
柠檬	89.3	枣（鲜）	73.1	番茄	95.9
苹果	84.6	红果	74.1	芹菜（茎）	95.3
海棠	75	荔枝（鲜）	82	黄瓜	96.9
鸭梨	89.3	桂圆（鲜）	81.4	甘蓝	94.4
桃	82.4	芒果	86	菠菜	91.8
杏	90.2	无花果	83.6	荸荠	84.9
杨梅	92	香蕉	81	胡萝卜	91
草莓	90.7	菠萝	86.3	冬瓜	96.5

2. 碳水化合物

果蔬中的主要碳水化合物有糖、淀粉、纤维素、半纤维素和果胶等，是固形物中最主要的成分。碳水化合物在加工中会发生很多变化，对加工工艺和产品质量均有直接影响。

1) 单糖和双糖

果蔬中可溶性固形物的主要成分是糖，包括单糖和双糖。单糖主要有葡萄糖和果糖，双糖为蔗糖。葡萄糖存在于植物的根、茎、叶、花等部位。果糖在水果中含量较丰富。果蔬的含糖量会因品种、收获季节等因素而有很大的变化。各种糖在水果中的比例也会因水果种类不同而有较大差异，不同水果中的糖含量参见表6.10。

表 6.10 果蔬中的主要糖含量　　单位：%

种类	蔗糖	葡萄糖	果糖	种类	蔗糖	葡萄糖	果糖
苹果（红星）	4.41	2.82	5.35	桃	5.14	0.76	0.93
枇杷	1.34	3.46	3.60	葡萄	0	8.09	6.92
李子	0	0	1.20	草莓	0.71	1.35	1.59
樱桃	0	3.80	1.60	西瓜	8.06	0.68	3.41
梨	1.80	1.39	3.85	番茄	0	1.91	1.60
洋梨	0.61	2.16	6.92	柿子	0.76	6.17	5.42

果实甜味的强、弱除与糖的含量及种类有关外，还受有机酸、单宁等多种物质的影响，其中糖酸比的影响尤为重要。

多数蔬菜中的碳水化合物成分主要是淀粉，含糖量较低。不同蔬菜的含糖量也有很大不同，如胡萝卜、洋葱等。蔬菜中的碳水化合物的主要成分是糖类，而且与水果一样，主要是葡萄糖、果糖和蔗糖。瓜果类蔬菜，如西瓜、甜瓜等的含糖量为6%～10%，甚至可与水果相媲美。

果蔬中的还原糖，特别是果糖，能与氨基酸或蛋白质发生反应，生成类黑精，使加工品发生褐变，这种非酶褐变多发生在果蔬的热加工过程中。

2) 淀粉

淀粉作为植物的储藏物质，以球形或椭圆形贮藏于果实、块茎和根中。淀粉在淀粉酶作用下先转化为麦芽糖，最后转化为葡萄糖。

淀粉一般含于未成熟的果实中，苹果、梨、芒果、香蕉、西番莲、柿子、番茄中均含有淀粉。果实中淀粉含量最多的是板栗，多达50%～70%。香蕉含淀粉18%～20%，苹果1.0%～1.5%，而柑橘、葡萄几乎不含淀粉。随着成熟度的增加，果实中的淀粉会全部或大部分水解成糖，使可溶性固形物增加，果实变甜。苹果、香蕉、猕猴桃和柿子等都有这种现象。因此淀粉含量常作为这类果实成熟度的重要指标之一。

淀粉不是果汁加工所需保留的部分，淀粉的存在会使果蔬汁变得胶黏，影响过滤或使果蔬汁浑浊。多数蔬菜，特别是块根、块茎和豆类蔬菜中的淀粉含量较高，根据蔬菜汁品种及加工的饮料类型，决定保留或去除其中的淀粉成分。

3) 纤维素和半纤维素

果蔬中的纤维素含量较低，一般为0.2%～3.0%，品种不同，纤维素含量也不同。水果含量一般为0.2%～0.5%。蔬菜如甘蓝类纤维素含量为0.94%～1.33%，根菜类0.2%～1.2%。纤维素含量低，果蔬品质就高，但储运性能差。纤维素和半纤维素统称粗纤维。目前食物纤维已成为功能性食品的一种重要原料。食物纤维包括各种纤维素、半纤维素、木质素以及聚糊精和难以消化的糊精、壳聚糖等，其对人体健康所具有的重要生理作用已被大量研究事实和流行病调查结果所证实。

4）果胶物质

果胶物质是构成植物细胞壁和细胞间隙黏接的物质，可使细胞和组织保持一定强度、韧性和形态。果蔬中的果胶物质通常有三种形态，即原果胶、果胶和果胶酸。一些果蔬中的果胶含量见表 6.11。

（1）原果胶。其为细胞壁中胶层的组织部分，有很强的黏着力，不溶于水，常与纤维素结合，在细胞间起黏接作用，能影响果蔬组织的硬度和密度。未成熟水果保持较硬状态主要是原果胶的作用。随着果蔬的成熟，原果胶水解成为纤维素或半纤维素和果胶，使果肉柔软而多汁。

表 6.11　果蔬中的果胶含量　　　　　　　　　　单位：%

名　称	果胶含量	名　称	果胶含量
草莓	0.7	胡萝卜	6.9～7.4
柑橘（外果皮）	3.0～5.0	芜菁	7.0～11.9
苹果	1.0～1.8	甘蓝	5.0～7.5'
梨	0.5～1.4	南瓜	1.7～5.0
桃	0.56～1.25	马铃薯	0.6～2.0
杏	0.50～1.20	番茄	2.0～2.9
李	0.20～1.5	芹菜	5.3～8.9
山楂	2.55～6.4	甜瓜	1.7～5.0

（2）果胶。果胶是高分子物质，黏性较大。用果胶含量高的果蔬榨汁会因黏稠而使出汁困难。在生产清汁型果蔬汁时，需要破坏果胶对悬浮物的保护作用，以利澄清和浓缩。这样在果蔬汁榨汁、过滤过程中需要用果胶酶等澄清剂或加热等方法破坏果胶的胶体性质。在生产浑浊型果蔬汁时，需要果胶作为稳定剂，以防止悬浮的果浆微粒沉淀。由此可见，果胶在果蔬加工中具有重要意义，需要根据工艺要求予以保留或去除。

果胶存在于成熟的水果中，它溶于水，与细胞液融为一体，呈胶体溶液状态，果胶具有胶体的性质，在一定（糖）条件下可以生成凝胶，果冻、果酱就是利用这一原理生产的。

果胶在人体内不能被分解利用，属于食物纤维的范畴，有降低血胆固醇的作用，是健康食品的重要材料。

（3）果胶酸。果胶酸存在于过熟的果蔬中，果胶在果胶酶的作用下变成果胶酸。果胶酸无黏性，对水溶解度很低，过熟的水果呈软烂状态（果实组织的细胞壁和细胞间隙失去了黏接物质，果实的组织和细胞变软）。果胶酸可以与碱土金属结合形成不溶性盐，使果蔬的硬度增加，果脯、蜜饯、脱水蔬菜等在加工过程中需用石灰水煮制，其目的就是如此。

3. 有机酸

果蔬中所含的有机酸种类很多，不同种类和品种的果蔬，其所含有机酸的种类和含量也是不同的。水果中主要的有机酸是柠檬酸、苹果酸，此外还有酒石酸、琥珀酸等。仁果类和核果类水果的主要有机酸为苹果酸，柑橘类和浆果类水果主要是柠檬酸，葡萄主要是酒石酸。蔬菜含酸量较低，主要有机酸有苹果酸、柠檬酸、草酸以及醋酸和苯甲酸。胡萝卜、甘蓝的有机酸主要是苹果酸，番茄主要是柠檬酸，菠菜中的草酸含量较高。果蔬的主要有机酸含量和种类参见表 6.12。

表 6.12　果蔬的主要有机酸含量和种类

名称	有机酸含量/%	主要有机酸	名称	有机酸含量/%	主要有机酸
苹果	约0.5	苹果酸、少量柠檬酸	柠檬	约3.0	柠檬酸、苹果酸
梨	0.11	苹果酸、芯部柠檬酸多	杏	1.2～1.5	苹果酸、柠檬酸
洋梨	—	柠檬酸、苹果酸	梅	0.6～1.1	柠檬酸、苹果酸、草酸
桃	约0.8	苹果酸、柠檬酸、奎宁酸	香蕉	0.4～0.7	苹果酸、柠檬酸
李子	0.9～2.2	苹果酸、柠檬酸	菠萝	0.4～3.0	柠檬酸、苹果酸、酒石酸
樱桃	0.1～0.8	苹果酸	甜瓜	—	柠檬酸
草莓	0.7～1.2	柠檬酸	番茄	0.5～0.6	柠檬酸
葡萄	0.1～1.2	酒石酸、苹果酸	胡萝卜	0.3～0.33	苹果酸
甜橙	0.4～1.0	柠檬酸	菠菜	0.15～0.18	草酸
蜜橘	约1.0	柠檬酸、苹果酸	南瓜	0.15～0.2	苹果酸

果品酸味的强弱程度取决于总酸含量，即 pH，新鲜水果的 pH 一般为 3～4。果汁中的蛋白质和氨基酸等物质具有缓冲作用。果蔬中有机酸的含量与种类直接关系到果蔬的风味、品质，同时对果蔬加工也有直接影响。有机酸是饮料的酸味剂，是决定饮料糖酸比、形成饮料风味的主要因素之一。有机酸还有调整饮料 pH 和抑制微生物生长的作用。pH 是制定饮料杀菌公式时确定加热温度和时间的重要依据。有机酸的存在，特别是对于 pH4.6 以下的酸性饮料，可以适当降低饮料加热杀菌的工艺条件，减少饮料营养成分的损失，保证饮料质量。

有机酸及其形成的 pH 环境往往会对金属产生腐蚀作用，因此在选用金属罐作包装容器时，应注意选择罐头内涂料的种类和涂布量，以保证饮料的正常风味和保质期。

4. 单宁物质

单宁别称鞣质，也是果蔬含有的重要成分之一。单宁呈褐色无晶形，有涩味，其水溶液与蛋白质、生物碱或重金属盐生成不溶性沉淀。单宁为多元酚，易于氧化聚合，其水溶液或醇溶液在三价铁离子作用下呈蓝色，量大时生成蓝色沉淀。

单宁主要存在于水果，例如，柿子、山楂、苹果、梨桃、葡萄等木本果实中。主要水果中单宁的含量见表 6.13。有些未成熟水果的单宁含量较高，涩味很重。成熟过程中,单宁含量逐渐减少。但有些水果,例如,柿子在成熟时仍有较大的涩味,需要进行脱涩处理。蔬菜中的单宁含量较低,其主要成分是黄酮醇糖苷和酚的衍生物。大多数蔬菜不含儿茶酚和花色素。果蔬中的酚类物质往往是决定果蔬颜色的重要因素。

表 6.13　主要水果中单宁的含量　　　　　　　　　　　　单位:%

种　类	含　量	种　类	含　量
山楂	0.15~0.75	草莓	0.12~0.41
苹果	0.025~0.34	樱桃	0.053~0.20
梨	0.015~0.17	葡萄	0.015~0.35
桃	0.028~0.24	西番莲	≤1.4
李	0.065~0.20	枣	≤0.5
杏	0.063~0.10	柿子	≤8.5

在果汁加工中单宁与水果褐变和涩味有密切关系。对果汁澄清也有一定的作用。

(1) 涩味是一种收敛性的味,适量的涩味也是形成果蔬制品独特风味的因素,例如,茶饮料中单宁产生的涩味有近乎苦的味感。但较强的涩味不为人们所接受。单宁在某种程度上有强化酸味的作用。适量的单宁与相应的糖酸相配,能产生清凉感,例如,山楂中的单宁产生了山楂饮料的爽口风味。

(2) 某些水果在采收、运输、储存和加工过程中,当果实受到机械伤或剖切时,果肉会很快产生褐变,这主要是由水果中的单宁物质和多酚氧化酶引起的。这类水果有山楂、苹果、梨、桃、杏、樱桃、草莓以及香蕉等。为此可选用单宁含量少的果蔬原料品种,同时加工中尽量减少与空气的接触,缩短加工路线或采取脱气、真空操作等,以防止或减少酶的褐变。另一方面加热可破坏酶的活力,或使用亚硫酸、抗坏血酸、食盐等抑制酶的褐变作用。单宁遇碱变黑色,在使用碱去皮的果蔬加工中应特别注意。单宁在酸性条件下变红。

(3) 单宁能与蛋白质结合生成大分子的聚合物,使蛋白质由亲水性胶体变为疏水性胶体,并且凝聚沉淀。在果汁加工中常利用单宁的这一性质澄清果汁,例如,在果汁中加入单宁,并加入相应量的明胶等,就可使果汁中的悬浮物发生凝聚,使果汁得以澄清。

5. 含氮物质

果蔬中的含氮物质有蛋白质、氨基酸、酰胺以及某些铵盐和硝酸盐等。水果中的含氮物质含量一般为 0.2%~1.2%。蔬菜中含氮物质的含量,豆类 1.9%~13.6%,根菜类 0.6%~2.2%,叶菜类 0.6%~2.2%,瓜果类 0.3%~1.5%。

果蔬所含的蛋白质和氨基酸较少,但从味觉上讲,却是形成所谓"浓味"的主要成分。氨基酸除存在于蛋白质分子的构成中以外,还在果汁中以游离状态或以氨基化合物形态存在。

一般果蔬中的蛋白质含量很低,可是对于果蔬加工来说,蛋白质却相当重要。一方面蛋白质是一种营养物质,可对果蔬汁风味产生较好影响。但另一方面蛋白质又使果汁澄清发生困难,还会引起褐变和沉淀,可采用加热到 75~78℃、时间 1~3min,使蛋白质热凝固加以去除，也可以用单宁与蛋白质凝固而加以去除，主要果蔬中蛋白质的含量见表 6.14。

表 6.14　主要果蔬中蛋白质的含量　　　　　　　　　　　单位:%

种类	含量	种类	含量	种类	含量	种类	含量
苹果	0.2～0.4	柑橘	0.7～1.1	黄豆	32.4～37.3	芹菜	0.9～1.8
梨	0.1～0.3	樱桃	1.1～1.8	花生仁	21.2～28.1	胡萝卜	0.7～1.1
桃	0.5～0.9	菠萝	0.4～0.6	栗子	3.1～4.7	萝卜	0.8～1.3
李	0.6～0.9	香蕉	1.3～1.5	芦笋	1.5～3.1	莴苣	0.9～1.2
杏	0.9～1.2	椰子	3.0～4.0	荸荠	1.2～1.4	番茄	0.8～1.1
山楂	0.5～2.0	芒果	0.6～0.7	莲藕	1.6～2.2	菠萝	2.1～3.4
葡萄	0.5～0.7	番石榴	0.8～1.3	冬瓜	0.3～0.5	姜	0.6～1.1
草莓	0.7～1.1	猕猴桃	0.4～0.9	南瓜	0.7～1.1	白菜	0.8～1.3
柿子	0.3～0.4	核桃	12.8～16.1	西瓜	0.5～0.7	韭菜	1.8～3.2

氨基酸在果蔬加工中也很重要，果蔬中的含氮物质氨基酸是重要的呈味成分，如番茄汁中的鲜味就与其含有谷氨酸有密切关系。蛋白质水解生成的某些氨基酸会增加果蔬的风味和鲜味。

6. 色素

果蔬中的色素来自原果蔬的细胞液或果蔬肉、果蔬皮中。果蔬中的色素可分为水溶性色素和水不溶性色素两类，水溶性色素主要是黄酮素和花色素，水不溶性色素主要有类胡萝卜素和叶绿素。

黄酮色素（花黄素）是水溶性色素，是黄色的重要色群之一。花色素类（花青素）色素是广泛分布于植物界的红色至紫色调的色素，特别是在水果和菠菜中含量较高，不仅含于花中，还存在于植物的根（如红萝卜）、叶（紫苏、红叶）、果皮（葡萄、茄子）、果汁（葡萄）和种皮（黑豆）等部位中，是构成果蔬色泽的重要成分。由于花色素易氧化、还原，分解时生成不溶性的褐色物质，因此在加工过程中应注意护色。花色素属水溶性色素，在加工过程中，为保存花色素，其洗涤等操作应避免以大量的水流冲洗，尽可能采用小批淘洗的方法，以防止色素流失过多。类胡萝卜素属脂溶性色素，包括叶红素、番茄红素和叶黄素等色素，其颜色从黄、橙到红，如番茄汁、西瓜汁、柑橘汁、胡萝卜汁等许多果蔬汁的色泽都是由这类色素赋予的。

叶绿素是卟啉化合物的衍生体。当卟啉核的中央结合镁（Mg）时成为叶绿素，结合铁（Fe）时为血色素，结合钴时则为维生素 B_{12}，又称氰钴胺素。叶绿素为叶绿素 a 和叶绿素 b 的混合物，可以用溶剂和色谱分离。叶绿素 a 为蓝绿色，叶绿素 b 呈黄绿色，在高等植物中其组成比例为 3:1，叶绿素 a、叶绿素 b 均为非晶形，不溶于水。

许多绿色植物中存在叶绿素酶，叶绿素在叶绿素酶的作用下脱去叶醇基，生成脱叶醇基叶绿素，在碱（NaOH）中发生水解，生成叶绿酸，其绿色比较稳定。

在果蔬加工中，叶绿素会变成褐色，主要原因是失去镁后生成脱镁叶绿素，如菠菜炊煮时成绿褐色；黄瓜盐渍时成黄褐色；绿色蔬菜堆积存放，其内部温度升高时成黄褐色。

在适当条件下，叶绿素分子中的 Mg^{2+} 可以被其他金属离子所取代，当以 Cu^{2+} 取代时，可以生成铜叶绿素，对光和热比较稳定，常制成铜叶绿酸钠的形式，可作为比较安全的食用色素。

7. 维生素

水果蔬菜中含有多种维生素，但维生素的分布及含量由于种类、品种、成熟度、部位和栽培条件不同而不同。果蔬富含抗坏血酸即维生素C，此外，还含有胡萝卜素、硫胺素（维生素 B_1）、核黄素（维生素 B_2）、吡哆醇（维生素 B_6）、氰钴胺素（维生素 B_{12}）、烟酸（维生素PP）等。维生素C含量高的水果有猕猴桃、沙棘、刺梨、柚以及枣，每100g这类水果中维生素C含量均超过100mg。柑橘、菠萝等水果富含维生素 B_1，杏、桃中的维生素 B_2 较多。胡萝卜素、硫胺素、抗坏血酸在一些果蔬中的含量参见表6.15。

表 6.15　果蔬中维生素的含量　　　　　　　　　　单位：mg/100g

名称	胡萝卜素	硫胺素	抗坏血酸	名称	胡萝卜素	硫胺素	抗坏血酸
苹果	0.08	0.01	6	柑橘	0.55	0.08	30
梨	0.01	0.01	3	甜枣	0.01	0.06	270~800
桃	0.01	0.01	6	酸枣	—	—	830~1170
杏	1.70	0.02	7	柚子	0.01	0.06	123
山楂	0.82	0.02	89	番茄	0.31	0.03	11
葡萄	0.04	0.04	4	胡萝卜	4.00	0.02	8
菠萝	0.09	0.09	7	西瓜	0.17	0.02	3
草莓	0.01	0.02	35	芦笋	0.73	17	21

果蔬中的维生素不仅具有较高的营养价值，同时与加工工艺、产品的储藏方法和产品质量关系极大，应予以重视。维生素是果蔬汁相当重要的成分，果蔬汁是维生素C的良好供给源，无论是天然果蔬汁还是强化果蔬汁，保持其中的维生素C的稳定性是一个重要问题。

在果蔬汁制造过程中，维生素也容易受到破坏，其中维生素C最为敏感，损失最严重。果蔬在制汁过程中，清洗、去皮、破碎、热烫、打浆、加热以及搅拌、均质等操作都会造成维生素C的破坏。维生素C总损失率高达75%~90%。因此，如何选用合理和先进的生产工艺尽可能减少维生素C的损失是很重要的。可以说，维生素C在加工中的保存率标志着加工工艺的先进程度。

8. 芳香物质

芳香物质是果蔬具有的各种不同香味和特殊气味的成分，果蔬中的芳香物质大致可以分为两部分，一是油状的挥发物质，称为挥发油。果蔬中的挥发油含量因种类而有较大差异，但一般含量极少，故又称为精油。例如，橘皮中含精油 0.75%～0.85%，柠檬皮中含量 0.3%。蔬菜中的精油含量更少，例如，芹菜叶含 0.1% 左右，芹菜籽含 1.9%～2.5%，洋葱鳞茎含 0.04%～0.06%。果蔬中另一类芳香物质是水溶性的香气成分，主要是碳氢化合物，包括醇、酯、醛、酮以及挥发性的酸类等，含量低于 1%，水果中的香气成分多于蔬菜，而且香气强度高。水果的香气成分与其成熟度有关，随着果实的成熟，香气成分逐渐生成。在储藏过程中，一般水果的香气逐渐消失，但对某些水果来说，储藏中有些香气成分会减少，另一些香气成分却增加。例如苹果在追熟储藏中，己醛、己醇等香气成分减少，而乙酸乙酯等酯类成分增加。

果蔬中的芳香成分是非常复杂的。在果蔬加工过程中，特别是加热等过程不仅会使果蔬本身的芳香成分损失或发生变化，同时由于糖、氨基酸等的非酶反应而生成的其他化合物，使果蔬产生综合气味，其中较为典型的是煮熟味，因此在果蔬加工中应注意芳香物质的变化。

9. 矿物质

果蔬中含有各种矿物质，包括 Na、K、Ca、Mg、Fe、Cu、P、Se、Cl 等，此外还含有微量元素。矿物质通常以柠檬酸、苹果酸、酒石酸和乳酸的盐类形式存在于果蔬中，果蔬原料中的矿物质含量按果蔬燃烧后所得的灰分含量测定，一般每 100g 果蔬中的矿物质灰分为 300～600mg。矿物质除为人体机构的主要成分外，还是调节生理机能的重要成分（果蔬食品及果蔬汁饮料属于碱性食品），矿物质中最具营养意义的是钙。果蔬中的矿物质含量会由于成熟度的不同而有较大差异，蔬菜中矿物质含量高于水果。果汁中的微量元素与水果不同，一般含铜 0.3～2.6mg/kg、铁 1.9～2.7mg/kg，铁的含量高于铜。草莓类水果中的铁量较高，而且果皮中的含量高于果肉。

果汁中的矿物质有时会使果汁的品质发生变化。例如果汁中的铁、铜等金属往往会引起果汁氧化变质，发生浑浊现象和产生褐变反应，另外，维生素 C 的损失也与这些金属元素有关。

果蔬汁中的金属会与各种物质形成络合物，这些物质有有机酸、糖类、多酚化合物（酚与酚酸、类黄酮化合物、花色苷类、无色花色苷等）、氨基酸、肽和蛋白质、抗坏血酸等。这些物质也会影响果汁的褐变反应。褐变有名的美拉德反应即氨基和羰基的反应，就是由于抗坏血酸分解而产生的反应性羰基化合物与氨基酸的反应。柠檬酸、苹果酸、酒石酸都会引起或增强褐变反应。抗坏血酸与花青苷共存也会引起褐变。所有这些褐变反应均与果汁中的金属类物质有关。抗坏血酸的损失也与金属元素有关。研究表明，某些碱金属离子对非酶性褐变反应有促进作用，影响大小顺序为 Li＞Na＞K＞Cs，但其他碱金属阳离子对褐变有抑制作用。

10. 酶

酶对果蔬的成熟生理起重要作用，同时也会对果蔬汁制造和产品保藏中的品质产生各种影响。因此在果蔬加工过程中，根据需要有时要用某些酶的作用，有时则要破坏酶的活力。

（1）果胶分解酶。果胶分解酶对保持浑浊状态，不生成凝胶沉淀。果胶分解酶与果蔬汁浑浊关系极大。果胶分解酶可分为果胶脂酶（PE）和聚半乳糖醛酸酶（PG），其中 PE 的活性和作用对浑浊性的影响较大。灭酶时 PE 需要进行 98℃ 以上的热处理。PG 分布在甜橙、柠檬的不同部位，其中以表皮中活性最强，其次为白皮层和果浆中。未熟的桃子、洋梨、番茄等果蔬没有 PG 活性，在追熟过程中，PG 的活性增强。

（2）多酚氧化酶（PPO）。有些水果的果肉或果汁在空气中放置时会产生褐变，使其色调、风味和营养价值发生变化，以致影响产品的品质。这种褐变包括非酶褐变和酶促褐变。酶促褐变的基质是多酚类物质。由于多酚氧化酶（PPO）的作用，多酚类物质向苯醌氧化，往往聚合或共聚成类黑精，形成色素。

为了防止褐变，需控制发生褐变的条件。通常可以采取破坏或抑制水果中氧化酶活力的方法，例如浸渍或喷雾食盐或抗坏血酸溶液等方法。食盐水使基质与氧隔离，有抑制酶的作用。抗坏血酸可作为酶的抑制剂，亦可说是抗氧化剂。由于 PPO 耐热性差，因此，采用热处理，如热烫、巴氏杀菌灭酶等方法使 PPO 失活，最终可避免褐变。由于褐变反应必须有氧参与，因此加工时应尽量减少果蔬与氧接触的机会，在水果破碎后尽快浸提或榨汁，最好采用封闭式系统加工。另一方面选用单宁含量低的果蔬原料也可以减少褐变。

二、绿色食品果蔬汁及其饮料加工的基本流程

虽然果蔬原料和产品多种多样，但生产果蔬汁饮料的基本原理和过程大致相同。一般包括果蔬原料预处理、榨汁或浸提、澄清、过滤、均质、脱气、浓缩、调配、杀菌和包装等工艺过程，如下所示：

原果蔬汁→取汁（压榨、浸提或打浆）→预处理→原料①澄清→过滤→调配→灌装→杀菌→冷却→澄清型果汁饮料。

原果蔬汁→取汁（压榨、浸提或打浆）→预处理→原料②均质、脱气→调配→灌装→杀菌→冷却→混浊型果汁饮料。

原果蔬汁→取汁（压榨、浸提或打浆）→预处理→原料③浓缩→调配→装罐→杀菌（浓缩果蔬汁）。

（一）原料的选择

水果和蔬菜应符合相应绿色食品标准规定。加工用水和辅料应符合 GB 10791—1989 规定，食品添加剂应符合 NY/T 392—2000 的规定。

（二）原料的拣选与清洗

拣选的目的是挑出腐败的、破碎的和未成熟的水果或蔬菜以及混在果蔬原料中的异物。原料的拣选一般在输送带上手工进行。清洗的目的是除去水果原料表面的泥土、微生物、农药及其他有害物质，以保证果蔬汁的质量。生产中常需要对果蔬原料进行多次清洗。

（三）果蔬原料取汁前的预处理

含果汁丰富的果实，大都采用压榨法提取果汁；含汁液较少的果实，可采用浸提的

方法提取汁液。为了提高出汁率和果蔬汁的质量，取汁前通常要进行破碎、加热、加酶等预处理。某些果蔬原料根据要求还要进行去梗、去核、去籽或去皮等。

1. 原料的破碎

果蔬汁都存在于果蔬组织细胞中，只有打破细胞壁，细胞中的汁液和可溶性固形物才能出来，加之果肉破碎后，果块较小，果肉组织外露，可为榨汁做好准备，因此，取汁之前必对果蔬进行破碎处理，以提高原料的出汁率，特别是对于果皮较厚、果肉致密的果蔬，破碎尤其重要。

果蔬的破碎程度直接影响出汁率。如果破碎果块太大，榨汁时汁液流速慢，降低了出汁率；破碎粒度太小，在压榨时外层的果汁很快被榨出，形成了一层厚皮，使内层果汁流出困难，也会影响汁液流出的速度，降低出汁率，同时汁液中的悬浮物较多，不易澄清。

通过压榨取汁的果蔬，例如，苹果、梨、菠萝、芒果、番石榴以及某些蔬菜，其破碎粒度以 3~5mm 为宜；草莓、葡萄以 2~3mm 为宜；樱桃为 5mm。所用的破碎机有磨碎机、锤式破碎机、挤压式破碎机、打浆机等，并通过调节器控制粒度大小。桃和杏等水果可以用磨浆机将果实磨成浆状，并将果核、果皮除掉；许多种类的蔬菜如番茄可用打浆机加工成碎末状再行取汁；对于山楂果，按工艺要求，宜压不宜碎，可以选用挤压式破碎机，将果实压裂而不使果肉分离成细粒时最合适；葡萄等浆果也可选用挤压式破碎机，通过调节辊距大小，使果实破裂而不损伤种子。果实在破碎时常喷入适量的以氯化钠及维生素 C 配成的抗氧化剂，可防止或减少氧化作用的发生，以保持果蔬汁的色泽和营养。

2. 加热处理

由于在破碎过程中和破碎以后果蔬中的酶被释放，活性大大增加，特别是多酚氧化酶会引起果蔬汁色泽的变化，对果蔬汁加工极为不利。加热可以抑制酶的活性，使果肉组织软化，使细胞原生质中的蛋白质凝固，改变细胞膜的半透性，使细胞中可溶性物质容易向外扩散，有利于果蔬中可溶性固形物、色素和风味物质的提取。适度加热可以使胶体物质发生凝聚，使果胶水解，降低汁液的黏度，因而提高了出汁率。

加热处理的时间和条件应根据果蔬的种类和果蔬汁的用途决定。对于水果浓缩汁特别是清型浓缩汁的加工，果实热烫不宜过度。对于果胶含量高的水果原料，不宜加热果浆。因为热果浆会加速果胶物质水解，可溶性胶体物质进入果汁内，增加果汁的黏度，堵塞浆体的排汁通道，难以榨汁，降低出汁率，同时过滤和澄清也将困难。果胶量较低的水果原料，特别是多酚类物质含量较小的果浆可以加热，例如，红色葡萄、红色西洋樱桃、番茄、李子、山楂等水果，果胶含量高，汁液黏度大，榨汁困难，在破碎之后，需进行加热处理。一般热处理条件为温度 70~75℃、时间 10~15min，也可采用瞬时加热，加热温度 85~90℃，保温时间 1~2min。通常采用管式热交换器进行间接加热。

3. 酶法处理

榨汁时果实中果胶物质的含量对出汁率影响很大。果胶含量少的果实容易取汁，而果胶含量高的果实如苹果、樱桃、猕猴桃等，由于汁液黏度较大，榨汁比较困难。果胶酶可以有效地分解果肉组织小的果胶物质，使汁液黏度降低，容易榨汁过滤，缩短挤压时间，提高出汁率。

添加果胶酶制剂时，要使之与果肉均匀混合，可以在果蔬破碎时，将酶液连续加入破碎机中，使酶能均匀分布在果浆中；也可以用水或果汁将酶配成 1%～10% 的酶液，用计量泵按需要量加入。处理时要合理控制加酶量、酶解时间与温度。果胶酶制剂的添加量一般为果蔬浆质量的 0.01%～0.03%，酶反应的最佳温度为 45～50℃，反应时间 2～3h，若用量不足或时间过短，则果胶分解不完全，达不到目的；反之则分解过度。酶作用时的温度不仅影响分解速度，而且影响产品质量。具体处理的方法有如下几种。

（1）把一定数量的酶制剂加入果浆泥中，在室温下处理 6～12h，缩短室温下的酶处理时间，然后迅速加热到 80℃，保温 10min，趁热榨汁。这样能使果胶分解，获得满意的出汁率。

（2）酶的活性在 50℃ 左右比室温时提高许多倍。把一定数量的酶制剂加入果浆泥中，用热交换器把果浆泥加热到 45～55℃，保温 30～150min，然后榨汁。保温时间的长短取决于果浆泥的果胶含量、酶制剂的种类和添加量等因素。

（3）把果浆泥加热到 50℃ 左右，将一定数量的酶制剂加入果浆泥中，保温较短的时间（1h 左右），再加热到 80～85℃，保温 10～120s。这时酶被迅速钝化，能使果浆泥保持在一个理想的残余黏度，可显著提高果蔬原汁质量。

（4）对于色素含量丰富的果浆泥，为了防止酶处理阶段的过分氧化，通常将热处理和酶处理相结合，先用热交换器把果浆泥加热到 80～85℃，保温 10～120s，然后冷却到 50℃ 左右，加入酶保温 30～150min。这样可以提高制品的色素获得率和某些有效成分的含量。

果胶酶可以提高出汁率。因此可根据实际需要添加。

（四）取汁

果蔬的液体成分包含在它的组织细胞中，细胞的外围是一层由纤维素、半纤维素和果胶等物质组成的细胞壁，细胞壁内是原生质。在预处理过程中通过破碎、加热的操作，破坏了原生质的生理功能，使果蔬细胞中的汁液及可溶性物质渗透到细胞外面。但要分离出汁液，必须进一步使细胞破裂，施加压力分离或使其进入浸汁中。生产上通常采用压榨取汁。对于果汁含量少、取汁困难的原料，可采用浸提法取汁。

1. 榨汁

利用外部的机械挤压力，将果蔬汁从果蔬或果蔬浆中挤出的过程称为榨汁。由于果蔬原料种类繁多，制汁性能各异，所以，制造不同的果蔬汁，应根据果实的结构、果汁存在的部位及其成品的品质要求而采用不同的方法。大多数水果，其果汁包含在整个果实中，一般通过破碎就可榨取果汁，但某些水果如柑橘类果实和石榴果实等，都有一层很厚的外皮。榨汁时外皮中的不良风味和色泽的可溶性物质会一起进入到果汁，同时柑橘类果实外皮中的精油含有极容易变化的苧萜，容易生成萜品类物质而产生萜品臭，果皮、果肉和种子中存在柚皮苷和柠檬碱等导致苦味的化合物，为了避免上述物质大量地进入果汁中，这类果实就不宜采用破碎压榨的取汁法，而应采用逐个榨汁的方法。石榴皮中含有大量单宁物质，应先去皮后进行榨汁。

果实的出汁率取决于果实的种类、品种、质地、成熟度和新鲜度、加工季节、榨汁方法和榨汁机的效能等。从一定意义上说，它既反映果蔬自身的加工性状，也体现加工设备的压榨性能。目前，国内外通常采用的计算公式为

出汁率＝（榨出的汁液质量/被加工的水果质量）×100%

果实的破碎和榨汁，不论采用何种设备和方法，均要求工艺过程短、出汁率高，以最大程度地防止和减轻果蔬汁的色、香、味和营养成分的损失。

在榨汁过程中，为改善果浆的组织结构，提高出汁率或缩短榨汁时间，往往使用一些榨汁助剂如稻糠、硅藻土、珠光岩、人造纤维和木纤维等；榨汁助剂的添加量取决于榨汁设备的工作方式、榨汁助剂的种类和性质以及果浆的组织结构等。如压榨苹果时，添加量为0.5%~2%，可提高出汁率6%~20%。使用榨汁助剂时，必须使其均匀地分布于果浆中。几种果蔬的出汁率见表6.16。

表6.16 几种水果出汁率参考表

原料名称	果肉占原料百分含量/%	取汁方法	出汁率/%
湖南黄皮柑	72.3	螺旋压榨法	42.6（对原料计）
四川红柑	78.7	螺旋压榨法	50.7（对原料计）
湖南广柑	74.6	螺旋压榨法	47.4（对原料计）
四川广柑	73.1	切半锥汁法 螺旋压榨法 切半锥汁法	45.8（对原料计） 46.8（对原料计） 47.8（对原料计）
蕉柑	70~72	打浆机取汁法	50~55（对原料计）
温州蜜柑	75~77	螺旋压榨法	58~60（对原料计） 75~80（对果肉计）
菠萝	35~40	螺旋压榨法	50~60（对果芯计）
苹果	—	破碎压榨机取汁法	70~80（对原料计）
葡萄	—	破碎压榨机取汁法	70~80（对原料计）
番茄	—	破碎压榨机取汁法	80以上
厦门文旦柚	59~60	果肉破碎后螺旋压榨	55~56（对果肉计）
广西酸柚	39~48	果肉破碎后螺旋压榨	50（对果肉计）

榨汁采用榨汁机。榨汁机的种类很多，主要有杠杆式压榨机、螺旋式压榨机、液压式压榨机、带式压榨机、切半锥汁机、离心分离式榨汁机、控制式压榨机、布朗400型榨汁机等。

如图6.8所示为螺旋压榨机，为了使物料进入榨机后尽快受到压榨，螺杆的结构在长度方向随着螺杆内径增大而螺距减小，螺距小则物料受到的轴向分力增加，径向分压减小，有利于物料的推进。

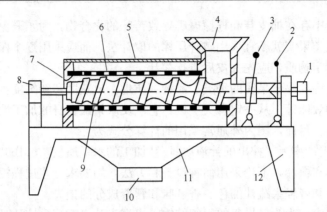

图 6.8　螺旋压榨机

1. 传动装置；2. 离合手柄；3. 压力调节手柄；4. 料斗；5. 机盖；6. 圆筒筛；
7. 环形出渣口；8. 轴承盒；9. 压榨螺杆；10. 出汁口；11. 汁液收集斗；12. 机架

如图 6.9 所示为带式压榨机，工作时，经破碎待压榨的固液混合物从喂料盒 1 中连续均匀地送入下网带 10 和上网带 5 之间，被两网带夹着向前移动，大量汁液被缓慢压出，并汇集于汁液槽 8 中，为了进一步提高榨汁率，该设备在末端设置了两个增压辊7，以增加线压力与周边压力。

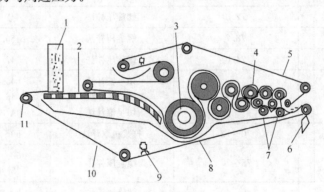

图 6.9　带式压榨机

1. 喂料盒；2. 筛筒；3，4. 压辊；5. 上压榨网带；6. 果渣刮板；
7. 增压辊；8. 汁液收集槽；9. 高压冲洗喷嘴；10. 下压榨网带；11. 导向辊

2. 浸提

对一些汁液含量较少，难以用压榨方法取汁的水果原料如山楂、梅、酸枣等需采用浸提取汁，对于像苹果、梨等通常用压榨法取汁的水果，为了减少果渣中果胶物质的含量，有时也用浸提法取汁。浸提汁色泽明亮，易于澄清处理，氧化程度小，微生物含量低，芳香成分含量高，适于生产各种果汁饮料。

浸提即是把水果细胞内的汁液转移到液态浸提介质中的过程，是利用果蔬原料中的可溶性固形物含量与浸汁（溶剂）之间存在浓度差，依据扩散原理，果蔬细胞中的可溶性固形物就会透过细胞进入浸汁中。

影响其效果的主要因素有加水量、浸提温度、浸提时间、果实压裂程度等。根据经验，以山楂为例，浸提时的果水质量比一般以 1∶（2.0～2.5）为宜；确定浸提温度主要考虑能使果细胞的原生质发生变性，破坏原生质膜，打开细胞膜的膜孔，以便可溶性固形物浸提出来，一般选择 60～80℃，最佳温度为 70～75℃；浸提时间越长，可溶性固形物的浸提越充分，在一般情况下，一次浸提时间 1.5～2h，多次浸提总计时间 6～8h 为宜；果实压裂后，果肉面积增大，与水接触机会增加，有利于可溶性固形物的浸提，因此，水果在浸提前，需进行破碎处理，且大小适宜。

浸提效果具体表现在出汁量和汁液中可溶性固形物的含量（折光度）两个指标上。如果用浸提率表示浸提效果，则浸提率与出汁率是不同的，浸提率是单位质量的果蔬原料被浸出的可溶性固形物的量与单位质量果蔬原料中所含可溶性固形物的比值，用公式表示为

$$浸提率 = \frac{单位质量果蔬中被浸出的可溶性固形物量}{单位质量果蔬中的可溶性固形物量} \times 100\%$$

出汁率与浸提时的加水量有关，加水量多，出汁率亦多，但汁液中的可溶性固形物含量会降低。为了提高浸提率，在浸提时间一定的条件下，出汁量和浸提汁浓度这两个指标应有一个合理和实用的范围。果蔬浸提汁不是果蔬原汁，是果蔬原汁和水的混合物，这是和压榨取汁的根本区别。

3. 打浆

在果蔬汁的加工中这种方法适用于果蔬酱和果肉饮料的生产。果蔬原料中果胶含量较高、汁液黏稠、汁液含量低，压榨难以取汁，或者是因为通过压榨取得的果汁风味比较淡，需要采用打浆法，果肉饮料都是采用这种方法，如草莓汁、芒果汁、桃汁、山楂汁等。果蔬原料经过破碎后，需要立即在预煮机中进行预煮，以钝化果蔬中酶的活性，防止褐变，然后进行打浆。生产中一般采用 3 道打浆，筛网孔径的大小依次为 1.0mm、0.8mm、0.5mm，经过打浆后果肉颗粒变小，有利于均质处理。如果采用单道打浆，筛眼孔径不能太小，否则容易堵塞网眼，如图 6.10 所示为打浆机结构图。

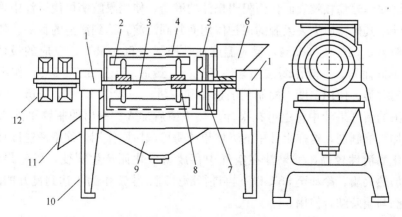

图 6.10　打浆机结构图

1. 轴承；2. 刮板；3. 转轴；4. 筛筒；5. 破碎桨叶；6. 进料口；
7. 螺旋推进器；8. 夹持器；9. 收集料斗；10. 机架；11. 出渣口；12. 传动系统

（五）粗滤

果蔬原料经过破碎和榨汁所得到的果蔬汁，其中果肉含量为 1%～3%，此外还含有一定数量的果肉纤维、种子、果皮和其他悬浮物，是一种粗果蔬汁，这些悬浮物不仅影响果蔬汁的外观和风味，而且还使果蔬汁容易变质。对于生产浑浊型果蔬汁，必须是在保存果蔬汁的色泽、风味和香味特性的前提下，除去分散在果汁中的大颗粒或悬浮粒，这一过程称为粗滤或筛滤。它可以伴随榨汁过程进行，也可以单独进行。对于生产清亮或透明型果蔬汁，在粗滤之后还要精滤，以尽量除去全部悬浮粒。

粗滤可在榨汁过程中进行或单机操作。粗滤设备一般为筛滤机，有水平筛、回转筛、圆筒筛、振动筛等。此类粗滤设备的滤孔大小约为 0.5mm 左右。

（六）澄清与过滤

1. 澄清

生产果蔬汁，除了粗滤外，还必须通过澄清和过滤，除去新鲜榨出汁中的全部悬浮颗粒和容易产生沉淀的胶粒。果蔬汁生产中常用的澄清方法有以下几种。

（1）自然沉降澄清法。将破碎压榨出的果汁置于密闭容器中，经过一定时间的静置，使悬浮物沉淀，且使果胶质逐渐水解而沉淀，从而降低果汁的黏度。在静置过程中，蛋白质和单宁也可逐渐凝聚成不溶性的物质而沉淀，所以经过长时间静置可以使果汁澄清。但果汁经长时间的静置，易发酵变质，因此必须加入适当的防腐剂或在 1～2℃的低温条件下保存。此法常用在亚硫酸保藏果汁半成品的生产上，也可用于果汁的预澄清处理，以减少精制过程中的沉渣。

（2）酶法澄清。加酶澄清法是利用果胶酶、淀粉酶等来分解果汁中的果胶物质和淀粉等，使果蔬汁中的胶体失去果胶的保护作用而沉淀下来，达到澄清目的。

大多数果汁中含有 0.2%～0.5%的果胶物质，会使果汁浑浊不清，特别是果胶还能裹覆在许多浑浊物颗粒表面，而阻碍果汁的澄清。使用果胶酶可使果汁中果胶物质降解，使果汁中其他物质失去果胶的保护作用而共同沉淀，达到澄清的目的。使用果胶酶的用量一般为 0.01%～0.05%，反应温度通常控制在 50～55℃。反应的最佳 pH 因果胶酶种类不同而异，一般在弱酸性条件下进行，最适 pH 为 3.5～5.5，作用时间取决于果蔬汁的种类、作用温度、酶制剂的选择和用量，一般要 45～120min。酶制剂可直接加入榨出的新鲜果汁中，也可在果汁加热杀菌后加入。榨出的瓶鲜果汁未经加热处理，直接加入酶制剂，这样果汁中的天然果胶酶可起协同作用，使澄清速度加快。有些水果中氧化酶活性较高，鲜果汁在空气中存放易氧化而产生褐变，可将果汁经 80～85℃短时加热灭酶，冷却至 55℃以下再进行酶处理。生产中为了达到良好的澄清效果，常将果胶酶与明胶结合使用。

未成熟的仁果类水果原料含淀粉，采用先进的榨汁设备时，常常使大量的淀粉进入果汁中。现代加工技术往往是连续作业，果汁进入热交换器后，淀粉糊化并逐渐老化，以悬浮状态存在于果汁中而难以除去，特别是灌装后能以淀粉—单宁络合物形式出现而导致后浑浊，在这种情况下，使用淀粉酶分解淀粉，以 30~35℃为适宜。

酶制剂用量视果汁性质和酶活力而定，生产中按照使用说明，通过预备试验确定最佳用量。

（3）明胶单宁澄清法。此法系利用单宁与明胶络合成不溶性的鞣酸盐而沉淀的作用来澄清果汁。压榨出的新鲜果汁本身就含有少量的单宁，单宁与明胶或鱼胶、干酪素等蛋白质物质可形成明胶单宁酸盐络合物，随着络合物的沉淀，果汁中的悬浮颗粒被缠绕而随之沉淀。此外果汁中的果胶、纤维素、单宁及多缩戊糖等带有负电荷；在酸性介质中明胶带正电荷，正负电荷中和，从而破坏果蔬汁稳定，凝结沉淀，也可使果汁澄清。

明胶的使用量要控制好。如果明胶过量，不仅会妨碍聚集过程，反而能保护和稳定胶体，其本身形成一胶态溶液，影响果汁成品的清澈性。明胶有与花色苷类色素反应的倾向，特别是对含单宁量少的果汁更能引起变色和变味。果汁的 pH 和其中所存在的某种电解质，特别是高铁离子，可能影响明胶的沉淀能力。明胶的用量因果汁的种类和明胶的种类而不同，故对每一种果汁、每一种明胶和单宁，均需在使用前进行澄清试验，然后确定使用量。

（4）冷冻澄清法。冷冻可改变胶体的性质，而在解冻时破坏胶体而形成沉淀。将果蔬汁置于-4~-1℃的条件下，冷冻 3~4d，解冻时可使悬浮物形成沉淀，故雾状浑浊的果汁经冷冻后容易澄清。这种作用对于苹果汁尤为明显，葡萄汁、草莓汁和柑橘汁也有这种现象。因此，可以利用冷冻法澄清果汁。

（5）加热凝聚澄清法。将果蔬汁迅速加热到 80~85℃，保温 80~90s，然后快速(1~2min) 冷却至室温。由于温度的骤变，使果蔬汁中的蛋白质和其他胶体物质发生变性，凝固并沉淀析出，达到澄清的目的。此法简便、效果好，所以应用较为普遍。由于加热时间短，对果汁的风味影响很小。为避免有害的氧化作用，并使挥发性芳香物质的损失降至最低限度，加热必须在无氧条件下进行，一般可采用密闭的管式热交换器或瞬间巴氏杀菌器进行加热和冷却。加热澄清法的主要优点是能在果汁进行巴氏杀菌的同时进行加热。

（6）超滤澄清法。目前，超滤工艺应用最广泛的是苹果汁澄清工序，可大大简化苹果汁的澄清过程。先将苹果汁在 50℃左右酶处理 1h 左右，再进行超滤，然后将果汁浓缩到 70Bx。使用超滤法的优点：可以在密闭回路中操作，不会受到氧化影响；可以在不发生相的变化下操作，挥发性成分损失小；可以实现自动化，果蔬汁产量可提高 5%~7%。从成品质量方面看，这是一种理想的果汁澄清法。

2. 过滤

果蔬汁澄清后必须进行过滤操作，将果蔬汁中的沉淀和悬浮物分离出来，使果蔬汁澄清透明。果汁中的悬浮物可借助重力、加压或真空使果蔬汁通过各种滤材而过滤除去悬浮物。常用的过滤设备有袋滤器、纤维过滤器、板框压滤机、真空过滤器、离心分离机等，滤材有帆布、不锈钢丝网、纤维、石棉和硅藻土等，所以果蔬汁中的悬浮物可利用压滤、抽滤和离心分离的方法去除。

（1）压滤法。压滤法是借助外压使果蔬汁通过过滤机而与非水溶性杂质分离的过滤方法。

（2）真空抽滤法。真空抽滤法是使过滤滚筒内产生真空，利用压力差使果汁渗透过助滤剂，从而得到澄清果汁。过滤前，在真空过滤器的过滤筛外表面涂一层助滤剂，过滤筛下半部分浸没在果汁中。经真空泵产生真空将果汁吸入滚筒内部，而固体颗粒沉积在过滤层表面上形成滤饼。过滤滚筒以一定速度转动，滤饼刮刀不断刮除滤饼，可保持过滤流量恒定。

（3）离心分离法。离心分离是用外加的离心力来完成固液分离的。常用碟式、螺旋式离心分离设备来排除果汁中的浑浊物。

（七）均质与脱气

均质和脱气是浑浊果蔬汁生产中的特有工序。它是保证果蔬汁稳定性和防止果蔬汁营养损失、色泽变差的重要措施。

1. 均质

均质的目的是使混浊果汁中的不同粒度、不同密度的果肉颗粒进一步破碎并使之均匀，同时促进果胶渗出，增加果汁与果胶的亲和力，抑制果汁分层并产生沉淀，使果汁保持均匀稳定。均质一般多用于玻璃罐包装浑浊果汁，马口铁罐包装较少采用，冷冻保藏的果汁和浓缩果汁也无均质的必要。

2. 脱气

脱气是为了除去或脱去果蔬汁中的氧气和呼吸作用的产物如二氧化碳等气体，由于它们在果汁加工过程中，能以溶解态进入果汁中或被吸附在果肉微粒和胶体的表面，使果汁中的气体含量大大增加，影响果蔬汁的质量，需要进行脱气处理。脱除氧气可以减少或避免果汁成分的氧化，减少果汁色泽和风味的变化，防止马口铁罐的腐蚀，避免悬浮粒吸附气体而漂浮于液面，以及防止装罐和杀菌时产生泡沫，防止影响杀菌效果，保持果蔬汁良好的外观。在脱气过程中由于会导致果汁中挥发性芳香物质的损失，必要时可对芳香物质进行回收，重新加入到果汁中。

常用的脱气方法有真空脱气法、气体交换法、酶法脱气和抗氧化剂法等。

（八）浓缩

新鲜果蔬汁的可溶性固体物质含量一般在5%～20%。果蔬汁的浓缩就是从果蔬汁中去除部分水分，使果汁的固形物含量提高到60%～75%。果蔬汁经过浓缩可提高糖度和酸度，增加产品化学稳定性，抑制微生物繁殖；由于浓缩使果蔬汁的体积缩小至原来体积的1/7～1/6，大大节约了储存容器和包装运输费用，并可以满足各种饮料加工多用途的需要。在生产浓缩果蔬汁时，应该保留新鲜水果原有的天然风味和营养价值，在稀释和复原时，必须具备与原果汁相似的品质。

1. 真空浓缩法

真空浓缩法，即采用真空浓缩设备在减压条件下加热，降低果汁沸点温度，使果汁中的水分迅速蒸发。这样既可缩短浓缩时间，又能较好地保持果汁质量。目前已成为制备各种水果浓缩汁的最重要和使用最为广泛的一种浓缩方法。其操作条件：浓缩温度一般为 25～35℃，不宜超过 40℃，真空度约为 94.7kPa。这种温度较适合于微生物的繁殖和酶的作用。为此，果汁浓缩前应进行适当的瞬间杀菌和冷却。各类果汁中以苹果汁较耐热，可采取较高的温度进行浓缩，但也不宜超过 53℃。

水果中的芳香物质在真空浓缩过程中会有所损失，使制品风味平淡，所以在果蔬汁浓缩前可先将芳香物质提取回收，然后再加回到浓缩后的果蔬汁中。

真空浓缩设备由蒸发器、冷凝器和附属设备等组成。蒸发器是真空浓缩设备的关键组件，主要由加热器和分离器两部分组成，加热器是利用水蒸气为热源加热被浓缩的物料，为强化加热过程，采用强制循环代替自然循环，分离器的作用是将产生的二次蒸汽与浓缩液分离。按加热蒸汽利用次数来分，有单效浓缩设备和多效浓缩设备；按蒸发器中加热器的结构特征来分，有各种管式蒸发器、板式蒸发器、薄膜式蒸发器和离心薄膜蒸发器等。

2. 冷冻浓缩法

将果汁进行冻结，果汁中的水即形成冰结晶，分离去这种冰结晶，果汁中的可溶性固形物就得到浓缩，从而得到浓缩果汁。这种浓缩果汁的浓缩程度取决于冰点温度，果蔬汁冰点温度越低，浓缩程度越高。如当苹果汁糖度含量为 10.80% 时，冰点为 −1.30℃，而糖度含量为 63.7% 时，则冰点为 −18.60℃。冷冻浓缩的工艺过程可分为 3 个阶段，即结晶（冰晶的形成）、重结晶（冰晶的成长）、分离（冰晶与液相分离）。冷冻浓缩的方法和装置很多，如图 6.11 所示为荷兰 Grenco 公司的冷冻浓缩系统，它是目前食品工业中应用较成功的一种装置。在此系统中，果蔬汁通过刮板式热交换器结晶，进入再结晶罐，冰晶体增大后重结晶，最后冰晶体和浓缩物被泵至洗涤塔而分离冰晶，如此反复，直至达到浓缩要求。

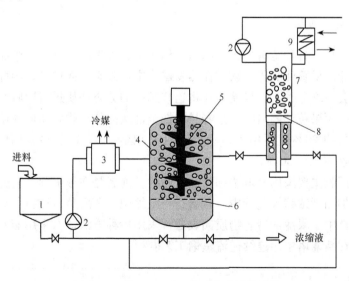

图 6.11　荷兰 Grenco 公司冷冻浓缩系统

1. 原料罐；2. 循环泵；3. 刮板式热交换器；4. 再结晶罐（成熟罐）；5. 搅拌器；

6. 过滤器；7. 洗净塔；8. 活塞；9. 冰晶融解用热交换器

　　冷冻浓缩法避免了热及真空的作用，没有热变性，不发生加热臭。挥发性风味物质损失极微，产品质量较蒸发浓缩的产品好，尤其是对热敏感的柑橘汁效果最显著。冷冻浓缩中热量消耗少，冻结水所需要的热量约为 334.9kJ/kg，蒸发水所需要的热量为 2260.8kJ/kg，因此，从理论上讲冷冻浓缩工艺的能耗仅是加热蒸发工艺的 1/7 左右。冷冻浓缩可获得色泽正、风味好、品质优良的果蔬汁，是目前最好的一种果蔬汁浓缩方法。

　　冷冻浓缩法不足之处是在浓缩过程中，细菌和酶的活性得不到杀灭，浓缩汁还必须再经过热处理或冷冻保藏；冰晶需与浓液分离，一般果蔬汁黏度愈高，分离就愈困难，同时冰结晶中吸入少量的果汁成分，会造成果汁成分损失；另外，效率比蒸发浓缩法差，浓缩浓度不能超过 55%；冷冻设备昂贵，运营成本高，生产能力小，产品浓缩度低。这些是制约该工艺广泛应用的主要原因。

　　3. 反渗透浓缩

　　反渗透技术是一种膜分离技术，是借助反渗透压力将溶质与溶剂分离，其分离原理详见项目二水处理相关内容，广泛应用于海水的淡化和纯净水的生产。在果蔬汁工业上可用于果蔬汁的预浓缩，与传统的蒸发法相比，具有以下优点：不需加热，可在常温下进行分离或浓缩操作，因此在操作过程中，分离对象的品质变化极小；在密封回路中进行操作，因此不受氧的影响；在不发生相变的条件下进行操作，因此挥发性成分损失少；在操作中所需要的能量约为蒸发式浓缩法的 1/17，是冻结浓缩法的 1/2。因此，此法有利于提高成品质量和节约能源。

　　反渗透需要与超滤和真空浓缩结合起来才能达到较为理想的效果，其过程为：混浊汁→超滤→澄清汁→反渗透→浓缩汁→真空浓缩→浓缩汁。

　　4. 芳香物质的回收

　　新鲜果蔬汁具有各种特有的芳香物质，构成了各种果蔬，甚至某个品种特有的、典型的滋味和香味。果蔬汁的芳香物质在蒸发操作中，随蒸发而逸散。因此，新鲜果蔬汁进行浓缩之后会缺乏芳香，这样就必须将这些逸散的芳香物质进行回收浓缩，加回到浓缩果汁，以保持原果蔬汁的风味。最好是能把全部逸散的芳香物质回收浓缩，实际上能回收到果汁中的约 20% 就不错了。苹果汁回收 8%～10%，黑醋栗回收 10%～15%，葡萄、香橙回收 26%～30%。

　　芳香物质回收主要采用萃取法和蒸馏法两种。前者是在浓缩前，首先将芳香成分分离回收，然后加回到浓缩果蔬汁中；后者是将浓缩中的蒸发蒸汽进行分离回收，然后加回到浓缩果蔬汁中。果蔬汁芳香物质回收通常采用后种方法，对采用蒸发工艺分离出的芳香物质，再在精馏塔中用连续逆流蒸馏工艺获得。

　　（九）调配

　　有些果蔬汁并不适合消费者的口味，为使果蔬汁符合产品规格要求和改进风味，需要适当调整糖酸比例。除采用不同品种的原料混合配制外，也可以在鲜果蔬汁中加入少量白砂糖和食用酸（柠檬酸或苹果酸）以调整糖酸比例。但调整幅度不能太大，以免失去果蔬汁原有风味。绝大多数果蔬汁成品的糖酸比例一般在（13∶1）～（18∶1）左右为宜。

1. 糖度测定和调整方法

用折光仪或糖度计测定原果蔬汁的含糖量（即可溶性固形物含量），再按下式计算，然后补充浓糖液。

糖度调整是将糖料放入夹层锅内，加水溶化后过滤，并在不断搅拌下加入到果蔬汁中，调和均匀后，测定其含糖量，如不符合产品规格，可再适当调整。

$$m = \frac{m_1(w_2 - w_1)}{w - w_2}$$

式中：m——需补加浓糖液质量，kg；

　　　w——浓糖液的质量分数，%；

　　　m_1——调整前果蔬汁质量，kg；

　　　w_1——调整前果蔬汁含糖量，%；

　　　w_2——调整后果蔬汁含糖量，%。

2. 酸度测定和调整方法

首先测定其酸度大小，根据果蔬汁要求的酸度含量按下式计算出果蔬汁所需补加的食用酸量，然后按所需酸度进行调整。

$$m_2 = \frac{m_1(w - w_1)}{w_2 - w}$$

式中：m_1——果蔬汁质量，kg；

　　　m_2——需补加的柠檬酸液量，kg；

　　　w——要求调整的酸度，%；

　　　w_1——调整前果蔬汁含酸量，%；

　　　w_2——柠檬酸液的质量分数，%。

3. 其他成分调整

果蔬汁除进行糖酸调整外，还需要根据产品的种类和特点进行色泽、风味、黏稠度、稳定性和营养素的调整。所使用的食用色素、各种香精、防腐剂、稳定剂等按绿色食品规定加入。

4. 果蔬汁混合

许多水果如苹果、葡萄和柑橘等，虽然能单独制得优质的果蔬汁产品，但与其他品种水果适当配合则会更好。不同品种的果蔬汁互相混合可以取长补短，制成品质优良的混合果蔬汁，这也是饮料生产企业不断开发适销对路新产品的途径，混合汁饮料是果蔬汁饮料加工的发展方向。

（十）杀菌与包装

1. 果蔬汁的杀菌

果蔬汁的杀菌是指杀灭果蔬汁中存在的微生物（细菌、霉菌和酵母等）或使酶钝化的操作过程。目前，杀菌方法主要有高温短时加热杀菌和非加热杀菌（冷杀菌）两大类。由于加热杀菌有可靠、简便和投资小等特点，在现代果汁加工中，仍是应用最普遍的杀菌方法，但加热对果蔬汁的品质有明显的影响。为了达到杀菌目的而又尽可能降低对果蔬汁品质的影响，必须选择合理的加热温度和时间。各种果蔬汁加热杀菌条件的确定，要根据果蔬汁的种类、pH、包装材料、包装容器的大小、工艺条件的不同而异。根据用途和条件的不同分为低温杀菌（巴氏杀菌）、高温短时杀菌（HTST）和超高温瞬时杀菌（UHT）。

果汁通过巴氏杀菌（75～85℃、20～30min）可以杀灭导致果汁腐败的微生物和钝化果汁中的酶。但由于加热时间太长，果蔬汁的色泽和香味都有较多的损失，尤其是混浊果汁，容易产生煮熟味，现在生产中很少使用。对于 pH<4.5 的高酸性果汁，采用高温短时杀菌（HTST），一般杀菌条件为 91～95℃保持 15～30s。而对于 pH>4.5 的果蔬汁，广泛采用超高温瞬时杀菌（UHT），一般杀菌条件为 120～130℃保持 3～10s。对于蔬菜汁不仅产品的 pH 高，而且土壤中耐热菌污染的机会较多，如芽孢杆菌，杀菌时特别需要注意。目前，无菌包装技术的快速发展，使越来越多的企业采用超高温杀菌（UHT）工艺对果汁杀菌后进行无菌灌装。

非加热杀菌（冷杀菌）主要是指用紫外线及脉冲电场技术等方法进行杀菌。

由于紫外线的穿透性差和遮蔽效应，一般限于表面杀菌，现采用一种装置，即使用透明的管环绕在一个螺旋线上，利用湍流作用使果蔬汁不断形成一个连续的新表面，从而杀灭微生物。这种方法用于苹果汁、柑橘汁、胡萝卜汁及它们的混合汁的灭菌，都取得了满意的结果，而且对果蔬汁的风味无任何影响。

脉冲电场技术是将食品置于一个带有两个电极的处理室中，然后给予高压电脉冲，形成脉冲电场并作用于处理室中的食品，由于在外加电场的作用下细胞膜压缩并形成小孔，通透性增加，小分子如水透过细胞膜进入细胞内，致使细胞的体积膨胀，最后导致细胞膜破裂，细胞内容物外漏而细胞死亡，使食品得以长期储存。PEF技术中的电场强度一般为 15～80kV/cm，杀菌时间非常短，不足 1s，通常是几十微秒便可以完成。

对于果蔬汁杀菌，只能使果蔬汁中已存在的微生物被杀灭和使酶钝化，而对于杀菌后再次污染的微生物就没有作用了。因此，即使是充分地进行过杀菌，但在杀菌之后如处理不当，仍然不能达到较长期保藏的目的，原则上果蔬汁是在灌装之前进行杀菌。

2. 果蔬汁的灌装

灌装方法有高温灌装法和低温灌装法两种。高温灌装法是在果蔬汁杀菌后，处于热状态下进行灌装的，是利用果蔬汁的热量对容器内表面进行杀菌，若密封性完好，就能继续保持无菌状态，包装容器中心温度控制在 50℃ 以上，如果采用真空封口，果汁温度可稍低些。

同时由于满量灌装，冷却后果汁容积缩小，容器内形成一定真空度，能较好地保持果汁品质。但是果蔬汁如较长时间处于高温下，会引起品质下降。低温灌装法是将果蔬汁加热到杀菌温度之后，保持短时间，然后通过热交换器快速冷却至常温，甚至冷却至5℃，再将冷却后的果蔬汁进行灌装。这样，热对果蔬汁品质的继续影响很小，可得到优质产品。采用这种方法，对于要求长期保藏的产品，杀菌之后的各种操作应是在无菌条件（满足三个基本条件即食品无菌、包装材料无菌和包装环境无菌）下进行。果汁饮料的灌装，除纸质容器外，几乎都采用热灌装。

3. 果蔬汁的包装

果蔬汁的包装方法因果蔬汁品种和容器种类而有所不同。果蔬汁及其饮料的包装容器经历了玻璃瓶包装→金属罐包装→纸包装→塑料瓶包装的发展过程。目前市面上果蔬汁及其饮料的包装基本上是上述四种形式并存。

（1）纸包装。目前提供无菌纸包装的公司有瑞士的利乐公司（Tetra Pak）、德国的KF（KF Engineer GmbH）工程公司以及美国的国际纸业（International Paper）公司等。纸包装的外形有砖形和屋顶形两种。包装材料由 PE/纸/PE/铝箔/PE 等五层组成。利乐包是将纸卷在生产过程中先通过杀菌，然后依次完成成型、灌装、密封（Form-Fill-Seal）等过程，而康乐包（Combiblock）是先预制纸盒，在生产过程中通过杀菌后再完成灌装、密封过程。

（2）塑料瓶。主要有聚酯（PET）瓶和双轴拉伸聚丙烯瓶。

（3）玻璃瓶。瓶形较以前有很大不同，设计美观，以三旋盖代替皇冠盖。

（4）金属罐。以三片罐为主，近年来也有在果蔬汁中充氮气的二片罐装果蔬汁。

近年来塑料、纸材料充当了果蔬汁包装的主角，它们往往应用在以超高温瞬时灭菌技术（UHT 灭菌）和无菌包装技术生产的果蔬汁中。

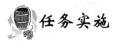 **任务实施**

实训任务四 绿色食品 草莓汁饮料的制作

【生产标准】

（1）处理过程中按绿色食品生产要求：中华人民共和国农业部发布的《中华人民共和国农业行业标准：绿色食品 果蔬汁饮料》（NY/T 434—2007）执行。

（2）绿色食品生产中所使用的食品添加剂应遵照中华人民共和国农业部批准的《中华人民共和国农业行业标准：绿色食品 食品添加剂使用准则》（NY/T 392—2000）执行。

【实训内容】

一、训练目的

(1) 熟悉绿色食品 草莓汁饮料对原料和其他辅料的要求。

(2) 了解果蔬汁饮料生产中的主要问题。

(3) 掌握草莓汁生产的工艺要点。

二、原辅材料

草莓，稳定剂（CMC），甜味剂（甘草），酸味剂（柠檬酸）。

三、仪器设备与工用具

打浆机，胶体磨，不锈钢锅，不锈钢盆，电炉，纱布等。

四、操作步骤

（一）工艺流程

草莓→清洗→去除果柄→预煮→打浆破碎→过滤（4 层纱布）→胶体磨处理→调配和混合（稳定剂＋酸味剂＋甜味剂）→胶体磨细磨→煮浆→（排气及杀菌处理→冷却→包装→）检验、成品。

（二）操作要点

1. 选果

做草莓汁的草莓，以充分成熟的获得绿色食品认证的草莓果实为佳，此期出汁多，风味浓。

2. 漂洗、去杂

将选好的草莓用清水冲洗干净，去除果梗、花萼，剔除烂果及其他杂质。

3. 煮制（或热烫）

将漂洗干净、去杂后的精选草莓放入不锈钢锅中（忌用铁锅），在草莓里加少量水，然后煮制，温度控制在 70～80℃。

4. 打浆

将其进行打浆。在打浆破碎的同时，加入一定量的水（10％～15％），以保证果肉与种籽的分离。

5. 过滤

后用 2～3 层纱布过滤。过滤时可用器具协助挤压以利多出汁。为增加出汁量，可将滤渣再加少量水煮沸后再过滤。

6. 调配和混合

将滤液称重，按 14% 和 0.2% 的重量，添加糖和柠檬酸，CMC 0.1%~0.2%。

7. 灭菌

将添加好糖及柠檬酸的滤液搅拌均匀后放在炉火上加热到 80~85℃，保持 20min 进行灭菌。

8. 冷却、包装

9. 检验、成品

五、产品质量检查要求标准

感观质量标准指标：
(1) 色泽。呈浅红至红色，有光泽。
(2) 滋味与气味。具有草莓果应有的滋味和气味，味气协调，酸甜适口，无异味。
(3) 组织及形态。组织细腻，均匀，无杂质，无沉淀，澄清透明，不允许有悬浮物存在。
(4) 草莓汁 40%，含糖量 14%，含酸量为 0.2%。

六、实训后续要求

(1) 对所做草莓汁随机抽取某项关键指标进行检验，看是否达到绿色食品的要求。
(2) 针对所测指标进行分析。

实训任务五　绿色食品混浊芒果汁（带果肉）饮料的制作

【生产标准】
(1) 处理过程中按绿色食品生产要求：中华人民共和国农业部发布的《中华人民共和国农业行业标准：绿色食品　果蔬汁饮料》（NY/T 434—2007）执行。
(2) 绿色食品生产中所使用的食品添加剂应遵照中华人民共和国农业部批准的《中华人民共和国农业行业标准：绿色食品　食品添加剂使用准则》（NY/T 392—2000）执行。

【实训内容】

一、训练目的

(1) 熟悉绿色食品混浊芒果汁（带果肉）饮料对原料和其他辅料的要求。
(2) 掌握混浊果汁的制作方法。
(3) 掌握绿色食品混浊芒果汁（带果肉）饮料均质和脱气的具体要求，领会关键环节。

二、原辅材料

绿色食品芒果、白砂糖、柠檬酸、琼脂、芒果香精等。

三、仪器设备与工用具

预处理器、打浆机、均质机、脱气装置、调配罐、离心机、瞬时灭菌机、灌装机、包装容器（塑料袋、250mL玻璃瓶、利乐盒）等。

四、操作步骤

1. 工艺流程

鲜芒果→清洗→热烫→去皮去核→果肉打浆→离心分离→芒果汁→加糖、酸、水等调配→均质→脱气→杀菌→热灌装封口→冷却→成品。

2. 配方

芒果原汁 35％；砂糖 6％；蛋白糖 0.05％；柠檬酸 0.35％；稳定剂（0.03％黄原胶＋0.06％抗酸性 CMC）；琼脂 0.1％；芒果香精适量。

3. 操作要点

（1）原料：可用成熟鲜芒果（如象牙芒）经处理制成的浆料，也可以是芒果原浆、肉粒半成品。

（2）离心分离：去除纤维，用高速碟片式离心机完成。

（3）调配：果汁糖度应按国际通用标准 12～17°Bx 去调；酸度 0.1％。

（4）均质、脱气：要求微粒尺寸减小到 0.5～0.6mm 或更细，同时有条件的话应真空雾化除去 O_2，保存维生素 C，防香味变劣。

（5）杀菌冷却：最好用高温瞬时杀菌和微波杀菌。

（6）包装：常用 200mL 金属易拉罐、塑料易开罐等包装。

五、产品质量检查要求标准

（1）色泽：具有芒果天然的黄亮色。

（2）质地：均匀混浊，不分层。

（3）香气：清香宜人，具有芒果的清香。

（4）滋味：甜酸适中，味感纯正，柔和。

六、实训后续要求

（1）结合所做产品，查阅相关资料，比较澄清果汁和混浊果汁在工艺上的异同。

（2）准备资料，设计两种以上符合绿色食品要求的复合果蔬汁配方。

产品检验及其他

一、绿色食品果蔬汁及其饮料生产中的质量控制

果蔬汁在生产、储藏和销售过程中经常出现败坏、变色、变味等质量问题，如何防止这些现象的产生，是生产中较突出的问题，也是提高果蔬汁饮料品质的关键。只有建立良好的操作规范（GMP）和实行危害分析及关键控制点管理（HACCP），才能有效地防止这些问题。

1. 果蔬汁的败坏

1）细菌的危害

果蔬汁中常见的细菌有乳酸菌、醋酸菌和丁酸菌。乳酸菌耐二氧化碳，在真空和无氧条件下繁殖生长，其耐酸力强，温度低于8℃时活动受到限制，除产生乳酸外，还有醋酸、丙酸、乙醇等，并产生异味。醋酸菌、丁酸菌等能在嫌气条件下迅速繁殖，引起苹果汁、梨汁、橘子汁等败坏，使汁液产生异味，对低酸性果蔬汁具有极大危害。

2）酵母菌的危害

酵母是引起果蔬汁败坏的重要菌类，可引起果蔬汁发酵产生乙醇和大量的二氧化碳，产生浑浊、胀罐现象，甚至会使容器破裂。有时可产生有机酸，分解果实中原有的酸；有时也可产生酯类物质等。

3）霉菌的危害

霉菌主要侵染新鲜果蔬原料，当原料受到机械伤后，霉菌迅速侵入，造成果实腐烂，霉菌污染的原料混入后易引起加工产品的霉味。这类菌大多数都需要氧，对CO_2敏感，热处理时大多数被杀死。它们在果蔬汁中破坏果胶引起果蔬汁浑浊，分解原有的有机酸，产生新的异味酸类，使果蔬汁变味。

果蔬汁中所含的化学成分如碳水化合物、有机酸、含氮物质、维生素以及矿物质等均是微生物生长活动所必需的，因此在加工中必须采取各种措施，尽量避免微生物污染。在保证果蔬汁饮料质量的前提下，杀菌必须充分，适当降低果蔬汁的pH，有利于提高杀菌效果等。

2. 果蔬汁的色泽变化

果蔬汁色泽的变化比较明显，包括色素物质引起的变色和褐变引起的变色两种变化。果蔬汁发生非酶褐变产生黑色物质，使其颜色加深。果实组织中的酶，在破碎、取汁、粗滤、泵输送等加工过程中接触空气，多酚类物质在酶的催化下氧化变色，即果蔬汁发生酶褐变。在金属离子作用下果蔬汁的酶褐变速度更快。果蔬汁加工中应尽量降低受热程度，控制pH<3.2，避免与非不锈钢的器具接触，延缓果蔬汁的非酶褐变。生产中除采用减少空气、避免金属离子作用以及低温、低pH储藏外，还可添加适量的抗坏血酸及苹果酸等抑制酶褐变，以减少果蔬汁色泽变化。

3. 果蔬汁饮料的混浊与沉淀

1）澄清果蔬汁的混浊沉淀

引起澄清果蔬汁混浊沉淀的主要原因是加工过程中澄清处理不当、杀菌不彻底或杀菌后微生物再污染。为防止不同果蔬汁的浑浊和沉淀，需要根据具体情况采取相应措施。在加工过程中严格澄清和杀菌质量，是减轻果蔬汁浑浊和沉淀的重要保障。

2）混浊果蔬汁的沉淀和分层

导致混浊果蔬汁产生沉淀和分层现象的主要原因有果蔬汁中残留的果胶酶水解果胶，使汁液黏度下降，引起悬浮颗粒沉淀；微生物繁殖分解果胶，并产生导致沉淀的物质；加工用水中的盐类与果蔬汁中的有机酸反应，破坏体系的 pH 和电性平衡，引起胶体及悬浮物质的沉淀；香精的种类和用量不合适，引起沉淀和分层；果蔬汁中所含的果肉颗粒太大或大小不均匀，在重力的作用下沉淀；果蔬汁中的气体附着在果肉颗粒上时，使颗粒的浮力增大，引起果蔬汁分层；果蔬汁中果胶含量少，体系强度低，果肉颗粒不能抵消自身的重力而下沉等。生产上要根据具体情况进行预防和处理。但在榨汁前后对果蔬原料或果蔬汁进行加热处理，破坏果胶酶的活性，严格均质、脱气和杀菌操作，是防止混浊果蔬汁沉淀和分层的主要措施。

4. 果蔬汁饮料的悬浮稳定性问题

果粒果肉饮料中含有明显的果肉颗粒，其悬浮问题是加工中的一项关键技术。为了增加果粒果肉饮料的悬浮稳定性，生产上可采取一些措施，如使果粒颗粒密度与汁液的密度接近；添加合适的稳定剂增加汁液的强度等。

5. 果蔬汁的农药残留

农药残留主要来自果蔬原料本身，是由于果园或田间管理不善，滥用农药或违禁使用一些剧毒、高残留农药造成的。通过实施良好农业规范（GAP），加强果园或田间的管理，减少或不使用化学农药，生产绿色或有机食品，完全可以避免农药残留的发生。果蔬原料清洗时根据使用农药的特性，选择一些适宜的酸性或碱性清洗剂也有助于降低农药残留。

二、绿色食品果蔬汁及其饮料产品的质量标准

结合《绿色食品 果蔬汁饮料》（NY/T 434—2007），绿色食品果蔬汁饮料的质量标准主要包括感官、理化指标、微生物及卫生指标见表 6.17～表 6.20。

表 6.17 绿色食品果蔬汁饮料的感官要求

项 目	指 标
色泽	具有本品应用的色泽
滋味和气味	具有本品应有的滋味和香气，酸甜适口，无异味
组织状态	清澈或混浊均匀。除清汁型外，允许有少量沉淀或轻微分层，但摇动后混浊均匀
杂质	无肉眼可见的外来杂质

表 6.18　绿色食品果蔬汁饮料的理化要求（以 100g 计）

项　　目	指　　标					
	浓缩果汁	浓缩蔬菜汁	果汁	蔬菜汁	果汁饮料	蔬菜汁饮料
可溶性固形物（20℃折光计法）/g	≥12.0	≥6.0	≥8.0	≥4.0	≥4.5	≥4.0
总酸（以柠檬酸计）/g	≥0.2	—	≥0.1	—	≥0.1	—

注：主原料包括水果和蔬菜的产品，项目的指标值按蔬菜原料的相应产品执行。

表 6.19　绿色食品果蔬汁饮料的微生物学指标

项　　目	指　　标
菌落总数/(cfu/g)	≤100
大肠菌群/(MPN/100g)	≤3
霉菌与酵母/(cfu/g)	≤20
致病菌（沙门氏菌、志贺氏菌、金黄色葡萄球菌、溶血性链球菌）	不得检出

表 6.20　绿色食品果蔬汁饮料的卫生指标　　　　　　　　　单位：mg/kg

项　　目	指　　标	项　　目	指　　标
总汞（以 Hg 计）	≤0.02	胭脂红[b]	≤50
铅（以 Pb 计）	≤0.05	日落黄[c]	≤100
总砷（以 As 计）	≤0.1	柠檬黄[c]	≤100
铜（以 Cu 计）	≤5.0	三梨酸	≤500
锌[a]（以 Zn 计）	≤5.0	苯甲酸	不得检出
铁[a]（以 Fe 计）	≤15	糖精钠	不得检出
锡[a]（以 Sb 计）	≤200	环己基氨基磺酸钠	不得检出
铜、锌、铁总和[a]	≤20	二氧化硫	≤10
苋菜红[b]	≤50	—	—

注：a. 仅适用于金属罐头；b. 仅适用于红色的产品；c. 仅适用于黄色的产品。

 作业

1. 糖浆的制备注意事项有哪些？
2. 对广东省的碳酸饮料生产情况做一调查，并了解消费者的需求和口味。
3. 碳酸化系统由哪些部分组成？各组成部分的作用是什么？
4. 如何做好碳酸饮料生产中的质量控制？
5. 试比较果蔬汁饮料和绿色食品果蔬汁饮料的分类异同点。
6. 果蔬中有哪些化学成分及其对果蔬汁饮料加工有何影响？
7. 由单宁引起的变色有哪些？如何防止或减少变色？
8. 果蔬汁饮料榨汁前如何进行预处理？
9. 果蔬汁加工取汁的方法有哪些？各有何特点？

10. 果蔬汁澄清的方法有哪些?

11. 澄清果汁和混浊果汁在工艺上有何差异?

12. 果蔬汁浓缩的目的是什么? 有哪些浓缩方法?

13. 果蔬汁饮料加工中存在哪些质量问题? 如何解决?

14. 南亚热带产地适合制作果蔬汁的原料有哪些?

15. 绿色食品果蔬汁饮料的发展前景如何?

16. 简述豆乳的加工工艺流程及工艺要点。

17. 简述豆乳稳定性的主要影响因素及其解决办法。

18. 豆乳的豆腥味是怎样产生的, 生产中应如何克服?

19. 就目前市场上的几大品牌椰子汁生产现状、销售情况和市场潜力作一市场调研。

20. 绿色食品植物蛋白饮料的发展前景如何?

项目七　绿色果脯类食品的加工

我国糖制品加工历史悠久，原料众多，加工方法多样，形成的蜜饯制品种类繁多、风味独特。果脯蜜饯类产品分类如下：

（一）按产品形态及风味分类

果蔬或果坯经糖渍或糖煮后，含糖量一般约 60%，个别较低。糖制的产品有些要进行烘干处理，有些不需要烘干，根据含水量的不同，可将蜜饯类产品分为三种。

1. 湿态蜜饯

果蔬原料糖制后，按罐藏原理保存于高浓度糖液中，果形完整，饱满，质地细软、味美、呈半透明，如蜜饯海棠、蜜饯樱桃、糖青梅、蜜金橘等。

2. 干态蜜饯

糖制后晾干或烘干，不粘手，外干内湿，半透明，有些产品表面裹一层半透明糖衣或结晶糖粉，如橘饼、蜜李子、蜜桃子、冬瓜条、糖藕片等。

3. 凉果

凉果指用咸果坯为主要原料，甘草等为辅料制成的糖制品。果品经盐腌、脱盐、晒干，加配调料蜜制，再干制而成。制品含糖量不超过 35%，属低糖制品，外观保持原果形，表面干燥、皱缩，有的品种表面有层盐霜，味甘美，酸甜，略咸，有原果风味，如陈皮梅、话梅、橄榄制品等。

（二）按产品传统加工方法分类

1. 京式蜜饯

京式蜜饯主要代表产品是北京果脯，又称"北蜜"、"北脯"。状态厚实，口感甜香，色泽鲜艳，工艺考究，如各种果脯、山楂糕、果丹皮等。

2. 广式蜜饯

广式蜜饯以凉果和糖衣蜜饯为代表产品，又称"潮蜜"，主产地广州、潮州、汕头。已有 1000 多年的历史。广式蜜饯主要有两类。

（1）凉果。甘草制品，味甜、酸、咸适口，回味悠长，如奶油话梅、陈皮梅、甘草杨梅等。

（2）糖衣蜜饯。产品表面干燥，有糖霜，原果风味浓，如糖莲子、糖明姜、冬瓜条、蜜菠萝等。

3. 闽式蜜饯

闽式蜜饯主产地福建漳州、泉州、福州，已有 1000 多年的历史，以橄榄制品为主产品。制品肉质细腻致密，添加香味突出，爽口而有回味。如大福果、丁香橄榄、加应子、蜜桃片、盐金橘等。

4. 川式蜜饯

川式蜜饯以四川内江地区为主产区，始于明朝，有名传中外的橘红蜜饯、川瓜糖、蜜辣椒、蜜苦瓜等。

5.苏式蜜饯

苏式蜜饯主产地是苏州，又称"南蜜"。选料讲究，制作精细，形态别致，色泽鲜艳，风味清雅，是我国江南一大名特产。代表产品有两类：

（1）糖渍蜜饯类。表面微有糖液，色鲜肉脆，清甜爽口，原果风味浓郁。如糖青梅、雕梅、糖佛手、糖渍无花果、蜜渍金橘等。

（2）返砂蜜饯类。制品表面干燥，微有糖霜，色泽清新，形态别致，酥松味甜。如天香枣、白糖杨梅、苏式话梅、苏州橘饼等。

任务一 绿色果脯蜜饯的加工

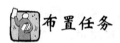 **布置任务**

任务描述	本任务要求通过果脯蜜饯加工工艺及工艺要点的学习，了解果脯蜜饯及相关知识；通过实训任务"绿色食品多味番茄脯的制作"、"绿色食品芒果脯的制作"对绿色食品果脯蜜饯有更深的了解
任务要求	熟悉绿色食品果脯蜜饯的生产标准；掌握果脯蜜饯的制作工艺，了解绿色果脯蜜饯的质量标准

 **任务准备**

一、果脯蜜饯加工工艺

1.原料选择

原料选择要符合《蜜饯产品通则》（GB/T 10782—1989）、《蜜饯食品理化检验方法》（GB/T 11860—1989）、《绿色食品 产地环境技术条件》（NY/T 391—2000）、《绿色食品 食品添加剂使用准则》（NY/T 392—2000）等相关标准。

糖制品质量主要取决于外观、风味、质地及营养成分等几个因素。选择优质原料是制成优质产品的关键之一。原料质量优劣主要在于品种、成熟度和新鲜度等几个方面。蜜饯类因需保持果实或果块形态，则要求原料肉质紧密，耐煮性强的品种。在绿熟-坚熟时采收为宜。另外，还应考虑果蔬的形态、色泽、糖酸含量等因素，用来糖制的果蔬要求形态美观、色泽一致、糖酸含量高等特点。不合要求的原料，只能得到产量低、质量差的产品。如生产青梅类制品的原料，宜选鲜绿质脆、果形完整、果核小的品种，于绿熟时采收；生产蜜枣类的原料，要求果大核小，含糖较高，耐煮性强，于白熟期采收加工为宜；生产杏脯的原料，要求用色泽鲜艳、风味浓郁、离核、耐煮性强的品种；适用于生产红参脯的胡萝卜原料，要求果心呈黄色，果肉红色，含纤维素较少的品种。

　　2. 原料前处理

　　果蔬糖制的原料前处理包括分级、清洗、去皮、去核、切分、切缝、刺孔等工序，还应根据原料特性差异、加工制品的不同进行腌制、硬化、硫处理、染色等处理。

　　1）去皮、切分、切缝、刺孔

　　对果皮较厚或含粗纤维较多的糖制原料应去皮，常用机械去皮或化学去皮等方法。大型果蔬原料宜适当切分成块、条、丝、片等，以便缩短糖制时间。小型果蔬原料，如枣、李、梅等一般不去皮和切分，常在果面切缝、刺孔，加速糖液的渗透。

　　2）盐腌

　　大多作为南方凉果制品的原料用食盐或加用少量明矾或石灰腌制的盐坯（果坯），常作为半成品保存方式来延长加工期限。

　　盐坯腌渍包括盐腌、暴晒、回软和复晒四个过程。盐腌有干腌和盐水腌制两种。干腌法适用于果汁较多或成熟度较高的原料，用盐量依种类和贮存期长短而异，一般为原料重的 $14\%\sim18\%$。

　　腌制时，分批拌盐，拌匀，分层入池，铺平压紧，下层用盐较少，由下而上逐层加多，表面用盐覆盖隔绝空气，便能保存不坏。盐水腌制法适用于果汁少或未熟果或酸涩苦味浓的原料，将原料直接浸泡到一定浓度的腌制液中腌制。盐腌结束，可作水坯保存，或经晒制成干坯长期保藏，腌渍程度以果实呈半透明为度。

　　果蔬盐腌后，延长了加工期限，同时对改善某些果蔬的加工品质，减轻苦、涩、酸等不良风味有一定的作用。但是，盐腌在脱去大量水分的同时，会造成果蔬可溶性物质的大量流失，降低了果蔬营养价值。

　　3）保脆和硬化

　　为提高原料耐煮性和酥脆性，在糖制前对某些原料进行硬化处理，即将原料浸泡于石灰（CaO）或氯化钙（$CaCl_2$）、亚硫酸氢钙 [$Ca(HSO_3)_2$] 等稀溶液中，使钙、镁离子与原料中的果胶物质生成不溶性盐类，细胞间相互黏结在一起，提高硬度和耐煮性。用 0.1% 的氯化钙与 $0.2\%\sim0.3\%$ 的亚硫酸氢钠（$NaHSO_3$）混合液浸泡 $30\sim60min$，起着护色兼硬化的双重作用。对不耐贮运易腐烂的草莓、樱桃，用含有 $0.75\%\sim1.0\%$ 二氧化硫的亚硫酸与 $0.4\%\sim0.6\%$ 的消石灰 [$Ca(OH)_2$] 混合液浸泡，可防腐烂并兼起硬化、护色作用。明矾具有触媒作用，能提高樱桃、草莓、青梅等制品的染色效果，使制品透明，但在绿色食品加工中不能使用。

　　硬化剂的选用、用量及处理时间必须适当，过量会生成过多钙盐或导致部分纤维素钙化，使产品质地粗糙，品质劣化。经硬化处理后的原料，糖制前需经漂洗除去残余的硬化剂。

　　4）硫处理

　　为了使糖制品色泽明亮，常在糖煮之前进行硫处理，既可防止制品氧化变色，又能促进原料对糖液的渗透。使用方法有两种：一种是用按原料重量的 $0.1\%\sim0.2\%$ 的硫磺，在密闭的容器或房间内点燃硫磺进行熏蒸处理。熏硫后的果肉变软，色泽变淡、变亮，核窝内有水珠出现，果肉内含 SO_2 的量不低于 0.1%；另一种是预先配好含有效

SO_2为 0.1%～0.15%浓度的亚硫酸盐溶液，将处理好的原料投入亚硫酸盐溶液中浸泡数分钟即可。常用的亚硫酸盐有亚硫酸钠（Na_2SO_3）、亚硫酸氢钠（$NaHSO_3$）、焦亚硫酸钠（$Na_2S_2O_5$）等。但要注意的是绿色食品加工中禁止使用硫磺熏蒸的方法，使用亚硫酸盐溶液也应严格控制使用量。

经硫处理的原料，在糖煮前应充分漂洗，以除去剩余的亚硫酸溶液。用马口铁罐包装的制品，脱硫必须充分，因过量的 SO_2 会引起铁皮的腐蚀产生氢胀。

5）染色

某些作为配色用的蜜饯制品，要求具有鲜明的色泽；樱桃、草莓等原料，在加工过程中常失去原有的色泽；因此，常需人工染色，以增进制品的感官品质。常用的染色剂有人工和天然色素两大类，天然色素如姜黄、胡萝卜素、叶绿素等，是安全、无毒的色素，但染色效果和稳定性较差。人工色素具有着色效果好、稳定性强等优点，但使用必须按照《绿色食品　食品添加剂使用准则》（NY/T 392—2000）进行。染色方法是将原料浸于色素液中着色，或将色素溶于稀糖液中，在糖煮的同时完成染色。

6）漂洗和预煮

凡经亚硫酸盐保藏、盐腌、染色及硬化处理的原料，在糖制前均需漂洗或预煮，除去残留的 SO_2、食盐、染色剂、石灰，避免对制品外观和风味产生不良影响。

另外，预煮可以软化果实组织，有利于糖在煮制时渗入，对一些酸涩、具有苦味的原料，预煮可起到脱苦、脱涩作用。预煮可以钝化果蔬组织中的酶，防止氧化变色。

3. 糖制

糖制是蜜饯类加工的主要工艺。糖制过程是果蔬原料排水吸糖过程，糖液中糖分依赖扩散作用进入组织细胞间隙，再通过渗透作用进入细胞内，最终达到要求的含糖量。

糖制方法有蜜制（冷制）和煮制（热制）两种。蜜制适用于皮薄多汁、质地柔软的原料；煮制适用于质地紧密、耐煮性强的原料。

1）蜜制

蜜制是指用糖液进行糖渍，使制品达到要求的糖度。此方法适用于含水量高、不耐煮制的原料，如糖青梅、糖杨梅、樱桃蜜饯、无花果蜜饯以及多数凉果，都是采用蜜制法制成的。此法的基本特点在于分次加糖，不用加热，能很好保存产品的色泽、风味、营养价值和应有的形态。

在未加热的蜜制过程中，原料组织保持一定的膨压，当与糖液接触时，由于细胞内外渗透压存在差异而发生内外渗透现象，使组织中水分向外扩散排出，糖分向内扩散渗入。但糖浓度过高时，糖制时会出现失水过快、过多，使其组织膨压下降而收缩，影响制品饱满度和产量。为了加速扩散并保持一定的饱满形态，可采用下列蜜制方法：

（1）分次加糖法。在蜜制过程中，首先将原料投入到 40% 的糖液中，剩余的糖分 2～3 次加入，每次提高糖浓度 10%～15%，直到糖制品浓度达 60% 以上时出锅。

（2）一次加糖多次浓缩法。在蜜制过程中，每次糖渍后，将糖液加热浓缩提高糖浓度，然后，再将原料加入到热糖液中继续糖渍。其具体做法：首先将原料投放到约 30% 的糖液中浸渍，之后，滤出糖液，将其浓缩至浓度达 45% 左右，再将原料投入到热糖液中糖渍。反复 3～9 次，最终糖制品浓度可达 60％以上。由于果蔬组织内外温差较大，加速糖分的扩散渗透，缩短了糖制时间。

（3）减压蜜制法。果蔬在真空锅内抽空，使果蔬内部蒸汽压降低，然后破坏锅内的真空，因外压大可以促进糖分快速渗入果内。其方法：将原料浸入到含 30％糖液的真空锅中，抽空 40～60min 后，消压，浸渍 8h；然后将原料取出，放入到含 45％糖液的真空锅中，抽空 40～60min 后，消压，浸渍 8h，再在 60％的糖液中抽空、浸渍至终点。

2）煮制

煮制分常压煮制和减压煮制两种。常压煮制又分一次煮制、多次煮制和快速煮制三种。减压煮制分减压煮制和扩散法煮制两种。

（1）一次煮制法。经预处理好的原料在加糖后一次性煮制成功。如苹果脯、蜜枣等。其方法：先配好 40％的糖液入锅，倒入处理好的果实。加热使糖液沸腾，果实内水分外渗，糖进入果肉组织，糖液浓度渐稀，然后分次加糖使糖浓度缓慢增高至 60％～65％停火。分次加糖的目的是保持果实内外糖液浓度差异不致过大，以使糖逐渐均匀地渗透到果肉中去，这样煮成的果脯才显得透明饱满。

此法快速省工，但持续加热时间长，原料易煮烂，色、香、味差，维生素破坏严重，糖分难以达到内外平衡，致使原料失水过多而出现干缩现象。因此，煮制时应注意渗糖平衡，使糖逐渐均匀地进入到果实内部，初次糖制时，糖浓度不宜过高。

（2）多次煮制法。是将处理过的原料经过多次糖煮和浸渍，逐步提高糖浓度的糖制方法。一般煮制的时间短，浸渍时间长。适用于细胞壁较厚难于渗糖、易煮烂的或含水量高的原料，如桃、杏、梨和西红柿等。

将处理过的原料投入 30％～40％的沸糖液中，热烫 2～5min，然后连同糖液倒入缸中浸渍 10 余小时，使糖液缓慢渗入果肉内。当果肉组织内外糖液浓度接近平衡时，再将糖液浓度提高到 50％～60％，热煮几分钟或几十分钟后，制品连同糖液进行第二次浸渍，使果实内部的糖液浓度进一步提高。将第二次浸渍的果实捞出，沥去糖液，放在竹屉上（果面凹面向上）进行烘烤除去部分水分，至果面呈现小皱纹时，即可进行第三次煮制。将糖液浓度提高到 65％左右，热煮 20～30min，直至果实透明，含糖量已增至接近成品的标准，捞出果实，沥去糖液，经人工烘干整形后，即为成品。

多次煮制法所需时间长，煮制过程不能连续化、费时、费工，采用快速煮制法可克服此不足。

（3）快速煮制法。将原料在糖液中交替进行加热糖煮和放冷糖渍，使果蔬内部水气压迅速消除，糖分快速渗入而达平衡。处理方法是将原料装入网袋中，先在 30％热糖液中煮 4～8min，取出立即浸入等浓度的 15℃糖液中冷却。如此交替进行 4～5 次，每次提高糖浓度 10％，最后完成煮制过程。

快速煮制法可连续进行，煮制时间短，产品质量高，但糖液需求量大。

（4）减压煮制法。又称真空煮制法。原料在真空和较低温度下煮沸，因组织中不存在大量空气，糖分能迅速渗入到果蔬组织里面达到平衡。温度低，时间短，制品色香味形都比常压煮制好。其方法是将前处理好的原料先投入到盛有 25% 稀糖液的真空锅中，在真空度为 83.545kPa，温度为 55～70℃下热处理 4～6min，消压，糖渍一段时间，然后提高糖液浓度至 40%，再在真空条件下煮制 4～6min，消压，糖渍，重复 3～4 次，每次提高糖浓度 10%～15%，使产品最终糖液浓度在 60% 以上为止。

（5）扩散煮制法。它是在真空糖制的基础上进行的一种连续化糖制方法，机械化程度高，糖制效果好。

先将原料密闭在真空扩散器内，抽空排除原料组织中的空气，而后加入 95℃ 的热糖液，待糖分扩散渗透后，将糖液顺序转入另一扩散器内，再将原来的扩散器内加入较高浓度的热糖液，如此连续进行几次，制品即达要求的糖浓度。

4. 烘干晒与上糖衣

除糖渍蜜饯外，多数制品在糖制后需进行烘晒，除去部分水分，使表面不粘手，利于保藏。烘干温度不宜超过 65℃，烘干后的蜜饯，要求保持完整、饱满、不皱缩、不结晶，质地柔软，含水量在 18%～22% 之间，含糖量达 60%～65%。

制糖衣蜜饯时，可在干燥后用过饱和糖液浸泡一下取出冷却，使糖液在制品表面上凝结成一层晶亮的糖衣薄膜。使制品不黏结、不返砂，增强保藏性。上糖衣用的过饱和糖液，常以三份蔗糖、一份淀粉糖浆和两份水配合而成，将混合浆液加热至 113～114.5℃，然后冷却到 93℃，即可使用。

在干燥快结束的蜜饯表面，撒上结晶糖粉或白砂糖，拌匀，筛去多余糖粉，即得结晶糖蜜饯。

5. 整理、包装与贮存

干燥后的蜜饯应及时整理或整形，以获得良好的商品外观。如杏脯、蜜枣、橘饼等产品，干燥后经整理，使外观整齐一致，便于包装。

干态蜜饯的包装以防潮、防霉为主，常用阻湿隔气性好的包装材料，如复合塑料薄膜袋、铁听等。湿态蜜饯可参照罐头工艺进行装罐，糖液量为成品总净重的 45%～55%。然后密封，在 90℃ 温度下杀菌 20～40min，然后冷却。对于不杀菌的蜜饯制品，要求其可溶性固形物应达 70%～75%，糖分不低于 65%。

蜜饯贮存的库房要清洁、干燥、通风，尤其是干态蜜饯，库房墙壁要用防湿材料，库温控制在 12～15℃ 之间，贮藏时糖制品若出现轻度吸潮，可重新进行烘干处理，冷却后再包装。

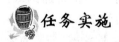 任务实施

实训任务一　绿色食品多味番茄脯的制作

【生产标准】

（1）处理过程中按绿色食品生产要求：中华人民共和国农业部发布的《中华人民共

和国农业行业标准：绿色食品　果脯》（NY/T 436—2000）执行。

（2）绿色食品生产中所使用的食品添加剂应遵照中华人民共和国农业部批准的《中华人民共和国农业行业标准：绿色食品　食品添加剂使用准则》（NY/T 392—2000）执行。

【实训内容】

一、训练目的

（1）熟悉绿色食品多味番茄脯对原辅料的要求。

（2）掌握绿色食品多味番茄脯的工艺流程。

（3）了解绿色食品多味番茄脯的质量标准。

二、原辅材料

符合绿色食品要求的番茄、砂糖、姜、柠檬酸等。

三、仪器设备与用具

电子秤，热风干燥箱，不锈钢夹层锅，不锈钢盆，酸度计，包装机等。

四、操作步骤

1．工艺流程

选料→清洗→热烫去皮→修理切块→硬化处理→低糖煮制→浸渍→高糖煮制→浸渍→烘干→整形→包装→成品。

2．制作方法

（1）选料：选择新鲜的小番茄，色红，果形和风味均好，未受病虫危害，果肉硬度较强，果肉肥厚，籽少，汁液少，耐煮性强，成品率高的品种。

（2）清洗：将番茄倒入洗槽内，洗净表皮。

（3）热烫去皮：将番茄倒入 95～98℃的热水中烫 1min，烫至表皮易脱离为宜，然后立即捞入冷水中，剥皮。

（4）修整切块：番茄去皮后，用小刀将蒂及虫眼挖掉，再纵切为两瓣。

（5）硬化处理：将切好的番茄块倒入浓度为 0.6% 的氯化钙溶液中浸泡2～2.5h。

（6）低糖煮制与浸渍：配制浓度为 18%～20% 的糖液，数量根据原料及糖锅确定。加入 2% 的姜泥（鲜生姜捣碎），调制成糖姜汁。将糖姜汁加热至沸，再将番茄倒入，煮沸 10～15min，调整糖液浓度保持在 20% 左右，倒入浸渍缸中，浸泡 24h。

（7）高糖煮制与浸渍：配制浓度 40% 的糖液加入 0.2%～0.3% 的柠檬酸、2% 的姜泥，加热至沸，将浸渍过的番茄倒入锅中煮沸。期间每隔几分钟补加 1 次白砂糖，使糖液浓度始终达到50%～55% 左右，pH2.5～3.0，煮制时间 10～15 min，番茄由硬变软，停止加热，浸泡 48h。

（8）烘干：将浸渍后的番茄在糖液中把姜泥漂洗干净，捞出沥去附着的糖液，再将其均匀地摆放在烘盘上，放入烘箱中，在 60～65℃温度下烘 10h 左右，上下倒盘，再在 50℃温度下继续烘干 24h，烘至冷却后，用手摸不粘手，不潮湿，有弹性即可。

（9）整形、包装：将番茄脯整理、包装。

五、质量标准

感官指标，色泽：呈深红色；口味：酸甜适口，有姜辣味，且有番茄果香味；组织形态：果形完整饱满，透明，入口有弹韧性。

理化指标，含糖量：50%～55%；水分：18%～20%。

微生物指标，无致病菌引起的腐败现象。

六、生产中易出现的质量问题及解决办法

（1）干缩造成果脯进糖不足或进糖不匀，烘干后果实表面皱缩、不饱满，严重影响了产品的感观质量。可以采取以下措施防止干缩现象的发生。

① 渗糖时，糖液浓度应由低到高逐渐提高，使糖分充分、均匀地渗透到番茄组织中去。如有条件，应采用真空渗糖工艺。

② 在糖姜汁渗透液中可加入明胶、果胶、CMC—Na、卡拉胶等亲水胶体，其作用是使这些亲水胶体填充番茄组织，使产品饱满、透明、有色泽。

③ 如进行大批量的商品生产，可将烘干的番茄脯浸入 0.6% 卡拉胶溶液中后，捞出沥干，在 80～85℃温度下干燥 15～20min，使其表面形成一层致密的胶衣，提高产品的感官质量。

（2）产品褐变糖煮过程中，为了防止番茄变色，可加重亚硫酸钠作护色剂，按重亚硫酸钠与水之比为 1∶5 配制。将配好的护色剂加到糖水中进行糖煮，加入量占糖水重的 0.2%。

（3）防止煮烂的方法。

① 选择坚熟期的番茄做加工原料。

② 采用间歇加热方法，加热时间不宜太长。

③ 煮前应进行硬化处理。

（4）保质期问题。该产品常温下可保存 3 个月，如需要更长时间可采取以下措施：

① 保证贮藏条件应在卫生条件良好、通风、温度在 10℃左右的环境中贮藏。

② 可采用真空包装。

七、实训要求

（1）详细做好实验记录。

（2）注意观察实验现象。

（3）分析影响产品质量的因素。

实训任务二 绿色食品芒果脯的制作

【生产标准】

（1）处理过程中按绿色食品生产要求：中华人民共和国农业部发布的《中华人民共和国农业行业标准：绿色食品 果脯》（NY/T 436—2000）执行。

（2）绿色食品生产中所使用的食品添加剂应遵照中华人民共和国农业部批准的《中华人民共和国农业行业标准：绿色食品　食品添加剂使用准则》(NY/T 392—2000) 执行。

【实训内容】

一、训练目的

（1）熟悉绿色食品芒果脯对原辅料的要求。

（2）掌握绿色食品芒果脯的工艺流程。

（3）了解绿色食品芒果脯的质量标准。

二、原辅材料

符合绿色食品要求的芒果、砂糖等原料。

三、仪器设备与用具

电子秤，热风干燥箱，不锈钢夹层锅，不锈钢盆，不锈钢刀，酸度计，包装机等。

四、操作步骤

1. 工艺流程

原料选择→去皮切片→护色、硬化处理→漂洗→热烫→糖制→干燥→成品→包装。

2. 制作方法

（1）原料选择：要求成熟度不可过高，硬熟即可。对原料要求不严，对不上等级的次果及一些未成熟落果也可作原料。过熟的芒果不宜制芒果脯，只适合制芒果酱和芒果汁。

（2）去皮切片：芒果原料需要按成熟度和大小分级，目的是使制品品质一致。然后清洗，去皮。去皮后用锋利刀片沿核纵向斜切，果片大小厚薄要一致，厚度为 0.8cm。

（3）护色、硬化处理：配 0.2％焦亚硫酸钠和 0.2％氯化钙混合溶液，使芒果块浸渍在溶液中，时间约需 4~6h。然后移出用清水漂洗，沥干水分准备预煮。

（4）预煮：预煮时把水煮沸，投入原料，时间一般为 2~3min，以原料达半透明并开始下沉为度。热烫后马上用冷水冷却，防止热烫过度。

（5）糖制：如果原料先经预煮，可将预煮后的原料趁热投入 30％冷糖液冷却和糖渍。如果原料不经预煮处理，则用 30％糖液先糖煮，煮沸 1~3min，以煮到果肉转软为度。糖渍 8~24h 后，移出糖液，补加糖液重 10％~15％的蔗糖，加热煮沸后倒入原料继续糖渍。8~24h 后再移出糖液，再补加糖液重 10％的蔗糖，加热煮沸后回加原料中，利用温差加速渗糖。如此经几次渗糖，原料吸糖可达 40~50 度 (°Bx)，达到低糖果脯所需含糖量。可用淀粉糖取代 45％蔗糖，使芒果脯的甜度降低，又依然吸糖饱满，而且柔软。如要增加芒果脯的含糖量，则还要继续渗糖，直到所需要的含糖量。

（6）装筛干燥：芒果块糖制达到所要求的含糖量后，捞起沥去糖液，可用热水淋洗，以洗去表面糖液、减低黏性和利于干燥。干燥时温度控制在 60~65℃，期间还要进行换筛、翻转、回湿等控制。

（7）整理包装：芒果脯成品含水量一般为 18%～20%。达到干燥要求后，进行回软、包装。干燥过程中果块往往变形，干燥后需要压平。包装以防潮防霉为主，可采取果干的包装法，用复合塑料薄膜袋以 50g、100g 等作零售包装。

五、质量标准

感官指标：呈深橙黄色至橙红色，有光泽，半透明，色泽一致；外观完整，组织饱满，表面干燥不粘手；具有芒果风味。

理化指标：含水量 18%～20%；含糖量 50%～60%。

六、实训要求

（1）详细做好实验记录。

（2）注意观察实验现象。

（3）分析影响产品质量的因素。

实训任务三　其他选作项目

（一）蜜枣

1. 生产工艺流程

原料选择→切缝→熏硫→糖煮→糖渍→烘烤→整形→包装→成品。

2. 操作要点

（1）原料选择：选用果形大、果肉肥厚、疏松、果核小、皮薄而质韧的品种，如北京的糖枣、山西的泡枣、浙江的大枣、马枣、河南的灰枣、陕西的团枣等。果实由青转白时采收，过熟则制品色泽较深。

（2）切缝：用排针或机械将每个枣果划缝 80～100 条，其深度以深入果肉的 1/2 为宜。划缝太深，糖煮时易烂，太浅糖液不易渗透。

（3）熏硫：北方蜜枣切缝后将枣果装筐，入熏硫室。硫磺用量为果实重的 0.3%，熏硫 30～40min，至果实汁液呈乳白色即可。绿色食品加工中不使用熏硫处理，南方蜜枣不进行熏硫处理，切缝后即行糖制。

（4）糖煮：先配制浓度为 30%～50% 的糖液 35～45kg，与枣果 50～60kg 同时下锅煮沸，加枣汤（上次浸枣剩余的糖液）2.5～3kg，煮沸，如此反复三次加枣汤后，开始分次加糖煮制。第 1～3 次，每次加糖 5kg 和枣汤 2kg 左右，第 4～5 次，每次加糖 7～8kg，第 6 次加糖约 10kg。每次加糖（枣汤）应在沸腾时进行。最后一次加糖后，续煮约 20min，而后连同糖液倒入缸中浸渍 48 h。全部糖煮时间需 1.5～2.0h。

（5）烘干：沥干枣果，送入烘房，烘干温度 60～65℃，烘至 6～7 成干时，进行枣果整形，捏成扁平的长椭圆形，再放入烘盘上继续干燥（回烤），至表面不粘手，果肉具韧性即为成品。

3. 产品质量要求

色泽呈棕黄色或琥珀色，均匀一致，呈半透明状态；形态为椭圆形，丝纹细密整齐，含糖饱满，质地柔韧；不返砂，不流汤，不粘手，不得有皱纹、露核及虫蛀；总糖含量为 68%～72%，水分含量为 17%～19%。

（二）苹果脯

1. 工艺流程

原料选择→去皮→切分、去心→硫处理和硬化→糖煮→糖渍→烘干→包装→成品。

2. 操作要点

（1）原料选择：选用果形圆整、果心小、肉质疏松和成熟度适宜的原料。

（2）去皮、切分、去心：用手工或机械去皮后，挖去损伤部分，将苹果对半纵切，再用挖核器挖掉果心。

（3）硫处理和硬化：将果块放入 0.1% 的氯化钙和 0.2%～0.3% 的亚硫酸氢钠混合液中浸泡 4～8h，进行硬化和硫处理。肉质较硬的品种只需进行硫处理。每 100kg 混合液可浸泡 120～130kg 原料。浸泡时上压重物，防止上浮。浸后取出，用清水漂洗 2～3 次备用。

（4）糖煮：在夹层锅内配成 40% 的糖液 25kg，加热煮沸，倒入果块 30kg，以旺火煮沸后，再添加上次浸渍后剩余的糖液 5kg，重新煮沸。如此反复进行三次，需要 30～40min。此时果肉软而不烂，并随糖液的沸腾而膨胀，表面出现细小裂纹。此后再分六次加糖煮制。第一二次分别加糖 5kg，第三四次分别加糖 5.5kg，第五次加糖 6kg，每次间隔 5min，第六次加糖 7kg，煮制 20min，全部糖煮时间需 1～1.5h，待果块呈现透明时，即可出锅。

（5）糖渍：趁热起锅，将果块连同糖液倒入缸中浸渍 24～48h。

（6）烘干：将果块捞出，沥干糖液，摆放在烘盘上，送入烘房，在 60～66℃ 的温度下干燥至不粘手为度，大约需要 24h。

（7）整形和包装：烘干后用手捏成扁圆形，剔除黑点、斑疤等果块，装入食品袋、纸盒，再行装箱。

3. 产品质量要求

色泽：浅黄色至金黄色，具有透明感。
组织与形态：呈碗状或块状，有弹性，不返砂，不流汤。
风味：甜酸适度，具有原果风味。
总糖含量：65%～70%；水分含量：18%～20%。

（三）杏脯

1. 工艺流程

原料选择→清洗→切半去核→浸硫护色→糖煮→糖渍→干燥→包装。

2. 操作要点

(1) 原料选择：选择皮色橙黄、肉黄、硬而韧的品种，成熟度八成左右。

(2) 原料处理：剔除病虫害、伤残果。漂洗干净，切半去核。

(3) 浸硫护色：切半后的杏放在浓度为 0.3%～0.6% 的亚硫酸钠溶液中浸泡 1h 左右，捞出用清水冲洗干净。

(4) 糖煮：采用多次糖煮和糖渍法。

第 1 次糖煮和糖渍：糖液浓度 40%，煮沸持续 10min 左右，待果面稍膨胀，并出现大气泡时，即可倒入缸内糖渍 12～24h，糖渍时糖液要浸没果面。

第 2 次糖煮和糖渍：糖液浓度为 50%，煮制 2～3min 后糖渍。糖渍后捞出晾晒，使杏碗凹面向上，让其水分自然蒸发。当杏碗失重 1/3 左右时，进行第 3 次糖煮。

第 3 次糖煮和糖渍：糖液浓度为 65%～70%，煮制 15～20min，糖渍。捞出杏碗沥干。

(5) 烘制：将杏碗放在烤盘中送入烘房中烘制，烘制温度为 60～65℃，烘烤 24～36h，烘至杏碗表面不粘手并富有弹性为止。

为了防止焦化，烘制温度不要超过 70℃，并间隙地翻动和排湿。

(6) 整形：将杏碗捏成扁圆形的杏脯。

(7) 回软：把杏脯堆积在一起均湿，使杏脯干湿均匀。

(8) 包装：先装入食品袋，再装入纸箱内，放在通风干燥处。

3. 产品质量指标

色泽橘黄，组织饱满，果形扁圆、完整，质地半透明。总糖含量在 68% 以上，含水量在 18% 以下。

(四) 山楂蜜饯

1. 工艺流程

原料选择→洗涤→去核→糖煮→糖渍→浓缩→装罐→杀菌→冷却。

2. 操作要点

(1) 选择新鲜、成熟、个头较大的山楂，剔除腐粒、萎缩、干疤及病虫果。用清水漂洗干净果面的灰尘、污物及杂质。用捅核器将果柄、果核及花萼同时去掉。

(2) 成熟度较低、组织致密的山楂，用 30% 的糖液，90～100℃ 温度中煮 2～5min，成熟度高、组织较疏松的山楂用 40% 的糖液，80～90℃ 温度中煮 1～3min。煮至果皮出现裂纹，果肉不开裂为度。糖煮时所用的糖液质量为果重的 1～1.5 倍。

(3) 配成浓度为 50% 的糖液，过滤后备用。将经过糖煮的山楂捞出后放入 50% 的糖液中浸渍 18～24h。

（4）先将浸渍山楂的糖液倒入夹层锅中煮沸，再将山楂倒入锅内，继续煮沸 15min，按 100kg 果加 15kg 糖的用量，将糖倒入锅中，浓缩至沸点温度达 104～105℃（糖液浓度达 60％以上时）即可出锅。

（5）浓缩后的山楂与糖浆按一定的比例装入罐内，立即封盖。在沸水中杀菌 15min，取出冷却至 40℃即可。

3. 产品质量要求

色呈紫红色，透明，有光泽，酸甜适口，有原果风味；成品总糖含量 60％。

（五）红薯脯

1. 工艺流程

红薯选择→清洗→去皮、切分→护色→硬化→漂烫→浸胶→糖液配制→糖煮→糖渍→烘制→成品。

2. 操作要点

（1）红薯选择：清洗选用质地紧密，无创伤、无污染、无腐烂、块形圆整的鲜薯，将选好的原料清洗干净。

（2）去皮、切分：将选好的红薯经过清洗，去掉外皮后按要求切成一定形状，使产品外形美观大方。

（3）护色：将切好的薯块放入 0.3％～0.5％的亚硫酸钠溶液中，浸泡 90～100min，取出后用清水漂洗。

（4）硬化：用 0.2％～0.5％的生石灰液浸泡薯块 12～16h，待完全硬化后取出，用清水漂洗 10～15min。

（5）烫漂：将硬化的薯块放入沸水中煮沸数分钟，捞出沥去余水。

（6）浸胶：将硬化的薯块放入配好的 0.3％～0.5％的明胶溶液中，减压浸胶，真空度 0.87×10^5～0.91×10^5 Pa，时间 30～50min，胶液温度 50℃左右。

（7）糖液配制：先将冬虫夏草溶液和饴糖混合配成糖度约为 20％的糖液，再用白砂糖调糖度为 40％～50％，然后用柠檬酸调糖液 pH4～4.2。

（8）糖煮：将处理好的薯块放入微沸的糖液中煮制，至薯块呈透明状，煮制终点糖度为 45％左右，约需 1h。

（9）糖渍：为保证薯块吃足糖，连同原糖液一起浸渍 12～24h。

（10）烘制：将浸渍好的薯块连同糖液一起加热到 50℃，然后捞出沥去糖液，单层平摊在烘盘中进行烘烤。烘烤温度控制在 65～70℃，烘烤期间注意倒换烘盘，勤翻动薯块烘至薯块不粘手，稍带弹性为止，一般需 8～12h。

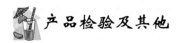 **产品检验及其他**

一、果蔬糖制品易出现的质量问题及解决方法

糖制后的果蔬制品，尤其是蜜饯类，由于采用的原料种类和品种不同，或加工操作方法不当，可能会出现返砂、流汤、煮烂、皱缩、褐变等质量问题。

1. 返砂与流汤

一般质量达到标准的果蔬糖制品，要求质地柔软，光亮透明。但在生产中，如果条件掌握不当，成品表面或内部易出现返砂或流汤现象。返砂即糖制品经糖制、冷却后，成品表面或内部出现晶体颗粒的现象，使其口感变粗，外观质量下降；流汤即蜜饯类产品在包装、贮存、销售过程中容易吸潮，表面发潮等现象，尤其是在高温、潮湿季节。

果蔬糖制品出现的返砂和流汤现象，主要是因成品中蔗糖和转化糖之间的比例不合适造成的。若一般成品中含水量达 17%～19%，总糖量为 68%～72%，转化糖含量在 30%，即占总糖含量的 50% 以下时，都将出现不同程度的返砂现象。转化糖越少，返砂越重；相反，若转化糖越多，蔗糖越少，流汤越重。当转化糖含量达 40%～45%，即占总糖含量的 60% 以上时，在低温、低湿条件下保藏，一般不返砂。因此，防止糖制品返砂和流汤，最有效的办法是控制原料在糖制时蔗糖转化糖之间的比例。影响转化的因素是糖液的 pH 及温度。pH2.0～2.5，加热时就可以促使蔗糖转化提高转化糖含量。杏脯很少出现返砂，原因是杏原料中含有较多的有机酸，煮制时溶解在糖液中，降低了 pH，利于蔗糖的转化。

对于含酸量较少的苹果、梨等，为防止制品返砂，煮制时常加入一些煮过杏脯的糖液（杏汤），可以避免返砂。目前生产上多采用加柠檬酸或盐酸来调节糖液的 pH。调整好糖液的 pH（2.0～2.5），对于初次煮制是适合的，但工厂连续生产，糖液是循环使用的，糖液的 pH 以及蔗糖与转化糖的相互比例时有改变，因此，应在煮制过程中绝大部分砂糖加毕并溶解后，检验糖液中总糖和转化糖含量。按正规操作方法，这时糖液中总糖量为 54%～60%，若转化糖已达 25% 以上（占总糖量的 43%～45%），即可以认为符合要求，烘干后的成品不致返砂和流汤。

2. 煮烂与皱缩

煮烂与皱缩是果脯生产中常出现的问题。例如，煮制蜜枣时，由于划皮太深，划纹相互交错，成熟度太高等，经煮制后易开裂破损。苹果脯的煮烂除与果实品种有关外，成熟度也是重要影响因素，过生、过熟都比较容易煮烂。因此，采用成熟度适当的果实为原料，是保证果脯质量的前提。此外，采用经过前处理的果实，不立即用浓糖液煮制，先放入煮沸的清水或 1% 的食盐溶液中热烫几分钟，再按工艺煮制。也可在煮制时用氯化钙溶液浸泡果实，也有一定的作用。

另外，煮制温度过高或煮制时间过长也是导致蜜饯类产品煮烂的一个重要原因。因

此，糖制时应延长浸糖的时间，缩短煮制时间和降低煮制温度，对于一些易煮烂的产品，最好采用真空渗糖或多次煮制等方法。

果脯的皱缩主要是"吃糖"不足，干燥后容易出现皱缩干瘪。若糖制时，开始煮制的糖液浓度过高，会造成果肉外部组织极度失水收缩，降低了糖液向果肉内渗透的速度，破坏了扩散平衡。另外，煮制后浸渍时间不够，也会出现"吃糖"不足的问题。克服的方法，应在糖制过程中掌握分次加糖，使糖液浓度逐渐提高，延长浸渍时间。真空渗糖无疑是重要的措施之一。

3. 成品颜色褐变

果蔬糖制品颜色褐变的原因是果蔬在糖制过程中发生非酶褐变和酶褐变反应，导致成品色泽加深。非酶褐变包括羰氨反应和焦糖化反应，另外，还有少量维生素 C 的热褐变。这些反应主要发生在糖制品的煮制和烘烤过程中，尤其是在高温条件下煮制和烘烤最易发生，致使产品色泽加深。在糖制和干燥过程中，适当降低温度，缩短时间，可有效阻止非酶褐变，采用低温真空糖制就是一种最有效的技术措施。

酶褐变主要是果蔬组织中酚类物质在多酚氧化酶的作用下氧化褐变，一般发生在加热糖制前。使用热烫和护色等处理方法，抑制引起褐变的酶活性，可有效抑制由酶引起的褐变反应。

二、果蔬糖制品包装与储存

果蔬糖制品需进行包装，包装的目的有下列几点：
(1) 保护成品不受污染，符合卫生要求。
(2) 保护成品品质不受气候环境的影响。
(3) 延长货架寿命。
(4) 方便食用、携带、销售及转运。
(5) 美化成品，提高商品价值。
(6) 成品存留必须做到"六防"，即：防虫、防鼠、防霉、防尘、防湿、防臭。

任务二　绿色凉果的加工

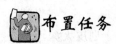

布置任务

任务描述	本任务要求通过凉果概况、凉果加工工艺及工艺要点的学习，了解凉果及相关知识；通过实训任务"绿色食品九制陈皮的制作"、"绿色食品话梅的制作"对绿色食品凉果有更深的了解
任务要求	熟悉绿色食品凉果的生产标准；掌握凉果的制作工艺，了解绿色凉果的质量标准

任务准备

一、凉果概况

凉果业已有悠久的历史。用一些腌料把其腌存，而这些腌制食物能存放很久。凉果的制法视不同的生果而异，通常分为干制与湿制两种。

（1）干制：把原料洗净后，一部分果实如榄木和梅等用木槌把其拍至出现裂缝（主要让其腌制时容易入味），然后，用盐把它们腌制一段时间，便把其晒干，再漂水将过量的盐分除去，接着加入一些糖和其他腌料，再把其晒干，最后便把制好的凉果放进缸或樽中存放。如杨桃、梅等。

（2）湿制：首先把原料洗净，便用盐将其打皮，再用盐水搅拌及漂水，加上糖（使其先入味），晒干，最后便用糖水把其浸着。

这些凉果其储存期约有 1～2 年之久。但必须把它们放置在阴凉的地方，免受太阳的直接照射。

凉果成分根据选料不同也不同。话梅选料有梅子、盐、糖及甘草等；柠汁姜选料有姜、糖水柠檬；芒果干选料有芒果、糖、甘草和香料；陈皮梅为梅子、砂糖、陈皮和甘草；陈皮杏脯选料是杏肉、甘草、砂糖及陈皮等。

凉果的用途有多种。

1. 药用

柑橘、梅有医治生疥腮和扁桃腺炎的作用；葡萄有治肚泻及呕吐功用；山楂、咸三稔可冲水饮用，有治喉咙痛之功能，而且山楂又具开胃消滞之用途。据说咸三稔也可解"湿毒"、李子味道甘酸，性平，有清肝涤热、生津利水之效；陈皮有化痰等作用；无花果味甘性平，功能清热润肠、消肿解毒；金橘果肉，酸中带甘，果皮则含有大量挥发油，故生啖略嫌酸涩，其又有消食下气，开胸快膈及化痰止咳之效。

2. 浸酒

把一些凉果如梅子放进花雕酒中，能带出酒中的味道。

3. 制成酱料

将各种凉果制成酱料，如用梅子制成酸梅酱；用苏仁稔制成仁稔酱等。

4. 休闲食品

二、凉果的加工工艺及工艺要点

1. 原料选择

原料选择要符合《蜜饯产品通则》（GB/T 10782—1989）。

糖制品质量主要取决于外观、风味、质地及营养成分。选择优质原料是制成优质产

品的关键之一。原料质量优劣主要在于品种、成熟度和新鲜度等几个方面。

2. 原料前处理

果蔬糖制的原料前处理包括分级、清洗、去皮、去核、切分、切缝、刺孔等工序，还应根据原料特性差异、加工制品的不同进行腌制、硬化、硫处理、染色等处理（处理方法同果脯加工）。

3. 糖制

糖制是蜜饯类加工的主要工艺。糖制过程是果蔬原料排水吸糖过程，糖液中糖分依赖扩散作用进入组织细胞间隙，再通过渗透作用进入细胞内，最终达到要求的含糖量。

糖制方法有蜜制（冷制）和煮制（热制）两种。蜜制适用于皮薄多汁、质地柔软的原料；煮制适用于质地紧密、耐煮性强的原料。

4. 整理、包装与贮存

干燥后的蜜饯应及时整理或整形，以获得良好的商品外观。如杏脯、蜜枣、橘饼等产品，干燥后经整理，使外观整齐一致，便于包装。

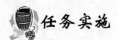任务实施

实训任务四　绿色食品九制陈皮的制作

【生产标准】

（1）处理过程中按绿色食品生产要求：中华人民共和国农业部发布的《中华人民共和国农业行业标准：绿色食品　果脯》（NY/T 436—2000）执行。

（2）绿色食品生产中所使用的食品添加剂应遵照中华人民共和国农业部批准的《中华人民共和国农业行业标准：绿色食品　食品添加剂使用准则》（NY/T 392—2000）执行。

【实训内容】

一、训练目的

（1）熟悉绿色食品九制陈皮对原辅料的要求。

（2）掌握九制陈皮的工艺流程及工艺要点。

（3）了解九制陈皮的质量标准。

二、原辅材料

橙皮 10kg、甘草 300g、梅卤 6kg、砂糖 600g、石灰 50g、甜味剂 20g、食盐 2kg、柠檬酸少许。

三、仪器设备与用具

电子秤，热风干燥箱，不锈钢夹层锅，不锈钢盆，不锈钢刀，酸度计，包装机等。

四、操作步骤

1. 工艺流程

原料→淹浸→漂洗→再次浸泡→干燥→甘草液浸泡→干燥→浸泡→干燥→撒甘草粉→成品。

2. 制作方法

（1）原料处理：用特制刨刀刨下橙皮外层，取内层备用。

（2）漂洗：取 5kg 梅卤、50g 石灰与 10kg 橙皮，一起放入浸料罐中。淹浸 2d 后，捞出橙皮，烫漂片刻，用清水漂洗 1d，然后捞出橙皮，沥干水分。

（3）腌制：将食盐 2kg、梅卤 1kg 倒入罐内，搅拌均匀后，将橙皮放入浸料罐内。盐渍 20d 左右，捞出橙皮，送入温度在 80℃左右的烘房，干燥至七八成干，备用。

（4）烫煮：取甘草 200g，加水 5kg，加热煮沸，改小火熬煮 1h，使甘草味及所含成分充分溶解。然后滤去甘草渣，在滤液中加入砂糖、甜味剂，加热煮沸，浓缩。用柠檬酸调 pH 到 3，浓缩甘草汁待用。

（5）烘干：将干燥的橙皮放入罐中，加入适量煮沸过的甘草浓缩汁，浸渍 2h 左右，至橙皮完全吸收浓缩汁。然后放在烘盘中，入烘房烘至八成干，再倒入甘草浓缩汁。此道工序可重复多次，最后一次出烘房后，撒上适量甘草粉，拌匀即为成品。

五、质量标准

色泽：黄褐，片厚薄均匀。
口感：甜、酸、咸适中，香橙味浓郁，有甘草味，无异味。

六、注意事项

（1）甘草汁浸渍橙皮时，约 2h，但甘草浓缩汁既不能太多，太多不能完全吸收；又不能太少，否则浸不透。

（2）甜咸味可根据当地人们的口味适当调整。

（3）甘草的浓缩要适当，浓度太高，浸泡时不易渗透到橙皮组织内；浓度太低，会增加干燥时间和浸泡甘草汁的次数。

七、实训要求

（1）详细做好实验记录。
（2）注意观察实验现象。

（3）分析影响产品质量的因素。

实训任务五　绿色食品话梅的制作

【生产标准】

（1）处理过程中按绿色食品生产要求：中华人民共和国农业部发布的《中华人民共和国农业行业标准：绿色食品　果脯》（NY/T 436—2000）执行。

（2）绿色食品生产中所使用的食品添加剂应遵照中华人民共和国农业部批准的《中华人民共和国农业行业标准：绿色食品　食品添加剂使用准则》（NY/T 392—2000）执行。

【实训内容】

一、训练目的

（1）了解绿色食品话梅对原辅料的要求。

（2）掌握绿色食品话梅的工艺流程及工艺要求。

（3）熟悉话梅的质量标准。

二、原辅材料

鲜梅果 250kg、甘草 2kg、盐 45kg、砂糖 3kg。

三、仪器设备及用工具

电子秤，热风干燥箱，不锈钢夹层锅，不锈钢盆，不锈钢刀，酸度计，包装机等。

四、操作步骤

1. 工艺流程

原料→选择→盐渍→漂洗脱盐→晒制→加料腌渍→晒干。

2. 制作方法

（1）原料选用八九成熟的新鲜果实，拣去枝叶及霉烂果实。

（2）盐渍：每 250kg 鲜梅果加入食盐 45kg。一层梅果一层盐地入缸腌制，约需 25d 左右。其间倒缸数次，以使盐分渗透均匀。

（3）脱盐：将梅坯在清水中漂洗 4～6h，脱去 50% 的盐分，捞出。

（4）晒干：将梅坯在阳光下暴晒。刚晒时不宜翻动，以免碰伤外皮。收集待用。

（5）腌渍：将甘草加水煮成 50kg 甘草液。再将甘草滤出，在滤液中加入砂糖、加热搅拌溶解后，与梅坯一起倒入缸内。

（6）晒干：待梅坯完全吸收汁液后，捞出，在阳光下晒干。如甘草液没有完全被吸收，可捞出晒至半干，再倒入甘草液，让梅坯吸收甘草液。一般需浸 6～10h。

五、质量标准

黄褐色或棕色，果形完整，大小基本一致，果皮有皱纹，表面略干；甜、酸、咸适宜，有甘草或添加香料的味，回味久留；总糖30%左右，含盐3%，总酸4%，水分18%～20%。

六、实训要求

(1) 详细做好实验记录。
(2) 注意观察实验现象。
(3) 分析影响产品质量的因素。

实训任务六　其他凉果选作实训

（一）加应子

加应子又名嘉庆子，历史上曾为贡品。制品饱含香甜浓汁，清香浓郁，肉质细软，甜咸适宜，十分可口。

1. 配方

李坯100kg、桂皮1kg、砂糖50kg、橘皮油200g、甘草10kg、茴香800g、柠檬酸适量。

2. 工艺流程

原料→选择→腌制→出晒→分级→漂洗→配料→吸糖→烧煮→回缸→出晒→包装。

3. 操作要点

（1）选料：加工品种以红心李为宜。在果实充分肥大、果皮开始着色且有光泽时采收。若成熟过度，果实变软，则不利于加工。蛀果应予剔除。

（2）腌制：每100kg鲜果用食盐10～12kg。首先用盐轻擦果皮，促使盐分渗入果肉。然后，一层鲜李一层盐，在缸内加压腌制。

（3）出晒：腌制十几天后，如遇上好天气，将腌渍李坯捞起，滤去盐水，先晒1～2d，晒时颗粒不能重叠，并经常翻动，使李坯全部晒到太阳，这样颜色较好。当晒至李子含水量约为33%～35%时，就可以进屋堆放，使果中水分内外平衡。

（4）分级：按大小分级。一级150个/kg以上，二级250个/kg以上。

（5）漂洗：把李坯在清水中漂洗去盐，至略带咸味时为止。再将起晾晒至七成干后，去核。

（6）吸糖：先将甘草、茴香煎成浓汁，配制成浓度为60%的浓糖液。再将糖液倒入李坯，根据不同口味，加适量柠檬酸，待全部李坯吸足糖液后，即可入锅烧煮。

（7）烧煮：将李坯连同糖液倒入锅内，加热煮沸，煮至果肉熟透而不软烂为止。

（8）回缸：趁热将李坯重新倒入缸内，浸制 5～7d。待果肉吸足糖液后，即可沥去糖液出晒。

（9）晒干：在阳光下暴晒 2～3d，拌入桂皮、橘皮油和糖精等调味品。

4. 质量标准

含糖 58%～63%，七成干。

（二）杏话梅

杏话梅形似话梅，风味与话梅稍有不同，杏香浓且有甘草回香，美味可口。

1. 配方

咸杏果 100kg、玫瑰香精 50g、白砂糖 60kg、食用胭脂红色素适量。

2. 工艺流程

原料→选择→破头→浸漂→烫漂→糖渍→糖煮→成品。

3. 操作要点

（1）选料：选用果形中等，细皮、肉厚、黄色的橄榄为原料。剔去杂质，将橄榄果略微敲破，便于糖渗入。

（2）浸漂、烫漂：将橄榄果在清水中漂洗 8h 左右，捞出沥干水分。再将橄榄坯放在沸水中烫漂 10min，取出冷却。

（3）糖渍：采取一层果坯一层糖的办法进行糖渍，2d 后，糖溶化，并渗入果坯中。

（4）糖煮：将果坯连同糖液一起煮沸 20min，倒入缸内。冷却后，加入少量食用胭脂红色素和玫瑰香精，拌匀，再糖渍 2d，至果肉充分发足呈饱满状态时，再将糖液连同果坯一起煮沸，煮至橄榄果面有光亮感时，捞出，均匀拌入玫瑰花丝，即为玫瑰果。

4. 质量标准

果形完整，大小基本一致，果皮有皱纹，表面略干；甜、酸、咸适宜，有添加香料的味，回味久留；总糖 30%左右，含盐 3%，总酸 4%，水分 18%～20%。

（三）蜜枇杷

枇杷又名金丸，果实金黄色，果肉柔软多汁，甘酸适口，既可鲜食，亦可当菜食用，还具有较高的药用价值。

1. 配方

鲜枇杷 50kg、白砂糖 14kg、食盐 1kg。

2. 工艺流程

选料→清洗→烫煮→糖渍→糖煮→暴晒→成品。

3. 操作要点

(1) 清洗：将鲜枇杷去梗除核，用清水洗净，沥干。

(2) 烫煮：将洗净的枇杷与食盐一同倒入沸水中烫煮，煮熟后捞出，在清水中漂洗 1h，捞出沥干。

(3) 糖渍：将上述枇杷与 8kg 白糖按一层枇杷一层糖装入缸内，浸渍 10h。

(4) 糖煮：将糖渍后的枇杷与糖液一起倒入锅内，煮沸 10min。将余下的白糖加入，当糖液浓度达到 33％，即停止加热，将果肉与糖液一起倒入缸内，浸渍 2d。

(5) 暴晒：将缸内枇杷取出，暴晒，晒至果实表面呈粘状，即为成品。

4. 质量标准

成品呈棕红色，半透明，口感柔软，爽口，甜中带酸，具有枇杷原有的风味。

(四) 佛手瓜脯

佛手瓜果实清香翠绿，果肉致密且耐储，特别是它抗病虫害能力强，在瓜的生长成熟过程中无需喷施农药防治病虫害，因此具有较优的加工品质。

1. 工艺流程

佛手瓜→清洗→切条→护色→微波烫漂→硬化→真空浸糖→干燥并上糖衣→再干燥→包装→品质评定。

2. 操作要点

(1) 清洗与切条：将洗净鲜瓜切成长约 5～10cm、宽厚均约 0.5～1.0cm 的坯条。

(2) 浸渍：用 0.1％～0.2％柠檬酸液浸渍处理坯条 30～60min。

(3) 微波烫漂：设置坯条烫漂处理强度及时间，使原料烫漂至沸。

(4) 硬化：坯条微波烫漂处理后立即投入饱和澄清石灰水中硬化，温度设定 45℃，硬化 4h。坯条硬化处理后冲洗多余石灰水，清水浸 1h 再沥干余水。

(5) 真空浸糖：配制含蔗糖 50％、0.1％～0.2％柠檬酸、0.5％山梨酸钾的浸糖液；设置真空度为 0.81MPa，浸糖温度为 70℃，时间 6h。坯条浸糖处理完毕后沥去多余糖液并适度干燥。

(6) 上糖衣：按蔗糖、淀粉和水的比例为 3：1：2 配制上糖衣液，将其加热到 113～114℃溶化，然后快速将已适度干燥的坯条在此溶液中拖过，捞起坯条继续热风干燥 (45～65℃) 到适宜含水量，得果脯成品。

(7) 包装：将预先经 H_2O_2 处理的食品包装袋抹净并烘干表面水分，装入适量成品料热封。

作业

1. 果脯蜜饯如何进行分类的？
2. 果脯蜜饯生产原料前处理包括哪几个部分？
3. 试述盐腌的工艺过程。
4. 试述糖制的工艺过程。
5. 就广式凉果的产地、种类和销售做调查，对今后广式凉果发展提出建议。

项目八　焙烤食品的加工

☞ **教学目标**

（1）熟悉焙烤食品生产中绿色食品原料的标准；熟练掌握小麦粉中面筋的重要性及作用，掌握焙烤食品其他加工原料的作用、特性及其在加工过程中的变化。

（2）了解蛋糕的概念及分类，蛋糕加工的基本原理；掌握各类蛋糕的加工。

（3）了解面包的特殊生产工艺，熟练掌握面包生产的基本工艺。

（4）了解饼干的分类，掌握饼干的加工工艺及用料要求。

☞ **教学重点**

糖在焙烤食品制作中的作用；水在焙烤食品中的用量及对焙烤食品品质的影响；面筋的性质及其形成过程；各种疏松剂的作用机理；蛋糕加工的基本原理，油蛋糕与清蛋糕的区别，海绵蛋糕的制作；面团的调制及发酵，面包烘烤条件的确定；饼干的成型，韧性饼干及酥性饼干面团的调制等。

☞ **教学难点**

糖的反水化作用；面筋的形成；不同焙烤食品对油脂的选择；糖、蛋及乳在焙烤制品中的工艺性能；各种蛋糕制作技术要点；面团的调制过程及影响面团发酵的因素；不同种类饼干所需面团的调制及成型。

☞ **生产标准**

绿色焙烤食品生产中应按：

（1）焙烤食品原料及生产应按照绿色食品国家标准《绿色食品 产地环境技术条件》（NY/T 391—2000）、《绿色食品 食品添加剂使用准则》（NY/T 392—2000）、《绿色食品 白砂糖》（NY/T 422—2000）执行。

（2）包装、贮藏运输、抽样、检验按照《绿色食品 包装通用准则》（NY/T 658—2002）、《绿色食品 产品抽样准则》（NY/T 896—2004）《绿色食品 贮藏运输准则》（NY/T 1056—2006）、《绿色食品 产品检验规则》（NY/T 436—2000）等相关标准执行。

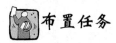

任务一　焙烤食品的原辅料准备

布置任务

任务描述	本任务要求通过焙烤食品原辅料相关知识的学习，对焙烤食品原辅料有全面深入地了解
任务要求	熟悉适合焙烤食品用的绿色食品的原料标准；熟练掌握小麦粉中面筋的重要性及作用；掌握其他加工原料的作用、特性及在加工过程中的变化

任务准备

一、小麦粉

（一）小麦种类

小麦可按播种季节、颗粒皮色、麦粒粒质进行分类。

1. 按播种季节分类

小麦按播种和收获季节的不同，可以分为春小麦和冬小麦两种。春小麦颗粒长而大，皮厚色泽深，蛋白质含量高，但筋力较差，出粉率低，吸水率高；冬小麦颗粒小，吸水率低，蛋白质含量较春小麦低，筋力较强。我国以冬小麦为主。

2. 按颗粒皮色分类

小麦按颗粒皮色可分为白皮小麦、红皮小麦。白皮小麦呈黄白色或乳白色，皮薄，胚乳含量多，出粉率较高，但筋力较差；红皮小麦皮色较深，呈红褐色，皮厚，胚乳含量少，出粉率较低，但筋力较强。

3. 按麦粒粒质分类

小麦按麦粒粒质可分为硬质小麦和软质小麦。如果将麦粒横向切开、观察其断面，胚乳结构紧密，呈半透明状（玻璃质）的为角质小麦，又称硬麦；而胚乳结构疏松，呈石膏状的为粉质小麦。角质小麦蛋白质含量较高，面筋筋力较强；粉质小麦蛋白质含量较低，面筋筋力较弱。

（二）小麦粉的化学成分以及在焙烤加工中的性能

国家标准 SB/T 10136—1993《面包用小麦粉》对小麦粉成分做了规定，见表 8.1、表 8.2。

表 8.1　小麦粉主要化学成分含量

品　种	水分/%	蛋白质/%	脂肪/%	糖类/%	灰分/%	其他
标准粉	11～13	10～13	1.8～2	70～72	1.1～1.3	少量维生素和酶
精白粉	11～13	9～12	1.0～1.4	73～75	0.5～0.75	

表 8.2　小麦粉中矿物质与维生素含量　　　　　　　　　单位：mg/100g

品　种	钙	磷	铁	维生素 B_1	维生素 B_2	烟　酸
标准粉	31～38	184～268	4.0～4.6	0.26～0.46	0.06～0.11	2.2～2.5
精白粉	19～24	86～101	2.7～3.7	0.06～0.13	0.03～0.07	1.1～1.5

1. 水分

国家标准规定小麦粉的含水量，特制一等粉和特制二等粉为 13.5%±0.5%，标准粉和普通粉为 13.0%±0.5%，低筋小麦粉和高筋小麦粉不大于 14.0%。

2. 碳水化合物

碳水化合物是小麦粉中含量最高的化学成分，约占小麦粉量的 75%。它主要包括淀粉、糊精、可溶性糖和纤维素。

1）淀粉

小麦淀粉主要集中在麦粒的胚乳部分，约占小麦粉重量的 67%，是构成小麦粉的主要成分。

2）可溶性糖

小麦粉中的糖包括葡萄糖和麦芽糖，约占碳水化合物的 10%。小麦粉中的可溶性糖对生产苏打饼干和面包来说，既有利于酵母的生长繁殖，又是形成面包色、香、味的基质。

3）纤维素

小麦粉中的纤维素主要来源于种皮、果皮、胚芽，是不溶性碳水化合物。

3. 蛋白质

小麦粉中蛋白质含量与小麦的成熟度、品种、小麦粉等级和加工技术等因素有关。

1）蛋白质的分类及性质

小麦蛋白质可分为面筋性蛋白质和非面筋性蛋白质两类。根据其溶解性质还可分为麦胶蛋白、麦谷蛋白、球蛋白、清蛋白和酸溶蛋白，见表 8.3。

表 8.3　小麦粉的蛋白质种类及含量

类　别	面筋性蛋白质		非面筋性蛋白质		
名　称	麦胶蛋白	麦谷蛋白	球蛋白	清蛋白	酸溶蛋白
含量/%	40～50	40～50	5.0	2.5	2.5
提取方法	70%乙醇	稀酸、稀碱	稀盐溶液	稀盐溶液	水

2）蛋白质的胶凝与涨润作用

蛋白质是两性电解质，具有胶体的一般性质。蛋白质的水溶液称为胶体溶液或溶胶。在一定条件下，溶胶浓度增大或温度降低，溶胶失去流动性而呈软胶状态，即为蛋白质的胶凝作用，所形成的软胶叫做凝胶。凝胶进一步失水就成为干凝胶。小麦粉中的蛋白质即属于干凝胶。干凝胶能吸水膨胀成凝胶，若继续吸水则形成溶胶，这时称为无限膨胀；若不能继续吸水形成溶胶，就称为有限膨胀。蛋白质吸水膨胀称为胀润作用；蛋白质脱水称为离浆作用。这两种作用对面团调制有着重要的意义。

3）面筋

面筋就是小麦粉中的麦胶蛋白和麦谷蛋白吸水膨胀后形成的浅灰色柔软的胶状物。它在面团形成过程中起非常重要的作用，决定面团的焙烤性能。小麦粉筋力的好坏及强弱，取决于小麦粉中面筋的数量与质量。面筋分为湿面筋和干面筋。

面筋主要是由麦胶蛋白和麦谷蛋白这两种蛋白质组成。面筋的筋力好坏，不仅与面筋的数量有关，也与面筋的质量或工艺性能有关。面筋的数量和质量是两个不同的概念。小麦粉的面筋含量高，并不是说小麦粉的工艺性能就好，还要看面筋的质量。

面筋的质量和工艺性能指标有延伸性、韧性、弹性和可塑性。延伸性是指面筋被拉长而不断裂的能力；弹性是指湿面筋被压缩或拉伸后恢复原来状态的能力。韧性是指面筋对拉伸时所表现的抵抗力；可塑性是指面团成型或经压缩后，不能恢复其固有状态的性质。以上性质都密切关系到焙烤制品的生产。当小麦粉的面筋工艺性能不符合生产要求时，可以采取一定的工艺条件来改变其性能，使之符合生产要求。

4. 脂肪

小麦粉中脂肪含量甚少，通常为 1%～2%，主要存在于小麦粒的胚芽及糊粉层。

5. 矿物质

小麦粉中的矿物质含量是用灰分来表示的。我国国家标准《绿色食品小麦粉》

（NY/T 421—2000）把灰分作为检验小麦粉质量标准的重要指标之一，小麦粉灰分（以干物质计）不得超过 0.70%，面包用小麦粉不得超过 0.60%，其他用小麦粉不得超过 0.55%。

6. 维生素

小麦粉中维生素 B_1、维生素 B_2、维生素 B_5 及维生素 E 含量较高。维生素 A 的含量较少，缺乏维生素 C，几乎不含维生素 D。焙烤时应考虑适当强化维生素。

7. 酶

小麦粉主要含有淀粉酶、蛋白酶、脂肪酶、脂肪氧化酶、植酸酶等。这些酶类的存在，不论对小麦粉的贮藏或饼干、面包的生产，都产生一定的影响。

（三）小麦粉的种类和等级标准

我国国家标准（GB 1355—1986）规定，小麦粉按加工精度分为四个等级：特制一等粉、特制二等粉、标准粉和普通粉。小麦粉加工精度是以粉色麸星来表示的。粉色指面粉的颜色，麸星指面粉中麸皮的含量。检验时按实物标准样品对照，粉色是最低标准，麸星是最大限度。各等级小麦粉的质量指标见表 8.4。

表 8.4 各等级小麦粉的质量指标

等级	加工精度	灰分/%（以干物计）	粗细度/%	面筋质%（以湿重计）	含砂量/%	磁性金属物/(g/kg)	水分/%	脂肪酸值（以湿基计）	气味口味
特制一等	按实物标准样品对照检验粉色麸星	≤0.70	全部通过 CB36 号筛，留存在 CB42	≥26.0			13.5±0.5		
特制二等	按实物标准样品对照检验粉色麸星	≤0.95	全部通过 CB30 号筛，留存在 CB36 号筛的不超过	≥25.0	≤0.02	≤0.003		≤80	正常
标准粉	按实物标准样品对照检验粉色麸星	≤1.10	全部通过 CQ20 号筛，留存在 CB30 号筛的不超过	≥24.0			13.0±0.5		
普通粉	按实物标准样品对照检验粉色麸星	≤1.40	全部通过 CQ20 号筛	≥22.0					

《绿色食品小麦粉》（NY/T 421—2000）对小麦粉成分做了规定，见表 8.5。

表 8.5　《绿色食品小麦粉》(NY/T 421—2000) 中小麦粉

项目		小麦粉	面包用小麦粉	面条用小麦粉	饺子用小麦粉	馒头用小麦粉	发酵饼干用小麦粉	酥性饼干用小麦粉	蛋糕用小麦粉	糕点用小麦粉	自发小麦粉
粗细度/%	CB30号筛		全部通过								添加剂应全部通过CQ20号筛
	CB36号筛	全部通过	留存<15%	全部通过	全部通过	全部通过	全部通过		全部通过	全部通过	
	CB42号筛	留存<10%		留存<10%	留存10%		留存10%	留存<10%	全部通过	留存<10%	
含砂量%		≤0.02									
磁性金属物/(g/kg)		≤0.003									
脂肪酸值(以湿度计)		≤80									
水分/%		≤14.0	≤14.5		≤14.0						
灰分(干物计)/%		≤0.70	≤0.60	≤0.55					≤0.53	≤0.55	
面筋质(湿重计)/%		≥26.0	≥33.0	≥28.0	28.0~32.0	25.0~30.0	24.0~30.0	22.0~26.0	≤22.0	≤22.0	
粉质曲线稳定时间/min			≥10	≥4.0	≥3.5	≥3.0	≥3.5	≥2.5	≤1.5	≤1.5	
酸度											0~6
碱液/mL(10g粮食)											
混合均匀度											变异系数≤7.0%
馒头比容/(mL/g)											≥1.7
气味口味		正常无异味									

国家标准《绿色食品小麦粉》(NY/T 421—2000) 的卫生标准见表 8.6。

表 8.6　《绿色食品小麦粉》(NY/T 421—2000) 的卫生标准

项　目	指　标	项　目	指　标
汞 (以 Hg 计)/(mg/kg)	≤0.01	二硫化碳/(mg/kg)	不得检出
镉 (以 Cd 计)/(mg/kg)	≤0.10	黄曲霉毒素，B_1/(μg/kg)	≤5
砷 (以 As 计)/(mg/kg)	≤0.4	甲拌磷/(mg/kg)	不得检出
铅 (以 Pb 计)/(mg/kg)	≤0.2	杀螟硫磷/(mg/kg)	≤1.0
氟/(mg/kg)	≤1.0	倍硫磷/(mg/kg)	不得检出
六六六/(mg/kg)	≤0.05	敌敌畏/(mg/kg)	≤0.05
滴滴涕/(mg/kg)	≤0.05	乐果/(mg/kg)	≤0.02
磷化物 (以 PH_3 计)/(mg/kg)	不得检出	马拉硫磷/(mg/kg)	≤1.5
氰化物 (以 HCN 计)/(mg/kg)	不得检出	对硫磷/(mg/kg)	不得检出
氯化苦/(mg/kg)	不得检出	食品添加剂	按 NY/T 392 执行

注：其他农药施用方法及其限量应符合 NY/T 393—2000 的规定。

按小麦粉用途可分为：面包粉、面条粉、馒头粉、饼干粉、糕点粉及家庭自发粉等。

（四）小麦粉品质的鉴定

1. 面筋的数量与质量

根据小麦粉中湿面筋含量，可将小麦粉分为三个等级：高筋小麦粉，面筋含量大于30%，适于制作面包等食品；低筋小麦粉，面筋含量小于24%，适于制作饼干、糕点等食品；面筋含量在24%～30%之间的小麦粉，适于制作面条、馒头等食品。

2. 小麦粉吸水量

小麦粉吸水量的大小在很大程度上取决于小麦粉中蛋白质含量。小麦粉的吸水量随蛋白质含量的提高而增加。小麦粉蛋白质含量每增加1%，用粉质测定仪测得的吸水量约增加1.5%。

3. 气味与滋味

气味与滋味是鉴定小麦粉品质的重要感官指标。新鲜小麦粉具有良好、新鲜而清淡的香味，在口中咀嚼时有甜味，凡带有酸味、苦味、霉味、腐败臭味的小麦粉都属于变质小麦粉。

4. 颜色与麸量

小麦粉颜色与麸量的鉴定是根据已制定的标准样品进行对照。

（五）小麦粉的贮藏

1. 小麦粉熟化

新磨制的小麦粉所制面团黏性大，缺乏弹性和韧性，生产出来的面包皮色暗、体积小、扁平易塌陷、组织不均匀。但这种小麦粉经过一段时间后，其烘烤性能有所改善，上述缺点得到一定程度的克服，这种现象就称为小麦粉"熟化"。

小麦粉熟化的机理是新磨制小麦粉中的半胱氨酸和胱氨酸含有未被氧化的巯基（—SH），这种巯基是蛋白酶的激活剂。调粉时被激活的蛋白酶强烈分解小麦粉中的蛋白质，从而使烘烤食品的品质低劣。但经过一段时间贮存后，巯基被 O_2 氧化而失去活性，小麦粉中蛋白质不被分解，小麦粉的烘烤性能也由此得到改善。

2. 小麦粉贮藏中水分的影响

小麦粉具有吸湿性，其水分含量随周围空气相对湿度的变化而增减。小麦粉贮藏在相对湿度为55%～65%，温度为18～24℃的条件下较为适宜。

二、糖

焙烤食品常用的糖有蔗糖、饴糖、葡萄糖浆、淀粉糖浆等。

（一）糖的种类和特性

1. 蔗糖

蔗糖是焙烤食品生产中最常用的糖，有白砂糖、黄砂糖、绵白糖等，其中以白砂糖使用最多。

1）白砂糖

白砂糖为白色透明的纯净蔗糖的晶体，其蔗糖含量在 99％以上。味甜纯正，易溶于水，其溶解度随着温度升高而增加，0℃时饱和溶液含糖为 64.13％，100℃时饱和溶液含糖 82.92％。其质量应符合绿色食品 NY/T 421—2000 要求。

2）黄砂糖

在提制砂糖过程中，未经脱色或晶粒表面糖蜜未洗净，砂糖晶粒带棕黄色，称黄砂糖。黄砂糖一般用于中低档产品，其甜度及口味较白砂糖差，易吸潮，不耐贮藏，且含有较多无机杂质，如含铜量高达 2mg/kg 以上，影响产品口味。

3）绵白糖

由颗粒细小的白砂糖加入一部分转化糖浆或饴糖，干燥冷却而成。可以直接加入使用，不需粉碎，但价格较砂糖高、成本高，所以一般不大采用。

2. 饴糖

饴糖俗称米稀，由米粉、山芋淀粉、玉米淀粉等经糖化剂作用而制成。纯净的麦芽糖其甜度约等于砂糖的一半，因此通常在计算饴糖的甜度时均以 1/4 的砂糖甜度来衡量。

3. 淀粉糖浆

淀粉糖浆又称葡萄糖浆、化学稀、糖稀，是用玉米淀粉经酸水解而成，主要由葡萄糖、糊精、多糖类及少部分麦芽糖所组成。

4. 转化糖

蔗糖在酸的作用下能水解成葡萄糖与果糖，这种变化称为转化。一分子葡萄糖与一分子果糖的结合体称为一分子转化糖。含有转化糖的水溶液称为转化糖浆。

5. 果葡糖浆

果葡糖浆是淀粉经酶法水解生成葡萄糖，在异构酶作用下将部分葡萄糖转化成果糖而形成的一种甜度较高的糖浆。

（二）糖在焙烤制品中的工艺性能

1. 增加制品的甜味和营养价值

糖的发热量较高，且具有迅速被人体吸收的特点。

2. 调节面团中面筋的胀润度

小麦粉中面筋性蛋白质的吸水胀润形成大量面筋，使面团弹性增强，黏度相应降低。但如果面团中加入糖浆，从而降低蛋白质胶粒的吸水性，糖在面团调制过程中的反水化作用，造成调粉过程中面筋形成量降低，弹性减弱。

3. 改善焙烤食品的色泽、香味和形状

糖在 200℃左右发生焦糖化作用。焦糖化反应不仅使制品表面产生金黄色，而且还赋予制品理想的香味。在面包烘烤中焦糖化反应不占主要地位，一般是以美拉德反应为主，同样可以提高制品的色泽与香味。

4. 提供酵母生长与繁殖所需营养

生产面包和苏打饼干时，需采用酵母进行发酵，酵母生长和繁殖需要碳源，可以由淀粉酶水解淀粉来供给，但是发酵开始阶段，淀粉酶水解淀粉产生的糖分还来不及满足酵母需要，此时酵母主要利用配料中的糖为营养源。因此在面包和苏打饼干面团发酵初期加入适量糖会促进酵母繁殖，加快发酵速度。

5. 抗氧化作用

糖是一种天然的抗氧化剂，这是由于还原糖（饴糖、化学稀）的还原性。

三、油脂

（一）常用油脂的种类及特性

1. 动物油脂

奶油和猪油是焙烤制品生产中常用的动物油。大多数动物油都具有熔点高、常温下呈半固态，具有可塑性强、起酥性好的特点。

1）奶油

奶油又称黄油或白脱油，由牛乳经离心分离而得。奶油的熔点为 28～34℃，凝固点为 15～25℃。具有一定的硬度和良好的可塑性，适用于西式糕点裱花与保持糕点外形的完整。

2）猪油

猪油是从猪的特定内脏的蓄积脂肪及腹背等皮下组织中提取的油脂。猪油在常温下呈软膏状，熔点 36～42℃，色泽洁白，有特殊的香气。猪油最适合制作中式糕点的酥皮，起层多，色泽白，酥性好，熔点高，利于加工操作。因为猪油呈 β 型大结晶，在面团中能均匀分散在层与层之间，进而形成众多的小层。烘烤时这些小粒子熔解使面团起层，酥松适口，入口即化。

2. 植物油

植物油要根据国家标准《绿色食品　食用植物油》（NY/T 751—2006）进行选择。

植物油品种较多，有花生油、豆油、菜籽油、椰子油等。除椰子油外，其他各种植物油均含有较多的不饱和脂肪酸，其熔点低，在常温下呈液态。其可塑性较动物性油脂差，色泽为深黄色，使用量高时易发生"走油"现象。而椰子油却与一般植物油有不同的特点，它的熔点较高，常温下呈半固态，稳定性好，不易酸败，故常作油炸用油。

3. 氢化油（硬化油）

氢化油又称硬化油，是将液体油经氢化处理，使脂肪酸饱和程度提高后所得到的一种再制油。氢化油为白色或淡黄色，无臭、无味。它的可塑性、乳化性、起酥性、稠度均优于一般油脂，特别是具有较高的稳定性，不易氧化酸败，因而成为焙烤食品生产的理想用油。氢化油因其氢化程度不同而性质有所差异，用于焙烤食品的氢化油熔点最好在 $31\sim36℃$ 之间，凝固点不低于 $21℃$。

4. 起酥油

一般认为，能使焙烤食品起显著酥松作用的油称为起酥油。起酥油是指精炼的动植物油脂、氢化油或这些油脂的混合物。经混合、冷却塑化而加工出来的具有可塑性、乳化性等加工性能的固态或流动性的油脂产品。起酥油不能直接食用，而是食品加工的原料油脂。起酥油与人造奶油的主要区别是起酥油中没有水相。起酥油的种类很多，一般分为全氢化起酥油和掺和起酥油。

5. 人造奶油

人造奶油是以氢化油为主要原料，添加适量的牛乳或乳制品、色素、香料、乳化剂、防腐剂、抗氧化剂、食盐和维生素，经混合、乳化等工序而制成。内含有 $15\%\sim20\%$ 的水分和 3% 的盐，它的软硬度可根据各成分的配比来调整。它的特点是熔点高，油性小，具有良好的可塑性和融合性。

6. 磷脂

磷脂即磷酸甘油酯，其分子结构中含有亲水基和疏水基，是良好的乳化剂。含油量较低的饼干，加入适量的磷脂，可以增强饼干的酥脆性，方便操作，且不发生粘辊现象。

（二）油脂的加工特性

1. 可塑性

可塑性即柔软性，即保持变形但不流动的性质。可塑性是人造奶油、奶油、起酥油、猪油的最基本特性。因为油脂的可塑性，固态油在糕点、饼干面团中能呈片、条及薄膜状分布，而在相同条件下液体油可能分散成点、球状。因此，固态油要比液态油能润滑更大的面团表面积。用可塑性好的油脂加工面团时，面团的延展性好，制品的质地、体积和口感都比较理想。

2. 起酥性

起酥性是通过在面团调制过程中阻止面筋的形成，使得食品组织比较松散来达到起酥作用。一般认为单位质量的脂肪如果被膜小麦粉粒的面积越大，其起酥性就越好。可塑性适度的油脂其起酥性也好。油脂如果过硬，在面团中会残留一些块状部分，起不到松散组织的作用；如果过软或液态，那么会在面团中形成油滴，使成品组织多孔、粗糙。

3. 融和性

融和性是指油脂经搅拌处理后包含空气气泡的能力或称拌入空气的能力。油脂中结合的空气越多，当面团成型后进行烘烤时，油脂受热流散，使制品越膨松。

4. 乳化分散性

乳化分散性是指油脂在与含水的材料混合时的分散亲和性质。制作蛋糕时，油脂的乳化分散性越好，油脂小粒子分布会更均匀，得到的蛋糕也会越大、越软。乳化分散性好的油脂对改善面包、饼干面团的性质，提高产品质量都有一定作用。

5. 稳定性

稳定性是油脂抗酸败变质的性能。

6. 充气性

油脂在空气中经高速搅拌时，空气中的细小气泡被油脂吸入，这种性质称为油脂的充气性。油脂的饱和程度越高，搅拌时吸入的空气量越多，油脂的充气性越好。起酥油的充气性比人造奶油好，猪油的充气性较差。

油脂的充气性对食品质量的影响主要表现在酥性制品和饼干中。在调制酥性制品面团时，首先要搅打油、糖和水，使之充分乳化。在搅打过程中，油脂中结合了一定量的空气。油脂结合空气的量与搅打程度和糖的颗粒状态有关。糖的颗粒越细，搅拌越充分，油脂中结合的空气就越多。当面团成型后进行烘烤时，油脂受热流散，气体膨胀并向两相的界面流动。此时由化学疏松剂分解释放出的 CO_2 及面团中的水蒸气，也向油脂流散的界面聚结，使制品碎裂成很多孔隙，成为片状或椭圆形的多孔结构，使产品体积膨大、酥松。故糕点、饼干生产最好使用氢化起酥油。

（三）油脂在焙烤食品中的工艺性能

1. 增加制品的风味和营养

各种油脂可以给食品带来特有的香味。同时，油脂具有较高的发热量，并含有人体必需的脂肪酸（如亚油酸等）和脂溶性维生素（如维生素 A、维生素 D、维生素 E 等），从而使食品更富营养。

2. 起酥作用

在调制酥性面团时，油、水、小麦粉经搅拌以后，油脂以球状或条状存在于面团中，在这些球状或条状的油内结合着大量空气，空气的结合量与小麦粉调制时的搅拌程度和糖的颗粒状态有关。搅拌充分或糖的颗粒越小，空气含量越高。

3. 改善制品的风味与口感

利用油脂的可塑性、起酥性和充气性，油脂的加入可以提高饼干、糕点的酥松程度，改善食品的风味。一般含油量高的饼干、糕点，酥松可口，含油量低的饼干显得干硬，口感不好。

4. 控制面团中面筋的胀润度，提高面团可塑性

油脂具有调节饼干面团胀润度的作用，在酥性面团调制过程中，油脂形成一层油膜包在小麦粉颗粒外面，由于这层油膜的隔离作用，使小麦粉中蛋白质难以充分吸水胀润，抑制了面筋的形成，并且使已形成的面筋难以互相结合，可使饼干花纹清晰，不收缩变形。

5. 影响面团的发酵速度

由于油脂能抑制面筋形成和影响酵母生长，因此面包配料中油脂用量不宜过多，通常为小麦粉量的 $1\%\sim6\%$，可以使面包组织柔软，表面光亮。

（四）焙烤食品对油脂的选择

1. 饼干用油脂

生产饼干用的油脂首先应具有优良的起酥性和较高的氧化稳定性，其次要具备较好的可塑性。

苏打饼干既要求产品酥松，又要求产品有层次。但苏打饼干含糖量很低，对油脂的抗氧化性协同作用差，不易贮存。因此，苏打饼干也宜采用起酥性与稳定性兼优的油脂。

2. 糕点用油脂

1）酥性糕点
生产酥性糕点可使用起酥性好、充气性强、稳定性高的油脂，如猪油和氢化起酥油。

2）起酥糕点
生产起酥糕点应选择起酥性好，熔点高，可塑性强，涂抹性好的固体油脂，如高熔点人造奶油。

3）油炸糕点

油炸糕点应选用发烟点高，热稳定性好的油脂。大豆油、菜籽油、米糠油、棕榈油、氢化起酥油等适用于炸制食品。近年来，国际上流行使用棕榈油作为炸油，该油中饱和脂肪酸多，发烟点和热稳定性较高。

4）蛋糕

奶油蛋糕含有较高的糖、牛奶、鸡蛋、水分，应选用含有高比例乳化剂的高级人造奶油或起酥油。

3. 面包用油脂

生产面包所用油脂应考虑以下三方面：

（1）应选用可塑性范围广、易于同面包原料混合，并且在醒发中不易渗出的油脂。

（2）应选用风味良好的油脂，特别是用量多时，对烘烤后产品的风味有很大影响的油脂。

（3）应选用起酥性好和抗淀粉老化的油脂，这种油脂能在面团中形成薄膜状，并在烘烤过程中由于气体受热膨胀，使面包心的蜂窝结构更为均匀细密而且疏松，并能长时间保持柔软状态。

从上述可知，在选择面包用油脂时应着重考虑油脂的味感、起酥性、融和性和乳化性，稳定性次之，符合这种要求的油脂有猪油、奶油、人造奶油、氢化油等。

（五）油脂的酸败和抑制

抑制油脂酸败的措施有：

（1）使用具有抗氧化作用的香料，如姜汁、豆蔻、丁香、大蒜等。但是必须指出，某些香精具有强氧化作用，如杏仁香精、柠檬香精和橘子香精，常常会缩短产品的保存期。

（2）油脂和含油量高的油脂食品在贮藏中，要尽量做到密封、避光、低温，防止受金属离子和微生物污染，以延缓油脂酸败。

（3）使用抗氧化剂是抑制或延缓油脂及饼干内油脂酸败的有效措施。饼干生产经常使用的抗氧化剂有合成抗氧化剂 BHA、BHT、PG、TBHQ、THBP 等，其用量均占油脂的 0.01%～0.02%，常用的天然抗氧化剂有维生素 E，还有鼠尾草、胡萝卜素等。

四、乳制品

（一）乳制品的质量要求

乳制品应符合国家标准《绿色食品　乳制品》（NY/T 657—2002）的要求。

由于乳制品营养丰富，也是微生物生长良好的培养基，要保证产品的质量，必须注意乳品的质量及新鲜程度，对于鲜乳要求在 18℃T 以下。对乳制品要求无异味，不结块发霉，不酸败，否则乳脂肪会由于霉菌污染或细菌感染而被解脂酶水解，使存放较久的产品变苦。

乳制品有牛乳、乳粉、炼乳、干酪等。

（二）乳制品在焙烤制品中的工艺性能

1. 改善制品的组织

乳粉提高了面筋筋力，改善了面团发酵耐力和持气性，因此，含有乳粉的制品组织均匀、柔软、疏松并富有弹性。具体分析如下：

乳粉的加入提高了面团的吸水率，因乳粉中含有大量蛋白质，每增加 1% 的乳粉，面团吸水率就要相应增加 1%～1.25%。

乳粉的加入提高了面团筋力和搅拌耐力，乳粉中虽无面筋性蛋白质，但含有的大量乳蛋白对面筋具有一定的增强作用，能提高面团筋力和强度，使面团不会因搅拌时间延长而导致搅拌过度，特别是对于低筋小麦粉更有利。加入乳粉的面团更能适合于高速搅拌，高速搅拌能改善面包的组织和体积。

乳粉的加入提高了面团的发酵耐力，面团不致于因发酵时间延长而成为发酵过度的老面团，其原因是：

（1）乳粉中含有的大量蛋白质，对面团发酵过程中 pH 的变化具有缓冲作用，使面团的 pH 不会发生太大的波动和变化，保证面团的正常发酵。例如，无乳粉的面团发酵前 pH 为 5.8，经 45min 发酵后，pH 下降到 5.1；含乳粉的面团发酵前 pH 为 5.94，45min 发酵后，pH 下降到 5.72。前者下降了 0.7，而后者仅下降了 0.22。

（2）乳粉可抑制淀粉酶的活力。因此，无乳粉的面团发酵要比有乳粉的面团发酵快，特别是低糖的面团。面团发酵速度适当放慢，有利于面团均匀膨胀，增大面包体积。

（3）乳粉可刺激酵母内酒精酶的活力，提高糖的利用率，有利于 CO_2 的产生。

2. 增进焙烤制品的风味和色泽

乳粉中唯一的糖就是乳糖，大约占乳粉总量的 30%。乳糖具有还原性，不能被酵母所利用。因此，发酵后仍全部残留在面团中。在烘焙过程中，乳糖与蛋白质中的氨基酸发生美拉德反应，产生一种特殊的香味，制品表面形成诱人的棕黄色。乳粉用量越多，制品的表皮颜色就越深，又因乳糖的熔点较低，在烘焙期间着色快。因此，凡是使用较多乳粉的制品，都要适当降低烘焙温度和延长烘焙时间，否则，制品着色过快，易造成外焦内生。

3. 提高制品的营养价值

乳制品中含有丰富的蛋白质、脂肪、糖、维生素等。小麦粉是焙烤制品的主要原料，但其在营养上的不足是赖氨酸、维生素含量很少。而乳粉中含有丰富的蛋白质和几乎所有的必需氨基酸、维生素和矿物质亦很丰富。

4. 延缓制品的老化

乳粉中含有大量蛋白质，使面团吸水率增加，面筋性能得到改善，面包体积增大，这些因素都使制品老化速度减慢，还因乳酪蛋白中的硫氢基（—SH）化合物具有抗氧化作用，延长了保鲜期。

五、蛋制品

（一）蛋制品的质量要求

蛋制品应符合国家标准《绿色食品蛋与蛋制品》（NY/T 754—2003）的要求。

蛋品对焙烤食品的生产工艺及改善制品的色、香、味、形和提高营养价值等方面都起到一定的作用。

（二）蛋及蛋制品的种类

目前我国生产中常使用鲜蛋、冰蛋、蛋粉、蛋白片和湿蛋黄等。

1. 鲜蛋

鲜蛋包括鸡蛋、鸭蛋、鹅蛋等，在焙烤食品中应用最多的是鸡蛋。

2. 冰蛋

冰蛋分为冰全蛋、冰蛋黄与冰蛋白三种。

3. 蛋粉

我国市场上主要销售全蛋粉，蛋白粉很少生产。蛋粉是将鲜蛋去壳后，经喷雾高温干燥制成的。

4. 湿蛋黄

生产中使用湿蛋黄要比使用蛋黄粉要好，但远不如鲜蛋和冰全蛋，因为蛋黄中蛋白质含量低，脂肪含量较高，虽然蛋黄中脂肪的乳化性很好，但这种脂肪本身是一种消泡剂，因此在生产中湿蛋黄不是理想的原料。

5. 蛋白片

蛋白片是焙烤食品的一种较好的原料。它能复原，重新形成蛋白胶体，具有新鲜蛋白胶体的特性，且方便运输与保管。

（三）蛋在焙烤食品中的工艺性能

1. 蛋白的起泡性

蛋白是一种亲水性胶体，具有良好的起泡性，在糕点生产中具有重要意义，特别是在西点的装饰方面。蛋白经过强烈搅打，蛋白薄膜将混入的空气包围起来形成泡沫，由于受表面张力制约，迫使泡沫成为球形，由于蛋白胶体具有黏度使加入的原材料附着在蛋白泡沫层四周，使泡沫层变得浓厚坚实，增强了泡沫的机械稳定性。

2. 蛋黄的乳化性

蛋黄中含有许多磷脂，磷脂具有亲油和亲水的双重性质，是一种理想的天然乳化剂。它能使油、水和其他材料均匀地分布到一起，促进制品组织细腻，质地均匀，松软可口，色泽良好，并使乳制品保持水分。

3. 蛋白的凝固性

蛋白对热敏感，受热后凝结变性。温度在 54～57℃时蛋白开始变性，60℃时变性加快，但如果在受热过程中将蛋急速搅动可以防止其凝固。蛋白内加入高浓度的砂糖能提高蛋白的变性温度。当 pH 在 4.6～4.8 时蛋白变性最快，因为这正是蛋白内主要成分白蛋白的等电点。

4. 改善糕点、面包的色、香、味、形和营养价值

蛋品中含有丰富的营养成分，提高了面包、糕点的营养价值。

六、疏松剂

（一）生物疏松剂——酵母

酵母是一种细小的单细胞真核微生物，含有丰富的蛋白质和矿物质，是生产面包和苏打饼干常用的生物疏松剂。

1. 酵母的种类及其特点

1）鲜酵母

鲜酵母又称压榨酵母，它是酵母在糖蜜等培养基中经过扩大培养和繁殖，并分离、压榨而成。鲜酵母具有以下特点：

（1）活性不稳定，发酵力不高，一般在 600～800mL。活性和发酵力随着贮存时间的延长而大大降低。因此，鲜酵母随着贮存时间延长，需要增加其使用量，使成本升高，这是鲜酵母的最大缺点。

（2）需在 0～4℃的低温冰箱（柜）中贮存，贮存期为 3 周左右，增加了设备投资和能源消耗。若在高温下贮存，鲜酵母很容易腐败变质或自溶。

（3）生产前一般需用温水活化，鲜酵母有被干酵母逐渐取代的趋势。

2）活性干酵母

活性干酵母是由鲜酵母经低温干燥而制成的颗粒酵母，它具有以下特点：

（1）活性很稳定，发酵力很高，达 1300mL。因此，使用量也很稳定。

（2）不需低温贮存，可在常温下贮存一年左右。

（3）使用前需用温水、糖活化。

（4）缺点是成本较高。我国目前已能生产高活性干酵母，但使用不普遍。

3）即发活性干酵母

即发活性干酵母是近些年来发展起来的一种发酵速度很快的高活性新型干酵母，主

要生产国是法国、荷兰等国。近年来，我国广州等地与外国合资生产即发活性干酵母。它与鲜酵母、活性干酵母相比，具有以下鲜明特点：

(1) 活性远远高于鲜酵母和活性干酵母，发酵力高达 1300～1400mL。因此，在面包中的使用量要比鲜酵母和活性干酵母低。

(2) 活性特别稳定，在室温条件下密封包装贮存可达两年左右，贮存 3 年仍有较高的发酵力。因此，不需低温贮存。

(3) 发酵速度很快，能大大缩短发酵时间。

(4) 成本及价格较高，但由于发酵力高，活性稳定，使用量少，故大多数厂家仍喜欢使用。

(5) 使用时不需活化，可直接混入干小麦粉中。

2. 影响酵母菌生长繁殖的因素

1) 温度

酵母菌生长的最适温度为 25～28℃。

2) pH

酵母菌适宜在弱酸性条件下生长，在碱性条件下其活性大大减小。一般面团的 pH 控制在 5～6 之间。pH 低于 2 或高于 8，酵母活性都将大大受到抑制。

3) 渗透压

酵母菌的细胞膜是半透性生物膜，外界浓度的高低影响酵母细胞的活性。在面包面团中都含有较多的糖、盐等成分，均产生渗透压。

盐是高渗透压物质，盐的用量越多，对酵母的活性及发酵速度抑制越大。

4) 水

水是酵母生长繁殖所必需的物质，许多营养物质都需要借助于水的介质作用而被酵母吸收。因此，调粉时加水量较多，调制成较软的面团，发酵速度较快。

5) 营养物质

酵母所需的营养物质有氮源、碳源、无机盐类和生长素等。碳源主要来自面团中的糖类。氮源主要来源于各种面包添加剂中的铵盐如氯化铵、硫酸铵和面团中的蛋白质及蛋白质水解产物。无机盐和生长素来源于小麦粉中的矿物质和维生素。

3. 酵母在面包中的作用

(1) 使面包体积膨松。
(2) 改变面包的风味。
(3) 增加面包的营养价值。

(二) 化学疏松剂

1. 小苏打

小苏打即碳酸氢钠，俗称小起子。白色粉末，它是一种碱性盐，在食品中受热分解产

生 CO_2。分解温度为 $60\sim150℃$，产生气体量约为 $261cm^3/g$。在 $270℃$时失去全部气体。

若面团的 pH 低，酸度高，小苏打还会与部分酸起中和反应产生 CO_2。小苏打在生产中主要起水平膨胀作用，俗称起"横劲"，小苏打在糕点中膨胀速度缓慢，制品组织均匀。但由于反应生成物是 Na_2CO_3，呈碱性，多量使用时会使制品口味变劣，心子呈暗黄色，所以应控制制品碱度不超过 0.3%。

2. 碳酸氢铵

碳酸氢铵为白色结晶，分解温度为 $30\sim60℃$，产生气体量为 $700cm^3/g$，在常温下易分解产生剧臭，应妥善保管。

碳酸氢铵在制品烘烤中几乎全部分解，其产物大部分逸出而不影响口味。其膨松能力比碳酸氢钠高 $2\sim3$ 倍。由于它的分解温度较低，所以制品刚入炉就分解，如果添加量过多，会使饼干过酥或四面开裂，也会使蛋糕糊飞出模子。由于其分解过早，往往在制品定型之前连续膨胀，所以习惯上将它与小苏打配合使用。这样既有利于控制制品疏松程度，又不至于使饼干内残留过多碱性物质。

碳酸氢铵分解温度较低，不适宜在较高温度的面团和面糊中使用。它的生成物之一是 NH_3，可溶于水中，产生臭味，影响食品风味和品质，故不适宜在含水量较高的产品中使用，而在饼干中使用则无此问题。另外，碳酸氢铵分解产生的 NH_3 对人体嗅觉器官有强烈的刺激性。

3. 复合疏松剂

复合疏松剂俗称发酵粉、泡打粉、发粉和焙粉。由于小苏打和碳酸氢铵在作用时都有明显的缺点，后来人们研究用小苏打加上酸性材料，如酸牛奶、果汁、蜂蜜、转化糖浆等来产生疏松作用。

1）发酵粉的成分

发酵粉主要由碱性物质、酸式盐和填充物三部分组成。碱性物质唯一使用的是小苏打。酸式盐有酒石酸氢钾、酸式磷酸钙、酸式焦磷酸盐、磷酸铝钠、硫酸铝钠等。填充物可用淀粉或小麦粉，用于分离发酵粉中的碱性物质和酸式盐，防止它们过早反应，又可以防止发酵粉吸潮失效。

2）发酵粉配制和作用原理

发酵粉是根据酸碱中和反应的原理而配制的。随着面团和面糊温度的升高，酸式盐和小苏打发生中和反应产生 CO_2，使糕点、饼干膨大疏松。

3）发酵粉的特点

由于发酵粉是根据酸碱中和反应的原理配制的，因此它的生成物呈中性，避免了小苏打和碳酸氢铵各自使用时的缺点。用发酵粉制作的产品组织均匀，质地细腻，无大孔洞，颜色正常，风味纯正。目前生产中多使用发酵粉作为疏松剂。

七、水

水的作用主要有以下几点：

1. 调节面团的胀润度

面筋的形成就是面筋性蛋白质吸水胀润的过程。在面团调制时，如加水量适当，面团胀润度好，所形成的湿面筋弹性好、延伸性好；如加水量过少，面筋蛋白吸水不足，水化程度低，面筋不能充分扩展，致面团胀润度及品质较差。在面包与酥性饼干生产中，采用不同的加水率，生产出不同特性的面团。

2. 调节淀粉糊化程度

淀粉糊化是指淀粉在适当温度 T（60～80℃）吸水膨胀、分裂，形成均匀糊状溶液的过程。因此，只有在水量充分时，淀粉才能充分吸水而糊化，使制品组织结构良好，体积增大；反之，淀粉则不能充分糊化，导致面团流散性大，制品组织疏松。

3. 促进酵母生长繁殖和酶的水解作用

水既是酵母的重要营养物质之一，又是酵母吸收其他营养物质及细胞内各种生化变化进行的必需介质。酵母的最适水分活性 Aw 为 0.88，当 Aw<0.78 时，酵母的生长繁殖将受到抑制。因此，水分对酵母的生长繁殖具有一定的促进作用，从而对面团的发酵速度产生重要影响。

酶的活性、浓度与底物浓度是影响酶促反应的重要因素，而它们又与水有直接关系。如当 Aw<0.3 时，淀粉酶的活性受到较大的抑制。因此，通过调节面团的水量，便可调节酶对蛋白质及淀粉的水解程度，从而起到调节面团性质的作用。

4. 溶剂作用

为了使糖、盐、疏松剂、乳粉等干性物料能均匀地分散在面团中，特别是这些物料用量少时，往往要先用水将它们溶解，再添加到小麦粉中。因此，水在面团调制中具有溶剂作用。

5. 调节面团温度

面团温度的控制，对面包的质量影响较大。面包生产中，采用水温来调控面团的温度，是最简便、最有效的方法。

6. 水是传热介质之一

面包生产用水的选择，首先应达到：透明、无色、无臭、无异味，无有害微生物、无致病菌的要求。实际生产中，面包用水的 pH 为 5～6。水的硬度以中等硬度为宜即水中钙离子和镁离子浓度为 2.86～4.29mmol/L 或水的硬度为 8～12°（1°是指 1L 水中含有相当于 10mgCaO 的量。1°=0.3575mmol/L）。

糕点、饼干中用水量不多，对水质要求不如面包那样严格，只要符合饮用水标准即可。

八、其他焙烤食品原料

焙烤食品原料涉及到的食品添加剂均应符合国家标准《绿色食品　食品添加剂使用准则》（NY/T 392—2002）的要求。

（一）食盐

食盐是制作焙烤食品的基本原料之一，虽用量不多，但不可少。例如，生产面包时可以没有糖，但不可以没有盐。一般选用精盐和溶解速度最快的食盐。

1. 食盐在制品中的作用

（1）提高成品的风味。
（2）调节和控制发酵速度。
（3）增强面筋筋力。
（4）改善制品的内部颜色。
（5）增加面团调制时间。

2. 食盐的添加方法

一般均以盐溶液方式加入。常采用后加盐法，即在面团搅拌的最后阶段加入。一般在面团的面筋扩展阶段后期，即面团不再黏附搅拌机缸壁时加入，然后搅拌 5～6min 即可。

在苏打饼干生产中，由于食盐用量高对酵母生长繁殖有抑制作用，故在操作时要尽量避免食盐与酵母接触。在第二次发酵时少加食盐，而将食盐及配方中的部分油脂、面粉一起制成油酥，在面团辊轧成面带时夹在面层中。

（二）营养强化剂

食品营养强化的主要目的，是改善天然食物中营养的不平衡状况。加入所缺少的营养素，使食品营养取得平衡以适应人体的需要，此外还可以补充食品在加工贮藏及运输中营养成分的损失。小麦粉虽然含有一定的营养素，但从满足人体营养需要的角度来看，它所含的营养素是不够充足的，如对人体生长发育有重要作用的赖氨酸含量极小。另外，在其被加工成精白粉的过程中，维生素 B_1 和维生素 B_2 有较大的损失，而且加工精度越高，维生素的损失也就越严重。所以，在小麦粉中或在小麦粉为主要原料的焙烤食品中可进行营养强化。目前国内强化剂添加量见表 8.7。

表 8.7　每 100g 面包或饼干中强化剂添加量（参考用量）　　　　　单位：mg

品　种	维生素 B_1	维生素 B_2	赖氨酸	钙
面包	0.3	0.2	100	0.1 以上
饼干	0.3	0.3	100	0.3

强化剂的添加方法有多种：可直接将各种强化剂加入面团中，也可将强化剂预先

制成片剂加入，或用明胶等做成外衣，以缓冲外来条件对它的影响。在将强化剂添加进面团时，一般先将片剂溶于适量水中，然后搅拌。有些油溶性维生素如维生素A、维生素D也可预先与起酥油混合，再添加入面团中，这样可略微降低维生素在加工中的损失。

（三）面团改良剂

面团改良剂是指那些能调节或改变面团的特性，使面团适合工艺要求，提高产品质量的添加剂。

1. 饼干面团改良剂

1) 韧性面团改良剂

生产韧性饼干时，由于面团油糖比例较小，加水量较多，因此面团的面筋可以充分膨胀，使之产生很强弹性。为了达到面团工艺要求，韧性面团往往要在机械长时间的不断搅拌下，才能使面筋弹性逐步降低，可塑性增加。要达到这样的要求，调制面团的时间往往很长，一般需要 50～60min，这会影响生产速度，再加上操作不当常会引起制品收缩变形，所以要使用改良剂。改良剂常用亚硫酸氢钠、亚硫酸氢钙、焦亚硫酸钠与亚硫酸等。

2) 酥性面团改良剂

酥性面团的改良剂实际上是利用乳化剂来改善面团性质，因为酥性面团中油脂和糖的含量很大，这些都足以抑制面团面筋的形成，使用中也会产生一些问题，如面团发黏、不易操作等，所以常需要添加磷脂来降低面团黏度。磷脂可以使面团中的油脂部分地乳化，为面筋所吸收，使得饼干在烘烤过程中，容易形成多孔性的疏松组织，饼干的酥松性得到改善。磷脂也是一种油脂，配方中可减少其他油脂用量。另外，磷脂还是一种抗氧化增效剂，可使产品保存期延长。由于磷脂有蜡质口感，所以不能多用，过量会影响风味。

3) 苏打饼干用改良剂

常用蛋白酶与 α-淀粉酶来改善面团特性。当使用面筋含量高、质地较硬的强力粉时，面团会在发酵后还保持相当大的弹性，在加工过程中引起收缩，焙烤时表面起大泡，而且产品的酥松性会受到影响。因而要利用蛋白酶分解蛋白质的特性，来破坏面筋结构，改善面团性质。一般在第二次发酵时加入，加入量为第二次小麦粉的 0.02%（胃蛋白酶）或 0.015%（胰蛋白酶）。这不仅有改善饼干形态的效果，而且还可使产品变得易上色。这是由于分解生成的氨基酸促进羰氨反应的结果。

2. 面包面团改良剂

主要是一些具有较强氧化性的氧化剂，如碘酸钾、过硫酸钙、抗坏血酸等。对面包的改良作用主要表现在四个方面：

（1）氧化剂能将面筋蛋白分子的—SH 氧化，并形成分子间的—S—S—键，从而使面筋生成率提高，面团筋力增强。

（2）小麦粉中蛋白质的半胱氨酸和胱氨酸，含有—SH 基团，它是蛋白酶的激活剂，氧化剂能将—SH 基团氧化，使其丧失对蛋白酶的激活，从而减少蛋白酶对蛋白质的水解，提高面筋生成率及面团的筋力。

（3）提高蛋白质的黏结作用。氧化剂可将小麦粉中不饱和类脂物氧化成二氢类脂物，二氢类脂物可更强烈地与蛋白质结合在一起，使整个面团体系变得更牢固，更有持气性与良好的弹性和韧性。

（4）对小麦粉有漂白作用。小麦粉中含有胡萝卜素、叶黄素等植物色素，使小麦粉颜色灰暗、无光泽。加入氧化剂后，这些色素被氧化褪色而使小麦粉变白。氧化剂的添加量不超过 75mg/kg（抗坏血酸无限量），具体添加量可根据不同情况来调整。高筋小麦粉需要较少的氧化剂，低筋小麦粉需要多的氧化剂。保管不好的酵母或死酵母细胞中含有谷胱甘肽，未经高温处理的乳制品中含有硫氢基团，它们都具有还原性，故需较多的氧化剂来消除。使用方法是先将其溶于 28～30℃水中，再在第二次调制面团时加入。

（四）乳化剂

乳化剂是一种多功能的表面活性剂，可在许多食品中使用。由于它具有多种功能，因此也称为面团改良剂、保鲜剂、抗老化剂、柔软剂、发泡剂等。

1. 乳化剂在焙烤食品中的作用

与油脂作用形成稳定的乳化液，使制品疏松；与蛋白质作用形成面筋蛋白复合物，促进蛋白质分子间相互结合，使面筋网络更加致密而富有弹性，持气性增加，从而使制品的体积增大；与直链淀粉作用形成不溶性复合物，阻碍可溶性淀粉的溶出，从而使直链淀粉在糊化时淀粉粒间的黏结力降低，使得面包柔软。另外，由于直链淀粉成为复合体后，抑制了直链淀粉的再结晶，可阻止 α-淀粉向 β-淀粉转变。同时，乳化剂还能减少与淀粉结合的水分蒸发作用，使面包较长时间地保持柔软的性质，延缓老化等。

2. 乳化剂的使用方法

乳化剂使用正确与否，直接影响到其作用效果。在使用时应注意下面几点：

（1）乳浊液的类型：在食品的生产过程中，经常碰到两种乳浊液，即水/油型和油/水型。乳化剂是一种两性化合物，使用时要与其亲水－亲油平衡值（即 HLB 值）相适应。通常情况下，HLB<7 的用于水/油型；HLB>7 的用于油/水型。

（2）添加乳化剂的目的：乳化剂一般都具有多功能性，但都具有一种主要作用。如添加乳化剂的主要目的是增强面筋，增大制品体积，应选用与面筋蛋白质复合率高的乳化剂，如硬脂酰乳酸钠 SSL、硬脂酰乳酸钙 CSL、双乙酰酒石酸单（双）甘油酯 DATEM 等；若添加目的主要是防止食品老化，就要选择与直链淀粉复合率高的乳化剂，如各种饱和的蒸馏单甘油酸酯等；当酥性面团产生粘辊、粘帆布、印模等问题时，可以添加卵磷脂、大豆磷脂等天然乳化剂，以降低面团粘性，增加饼干疏松度，改善制品色泽，延长产品保存期。

（3）乳化剂的添加量：乳化剂在食品中的添加量一般不超过小麦粉的 1%，通常为0.3%～0.5%。如果添加目的主要是乳化，则应以配方中的油脂总量为添加基准，一般为油脂的 2%～4%。

3. 食品中常用的乳化剂

单甘油酯、大豆磷脂、脂肪酸蔗糖酯（SE）、丙二醇酯、硬脂酰乳酸钙（CSL）、硬脂酰乳酸钠（SSL）等，在面包、糕点、饼干中的量一般不超过面粉的 1%，通常为 0.3%～0.5%。

（五）抗氧化剂

抗氧化剂是能阻止或推迟食品氧化，提高食品的稳定性和延长贮存期的物质。抗氧化剂种类很多，按其来源不同，可分为天然和人工合成两种。按其溶解性又分为油溶性和水溶性的。可用于焙烤食品的抗氧化剂是丁基羟基茴香醚、二丁基羟基甲苯（BHT）、没食子酸丙酯（PG）、茶多酚等。

（六）食用色素

焙烤制品中添加合适的色素，可以增进产品的外观质量指标，使之色泽和谐，增加食欲，尤其是糕点类经美化装饰后更加吸引消费者。有些天然食品具有鲜艳的色泽，但经过加工处理后则发生变色现象。为了改善食品的色泽，有时需要使用食用色素来进行着色。

1. 食用色素分类

食用色素按其来源和性质，可分为天然色素和合成色素两大类。

1）合成色素

合成色素一般较天然色素色彩鲜艳，色泽稳定，着色力强，调色容易，成本低廉，使用方便。但合成色素大部分属于煤焦油染料，无营养价值，而且大多数对人体有害。因此使用量应严格执行国家食品添加剂使用卫生标准（GB 2760—1996）。

2）天然色素

我国利用天然色素对食品着色已有悠久历史。天然色素来源于动物、植物、微生物，但多取自动、植物组织，一般对人体无害，有的还兼有营养作用，如核黄素和β-胡萝卜素等。天然色素着色时色调比较自然，安全性较好，但不易溶解，不易着色均匀，稳定性差，不易调配色调，价格较高。

2. 色素的使用方法

1）色素溶液的配制

色素在使用时因很难均匀分布，不宜直接使用粉末，且易形成色素斑点，因此一般先配成溶液后再使用。色素溶液浓度为 1%～10%。

2）色调选择与拼色

产品中常使用合成色素，可将几种合成色素按不同比例混合拼成不同色泽的色谱。

（七）食用香精香料

大部分焙烤食品都可以使用香料或香精，用以改善或增强香气和香味，这些香料和香精被称为赋香剂或加香剂。

香料按不同来源可分为天然香料和人造香料。天然香料又包括动物性和植物性香料，食品生产中所用的主要是植物性香料。

人造香料是以石油化工产品、煤焦油产品等为原料经合成反应而得到的化合物。香精是由数种或数十种香料经稀释剂调合而成的复合香料。

1. 香精

食品中使用的香精主要是水溶性和油溶性两大类。在香型方面，使用最广的是橘子、柠檬、香蕉、菠萝、杨梅等五大类果香型香精。

2. 香料

1）常用的天然香料

在食品中直接使用的天然香料主要有柑橘油类和柠檬油类，其中有甜橙油、酸橙油、橘子油、红橘油、柚子油、柠檬油、香柠檬油、白柠檬油等品种。最常用的是甜橙油、橘子油和柠檬油。

我国一些食品厂还直接利用桂花、玫瑰、椰子、莲子、巧克力、可可粉、蜂蜜、各种蔬菜汁等作为天然调香物质。

2）常用的合成香料

合成香料一般不单独用于食品加香，多数配制成香精后使用。直接使用的合成香料有香兰素等少数品种。香兰素是食品中使用最多的香料之一，为白色或微黄色结晶，熔点 $81\sim83℃$，易溶于乙醇及热挥发油中，在冷水及冷植物油中不易溶解，而溶解于热水中。食品中使用香兰素，应在和面过程中加入，使用前先用温水溶解，以防赋香不匀或结块而影响口味。使用量为 $0.1\sim0.4g/kg$。

任务二　绿色蛋糕的加工

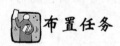 布置任务

任务描述	本任务要求通过蛋糕加工工艺及工艺要点的学习，了解蛋糕及相关知识；通过实训任务"绿色戚风蛋糕的制作"、"绿色海绵蛋糕的制作"、"绿色裱花蛋糕的制作"对绿色食品蛋糕有更深的了解
任务要求	了解蛋糕的概念及分类、蛋糕加工的基本原理；掌握蛋糕的加工工艺、蛋糕生产技术；掌握戚风蛋糕、海绵蛋糕和裱花蛋糕的制作；熟悉糕点质量标准及要求

任务准备

一、概述

1. 蛋糕的概念

蛋糕是一种以面粉、鸡蛋、食糖等为主要原料，经搅打充气，辅以疏松剂，通过烘烤或蒸汽加热而使组织松发的一种疏松绵软、适口性好的方便食品。

蛋糕具有浓郁的香味，质地柔软，富有弹性，组织细腻多孔，软似海绵，易消化，是一种营养丰富的食品。

2. 蛋糕的分类

蛋糕的种类很多，归纳起来可分为三大类。

1）油底蛋糕（面糊类蛋糕）

油底蛋糕主要原料是蛋、糖、面粉和黄油。它是利用配方中固体油脂在搅拌时拌入空气，面糊于烤炉内受热膨胀成蛋糕，它面糊浓稠，膨松，产品特点是油香浓郁、口感深香有回味，结构相对紧密，有一定的弹性。

2）乳沫类蛋糕

乳沫类蛋糕可分为蛋白类和海绵类两种。

（1）蛋白类——天使蛋糕，主要原料为蛋白、砂糖、面粉。特点：洁白的，口感稍显粗糙，味道不算太好，但外观漂亮，蛋腥味浓。

（2）全蛋类——海绵蛋糕，主要原料为全蛋、砂糖、面粉，蛋糕油和液体油。特点：口感清香，结构绵软，有弹性，油脂轻。

3）戚风类蛋糕

所谓戚风，是英文 CHIFFON 译音，该单词原是法文，意思是拌制的馅料像打发的蛋白那样柔软，而戚风的打发正是将蛋黄和蛋白分开搅拌，先把蛋白部分搅拌得很蓬松、很柔软，再拌入蛋黄面糊，因而将这类蛋糕称之为戚风蛋糕。它面糊稀软，蓬松，产品特点：蛋香、油香、有回味，结构绵软有弹性，组织细密紧韧。

二、蛋糕的生产技术

（一）蛋糕加工的基本原理

1. 蛋糕的膨松原理

蛋糕的膨松主要是物理性能变化的结果。经过机械搅拌，使空气充分混入坯料中，经过加热，空气膨胀，坯料体积疏松而膨大。蛋糕用于膨松充气的原料主要是蛋白和奶油（又称黄油）。

蛋白是黏稠的胶体，具有起泡性。蛋白液的气泡被均匀地包在蛋白膜内，受热后气泡膨胀。油蛋糕的起发与膨松主要是靠油脂。黄油在搅拌过程中能够大量拌进空气以致起发。

2. 蛋糕的熟制原理

熟制是蛋糕制作中最关键的环节之一。常见的熟制方法是烘烤、蒸制。制品内部所含的水分受热蒸发，气泡受热膨胀，淀粉受热糊化，疏松剂受热分解，面筋蛋白质受热变性而凝固、固定，最后蛋糕体积增大，蛋糕内部组织形成多孔洞的瓜瓤状结构，使蛋糕松软而有一定弹性。面糊外表皮层在高温烘烤下，糖类发生美拉德和焦糖化反应，颜色逐渐加深，形成悦目的棕黄褐色泽，具有令人愉快的蛋糕香味。制品在整个熟制过程中所发生的一系列物理、化学变化，都是通过加热而产生的，因此大多数制品特点的形成，主要是炉内高温作用的结果。

（二）蛋糕生产工艺

1. 蛋糕生产工艺流程

原料准备→打糊→拌粉→上模→焙烤（或蒸）→冷却→包装。

2. 蛋糕生产主要包括下列过程

1) 原料准备阶段

原料准备阶段主要包括原料清理、计量，如鸡蛋清洗、去壳，面粉和淀粉疏松、碎团等。面粉、淀粉一定要过筛（60目以上）轻轻疏松一下，否则，可能有块状粉团进入蛋糊中，而使面粉或淀粉分散不均匀，导致成品蛋糕中有硬心。

2) 打糊

对于以鸡蛋为主的清蛋糕来说，打糊主要是将鸡蛋与糖放于一起充分搅打，使鸡蛋胀发，尽量使之溶有大量空气泡，同时使糖溶解。打好的鸡蛋糊成稳定的泡沫，呈乳白色，体积为原来的3倍左右。打糊是蛋糕生产的关键，蛋糊打得好坏与否将直接影响成品蛋糕的质量，特别是蛋糕的体积质量（蛋糕质量与体积之比）。若蛋糊打得不充分，则焙烤后的蛋糕胀发不够，蛋糕的体积质量变小，蛋糕松软度差。若蛋糊打过头，则因蛋糊的"筋力"被破坏，持泡能力下降，蛋糊下塌，焙烤后的蛋糕虽能胀发，但因其持泡能力下降而表面"凹陷"。

蛋糊的起泡性与持泡能力还与打蛋时的温度有关。打蛋时蛋糊温度升高，则粘稠度下降，起泡性增加，易于起泡胀发，但持泡能力下降。一般在21℃时，起泡能力和持泡性平衡。因此，冬季打蛋时应采取保暖措施，以保证蛋糊质量。

在工厂生产蛋糕时，有时用蛋量比较少，蛋糊比较稠，则可在打蛋时加入适量的水。因水无起泡性，一般在蛋糊快打好时再加入，否则虽有利于打蛋时起泡，但蛋糊持泡能力太差而影响蛋糕质量。

油脂是消泡剂，当容器周围残留有油脂时，鸡蛋起泡性很差。因此，打蛋时容器一定要清洁。

对于油蛋糕来说，打糊主要是将糖与人造奶油混在一起先搅打，使糖均匀分散于油脂中，再将鸡蛋慢慢加入，一起搅打至呈乳白色，即打糊完毕。

与鸡蛋不同，人造奶油起泡性很差，其打糊后的胀发性并不大，因此，油蛋糕的体积质量一部分是靠膨松剂来达到的。

3）拌粉

拌粉即将过筛后的面粉与淀粉混合物加入蛋糊中搅匀的过程。对清蛋糕来说，若蛋糊经强烈的冲击和搅动，泡就会被破坏，不利于焙烤时蛋糕胀发。因此，加粉时只能慢慢将面粉倒入蛋糊中，同时轻轻搅动蛋糊，以最轻、最少翻动次数，拌至见不到生粉即可。

对油蛋糕来说，则可将过筛后的面粉、淀粉和膨松剂慢慢加入打好的人造奶油与糖混合物中，用打蛋机的慢挡或人工搅动来拌匀面粉。当然不宜用力过猛。

4）装模、焙烤、冷却、脱膜、包装

为防止面粉下沉，拌糊后的蛋糊应立即装模焙烤。蛋糕模的形状各式各样，因厂而异。对焙烤蛋糕来说，要在模内涂上一层植物油或猪油以防止粘模，然后轻轻将蛋糊均匀加于其中，并送至烤炉中焙烤。整个过程中不能用力撞击蛋糊。

蛋糕焙烤的炉温一般在200℃左右。清蛋糕180℃，20min；油蛋糕220℃，40min。焙烤过程中，首先烤炉中水蒸气在蛋糕糊表面冷凝积露，待蛋糕糊表面温度上升至100℃后，水分开始汽化，蛋糕糊内部水分向表面扩散，由表面逐渐蒸发出去。与此同时，蛋糕糊内部气泡逐渐受热膨胀，使蛋糕体积膨胀。当温度达一定程度后，蛋白质凝固和淀粉吸水膨胀胶凝，蛋糕定型。由于淀粉胶凝需吸收大量水分，故成品蛋糕均较柔软。

当水分蒸发到一定程度后再加上蛋糕表面温度的上升，在表面形成了由焦糖化反应和美拉德反应引起的金黄色，产生了特殊的蛋糕香味。

蛋糕烤熟程度可以蛋糕表面颜色深浅或蛋糕中心的蛋糊是否粘手为标准。成熟的蛋糊表面一般为均匀的金黄色，若有像蛋糊一样的乳白色，说明并末烤透。蛋糕中的蛋糊仍粘手，说明未烤熟；不粘手，则焙烤即可停止。

烤炉可以是间歇式的，也可以是连续式的。刚出炉的蛋糕很柔软，需稍冷却后再脱膜。脱膜后的蛋糕冷透后再行包装、出售。

蒸蛋糕时，先将水烧开后再放上蒸笼，大火加热蒸2min后，在蛋糕表面结皮之前，用手轻拍笼边或稍振动蒸笼以破坏蛋糕表面气泡，避免表面形成麻点；待表面结皮后，火力稍降，并在锅内加少量冷水，再蒸几分钟使糕坯定型后加大炉火，直至蛋糕蒸熟。实际生产中的蒸锅一般均为间歇式的。出笼后，撕下白细布，表面涂上麻油以防粘皮。冷却后可直接切块销售，也可分块包装出售。

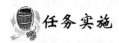 **任务实施**

实训任务一 绿色戚风蛋糕制作

【生产标准】

（1）处理过程中按绿色食品生产要求：中华人民共和国农业部发布的《中华人民共和国农业行业标准》（NY/T 1047—2006）执行。

（2）绿色食品生产中所使用的食品添加剂应遵照中华人民共和国农业部批准的《中华人民共和国农业行业标准：绿色食品　食品添加剂使用准则》（NY/T 392—2000）执行。

【实训内容】

一、训练目的

了解戚风蛋糕生产的一般过程、基本原理和操作方法。

二、实训材料和仪器

1. 实验材料（选用绿色食品原料）

鸡蛋、面粉、砂糖、奶油、饴糖、添加剂等。

2. 仪器

打蛋机、台称、蛋糕烤盘、小排笔、远红外食品烤箱、小勺、不锈钢盆等。

三、实训配方

A. 细糖 150g；水 200g；色拉油 200g。
B. 泡打粉 10g；低筋粉 425g；香草粉 5g。
C. 蛋黄 325g（1100g 鸡蛋的蛋黄）。
D. 蛋白 750g（1100g 鸡蛋的蛋白）。
E. 细糖 400g；盐 5g；塔塔粉 10g。

四、制作方法

（1）A 拌匀，B 过筛后加入拌匀，再加入 C 拌匀。

（2）D 快速打至湿性发泡，加入 E，继续打至干性起发；状态：挑起成弯曲鸡尾状。

（3）取 1/3 蛋白与面糊混合，再加入 2/3 蛋白中拌匀。

（4）倒入烤盘刮平，入炉以上火 180℃，下火 150℃烘烤 20～30min。（冷却后可以抹奶油或果浆卷起。）

注意事项：蛋白起发程度要掌握好，打发不足及过度对组织均有影响。

风蛋糕是利用蛋清来起发的，蛋清是偏碱性，pH 达到 7.6，而蛋清在偏酸的环境下也就是 pH 在 4.6～4.8 时才能形成膨松安定的泡沫，起发后才能添加大量的其他配料进去。戚风蛋糕是将蛋清和蛋黄分开搅拌，蛋清搅拌起发后需要拌入蛋黄部分的面糊下去，如果没有添加塔塔粉的蛋清虽然能打发，但是要加入蛋黄面糊下去则会下陷，不能成型。因而，可以利用塔塔粉的这一特性来达到最佳效果。

五、成品质量检验项目［按照《绿色食品　焙烤食品检验》（NY/T 1046—2006）］

成品表面呈棕褐色，质地松软，口味清香，营养丰富。水分：30%～40%。

六、思考题

(1) 清蛋糕与油蛋糕在制作工艺中有哪些不同之处?

(2) 蛋黄、蛋白分开打有什么好处?

(3) 为什么在制作戚风蛋糕时要添加塔塔粉?

七、实训要求

(1) 实验进行过程中对每一操作都应做详细记录,如各种原料的使用,成品数量,烘烤温度,时间等。

(2) 掌握烤炉的使用方法。

(3) 详细做好实验记录。

实训任务二 绿色海绵蛋糕的制作

【生产标准】

生产中按绿色食品生产要求:中华人民共和国农业部发布的《中华人民共和国农业行业标准》(NY/T 1047—2006)执行。

绿色食品生产中所使用的食品添加剂应遵照中华人民共和国农业部批准的《中华人民共和国农业行业标准:绿色食品 食品添加剂使用准则》(NY/T 392—2000)执行。

【实训内容】

一、训练目的

了解海绵蛋糕生产的一般过程,基本原理和操作方法。

二、实训材料和仪器

1. 实验材料(选用绿色食品原料)

鸡蛋、低筋粉、砂糖、蛋糕油、饴糖、添加剂等。

2. 仪器

小型调粉机、台称、蛋糕烤盘、小排笔、远红外食品烤箱、打蛋搅拌棒、小勺、不锈钢盆等。

三、配方

低筋粉300g;砂糖300g;牛奶或者水60~90g(切块的少水,卷起的多水);鸡蛋600g;植物油60g;香兰素3g;蛋糕油30~35g。

四、制作方法

(1) 将蛋糕油加热融化备用(加入前融化,否则蛋糕油很容易再凝固)。

（2）鸡蛋高速搅打 5min 以上，改为中速，慢慢加入砂糖，搅打 2～3min 后再改为高速搅打。

（3）将融化过的蛋糕油和牛奶倒入混合。

（4）当体积增加 1.5～2 倍后，色泽渐渐变白，变浓稠后，将筛好的面粉和香兰素加入（也可以加入其他添加剂以改变风味），此时改为中速搅打，当体积增加 3～4 倍或当泡沫粘稠得象搅打的鲜奶油，钢丝搅拌器划过留下一条明显痕迹，若停止搅拌该痕迹能保持数秒钟（也可勾起泡沫，泡沫不会很快从手指上流下），此时表明搅打程度已很接近最适点。再搅打几分钟即可。

（5）慢慢加入植物油，慢速搅打几分钟。

（6）将调好的生料倒入模型中，模内垫纸，放进烤箱，上火 200℃，下火 180℃，15～20min。

（7）将蛋糕取出，切块并排放盘内即可。鉴定蛋糕是否成熟的简单方法是用一根细长的竹签或筷子轻插入蛋糕的中心，抽出后看竹签上是否粘有生的面糊。有则表示还没烘熟，应继续烘烤至熟（不粘筷），也可用手指轻压蛋糕表面，如能弹回则表示已烘熟。

五、成品质量检验项目［按照《绿色食品　焙烤食品检验》（NY/T 1046—2006）］

成品表面呈棕褐色，质地松软，口味清香，营养丰富。水分：30%～40%。

六、思考题

（1）海绵类蛋糕的打蛋过程与戚风蛋糕的打蛋过程有什么差异？

（2）海绵类蛋糕与戚风蛋糕的组织结构有什么不同？

七、实训要求

（1）实验进行过程中对每一操作都应做详细记录，如各种原料的使用，成品数量，烘烤温度，时间等。

（2）掌握烤炉的使用方法。

实训任务三　绿色裱花蛋糕的制作

【生产标准】

生产中按绿色食品生产要求：中华人民共和国农业部发布的《中华人民共和国农业行业标准》（NY/T 1047—2006）执行。

绿色食品生产中所使用的食品添加剂应遵照中华人民共和国农业部批准的《中华人民共和国农业行业标准：绿色食品　食品添加剂使用准则》（NY/T 392—2000）执行。

【实训内容】

一、训练目的

了解裱花蛋糕装饰材料的调制原理、方法（鲜奶膏），学习用调制的鲜奶膏进行装饰。

二、实训要求

（1）实验进行过程中对每一操作都应作详细记录，如各种原料的使用，成品数量，膏体的打擦，一般裱花的方法等。

（2）掌握烤炉和转盘的使用方法。

三、实验原料及所用设备器具

1）蛋糕胚的制备（选用绿色食品原料）

原料：鸡蛋、低筋粉、砂糖、蛋糕油、饴糖、添加剂等。

设备器具：小型调粉机、台称、蛋糕烤盘、小排笔、远红外食品烤箱、打蛋机、小勺、不锈钢盆等。

配方：低筋粉 300g；砂糖 300g；牛奶或者水 60～90g；

鸡蛋 600g；植物油 60g；香兰素 3g；蛋糕油 30～35g。

2）鲜奶膏的制备

原料：植物脂 2 盒；

设备器具：打蛋机、裱花袋、裱花嘴、裱花刀、裱花转盘等。

四、制作方法

（1）将蛋糕油加热融化备用（加入前融化，否则蛋糕油很容易再凝固）。

（2）鸡蛋高速搅打 5min 以上，改为中速，慢慢加入砂糖，搅打 2～3min 后再改为高速搅打。

（3）将融化过的蛋糕油和牛奶倒入混合。

（4）当体积增加 1.5～2 倍后，色泽渐渐变白，变浓稠后，将筛好的面粉和香兰素加入（也可以加入其他添加剂以改变风味），此时改为中速搅打，当体积增加 3～4 倍或当泡沫黏稠得象搅打的鲜奶油，钢丝搅拌器划过留下一条明显痕迹，若停止搅拌该痕迹能保持数秒钟（也可勾起泡沫，泡沫不会很快从手指上流下），此时表明搅打程度已很接近最适点。再搅打几分钟即可。

（5）慢慢加入植物油，慢速搅打几分钟。

（6）将调好的生料倒入模型中，模内垫纸，放进烤箱，上火 200℃，下火 180℃，15～20min。

（7）将蛋糕取出，冷却。

（8）将经过解冻的植物脂倒入打蛋机中用中速搅打，时间 10～20min 左右。

（9）将冷却后的蛋糕，切成大块，放在裱花转盘上，把打好的适量鲜奶膏涂于蛋糕表层。

（10）在少量的膏体放入少量的色素，搅拌均匀，装入已放入裱花嘴的裱花袋中，进行图案裱花，注意色素的使用种类与用量应符合绿色食品的使用要求。

五、作业

（1）完成实训报告。

（2）讨论题：打鲜奶膏时有什么注意点？裱花时有什么技巧？

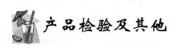 产品检验及其他

糕点质量标准及要求

1. 糕点的感官鉴别

在对糕点质量的优劣进行感官鉴别时，应该首先观察其外表形态与色泽，然后切开检查其内部的组织结构状况，留意糕点的内质与表皮有无霉变现象。感官品评糕点的气味与滋味时，尤其应该注意以下三个方面：一是有无油脂酸败带来的哈喇味，二是口感是否松软利口，三是咀嚼时有无矿物性杂质带来的砂声。

2. 糕点质量感官鉴别后的食用原则

糕点类属于食用前不需要经过加热或任何其他形式的处理就可以直接食用的食品，如果在生产、销售过程中受到微生物或其他有害物质的污染，很容易造成食物中毒或其他食源性疾病。因此在食用前除了对其进行感官鉴别外，还应对其包装容器、保存时间等进行检查。良质糕点可以不受任何限制地食用或销售。次质糕点一般可以食用，但应限期尽快食用或售完，严禁长期贮存。对于质量稍差的次质糕点应加热后食用，对于不能加热的应改作他用。劣质糕点禁止食用，应销毁或作工业用料或饲料。

3. 糕点的保质期

各类糕点产品之所以各具风味，除了采用原料和制作方法不同以外，与产品含水量有极大的关系，为保持产品原有的风味特点、确保产品的质量，根据各类产品含水量的不同，应规定不同的保质期。

（1）奶油蛋糕（包括人造奶油）和奶白等裱花蛋糕要以销定产，当天生产当天售完。

（2）其他中西式蛋糕要当天生产、当天送货，商店在两天内售完。

（3）熟糕粉成型糕点和经烘焙含水分较低的香糕、印糕、火炙糕、云片糕、切糕等存厂期不超过两天，零售不超过 10d。

（4）有外包装的产品，均应盖有出厂和销售截止日期。

4. 糕点的"干缩"、"走油"、"变质"

含有较高水分的糕点如蛋糕、蒸制糕类品种在空气中温度过低时，就会散发水分，出现皱皮、僵硬、减重现象，称为干缩。糕点干缩后不仅外形起了变化，口味也显著降

低。糕点中不少品种都含有油脂，受了外界环境的影响，常常会向外渗透，特别是与有吸油性的物质接触（如有纸包装），油分渗透更快，这种现象称为走油。糕点走油后，会失去光泽和原有风味。糕点是营养成分很高的食品，被细菌、霉菌等微生物侵染后，霉菌等极易生长繁殖，就是通常所见的发霉。糕点一经发霉后，必定引起品质的劣变，而成为不堪食用的废品。

任务三 面包的加工

 布置任务

任务描述	本任务要求通过面包加工工艺及工艺要点的学习，了解面包及相关知识；通过实训任务"二次发酵法面包的制作"对绿色食品面包有更深的了解
任务要求	了解面包的特殊生产工艺；熟练掌握面包生产的基本工艺过程及酵母的处理技术；掌握面团的调制及面团的发酵技术，面包的整形和成形；掌握面包的烘烤技术

任务准备

一、概述

（一）面包的概念

面包是一种经过发酵的烘焙食品。它是以小麦粉、酵母、盐和水为基本原料，添加适量糖、油脂、乳品、鸡蛋、果料、添加剂等，经搅拌、发酵、成型、醒发、烘焙而制成的组织松软的方便食品。面包与饼干、蛋糕的主要区别在于面包的基本风味和膨松组织结构，主要是靠发酵工序完成的。面包是焙烤食品中历史最悠久、消费量最大、品种繁多的一大类食品。

（二）面包的特点

1. 易于机械化和大规模生产

生产面包有定型的成套设备，可以大规模机械化、自动化生产，生产效率高，便于节省大量的能源以及人力和时间。

2. 耐贮存

面包是经 200℃ 以上的高温烘烤而成，杀菌比较彻底，甚至连中心部位的微生物也能杀灭，一般可贮存几天不变质，比米饭、馒头耐贮存。

3. 食用方便

面包作为谷类食品的一种，在同属中出类拔萃，优于馒头、大米饭等主食品。其包装简单，携带方便，可以随吃随取，不像馒头、米饭还得配菜。特别适于旅游和野外工作的需要。

4. 易于消化吸收、营养价值高

制作面包的面团经过发酵，使部分淀粉分解成简单的和易于消化的糖，面包内部形成大量蜂窝状结构，扩大了人体消化器官中各种酶与面包接触的面积，而且，面包中的碳水化合物经糊化后，都有利于消化吸收。

面包在人体中的消化率高于馒头 10%，高于米饭 20% 左右。由于面包的主要原料面粉和酵母含有大量的碳水化合物、蛋白质、脂肪、维生素和矿物质。酵母的含氮物质中包括蛋白质 63.8%，因此可作为未来人类蛋白质的一个重要来源。酵母含有的几种维生素以及钙、磷、铁等人体必需的矿物质均比鸡蛋、牛奶、猪肉丰富得多。酵母中赖氨酸的含量较高，能促进人体生长发育。面包的发热量也高于馒头和大米饭。

（三）面包的分类

目前，国际上尚无统一的面包分类标准。特别是随着面包工业的发展，面包的种类不断翻新，面包的分类也各不相同。我国对面包的分类大致有两种方法：

1. 按面包原料及食用目的分为八类

风味多样的主食面包；花式各样的甜面包；口味各异的加馅面包；层次分明的嵌油面包；食疗兼备的保健面包；免用烤箱的油面包；快速简便的三明治；形态逼真的象形面包。

2. 按常用的面包分类方法

1）硬质面包

硬质面包其实就是一种内部结构接近结实的面包。它的特点是面包越吃越香，经久耐嚼且具有浓郁的纯香。这种面包一般成分较低，配方中使用的糖、油脂皆为面粉用量的 4% 以下，所采用的面粉介于高筋和中筋面粉之间，并相应地减少加水量，其目的是控制面筋的扩展程度和体积的膨胀，缩短发酵所需时间，从而使烘焙后的食品具有整体的结实感。如法国面包，其特点具有土司面包所不及的浓馥麦香味道，表皮或硬或脆，内部组织需有韧性，但并不太强，有嚼劲，硬质面包的保质期较一般面包长，比较经济实惠。

2）软质面包

软质面包，体形较大，柔软细致，须用烤模烤焙，此类面包讲求式样美观，组织细腻，需要有良好的烤焙弹性，面筋须充分搅拌出来，基本发酵必须适当，才能得到良好形态和组织，其特性为表皮颜色呈金黄色，且薄而柔软，内部组织颜色洁白或浅如白色并有丝状光泽，组织细腻均匀，咀嚼时容易嚼碎且不粘牙。

3）脆皮面包

脆皮面包的特性为产品面团中裹入很多有规则层次油脂，加热汽化成一层层又松又软的酥皮，外观呈金黄色，内部组织为一层层松脆层次。

4）松质面包

可添加各种口味馅料，一般为较高成分面包，配方中使用的糖、油脂皆为面粉量的10％以上，馅料应为面团质量20％以上，组织较为柔软，可应用各式馅料来做成最终的烘焙品。其特性为成本较高，配方中含糖、蛋、油脂量较多，外表形状及馅料变化多，外观漂亮美观，内部组织细致均匀，风味香甜柔软。

5）杂粮面包

凡在软式或硬式面包中添加谷物或核果，且添加量不得低于面粉量20％。为多谷物、高纤维含量、低糖、低油、低热量产品均为此类，如杂粮葡萄面包、葵花子面包等。其特性为低成分，高纤维面包配方中油、糖、蛋含量极微，甚至有些不添加，有些产品配方中含麸皮、稞麦、黄豆、葵花子等多种谷类原料，其目的是通过杂粮的加入增加各种蛋白质、脂肪、氨基酸等营养成分，易于被人体吸收。此种面包外观呈光亮状，内部组织较为紧密，外皮酥脆。杂粮面包中杂粮的亲水率较面粉低，其内部结构松软而富有弹性，也有的将松质面包、杂粮面包等保健面包和三明治面包以及各种花样面包合并为一起。

二、面包生产工艺

（一）面包的生产工艺流程

面包的制作包括三大基本工序，即面团搅拌、面团发酵和成品焙烤。在这三大基本工序的基础上，根据面包品种特点和发酵过程常将面包的生产工艺分为一次发酵法（直接法）、二次发酵法（中种法）和快速发酵法。

1. 一次发酵法工艺流程

一次发酵法的优点是发酵时间短，提高了设备和车间的利用率，提高了生产效率，且产品的咀嚼性、风味较好。缺点是面包的体积较小，且易于老化；批量生产时，工艺控制相对较难，一旦搅拌或发酵过程出现失误，无弥补措施。

一次发酵法（直接法）工艺流程：

配料→搅拌→切块→发酵→搓圆→整形→醒发→烘烤→刷油→冷却→包装→成品。

2. 二次发酵法工艺流程

二次发酵法的优点是面包的体积大，表皮柔软，组织细腻，具有浓郁的芳香风味，且成品老化慢。缺点是投资大，生产周期长，效率低。

二次发酵法（直接法）工艺流程：

种子面团搅拌→种子面团发酵→主面团搅拌→主面团发酵→分块→成形→醒发→烘烤→冷却→包装→成品。

3. 快速发酵法工艺流程

快速发酵法是指发酵时间很短（20～30min）或根本无发酵的一种面包加工方法。整个生产周期只需 2～3h。其优点是生产周期短、生产效率高、投资少，可用于特殊情况或应急情况下的面包供应。缺点是成本高、风味相对较差、保质期较短。

快速发酵法（直接法）工艺流程：

配料→搅拌→静置→压片→卷起→分块称重→成形→装盘→醒发→烘烤→冷却→包装→成品。

（二）面包生产技术要点

1. 面包的配方

面包配方是指制作面包的各种原辅料之间的配合比例。设计一种面包的配方，首先要根据这种面包的色、香、味与营养成分、组织结构等特点，充分考虑各种原辅料对面包加工工艺及成品质量的影响，在选用基本原料的基础上，确定添加哪些辅助原料。

面包配方中基本原料有面粉、酵母、水和食盐，辅料有砂糖、油脂、乳粉、改良剂以及其他乳品、蛋、果仁等。面包配方一般用百分比来表示，面粉的用量为 100，其他配料占面粉用量的百分之几。如甜面包配方为：面粉 100、水 58、白砂糖 18、鸡蛋 12、奶粉 5、酵母 1.4、食盐 0.8、复合改良剂 0.5。

2. 面团的调制

面团调制也称调粉或搅拌，它是指在机械力的作用下，各种原辅料充分混合，面筋蛋白和淀粉吸水润胀，最后得到一个具有良好黏弹性、延伸性、柔软、光滑面团的过程。面包制作最重要的两个工序就是面团的调制和发酵。

1）面团搅拌的投料顺序

调制面团时的投料次序因制作工艺的不同略有差异。一次发酵法的投料次序为：先将所有的干性原料（面粉、奶粉、砂糖、酵母等）放入搅拌机中，慢速搅拌 2min 左右，然后边搅拌边缓慢加入湿性原料（水、蛋、奶等），继续慢速搅拌 3～4min，最后在面团即将形成时，加入油脂和食盐，快速搅拌 4～5min，使面团最终形成。二次发酵法是将部分面粉和全部酵母、改良剂、适量水和少量糖先搅成面团，一次发酵后，再将其余原料全部放入和面机中，最后放入油脂和盐。由此可知，不论采用何种发酵工艺，油脂和食盐都是在面团基本形成时加入，原因是食盐和糖有抑制面粉水化的作用。

2）面团搅拌时间的确定

面团最佳搅拌时间应根据搅拌机的类型和原辅料的性质来确定。目前，国产搅拌机绝大多数不能够变速，搅拌时间一般需 15～20min。如果使用变速搅拌机，只需 10～12min。变速搅拌，一般慢速（15～30r/min）搅拌 5min，快速（60～80r/min）搅拌 5～7min。面团的最佳搅拌时间还应根据面粉筋力、面团温度、是否添加氧化剂等多种因素，在实践中摸索。

3）加水量

加水量越少，会使面团的卷起时间缩短，而卷起后在扩展阶段中应延长搅拌时间，以使面筋充分扩展。但水分过少时，会使面粉的颗粒难以充分水化，形成面筋的性质较脆，稳定性较差。故水分过少，做出的面包品质较差。相反，面团中水分多，则会延长卷起的时间，但一般搅拌稳定性好，当面团达到卷起阶段后，就会很快地使面筋扩展，完成搅拌的工作。在无奶粉使用情况下，加水率大约在60%左右。

4）面团温度的控制

适宜的面团温度是面团发酵的必要条件。实际上，在面团搅拌的后期，发酵过程已经开始。为了防止面团过度发酵，以得到最好的面包品质，面团形成时温度应控制在26～28℃。在生产实践中，面团温度在没有自动温控调粉机的情况下，主要靠加水的温度来调节，因为水在所有材料中不仅热容量大，而且容易加温和冷却。水的温度不仅与面团调制的温度有关，而且与调粉机的构造、速度（一般情况下，低速搅拌升温2～3℃，中速搅拌升温7～15℃，高速搅拌升温10～15℃，手工搅拌升温3～5℃)室温、材料配合、粉质、面团的硬软、重量等有关，所需水温可由经验公式计算得出：

所需水温＝（3×面团理想温度）－（室温＋粉温＋机器摩擦升温）

5）搅拌机的速度

搅拌机的速度对搅拌和面筋的扩展的时间影响较大。一般稍快速度搅拌面团，卷起时间较快，完成时间短，面团搅拌后的性质也佳。对面筋特强的面粉如用慢速搅拌，很难使面筋充分扩展，变得柔软而具有良好的伸展性和弹性；面筋稍差的面粉，在搅拌时应用慢速搅拌，以免使面筋折断。

3. 面团的发酵

1）面团发酵的作用

面团的发酵以酵母为主，还有面粉中的微生物参加的复杂发酵过程。在酵母的转化酶、麦芽糖酶和酿酶等多种酶的作用下，将面团中的糖分解为酒精和二氧化碳，以及种种微生物酶的复杂作用，在面团中产生各种糖氨基酸有机酸酯类，使面团具有芳香气味，把以上复杂过程称为面团发酵。面团在发酵的同时也进行着一个成熟过程。面团的成熟是指经过发酵过程的一系列变化，使面团的性质对于制作面包达到最佳状态。即不仅产生大量的二氧化碳气体和各类风味物质，而且经过一系列的生物化学变化，使得面团的物理性质如伸展性、保气性等均达到最良好的状态。面团发酵的基本作用有：

（1）在面团中积蓄发酵生成物，给面包带来浓郁的风味和芳香。

（2）使面团变得柔软而易于伸展，在烘烤时得到极薄的膜。

（3）促进面团的氧化，强化面团的持气能力。

（4）产生使面团胀发的二氧化碳气体。

（5）有利于烘烤时的上色反应。

2）酵母的发酵

发酵是使面包获得气体、实现膨松、增大体积、改善风味的基本手段。酵母的发酵作用是指酵母利用糖（主要是葡萄糖）经过复杂的生物化学反应最终生成 CO_2 气体的过程。发酵过程包括有氧呼吸和无氧呼吸，其反应方程式如下：

$$C_6H_{12}O_6+6O_2 \xrightarrow{\text{酵母菌}} 6CO_2\uparrow+6H_2O+2817kJ$$

$$C_6H_{12}O_6 \xrightarrow[\text{无氧呼吸}]{\text{酵母菌}} 2C_2H_5OH+2CO_2\uparrow+100kJ$$

在面团的发酵初期，酵母的有氧呼吸占优势，并进行迅速繁殖，产生很多新芽孢。随着发酵的进行，无氧呼吸逐渐占优势。越到发酵后期，无氧呼吸进行得越旺盛。整个发酵过程中以无氧呼吸为主对面包的生产和质量是有利的。因为无氧呼吸产生酒精，可使面包具有醇香味。另一方面有氧呼吸会产生大量的气体和热量，过快地产生气体不利于面团中气泡的均匀分散，大气泡较多，过多的热量使面团的温度不易控制，过高的面团温度会引起杂菌如乳酸菌、醋酸菌的大量繁殖，从而影响面包质量。采用二次发酵工艺制作的面包质量较好的原因在于第一次发酵使酵母繁殖，面团中含有足够的酵母数量增强发酵后劲，通过对一次发酵后面团的搅拌，一方面可使大气泡变成小气泡，另一方面可使面团中的热量散失并使可发酵糖再次和酵母接触，使酵母进行无氧呼吸。

影响酵母产气因素很多，主要有：

（1）温度。温度高，酵母的产气量增加，发酵速度快。但温度过高，产气过快，不利于面团的持气和气泡的均匀分布。面团的发酵温度一般控制在 26～28℃ 之间。

（2）pH。酵母发酵的最适 pH 为 5～6，在此 pH 下酵母产气能力强。

（3）渗透压。面团发酵过程中，影响酵母活性的渗透压主要由糖和盐引起。糖用量为 5%～7% 时产气能力大，超出此范围，糖用量越多，发酵能力越受到抑制。食盐能够抑制酶的活性，食盐的用量越多，酵母的产气能力越低。食盐用量超过 1% 时，对酵母活性就有明显抑制作用。

3）影响面团持气的因素

（1）面粉中蛋白质的数量和质量是面团持气能力的决定性因素，面粉的成熟不足或过度都使面团的持气能力下降，成熟不足应使用氧化剂，成熟过度时应减少面团改良剂的用量。

（2）乳粉和蛋品奶粉和蛋品均含有较多的蛋白质，对面团发酵具有 pH 缓冲作用，均能提高面团的发酵耐力和持气性。

（3）戊聚糖的作用。戊聚糖是一种植物胶，对面粉的焙烤特性有显著影响。有实验证实，在弱筋粉中添加 2% 的水溶性戊聚糖，能使面包的体积增加 30%～45%。在面团中加入汉生胶或槐豆胶，也可增加面团的持气性。

（4）面团搅拌。面团搅拌到面筋网络充分形成而又不过度，此时面团的持气性最好。

4）面团成熟

面团发酵时，经过一系列复杂的变化，达到制作面包的最佳状态，这一过程叫成熟，也就是调制好的面团，经过适当时间的发酵，蛋白质和淀粉的水化作用已经完成，面筋的结合扩张已经充分，薄膜状组织的伸展性也达到一定程度，氧化也进行到适当地步，使面团具有最大的气体保持力和最佳风味条件。对于还未达到这一目标的状态，称为不熟，如果超过这一时期则称为过熟，这两种状态的气体保持力都较弱。在面包制作中，发酵面团是否成熟是成品品质的关键，因此，如何判断发酵面团是否成熟十分重要。鉴别面团发酵成熟的方法有以下几种：

(1) 回落法。面团发酵一定时间后，在面团中央部位开始向下回落，即为发酵成熟。但要掌握在面团刚开始回落时，如果回落幅度太大则发酵过度。

(2) 手触法。用手指轻轻按下面团，手指离开后，面团既不弹回，也不继续下落，表示发酵成熟；如果很快恢复原状，表示发酵不足，如果面团很快凹下去，表示发酵过度。

(3) 温度法。面团发酵成熟后，一般温度上升 4~6℃。

(4) pH 法。面团发酵前 pH 为 6.0 左右，发酵成熟后 pH5.0，如果低于 5.0，则说明发酵过度。

4. 面包的整形

将发酵好的面团做成一定形状的面包坯称做整形。整形包括分块、称量、搓圆、中间醒发、压片、成型。在整形期间，面团仍进行着发酵过程，整形室所要求的条件是温度 26~28℃，相对湿度 85%。

分块应在尽量短的时间内完成，主食面包的分块最好在 15~20min 内完成，点心面包最好在 30~40min 内完成，否则因发酵过度影响面包质量。由于面包在烘烤中有 10%~12% 的质量损耗，故在称量时将这一质量损耗计算在内。

搓圆就是使不整齐的小面块变成完整的球形，恢复在分割中被破坏的面筋网络结构。手工搓圆的要领是手心向下，用五指握住面团，向下轻压，在面板上顺一个方向迅速旋转，将面团搓成球状。中间醒发也称静置。面团经分块、搓圆后，一部分气体被排除，内部处于紧张状态，面团缺乏柔软性，如立即进行压片或成型，面团的外皮易被撕裂，不易保持气体。因此需一段时间的中间醒发。中间醒发的工艺参数为温度 27~29℃，湿度 80%~85%，时间 12~18min。

压片是提高面包质量、改善面包纹理结构的重要手段。其主要目的是将面团中原来不均匀的大气泡排除掉，使中间醒发产生的新气泡在面团中均匀分布。压片分手工压片和机械压片，机械压片效果好于手工压片。压片机的技术要求是转速 140~160r/min，辊长 220~240mm，压辊间距 0.8~1.2cm。如果生产夹馅面包，压辊间距应为 0.4~0.6cm，面片不能太厚。

成型是将压片的小面团做成所需要的形状，使面包的外观一致。一般花色面包多用手工成型，主食面包多用机械成型。

5. 最终发酵

成型后还需要一个醒发过程，也称为最后发酵。经过整型的面团，几乎已失去了面团应有的充气性质，面团经过整型时的辊轧、卷压等过程，大部分气体已被压出，同时面筋失去原有的柔软而变得脆硬和发黏，如立即送入炉内烘烤，则烘烤的面包体积小，组织颗粒非常粗糙，同时顶上或侧面会出现空洞和边裂现象。为得到形态好、组织好的面包，必须使整形好的面团重新再产生气体，使面筋柔软，增强面筋伸展性和成熟度。

醒发的工艺条件为温度 38~40℃、湿度 80%~90%。最后发酵时间要根据酵母用量、发酵温度、面团成熟度、面团的柔软性和整型时的跑气程度而定，一般为 30~60min。对于同一种面包来说，最后发酵时间应是越短越好，时间越短做出的面包组织越好。最终发酵程度的判断常用的方法有三种。

（1）一般最后发酵结束时，面团的体积应是成品体积的 80%，其余 20%留在炉内胀发。对于方包，由于烤模带盖，所以好掌握，一般醒发到 80%就行，但对于山型面包和非听型面包就要凭经验判断。一般听型面包都以面团顶部离听子上缘的距离来判断的。

（2）用整型后面团的胀发程度来判断，要求胀发到装盘时的 3~4 倍。

（3）根据外形、透明度和触感判断。发酵开始时，面团不透明和发硬，随着膨胀，面团变柔软，表面有半透明的感觉。最后，随时用手指轻摸面团表面，感到面团越来越有一种膨胀起发的轻柔感，根据经验利用以上感觉判断最佳发酵时期。

6. 面包的焙烤与冷却

焙烤是面包制作的三大基本工序之一，是指醒发好的面包坯在烤炉中成熟的过程。面团在入炉后的最初几分钟内，体积迅速膨胀。

其主要原因有两方面，一方面是面团中已存留的气体受热膨胀；另一方面由于温度的升高，在面团内部温度低于 45℃时，酵母变得相当活跃，产生大量气体。一般面团的快速膨胀期不超过 10min。随后的焙烤过程主要是使面团中心温度达到 100℃，水分挥发，面包成熟，表面上色。

面包焙烤的温度和时间取决于面包辅料成分多少、面包的形状、大小等因素。焙烤条件的范围大致为 180~220℃，时间 15~50min。焙烤的最佳温度、时间组合必须在实践中摸索，根据烤炉不同、配料不同、面包大小不同具体确定，不能生搬硬套。

有些面包烤炉上有加湿器，通过加湿可以控制面包皮的厚薄。面包皮的形成是面团表面迅速干燥的结果。由于面团表面与干燥的高温空气接触，其水分汽化非常快。如果需要较厚的面包皮，一般需向烤炉内加湿，使面包表面水分汽化速率减慢，表面受到较大程度的焙烤，从而形成较厚的面包皮。

若使用的烤炉能控制面火和底火，在焙烤的初始阶段，底火应高于面火，以利于水分挥发，体积最大限度地膨胀。面火 160℃，底火 180~185℃，在焙烤的后期，面火应上升至 210~220℃上色，底火仍在 180~185℃。

如果不能控制底火和面火，可用分阶段升温法。初始温度 180~185℃，中间温度 190~200℃，最后温度 210~220℃。

面包需冷却后才能包装。由于刚出炉的面包表面温度高（一般大于 180℃），面包的表皮硬而脆，面包内部含水量高，瓤心很软，经不起外界压力，稍微受力就会使面包压扁，压扁的面包回弹性差，失去面包固有的形态和风味。出炉后经过冷却，面包内部的水分随热量的散发而蒸发，表皮冷却到一定程度就能承受压力，再进行挪动和包装。

 **任务实施**

实训任务四　二次发酵法面包的制作

【生产标准】

（1）处理过程中按绿色食品生产要求：中华人民共和国农业部发布的《中华人民共和国农业行业标准》（NY/T 1047—2006）执行。

（2）绿色食品生产中所使用的食品添加剂应遵照中华人民共和国农业部批准的《中华人民共和国农业行业标准：绿色食品　食品添加剂使用准则》（NY/T 392—2000）执行。

【实训内容】

一、训练目的

了解面包制作的原理，掌握面包制作的方法。

二、实训材料和仪器（选用绿色食品原料）

（1）实验材料：精白粉 500g；酵母 5g；糖 60g；精盐 2.5g；植物油 5g；水 250g。

（2）仪器：烤箱、烤盘、醒发箱、搅拌器、台称（电子称）、各种印模、粉筛、擀面杖、油纸、刮板等。

三、工艺流程

部分原料→第一次调粉→第一次发酵→第二次调粉（剩余原辅料）→第二次发酵→整形→醒发→烘烤→冷却→成品检验→包装→成品。

四、制作方法

（1）第一次调粉：面粉 60%，水 70%和全部酵母（用 30～35℃的少量水融化）拌和，面团温度 30～32℃。

（2）第一次发酵：温度 30～32℃；时间 2～2.5h。

（3）第二次调粉：将剩余的原辅料与第一次发酵的面团混合均匀，揉成表面光滑的面团。

（4）第二次发酵：温度 30～32℃；时间 1.5～2h。

（5）整形：将发酵成熟的面团分切成 150g 的生坯，搓圆，放入烤盘中，表面涂上蛋液。

（6）醒发：将生坯放入醒发箱内，温度调至 40℃，相对湿度 85%～90%，时间45～60min。

（7）烘烤：温度 240～260℃；时间 15～20min。

（8）冷却：自然冷却至室温。

五、成品质量检验项目 ［按照《绿色食品　焙烤食品检验》（NY/T 1046—2006）］

1. 形态

圆面包外型应圆润饱满完整，表面光滑，不硬皮，无裂缝。

2. 色泽

表面呈有光滑性金黄色或棕黄色，四周底部呈黄色，不焦不浅，不发白。

3. 内部组织

面包的断面呈细密均匀的海绵状组织，掰开面包呈现丝状，无大孔洞，富有弹性。

4. 口味

口感松软，并具有产品的特有风味，鲜美可口无酸味。

5. 卫生

表面清洁，内部无杂质。

6. 理化指标

酸度：pH5 以下；
水分：30%～40%。

六、思考题

（1）制作面包对面粉原料有何要求？为什么？

（2）糖、乳制品、蛋品等辅料对面包质量有何影响？

（3）通过本实验你认为采用哪种发酵方法较适合制作面包？为什么？

七、实训要求

（1）详细做好实验记录。

（2）注意观察实验现象。

（3）计算产品出品率。

（4）对产品进行感官评定。

（5）分析影响产品质量的因素。

实训任务五　绿色土司面包的制作

【生产标准】

（1）生产中按绿色食品生产要求：中华人民共和国农业部发布的《中华人民共和国农业行业标准》（NY/T 1047—2006）执行。

（2）绿色食品生产中所使用的食品添加剂应遵照中华人民共和国农业部批准的《中华人民共和国农业行业标准：绿色食品　食品添加剂使用准则》（NY/T 392—2000）执行。

【实训内容】

一、训练目的

（1）加深理解面包生产的基本原理及其一般过程和方法。

（2）熟悉土司面包的制作工艺及条件，并观察成品质量。

二、实训材料和仪器

1. 实验材料（选用绿色食品原料）

面包粉 5kg；酵母 80g；盐 50g；奶粉 200g；黄油 300g；糖 1000g；鸡蛋 250g；葡萄干 100g；水 2.5kg 左右。

2. 仪器

调粉机、粉筛、温度计、台称、天平、不锈钢切刀、烤模、醒发箱、烤箱等。

三、工艺流程

调粉→发酵→成型→醒发→烘烤→冷却→成品检验。

四、制作方法

（1）将葡萄干放入清水中浸泡 20min，待用。

（2）将配料中除黄油、葡萄干的全部原料投入调粉机中搅打至 7 成，加黄油继续搅打至面团面筋扩展，投入葡萄干慢速搅拌均匀。

（3）将打好的面团放于涂有油的烤盘上，放入 32～34℃、相对湿度为 80%～95% 的醒发箱中发酵，90min。

（4）每组分割成 180g 面团 10 个，160g 面团 3 个。

（5）成型、装盒。

（6）装有生坯的烤模，置于调温调湿箱内，箱内温度为 36～38℃，相对湿度为 80%～90%，醒发时间为 45～60min，观察生坯发起的最高点达到烤模上口 90% 即醒发成熟，立即取出。

（7）取出烤模，推入炉温已预热至 180℃ 左右的烘箱内烘烤，至面包烤熟立即取出。烘烤总时间一般为 30~45min，注意烘烤温度在 180~200℃之间。

(8) 冷却。出炉的面包待稍冷后脱出烤模，置于空气中自然冷却至室温。

五、成品质量检验项目 [按照《绿色食品　焙烤食品检验》(NY/T 1046—2006)]

1. 形态

圆面包外型应圆润饱满完整，表面光滑，不硬皮，无裂缝。

2. 色泽

表面呈有光滑性金黄色或棕黄色，四周底部呈黄色，不焦不浅，不发白。

3. 内部组织

面包的断面呈细密均匀的海绵状组织，掰开面包呈现丝状，无大孔洞，富有弹性。

4. 口味

口感松软，并具有产品的特有风味，鲜美可口无酸味。

5. 卫生

表面清洁，内部无杂质。

6. 理化指标

酸度：pH5 以下；
水分：30%~40%。

六、思考题

(1) 制作土司面包对面粉原料有何要求？为什么？
(2) 糖、乳制品、蛋品等辅料对面包质量有何影响？

七、实训要求

(1) 详细做好实验记录。
(2) 注意观察实验现象。
(3) 计算产品出品率。
(4) 对产品进行感官评定。
(5) 分析影响产品质量的因素。

实训任务六　其他面包选作

1. 咸面包的制作（一次发酵法）

配方（原料选用要符合绿色食品要求）：面包专用粉 100g，水 58g，鲜酵母 2g，面粉改良剂 0.25g，盐 2g，糖 2g，黄油 2g。

操作要点：

（1）除油外将所有的原料放入和面机内慢速搅拌 4～5min，加油后中速搅拌 7～8min，使面筋网络充分形成，搅拌后面团温度为 26℃。

（2）基本发酵温度 281℃，湿度 80%，发酵 2h50min。

（3）分割、揉圆、中间醒发 10min，整形。

（4）38℃下最后发酵 55min。

（5）焙烤 200℃烤 15min，220℃烤 5min。

2. 甜面包的制作（二次发酵法）

配方（原料选用要符合绿色食品要求）：

种子面团：专用粉 75g，水 45g，鲜酵母 2g，面粉改良剂 0.25g。主面团：专用粉 25g，糖 20g，人造奶油 12g，蛋 5g，奶粉 4g，盐 1.5g，水 12g。

操作要点：

（1）种子面团原辅料慢速搅拌 3min，中速搅拌 5min 成面团，面团温度 24℃。

（2）种子面团在 28℃下发酵 4h。

（3）将糖、盐、蛋、水等主面团辅料搅拌均匀，然后加入种子面团，拌开，再加入奶粉、面粉，慢速搅拌成面团，加油后改成中速搅拌至搅拌结束。主面团温度 28℃。

（4）主面团在 30℃发酵 2h。

（5）分块、搓圆后中间醒发 12min，成型。

（6）在 38℃，相对湿度 85%的条件下最后发酵 30min。

（7）炉温 200～205℃，焙烤 10～15min。

3. 起酥面包的制作

配方：专用粉 100g，人造奶油 15g，蛋 12g，牛奶 51g，鲜酵母 10g，奶油 20g，奶油馅料 35g。

操作要点：

（1）由于配料中含有较多的油脂和糖分，为了使面团搅拌均匀，一般使用浆状搅拌机而不使用钩状搅拌机。将面粉、牛奶、鸡蛋放入搅拌机中，先慢速搅拌，然后中速搅拌，使之形成面团，最后加入人造奶油，继续搅拌成成熟面团。

（2）1～3℃下低温发酵 12～24h。

（3）包油：将面团压成长方形面片，将冷冻的奶油在面片上铺一薄层，然后用三折法折起。

（4）成型：折叠后的面团静置 20min 压片，切成 10cm×10cm 的正方形，每块中间包入一小块奶油馅料，对角拉起折向中间成花瓣形，放置烤盘上。

（5）温度 35℃，相对湿度 80%，醒发 30min。醒发后，表面刷一层蛋液，增加面包的光泽。

（6）焙烤：175～180℃下烤 10～15min。

（7）装饰：面包冷却后可在表面撒一层糖粉。

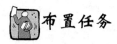

任务四　饼干的加工

布置任务

任务描述	本任务要求通过饼干加工工艺及工艺要点的学习，了解饼干及相关知识；通过实训任务"绿色酥性饼干制作"、"绿色韧性饼干制作"对绿色食品饼干有更深的了解
任务要求	了解饼干的分类、饼干的用料要求；了解其他饼干的加工工艺及用料要求；掌握韧性饼干的加工工艺及操作要点

任务准备

一、概述

饼干是以小麦粉（或糯米粉）为主要原料，加入（或不加入）糖、油及其他辅料，经调粉、成型、烘烤制成的水分低于 6.5% 的松脆食品。饼干口感酥松，水分含量少，体积轻，块形完整，易于保藏，便于包装和携带，食用方便。

我国的饼干生产规模、设备和工艺技术近年来得到了蓬勃发展，有关饼干新品种和新工艺的开发研究也呈现出前所未有的突破。研制了具有地方特色的饼干品种及各种营养饼干，如燕麦饼干、小米饼干、马铃薯饼干、富锌饼干、高纤维饼干、南瓜饼干、胡萝卜饼干等。

饼干花色品种繁多，近年来，由于工艺技术及设备的发展，新型产品不断涌现，要将类别分得十分严格是颇为困难的。常用的分类方法有两种，一种是按原料的配比分类，另一种按成型的方法与油、糖用量的范围来分类。这两种方法应当结合起来，才能达到比较完善的程度。

（一）饼干的分类

1. 按原料配比分类

按原料的配比来分，将饼干分为五类，见表 8.8。

表 8.8　饼干的类型（按原料的配比分类）

种　　类	油糖比	油糖与面粉比	品　　种
粗饼干类	0∶10	1∶5	硬饼干、发酵硬饼干
韧性饼干类	1∶2.5	1∶2.5	低档甜饼干，如动物、什锦饼干等
酥性饼干类	1∶2	1∶2	一般甜饼干，如椰子、橘子饼干等
甜酥性饼干类	1∶1.35	1∶1.35	高档酥饼类甜饼干，如桃酥等
发酵饼干类	10∶0	1∶5	中、高档苏打饼干

2. 按照加工工艺分类

根据《中华人民共和国轻工行业标准——饼干通用技术条件》（QB 1253—2005）的规定，饼干按其加工工艺的不同，可分为 12 类：酥性饼干、韧性饼干、发酵（苏打）饼干、薄脆饼干、曲奇饼干、夹心饼干、威化饼干、蛋圆饼干、蛋卷、粘花饼干、水泡饼干、其他（除上述 11 类之外的饼干）。

（二）饼干的配方

饼干生产所用的原辅料与面包相似，所不同的是饼干使用的面粉为低筋粉，而且饼干生产中需用较多的香精、香料、色素、抗氧化剂、化学疏松剂等。各种饼干的常用基本配方见工艺部分。

二、饼干生产工艺

（一）饼干的种类

韧性饼干在国际上被称为硬质饼干，一般采用中筋小麦粉制作，而面团中油脂与砂糖的比率较低，为使面筋充分形成，需要较长时间调粉，以形成韧性极强的面团。这种饼干表面较光洁，花纹呈平面凹纹型，通常带有针孔。

酥性饼干外观花纹明显，结构细密，孔洞较为显著，呈多孔性组织，口感酥松，属于中档配料的甜饼干。糖与油脂的用量要比韧性饼干多一些，一般要添加适量的辅料，如乳制品、蛋品、蜂蜜或椰蓉等营养物质或赋香剂。

苏打饼干是采用酵母发酵与化学疏松剂相结合的发酵性饼干，具有酵母发酵食品固有的香味，内部结构层次分明，表面有较均匀的起泡点，由于含糖量极少，所以呈乳白色略带微黄色泽，口感松脆。

（二）饼干的原料执行标准

饼干原料严格按《绿色食品　焙烤食品》（NY/T 1046—2006）、《绿色食品　食用植物油》（NY/T 751—2007）、《绿色食品　蛋与蛋制品》（NY/T 754—2003）、《绿色食品　小麦粉》（NY/T 421—2000）、《绿色食品　乳制产品》（NY/T 657—2002）、《绿色食品　食用糖》（NY/T 422—2006）、《绿色食品　食品添加剂使用准则》（NY/T 392—2000）执行。

（三）韧性饼干用料要求

韧性饼干配方中油、糖比一般为 1：2.5 左右，油、糖与小麦粉之比为 1：2.5 左右。各种韧性饼干配方表见 8.9。

表 8.9　韧性饼干配方　　　　　　　　　　　单位：kg

原　　料	蛋奶饼干	玛利饼干	不的波饼干	白脱饼干	字母饼干	动物饼干玩具饼干
小麦粉	100	100	100	100	100	100
白砂糖	30	28	24	22	26	18
饴糖	2	3	5	4	2	6
精炼油	18	7	—	—	—	—
磷脂	2	—	—	—	2	2
猪板油	—	7	14	5	—	2
人造奶油	—	—	—	10	—	—
奶粉	3	2	—	—	—	—
香蕉香精/mL	—	—	—	—	100	—
香兰素	0.025	0.002	0.002	—	—	—
柠檬香精/mL	—	—	—	—	—	80
鸡蛋香精/mL	—	100	—	—	—	—
香草香精/mL	—	—	80	—	—	—
白脱香精/mL	—	—	—	100	—	—
食盐	0.5	0.3	0.3	0.4	0.25	0.25
碳酸氢钠	0.8	0.8	0.8	1	1	1
碳酸氢铵	0.4	0.4	0.4	0.4	0.6	0.8
抗氧化剂 BHT	0.02	0.002	0.001	0.002	0.002	0.002
柠檬酸	0.004	0.004	0.003	0.004	0.004	0.002
酸式焦亚硫酸钠	—	—	0.003	0.004	0.003	0.003

1. 小麦面粉、淀粉

过筛：控制粒度，使面粉中混入一定量的空气，有利于饼干的酥松。

磁选：除去金属杂质。

根据季节的不同，对面粉的温度应采取适当的措施进行调节。

2. 糖、油

一般用糖粉或将砂糖溶化为糖浆，过滤后使用。

普通液体植物油脂、猪油等可以直接使用；奶油、人造奶油、椰子油等油脂在低温时硬度较高，可以用搅拌机搅拌使其软化或放在暖气管旁加热软化。

3. 磷脂

磷脂是一种很理想的食用天然乳化剂，配比量一般为油脂用量的 5%～15%，用量过多会使制品产生异味。

4. 疏松剂

韧性饼干生产中一般都采用混合疏松剂（小苏打和碳酸氢铵两者配合），总配比量约为面粉的 1%。

5. 风味料

乳品和食盐等作为风味料，能提高产品的营养价值，改善口感，可以适量配入。有些产品还可以加入鸡蛋等辅料作为风味料。

6. 香料

在饼干生产中都采用耐高温的香精油，如香蕉、橘子、菠萝、椰子等香精油，香料的用量应符合食品添加剂使用标准的规定。

7. 其他添加剂

抗氧化剂：叔丁基对羟基茴香醚（BHA）、2，6-二叔丁基对甲酚（BHT）、没食子酸丙酯（PG），其用量不大于油脂用量的 0.01%。

面团改良剂：亚硫酸盐，缩短韧性面团调粉时间和降低面团弹性，最大使用量不得超过 50mg/kg。

（四）酥性饼干的用料要求

酥性饼干的配方中油糖之比一般为 1∶1.35～2 左右，油、糖与小麦面粉之比亦为 1∶1.35～2 左右。各种酥性饼干配方表见 8.10。

表 8.10 酥性饼干配方 单位：kg

原　　料	奶油饼干	葱香饼干	蛋酥饼干	蜂蜜饼干	芝麻饼干	早茶饼干
小麦粉（弱）	96	95	95	96	96	96
淀粉	4	5	5	4	4	4
白砂糖粉	34	30	33	30	35	28
饴糖	4	6	3	2	3	4

原　料	奶油饼干	葱香饼干	蛋酥饼干	蜂蜜饼干	芝麻饼干	早茶饼干
精炼油	—	6		4	10	8
猪板油	8	12	10	12	6	8
人造奶油	18	—	8	4	4	—
磷脂	—	1	0.5	0.5		0.5
奶粉	5	1	1.5	2	1	1.5
鸡蛋	3	2	4	2	1	2.5
香兰素	0.035	0.02	0.04	0.03	0.025	0.05
食盐	0.5	0.8	0.4	0.5	0.6	0.7
香精		—	适量（带鸡蛋味）	—	—	适量（带香草味）
蜂蜜	—	—	—	8	—	—
葱汁	—	3	—	—	—	—
白芝麻					4	
碳酸氢钠	0.3	0.4	0.4	0.4	0.4	0.5
碳酸氢铵	0.2	0.2	0.2	0.3	0.3	0.3
抗氧化剂	0.002	0.002	0.0025	0.002	0.002	0.002
柠檬酸	0.003	0.003	0.003	0.003	0.003	0.003

1. 小麦面粉

一般使用弱力粉，其湿面筋含量应在24%左右，含糖、油较高的甜酥性饼干要求面筋含量在20%左右。

2. 油脂

采用稳定性优良、起酥性较好的油脂，注意防止"走油"现象，人造奶油或椰子油是理想的酥性饼干生产用油脂。

3. 砂糖

食品厂都将砂糖制成糖浆，浓度一般控制在68%。为了使部分砂糖转化为转化糖浆，可以在砂糖中添加少量的食用盐酸，用量为每千克砂糖添加盐酸1mL，糖浆在使用前必须先经中和、过滤。

其他辅料要求及处理方法与韧性饼干相同。

（五）发酵饼干用料要求

发酵饼干的用料见表8.11。

表 8.11　苏打饼干配方　　　　　　　　　　　　　　　　　　　　单位：kg

分　区	原　料	咸奶苏打饼干	芝麻苏打饼干	葱油苏打饼干	蘑菇苏打饼干
第一次调粉	弱筋小麦粉	40	35	40	50
	白砂糖	2.5	1.5	1.5	3.5
	鲜酵母	1.5	1.2	2	2.5
	食盐	0.75	0.5	0.75	0.8
第二次调粉	低筋小麦粉	50	55	50	40
	饴糖	3	2	1.5	2
	精炼油	8	8	10	—
	猪板油	4	5	4	6
	人造奶油	6	5	1	10
	奶粉	3	2	1	1.5
	鸡蛋	2	2.5	2	3
	白芝麻	—	4	—	—
	洋葱汁	—	—	5	—
	鲜蘑菇汁	—	—	—	3
	碳酸氢钠	0.4	0.3	0.25	0.4
	碳酸氢铵	—	—	0.2	0.2
	面团改良剂	0.002	0.0025	0.002	0.003
	抗氧化剂	0.003	0.0035	0.003	0.004
擦油酥	低筋小麦粉	10	10	10	10
	猪板油	1	5	5	2
	人造奶油	4			3
	食盐	0.35	0.5	0.5	0.5

（六）饼干的生产工艺流程

1. 韧性饼干生产的工艺流程（图 8.1）

2. 酥性饼干生产工艺流程（图 8.2）

3. 苏打饼干生产工艺流程（图 8.3）

（七）操作要点

1. 面团调制

面团调制是将生产饼干的各种原辅料混合成具有某种特性面团的过程。饼干生产中，面团调制是最关键的一道工序，它不仅决定了成品饼干的风味、口感、外观、形态，而且还直接关系到以后的工序能否顺利进行。要生产出形态美观、表面光滑、内部

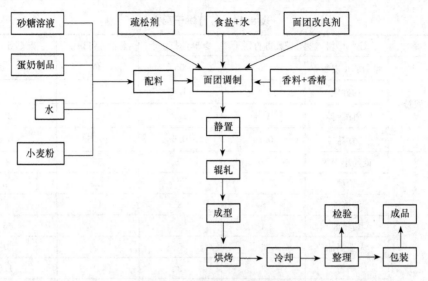

图 8.1　韧性饼干工艺流程

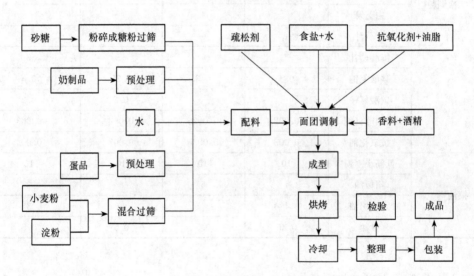

图 8.2　酥性饼干工艺流程

结构均匀、口感酥脆的优质饼干，必须严格控制面团质量。饼干面团调制过程中，面筋蛋白并没有完全形成面筋，不同的饼干品种，面筋形成量是不同的，而且阻止面筋形成的措施也不一样。

1）韧性面团的调制

韧性面团是用来生产韧性饼干的面团。这种面团要求具有较强的延伸性和韧性、适度的弹性和可塑性、面团柔软光润，强度和弹性不能太大。与酥性面团相比，韧性面团的面筋形成比较充分，但面筋蛋白仍未完全水合，面团硬度仍明显大于面包面团。

（1）面团的充分搅拌。要达到韧性面团的上述要求，调粉的最主要措施是加大搅拌强度，即提高机器的搅拌速度或延长搅拌的操作时间。

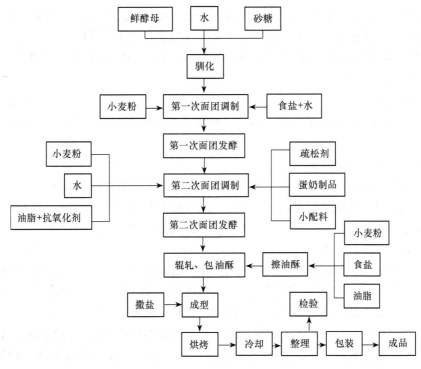

图 8.3 苏打饼干工艺流程

（2）投料顺序。韧性面团在调粉时可一次性将面粉、水和辅料投入机器搅拌，但也有按酥性面团的方法，将油、糖、蛋、奶等辅料加热水或热糖浆在和面机中搅匀，再加入面粉。如果使用改良剂，则应在面团初步形成时（约 10min 后）加入。由于韧性面团调制温度较高，疏松剂、香精、香料一般在面团调制的后期加入，以减少分解和挥发。

（3）淀粉的添加。调制韧性面团，通常均需添加一定量的淀粉。其目的除了淀粉是一种有效的面筋浓度稀释剂，有助于缩短调粉时间，增加可塑性外，在韧性面团中使用，还有一个目的就是使面团光滑，降低粘性。

（4）加水量的掌握。韧性面团通常要求面团比较柔软。加水量要根据辅料及面粉的量和性质来确定。一般加水量为面粉的 22%～28%。

（5）面团温度。面团温度直接影响面团的流变学性质，根据经验，韧性面团温度一般在 38～40℃。面团的温度常用加入的水或糖浆的温度来调整，冬季用水或糖浆的温度为 50～60℃，夏季 40～45℃。

（6）面团调制时间和成熟度的判断。韧性面团的调制，不但要使面粉和各种辅料充分混匀，还要通过搅拌，使面筋蛋白与水分子充分接触，形成大量面筋，降低面团粘性，增加面团的抗拉强度，有利于压片操作。另一方面通过过度搅拌，将一部分面筋在搅拌桨剪切作用下不断撕裂，使面筋逐渐处于松弛状态，一定程度上增强面团的塑性，使冲印成型的饼干坯有利于保持形状。韧性面团的调制时间一般在 30～35min。

对面团调制时间不能生搬硬套，应根据经验，通过判断面团的成熟度来确定。韧性面团调制到一定程度后，取出一小块面团搓捏成粗条，用手感觉面团柔软适中，表面干燥，当用手拉断粗面条时，感觉有较强的延伸力，拉断面团两断头有明显的回缩现象，此时面团调制已达到了最佳状态。

（7）面团静置。为了得到理想的面团，韧性面团调制好后，一般需静置 10min 以上（10～30min），以松弛形成的面筋，降低面团的黏弹性，适当增加其可塑性。另外，静置期间各种酶的作用也可使面筋柔软。

2）酥性面团的调制

酥性面团是用来生产酥性饼干和甜酥饼干的面团。要求面团有较大的可塑性和有限的粘弹性，面团不粘轧辊和模具，饼干坯应有较好的花纹，焙烤时有一定的胀发率而又不收缩变形。要达到以上要求，必须严格控制面团调制时面筋蛋白的吸水率，控制面筋的形成，主要注意以下几点：

（1）配料次序。调制酥性面团，在调粉操作前将除面粉以外的原辅料混合成浆糊状的混合物，这称为辅料预混。对于乳粉、面粉等易结块的原料要预先过筛。在辅料预混时注意：当脂肪、乳制品较多时应适当添加单甘油三酯或卵磷脂。

（2）面团调制时间和面团成熟度判断。面团调制时间的控制，是酥性面团调制的又一关键技术。延长调粉时间，会促进面筋蛋白的进一步水化，因而面团调制时间是控制面筋形成程度和限制面团粘性的最直接因素。在实际生产中，应根据糖、油、水的量和面粉质量，以及调制面团时的面团温度和操作经验，来具体确定面团的调制时间。一般来说，油、糖少，水多的面团，调制时间短（12～15min），而油、糖大，用水少的面团，调制时间长（15～20min）。

在酥性面团调制过程中，要不断用手感来鉴别面团的成熟度。即从调粉机中取出一小块面团，观察有无水分及油脂外露。如果用手搓捏面团，不粘手，软硬适中，面团上有清晰的手纹痕迹，当用手拉断面团时，感觉稍有连接力，两拉断的面头不应有收缩现象，则说明面团的可塑性良好，已达到最佳程度。

（3）糖、油。在糖、油较多时，面团的性质比较容易控制，但有些糖、油量比较少的面团调制时极易起筋，要特别注意操作，避免搅拌过度。

（4）加淀粉与头子量。加淀粉是为了抑制面筋形成，降低面团的强度和弹性，增加塑性的措施，而加头子量则是加工机械操作的需要，因为在冲印法进行成型操作时，切下饼坯必然要余下一部分头子，另外生产线上也会出现一些无法加工成饼坯的面团和不合格的饼坯，也称作头子。为了将这些头子再利用，常常需要把它再掺到下次制作的面团中去。头子由于已经过辊轧和长时间的胀润，所以面筋形成程度要比新调粉的面团要高得多。为了不使面团面筋形成过度，头子掺入面团中的量要严格控制，一般只能加入1/8～1/10。如果面团筋力十分脆弱，面筋形成十分缓慢时，加入头子可以增强面团强度，使操作情况改善。

（5）面团温度。温度是影响面团调制的重要因素。温度低，蛋白质吸水少，面筋强度低，形成面团黏度大，操作困难；温度高，则蛋白质吸水量大，面筋强度大，形成面团弹性大，不利于饼干的成型和保形，成品饼干酥松感差；另外温度高，用油量大的面团可能出现走油现象，对饼干质量和工艺都有不利影响。因此在生产中，应严格控制面团温度，一般用水温来控制调粉温度。酥性面团的调粉温度一般控制在22～28℃左右，而甜酥饼干面团温度在20～25℃。夏季气温高，可用冷水调制面团。

（6）静置时间。面团调制好后，适当静置几分钟到十几分钟，使面筋蛋白水化作用继续进行，以降低面团粘性，适当增加其结合力和弹性。若调粉时间较长，面团的粘弹性较适中，则不进行静置，立即进行成型工序。面团是否需静置和静置多少时间，视面团调制程度而定。

3）苏打饼干面团调制和发酵

苏打饼干是采用生物发酵剂和化学疏松剂相结合的发酵性饼干，具有酵母发酵食品的特有香味，多采用二次搅拌、二次发酵的面团调制工艺。

（1）面团的第一次搅拌与发酵。将配方中面粉的40%～50%与活化的酵母溶液混合，再加入调节面团温度的生产配方用水，搅拌4～5min。然后在相对湿度75%～80%、温度26～28℃下发酵4～8h。发酵时间的长短依面粉筋力、饼干风味和性状的不同而异。通过第一次较长时间的发酵，使酵母在面团内充分繁殖，以增加第二次面团发酵潜力，同时酵母的代谢产物酒精会使面筋溶解和变性，产生的大量CO_2使面团体积膨胀至最大后，继续发酵，气体压力超过了面筋的抗拉强度而塌陷，最终使面团的弹性降到理想程度。

（2）第二次搅拌与发酵。将第一次发酵成熟的面团与剩余的面粉、油脂和除化学疏松剂以外的其他辅料加入搅拌机中进行第二次搅拌，搅拌开始后，缓慢撒入化学疏松剂，使面团的pH达7.1或稍高为止。第二次搅拌所用面粉，主要是使产品口感酥松，外形美观，因而需选用低筋粉。第二次搅拌是影响产品质量的关键，它要求面团柔软，以便辊轧操作。搅拌时间一般4～5min，使面团弹性适中，用手较易拉断为止。第二次发酵又称后续发酵，主要是利用第一次发酵产生的大量酵母，进一步降低面筋的弹性，并尽可能的使面团结构疏松。一般在28～30℃发酵3～4h即可。

2. 饼干成型

对于不同类型的饼干，成型方式是有差别的，成型前的面团处理也不相同。如生产韧性饼干和苏打饼干一般需辊轧或压片，生产酥性饼干和甜酥饼干一般直接成型，而生产威化饼干则需挤浆成型。

1）面团的辊轧

辊轧是将面团经轧辊的挤压作用，压制成一定厚薄的面片，一方面便于饼干冲印成型或辊切成型，另一方面，面团受机械辊轧作用后，面带表面光滑、质地细腻，且使面团在横向和纵向的张力分布均匀，这样，饼干成熟后，形状完美，口感酥脆。对于制作苏打饼干的发酵面团，经辊压后，面团中的大气泡被赶出或分成许多均匀的小气泡。同时经过多次折叠，压片，面片内部产生层次结构，焙烤时有良好的胀发度，成品饼干有良好的酥脆性。

韧性饼干面团一般采用包含9～13道辊的连续辊轧方式进行压片（图8.4），在整个辊轧过程中，应有 2～4 次面带转向（90°）过程，以保证面带在横向与纵向受力均匀。韧性面团一般用油脂较少，而糖比较多，所以面团发粘，为了防止粘辊，在辊轧时往往撒上些面粉，但一定要均匀，切不可撒得太多，以免引起面带变硬，造成产品不够疏松及烘烤时起泡的问题。

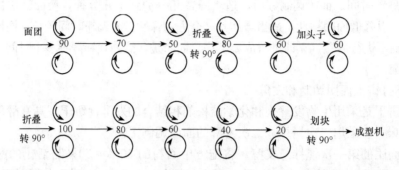

图 8.4　面团的辊轧

对苏打饼干面团多采用往返式压片机，这样便于在面带中加入油酥，反复压延。苏打饼干面团的每次辊轧的压延比不宜过大，一般控制在 1：2～1：2.5 之间，否则，表面易被压破，油酥外露，饼干膨发率差，颜色变劣。苏打饼干面团的压延过程如图 8.5所示。

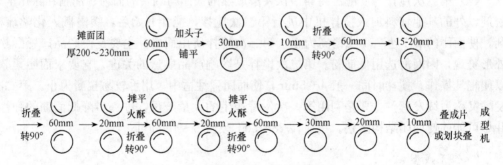

图 8.5　苏打饼干的辊轧过程

2）成型

饼干成型方式有冲印成型、辊印成型、辊切成型、挤浆成型等多种成型方式。对于不同类型的饼干，由于它们的配方不同，所调制的面团特性不同，这样就使成型方法也各不相同。

（1）冲印成型。这是一种古老而且目前仍广泛使用的饼干成型方法。它的优点是能够适应多种大众产品的生产，如粗饼干，韧性饼干，苏打饼干等。其动作最接近于手工冲印动作（图 8.6），对品种的适应性广，凡是面团具有一定韧性的饼干品种都可用冲印成型。冲印成型机有旧式的间歇式冲印成型机和较新式的摆动冲印成型机。

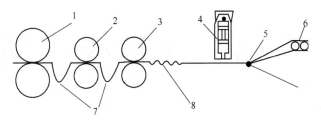

图 8.6 饼干冲印成型机工作原理示意图

1. 第一对轧辊；2. 第二对轧辊；3. 第三对轧辊；

4. 冲印机；5. 头子分离；6. 头子输送带；

7. 辊轧面带下垂度；8. 辊轧后面带褶皱

（2）辊印成型。辊印成型机如图 8.7 所示。上方为料斗，料斗的底部是一对直径相同的辊筒。一个叫做喂料辊，另一个称做模具辊。喂料辊表面是与轴线相平行的沟槽，以增加对面团的携带能力，模具辊上装有使面团成型的模具。两辊相对转动，面团在重力和两辊相对运动的摩擦力作用下不断填充到模具辊的模具中。在两辊中间有一紧贴模具辊的刮刀，可将饼干坯上超出模具厚度的部分刮下来，即形成完整的饼干坯。当嵌在模具辊上的饼干坯随辊转动到正下方时，接触帆布传送带和脱模辊，在饼干坯自身重力和帆布摩擦力的作用下，饼坯脱模。脱了模的饼坯由帆布传送带输送到烤炉的钢丝网带上进入烤炉。这种设备只适用于配方中油脂较多的酥性饼干和甜酥饼干，对有一定韧性的面团不易操作。

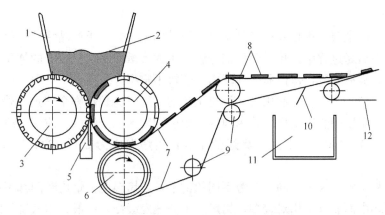

图 8.7 辊印成型机工作原理示意图

1. 加料斗；2. 面团；3. 喂料槽辊；4. 模具辊；

5. 刮刀；6. 橡胶脱模辊；7. 脱模带；8. 饼胚；

9. 张紧辊；10. 刮刀；11. 面屑落斗；12. 饼胚输送带

（3）辊切成型。辊切成型是综合冲印成型及辊印成型两者的优点，克服其缺点设计出来的新的饼干成型工艺。它的前部分用的是冲印成型的多道压延辊，成型部分由花纹辊、刀口辊及橡胶辊组成。面带经前几道辊压延成理想的厚度后，先经花纹辊压出花纹，再在前进中经刀口辊切出饼坯，然后由斜帆布传送带送走边料。橡胶辊主要是印花及切割时作垫模用（图 8.8）。这种成型方法由于它是先压成面片而后辊切成型，所以

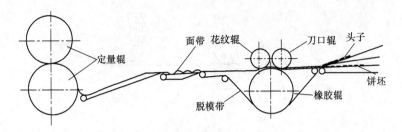

图 8.8　饼干的辊切成型示意

具有广泛的适应性,能生产韧性、酥性、甜酥性、苏打等多种类型的饼干,是目前较为理想的一种饼干成型工艺。

(4) 其他成型方式。除以上三种常用的成型方式外,还有钢丝切割成型、挤条成型、挤浆成型等成型方式。钢丝切割成型是利用挤压装置将面团从模孔中挤出,模孔有花瓣形和圆形多种,每挤出一定厚度,用钢丝切割成饼坯。挤条成型与钢丝切割成型原理相同,只是挤出模孔的形状不同。挤浆成型是用液体泵将糊状面团间歇挤出,挤出的面糊直接落在烤盘上。

由于面糊是半流体,所以在一定程度上,因挤出模孔的形状不同或挤出头做 O 形或 S 形运动,就可得到不同形状的饼干。蛋黄饼干、威化饼干一般采用挤出成型工艺。

3. 饼干的焙烤、冷却与包装

1) 焙烤

饼干焙烤的主要作用是降低产品水分,使其熟化,并赋予产品特殊的色、香、味和组织结构。在焙烤过程中,化学疏松剂分解产生的大量 CO_2,使饼干的体积增大,并形成多孔结构,淀粉胶凝,蛋白质变性凝固,使饼干定型。

饼干的焙烤基本上都是使用可连续化生产的隧道式烤炉。整个隧道式烤炉由 5 或 6 节可单独控制温度的烤箱组成,分为前区、中区和后区三个烤区。前区一般使用较低的焙烤温度为 160~180℃,中区是焙烤的主区,焙烤温度为 210~220℃,后区温度为 170~180℃。

对于配料不同、大小不同、厚薄不同的饼干,焙烤温度,焙烤时间都不相同。韧性饼干的饼干坯中面筋含量相对较多,焙烤时水分蒸发缓慢,一般采用低温长时焙烤。酥性饼干由于含油糖多,含水量少,入炉后易发生"油摊"现象,因此常采用高温短时焙烤。苏打饼干入炉初期底火应旺,面火略低,使饼干坯表面处于柔软状态有利于饼干坯体积膨胀和 CO_2 气体的逸散。如果炉温过低,时间过长,饼干易成僵片。进入烤炉中区后,要求面火逐渐增加而底火逐渐减弱,这样可使饼干膨胀到最大限度并将其体积固定下来,以获得良好的产品。

2) 冷却、包装

刚出炉的饼干表面温度在 160℃以上,中心温度也在 110℃左右,必须冷却后才能进行包装。一方面,刚出炉的饼干水分含量较高,且分布不均匀,口感较软,在冷却过程中,水分进一步蒸发,同时使水分分布均匀,口感酥脆;另一方面,冷却后包装还可防止油脂的氧化酸败和饼干变形。冷却通常是在输送带上自然冷却，也可在输送带上方用风扇进行吹风冷却，但不宜用强烈的冷风吹，否则饼干会发生裂缝。饼干冷却至30～40℃即可进行包装、储藏和上市出售。

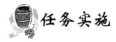 任务实施

实训任务七　绿色酥性饼干制作

【生产标准】

（1）生产中按绿色食品生产要求：中华人民共和国农业部发布的《中华人民共和国农业行业标准》（NY/T 1047—2006）执行。

（2）绿色食品生产中所使用的食品添加剂应遵照中华人民共和国农业部批准的《中华人民共和国农业行业标准：绿色食品　食品添加剂使用准则》（NY/T 392—2000）执行。

【实训内容】

一、训练目的

（1）掌握中式糕点中酥类糕点制作的原理和一般过程。

（2）了解酥类糕点制作的要点与工艺关键。

二、实训材料与设备

1）实训材料（选用绿色食品原料）

糕点粉908g；糖454g；黄油454g；盐7g；鸡蛋227g；香料适量。

2）实训设备

不锈钢容器、台称、搅拌器、调粉机、模具、烤盘、烤炉等。

三、工艺流程

原料混合→乳化→加蛋液搅拌→加面粉→擀成面皮→切割成型→涂油装饰→烘烤→出炉→冷却→包装。

四、制作方法

（1）先把白糖、黄油、盐、香料放在搅拌器中搅拌混合乳化，乳化后加入鸡蛋，搅拌均匀后投入面粉，拌匀。

（2）把调好的面团放在冰箱中冷却30min，擀成0.3cm厚的面皮，用曲奇切割器切成各种造型，表面涂上油。

（3）烘烤190℃/15min。

品质要求：色泽金黄鲜艳，大小均匀，外形完整，面有裂纹，入口甘香松酥。

五、成品质量检验项目〔按照《绿色食品　焙烤食品检验》（NY/T 1046—2006）〕

六、实训要求

（1）详细做好实验记录。

（2）注意观察实验现象。

实训任务八　绿色韧性饼干制作

【生产标准】

（1）生产中按绿色食品生产要求：中华人民共和国农业部发布的《中华人民共和国农业行业标准》（NY/T 1047—2006）执行。

（2）绿色食品生产中所使用的食品添加剂应遵照中华人民共和国农业部批准的《中华人民共和国农业行业标准：绿色食品　食品添加剂使用准则》（NY/T 392—2000）执行。

【实训内容】

一、训练目的

掌握韧性饼干的调粉原理，熟悉其生产工艺和操作方法。以及面团改良剂对韧性饼干生产之功用。

二、实训材料与设备

1. 实训材料（选用绿色食品原料）

面粉 564g；淀粉 36g；奶油 72g；白砂糖 195g；食盐 3g 亚硫酸氢钠 0.03g；碳酸氢钠 4.8g；碳酸氢铵 3g；饴糖 24g。

2. 实训设备

电子天平、煤气灶、温度计、烧杯、量筒、汤匙、药匙、调面机、压面机、印模、烤炉等。

三、工艺流程

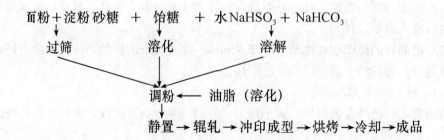

四、制作方法

1. 原料预处理

(1) 白砂糖加水溶化至沸,加入饴糖,搅匀,备用。
(2) 油脂溶化(隔水),备用。
(3) 将碳酸氢钠,碳酸氢铵,盐用少量水溶解,备用。
(4) 面粉、淀粉分别用筛子过筛,备用。

2. 面团的调制(总用水120ml左右)

(1) 将盐水,碳酸氢钠,碳酸氢铵,油脂,亚硫酸氢钠,淀粉,面粉依次加入调面缸。
(2) 将温度为85~95℃左右的热糖浆倒入调面缸内,开启搅拌约25~30min左右,制成软硬适中的面团,面团温度一般为38~40℃。

3. 面团的静置

调制好的面团静置10~20min。

4. 辊轧成型

将调制好的面团分成小块,通过压面机将其压成面片,旋转90°,摺迭再压成面块,如此9~13次,用冲模冲成一定形状的饼干胚。

5. 焙烤冷却

(1) 将装有饼胚的烤盘送入烤炉,在上火160℃左右,下火150℃左右的温度下烘烤;
(2) 冷却至室温,包装。

五、成品质量检验项目

按照《绿色食品 焙烤食品检验》(NY/T 1046—2006)进行。

六、实训要求

(1) 详细做好实验记录。
(2) 注意观察实验现象。

 作业

1. 简述酵母的分类及各类酵母的优缺点。
2. 简述乳制品在焙烤制品中的作用。
3. 如何鉴定面粉品质?

4. 试述蛋糕的膨松原理。

5. 试述蛋糕生产原料的配合原则。

6. 影响面团发酵的因素有哪些?

7. 发酵饼干面团发酵一般采用二次发酵法,第一次发酵的目的是什么?

8. 韧性面团的调制要分哪两个阶段来控制?

9. 为什么饼干出炉时不宜采用强风快速冷却?

项目九　绿色动物性食品的加工

☞ **教学目标**

(1) 熟悉绿色养殖体系建设及畜禽产品原料食品生化基础。

(2) 能够对畜禽产品原料进行感官检验，并会操作普通的理化检验。

(3) 掌握绿色肉脯、绿色蛋制品、绿色乳制品加工的生产工艺及工艺要点。

☞ **教学重点**

绿色养殖体系建设，符合绿色食品要求的生产加工；畜禽产品原料食品生化基础知识；绿色肉脯加工原理及工艺；原料乳的基础知识，巴氏杀菌乳生产加工工艺；蛋制品基础知识，绿色皮蛋加工原理。

☞ **教学难点**

绿色养殖体系要求；肉奶蛋感官检验；肉脯加工传统工艺与现代工艺对比；原料乳检验、乳的标准化过程；松花皮蛋加工中各类原料的作用、料液配制方法、皮蛋成品感官检验。

☞ **生产标准**

(1) 绿色食品肉脯生产中应按：中华人民共和国农业部发布的《中华人民共和国农业行业标准：绿色食品　肉及肉制品》(NY/T 843—2009) 和中华人民共和国商务部发布的《中华人民共和国国内贸易行业标准：肉脯》(SB/T 10283—2007) 执行。

(2) 绿色食品巴氏杀菌乳生产中应按：中华人民共和国农业部发布的《中华人民共和国农业行业标准：绿色食品　乳制品》(NY/T 657—2007) 和中华人民共和国国家轻工业局提出、国家质量监督总局批准的《中华人民共和国国家标准：巴氏杀菌乳》(GB 5408.1—1999) 执行。

(3) 绿色食品松花皮蛋生产中应按：中华人民共和国农业部发布的《中华人民共和国农业行业标准：绿色食品　蛋与蛋制品》(NY/T 754—2003) 执行。

　　绿色动物性食品作为人类主要的蛋白质来源，对人类饮食生活水平有重大影响。广东省等南方省市经济水平和饮食水平相对较高，肉、奶、蛋为代表的动物性食品消费总量和消费结构调整逐步日趋完善。在广东省191家农业产业化龙头企业中，动物性食品加工达54家。但因食用动物性食品引发的"非典"、"瘦肉精"、"三聚氰胺"、"毒奶粉"等重大食品安全事件的曝光，广大群众对有安全认证和保障的绿色食品的潜在需求大幅增加。

　　绿色动物性食品加工项目中重点介绍绿色动物性食品的源头保障和肉脯、巴氏乳以及松花蛋为代表的畜产品加工。在绿色动物性食品加工体系中，首先简要介绍养殖体系和加工体系要求，从总体上初步认识绿色动物性食品，再具体介绍肉、奶、蛋为代表的动物性食品原料要求和来料感官检验；在肉脯加工、巴氏杀菌乳加工、松花皮蛋加工中分别介绍其基础知识、加工原理、加工工艺、操作要点，并安排相应实训内容提高原料检验判断、加工过程控制和产品感官检验等基本能力，从而掌握绿色动物性食品加工环节。

任务一　　绿色动物性食品原料准备

布置任务

任务描述	本任务要求通过学习绿色养殖体系，绿色生产加工体系，了解畜禽产品原料要求，通过畜禽产品原料感官检验，对绿色畜产品加工原料有进一步了解
任务要求	了解绿色养殖体系；掌握绿色畜禽产品对原料的要求；熟悉禽畜产品原料感官检验

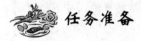

任务准备

一、绿色畜禽产品加工体系

　　从产品的生产过程来看，绿色畜禽产品的生产包括三方面，首先是建立绿色养殖体系，保障生产原料符合绿色食品要求，其次是产品加工中所使用的辅助材料，再次是加工过程控制。其中绿色养殖体系作为最基础层次，是畜禽绿色产品产销体系中最重要的一部分，而产品加工过程为产品是否绿色的最后一个环节，同样具有重要地位。加工所使用辅助材料则必须符合绿色产品生产相关规定。

　　（一）绿色养殖体系

　　随着人民生活水平的不断提高，我国人民在肉、蛋、奶等动物源性食品的消费上越来越注重安全和质量。自从加入WTO后，开放的国际市场对畜禽产品的品质、卫生和安全等方面的要求越来越高，这促使国内消费市场需求发生了一定的改变。因此，必须改变过去那种只追求数量、不讲究质量的旧观念，走科学绿色养殖之路，确保动物源性食品安全。

　　"绿色"养殖在当今的市场中给养殖业带来了极大的发展机遇和挑战。"三鹿奶粉"事件后，国际、国内市场不但加强了对动物食品中药残的检测，而且从人类健康的需要出发，严格控制了在动物饲养中药物和饲料添加剂的使用。国内、政府有关部门为保护食品的安全性，也采取了一系列措施，如发布《动物防疫法》、实施"无规定动物疫病区"和加强畜禽屠宰检疫督查力度等。总之，养殖业生产者不仅要提高自身饲养水平，更要对其生产的动物食品安全负责，否则，其产品将被禁止进入市场。

　　(二) 绿色养殖要求

　　绿色养殖管理与传统养殖管理相比有其特殊要求，它从环境选择、饲料安全、饲养管理、品种选择、兽药使用、疾病管理等方面进行全过程的质量控制，以达到产品安全、优质、无残留、无疫病的目的，具体如下：

　　1. 环境选择

　　必须符合《绿色食品　产地环境技术条件》(NY/T 391—2001) 的要求，猪、禽饲养场必须符合《养猪场卫生条件》和《养禽场卫生条件》的卫生要求，牛、羊、兔等动物的饲养场地的选址、设施设备和饲养管理条件可参照养猪场卫生条件的有关规定执行，疫病监测和控制方案遵照《中华人民共和国动物防疫法》及其配套法规执行。

　　环境选择要求主要可归纳为两点。首先应注意选择生态环境优良，没有工业"三废"污染的地方。大气、水、土壤应经专门机构监测达到规定的标准，大气环境标准必须符合《大气环境质量标准》(GB 3095—1996) 中新国标一级；水体须按《城市居民生活用水标准》(GB 5749—2006) 的要求，用水无色透明，无异味，味道正常，中性或微碱性，含有适度的矿物质，不含有害物质（如铅、汞等重金属，农药、亚硝酸盐）、病原体和寄生虫卵等；土壤不含放射性物质，有害物质（如汞、砷）不得超过国家标准。其次作为养殖要求选择非疫区、防疫条件好的地方。但限于我国地域广大，经济相对落后的实际条件，短时间内要消灭烈性动物疫病难度较大，要发展绿色养殖，首推建立无特定动物疫病区。

　　2. 饲料安全

　　饲料作为畜禽生长的物质基础，它的质量直接影响到活体畜禽产品质量卫生，因此饲料选择须贯彻"饲料安全即是产品安全"的思想。饲料供给必须与畜禽的生理需要一致，从营养和饲料配方上保证其体质健康，发育良好。对各种营养要求，包括蛋白质、氨基酸、矿物质、维生素和微量元素的含量和配比都应做到科学合理，以保证畜禽的免疫力和对疫病的抵抗能力。饲料中可以添加无残留、无毒副作用的免疫调节剂和抗应激添加剂，以控制疾病的发生，但不得添加防腐剂、开胃药、兴奋剂、激素类药、人工合成色素，以及禁用的抗生素、安眠镇静药等。近几年国家研发推广的微生态制剂益生素等低聚糖及各种酶制剂是安全的"绿色"添加剂，能够提高饲料的利用率，提高畜禽产品的产量和品质，无毒副作用，值得在高端畜禽饲养推广。宝迪集团的"彼特博"乳酸肉利用乳酸菌饲养也是可行途径之一。饲料原料应使用绿色食品及其副产品，避免玉米、豆粕等原料中含有霉菌毒素及农药残留。操作上，严格执行《中华人民共和国产品质量法》、《饲料卫生标准》、《饲料与饲料添加剂管理条例》。

作为绿色食品，绿色养殖使用饲料要求：

(1) 优先使用符合绿色食品生产资料的饲料类产品。

(2) 至少 90％的饲料来源于已认定的绿色食品产品及其副产品，其他饲料原料可以是达到绿色食品标准的产品。

(3) 禁止使用转基因方法生产的饲料原料。

(4) 禁止使用以哺乳类动物下脚料为原料的动物性饲料（不包括乳及乳制品）饲喂反刍动物。

(5) 禁止使用工业合成的油脂。

(6) 禁止使用畜禽粪便。

饲料添加剂使用要求：

(1) 优先使用符合绿色食品生产资料的饲料添加剂类产品。

(2) 所选饲料添加剂必须是《允许使用的饲料添加剂品种目录》中所列的饲料添加剂和允许进口的饲料添加剂品种，但生产 A 级绿色食品禁止使用的饲料添加剂除外。

(3) 禁止使用任何药物性饲料添加剂。

(4) 营养性饲料添加剂的使用量应符合 NY/T 33—2004、NY/T 34—2004、NY/T 65—1987 中所规定的营养需要量及营养安全幅度。

3. 饲养管理

为了保持畜禽健康，饲养中必须提供新鲜空气、天然光线和适宜的温度。粪便应及时清理并进行无害化处理，使其生活在无污染、无公害的生态平衡环境中。避免使用剧毒农药等违禁药物消毒、灭虫；不得使用具有潜在毒性的建筑材料；不得使用有毒的防腐剂，允许使用消毒防腐剂对饲养环境、厩舍和器具进行消毒，但不准对动物直接施用。不能使用酚类消毒剂；饲养中采用全进全出的管理，切断疾病传播途径，减少细菌、病毒感染，以防为主，严格控制疾病的发生，保证健康生长。饲养产生的粪便等废弃物应妥善处理和利用，发展生态养殖业的方法，走可持续发展之路。

4. 品种选择

品种选择应选择抗病能力强、适合当地条件生长的优良品种，具有较好的生长速度，较高的饲料报酬。引进品种时，应该符合检疫要求，身体健康，无疾病，不带病原体。

5. 兽药使用

除应加强养殖场兽医卫生管理外，兽药使用将是绿色养殖中遇到的主要技术难关。在兽药的使用上，应本着预防为主的原则，尽量做到少用药或用无污染、无残留的药物，优先使用符合绿色食品生产资料的兽药产品。在疾病的防治中应严格按照《绿色食品　兽药使用准则》、《兽药管理条例》的规定，用药过程严格遵守使用药物种类、剂量、配伍、期限及停药期，严禁使用违禁药物或未被批准使用的药物；不得使用氟喹诺酮类、四环素类、磺胺类和人类专用抗生素等。允许使用钙、磷、硒、钾等补充药，酸碱平衡药，体液补充药，电解质补充药，营养药，血容量补充药，抗贫血药，维生素类药，吸附药，泻药，润滑剂，酸化剂，局部止血药，收敛药和助消化药。在使用药物添加剂时，应先制成预混剂再添加到饲料中，不得将成药或制药原料直接拌喂。

对畜禽的预防接种必须明确该疾病已在该地发生，并且不能使用其他方法控制条件下方可采用预防接种。允许使用疫苗预防动物疾病，但活疫苗应无外源病原污染。灭活疫苗的佐剂未被动物完全吸收前，该动物产品不能作为绿色食品。

目前，微生物制剂、饲用酶制剂、纯中药制剂等更能适应绿色、生态畜牧业的发展。如果微生态制剂、酶制剂能够替代大多数的药物，那么我国的绿色、生态养殖业就可走可持续发展之路。

6. 疾病管理

动物离开饲养地前，必须按《畜禽产地检疫规范》（GB 16549—1996）的要求实施产地检疫。

任何畜禽或动物个体都不得患有的疾病有口蹄疫、结核病、布氏杆菌病、炭疽病、狂犬病、钩端螺旋体病。

不同种属动物分别不得患有的疾病有：

（1）猪：猪瘟、猪水泡病、非洲猪瘟、猪丹毒、猪囊尾蚴病、旋毛虫病。

（2）牛：牛瘟、牛传染性胸膜肺炎、牛海绵状脑病、日本血吸虫病。

（3）羊：绵羊痘和山羊痘、小反刍兽疫、痒病、蓝舌病。

（4）马属动物：非洲马瘟、马传染性贫血、马鼻疽、马流行性淋巴管炎。

（5）兔：兔出血病、野兔热、兔黏液瘤病。

任何家禽都不得患有的疾病包括鸡新城疫、高致病性禽流感、鸭瘟、小鹅瘟、禽衣原体病。

此外应该合理利用转基因生物技术生产优质、无残留农作物饲料，促进饲料工业的发展，且有利于优质畜产品的生产。畜禽品种的改良及生物医药的发展，可减少抗生素、激素等添加剂的使用，这在一定程度上提高了畜禽产品的内在质量。

作为产业发展，绿色养殖必须向规模化、集团化发展，避免传统散养，养殖户各自为营，缺少行业领导；养殖盲目性很大，适应市场调控能力差；养殖场和居民区混杂、污染严重，对居民人体健康构成了潜在的威胁，使动物疾病由单一向多种疾病混合感染转化；养殖规模小，动物防疫标准不科学；养殖技术水平参差不齐等缺陷。

（三）畜禽绿色产品加工要求

畜禽产品按是否经过加工过程可以分为生鲜产品和深加工产品。生鲜产品以"冷鲜肉"为代表，深加工产品则品种广泛。

从生产"绿色肉"过程看，除了绿色养殖外，生鲜产品对畜禽的屠宰加工、贮藏、运输到肉品消费的全过程都需要严格的工艺标准和产品质量标准，必须符合《家畜屠宰、加工企业兽医卫生规范》和《鲜家禽肉生产卫生规范》规定的卫生要求。屠宰加工阶段严格按照检疫操作规程实施屠宰检疫，贮藏运输阶段保证肉品的贮藏温度，防止肉品腐败变质，用于零售的冷鲜肉和批发的冷冻肉注重肉品的包装严密，防止污染。在终端销售阶段销售人员要讲究个人卫生。

绿色畜禽深加工产品在满足绿色食品加工的基本原则外，还有部分自身的更严格要求。

（1）畜禽产品因其自身蛋白质含量丰富，在养殖、收购、屠宰加工环节容易受到土壤、粪便等的污染而相对果蔬类产品更适宜于微生物生长繁殖。深加工产品生产一般选用新鲜的原料，并且能够将企业自身的生产记录与原料记录紧密结合。加工场所要达到《食品企业通用卫生规范》要求，并制定"企业生产操作技术规程"和"质量管理手册"，保持厂区和车间环境清洁、卫生，工作人员持卫生防疫部门发放的健康证上岗，生产过程中戴工作帽、穿工作服，不准化妆和佩带首饰等。

（2）畜禽产品加工中，特别是中式产品中，有大量的腌制、静置等工序，间歇时间较长，原料、半成品和成品长时间接触空气，增加了微生物污染的风险。另外原料普遍含有较高的脂肪，加工过程容易因各种原因的受热产生氧化。由此，绿色畜禽产品加工对工艺、设备、厂房要求更高。工艺上要求工序紧凑、合理，有严密的生产计划安排，工艺参数严格控制，设备上以不锈钢材质为主，车间布局要充分考虑工艺的不连续，水电气供排系统达到数量和质量的双重要求。

（3）管理上建议建立食品可追溯体系，并延伸到上游和下游。食品可追溯体系可以有效的用于加工信息的记录、传递和反馈，对畜禽绿色产品的生产加工具有明显的监控作用和可观的社会效益。在产品实际生产加工中，食品可追溯体系主要针对企业组织内部各环节间的联系，只在企业内部发挥作用，产品的每道加工工序或环节为一个追溯点，通常与 HACCP 体系结合起来，通过 HACCP 分析生产加工各个环节的关键控制点，分阶段制定系统追溯关键参数和指标，借鉴现有标准设置预警限值，对生产过程进行预警，引导生产者进行标准化生产，保证产品符合绿色标准。

二、绿色畜禽产品原料要求和感官检验

（一）原料要求

（1）产品必须符合《猪肉卫生标准》（GB 2707—2005）、《牛肉、羊肉、兔肉卫生标准》（GB 2708—1994）、《鲜（冻）禽肉卫生标准》（GB 2710—1996），并不得检出大肠杆菌 0157、李氏杆菌、布氏杆菌、肉毒梭菌、炭疽杆菌、囊虫、结核分支杆菌、旋毛虫。

（2）产品农药、兽药残留量必须符合《绿色食品　农药使用准则》和《绿色食品兽药使用准则》的要求。

（3）产品重金属残留量必须符合国家食品卫生标准。

（4）作为绿色食品，肉制品必须符合《绿色食品　肉及肉制品》（NY/T 843—2009），乳制品必须符合《绿色食品　乳制品》（NY/T 657—2002），蛋制品必须符合《绿色食品　蛋与蛋制品》（NY/T 754—2003）。

在这些标准中，微生物检验、理化检验、重金属检验等在原料现场进行验收时操作有一定难度，因此通常用感官检验做第一次判断，再依据上述标准进行二次检验判断。

（二）感官检验

食品的感官检验是通过人的感觉——味觉、嗅觉、视觉、触觉，以语言、文字、符号作为分析数据，对食品的色泽、风味、气味、组织状态、硬度等外部特征进行评价的方法，其目的是为了评价食品的可接受性和鉴别食品的质量。

1. 原料肉

原料肉的感官检验主要是观察肉品表面和切面的颜色，观察和触摸肉品表面和新切面的干燥、湿润及粘手度，用手指按压肌肉判断肉品的弹性，嗅闻气味判断是否变质而发出氨味、酸味和臭味，观察煮沸后肉汤的清亮程度、脂肪滴的大小以及嗅闻其气味，最后根据检验结果做出综合判定。以猪肉为例，鲜猪肉和冻猪肉感官检验标准分别如表 9.1 和表 9.2。

表 9.1　鲜猪肉感官检验标准

项目	新鲜猪肉	次鲜猪肉	变质猪肉
外观	表面有一层微干或微湿的外膜，呈暗灰色，有光泽，切断面稍湿、不粘手，肉汁透明	表面有一层风干或潮湿的外膜，呈暗灰色，无光泽，切断面的色泽比新鲜的肉暗，有黏性，肉汁混浊	表面外膜极度干燥或粘手，呈灰色或淡绿色、发黏并有霉变现象，切断面也呈暗灰或淡绿色、很黏，肉汁严重浑浊
气味	具有鲜猪肉正常的气味	在肉的表层能嗅到轻微的氨味、酸味或酸霉味，但在肉的深层却没有这些气味	腐败变质的肉，不论在肉的表层还是深层均有腐臭气味
弹性	新鲜猪肉质地紧密却富有弹性，用手指按压凹陷后会立即复原	肉质比新鲜肉柔软、弹性小，用指头按压凹陷后不能完全复原	腐败变质肉由于自身被分解严重，组织失去原有的弹性而出现不同程度的腐烂，用指头按压后凹陷，不但不能复原，甚至手指还可以把肉刺穿
脂肪	脂肪呈白色，具有光泽，有时呈肌肉红色，柔软而富于弹性	脂肪呈灰色，无光泽，容易粘手，有时略带油脂酸败味和哈喇味	脂肪表面污秽、有黏液，霉变呈淡绿色，脂肪组织很软，具有油脂酸败气味
煮沸后肉汤	肉汤透明、芳香，汤表面聚集大量油滴，油脂的气味和滋味鲜美	肉汤混浊，汤表面浮油滴较少，没有鲜香的滋味，常略有轻微的油脂酸败的气味及味道	肉汤极混浊，汤内漂浮着有如絮状的烂肉片，汤表面几乎无油滴，具有浓厚的油脂酸败或显著的腐败臭味

表 9.2 冻猪肉感官检验标准

项目	良质冻猪肉	次质冻猪肉	变质冻猪肉
色泽	肌肉色红，均匀，具有光泽，脂肪洁白，无霉点	肌肉红色稍暗，缺乏光泽，脂肪微黄，可有少量霉点	肌肉色泽暗红，无光泽，脂肪呈污黄或灰绿色，有霉斑或霉点
组织状态	肉质紧密，有坚实感	肉质软化或松弛	肉质松弛
黏度	外表及切面微湿润，不粘手	外表湿润，微粘手，切面有渗出液，但不粘手	外表湿润，粘手，切面有渗出液亦粘手
气味	无臭味，无异味	稍有氨味或酸味	具有严重的氨味、酸味或臭味

2. 原料乳

鲜乳的感官检验主要是进行嗅觉，味觉、外观、尘埃等的鉴定。正常鲜乳为乳白色或微带黄色，不得含有肉眼可见的异物，不得有红、绿等异色，不能有苦、涩、咸的滋味和饲料、青贮、霉等异味。感官检验标准如表 9.3 所示。

表 9.3 原料乳感官检验标准

项目	良质鲜乳	次质鲜乳	劣质鲜乳
色泽	乳白色或稍带微黄色	色泽较良质鲜乳为差，白色中稍带青色	呈浅粉色或显著的黄绿色，或是色泽灰暗
组织状态	呈均匀的流体，无沉淀、凝块和机械杂质，无黏稠和浓厚现象	呈均匀的流体，无凝块，但可见少量微小的颗粒，脂肪聚粘表层呈液化状态	呈稠而不匀的溶液状，有乳凝结成的致密凝块或絮状物
气味	具有乳特有的乳香味，无其他任何异味	乳中固有的香味或有异味	有明显的异味，如酸臭味、牛粪味、金属味、鱼腥味、汽油味等
滋味	具有鲜乳独具的纯香味，滋味可口而稍甜，无其他任何异常滋味	有微酸味（表明乳已开始酸败），或有其他轻微的异味	有酸味、咸味、苦味等

3. 原料蛋

鲜蛋的感官鉴别分为蛋壳鉴别和打开鉴别。蛋壳鉴别包括眼看、手摸、耳听、鼻嗅等方法，也可借助于灯光透视进行鉴别。打开鉴别是将鲜蛋打开，观察其内容物的颜色、稠度、性状、有无血液、胚胎是否发育、有无异味和臭味等。另外还可以通过气室测量和比重测定等方法来检测蛋的新鲜度。

蛋的感官评定请见实训任务一之原料蛋感官评定。

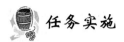任务实施

实训任务一 畜禽产品原料检验

【生产标准】

肉、乳、蛋分别遵照中华人民共和国农业部批准的《中华人民共和国农业行业标准：绿色食品 肉及肉制品》（NY/T 843—2009）、《中华人民共和国农业行业标准：绿色食品 乳制品》（NY/T 657—2007）、《中华人民共和国农业行业标准：绿色食品 蛋与蛋制品》（NY/T 754—2003）执行。

【实训内容】

一、实训目的

（1）熟悉原料肉的质量标准，掌握肉质感官评定方法。

（2）了解生鲜乳样的采集和保存的方法，掌握乳新鲜度、乳的密度和比重、乳中杂质度、乳的细菌污染度等的测定。

（3）掌握鲜蛋的质量标准和感官检验方法。

二、实训原理

原料的质量一般通过微生物、理化等进行检验。畜禽产品富含丰富的蛋白质和水分，极易产生变质腐败，并给原料收集、储存等带来困难。原料质量的变化可以直接反应到感官性状上，而微生物、理化检验需要较长时间才能做出判断，因此生产现场通常利用感官来做第一步也是最有实际价值的判断。

原料肉的感官质量可以通过评定肉的色泽、大理石纹、气味、弹性、肉汤滋味，对肉的品质做出综合评定。

原料乳的感官质量可以通过色泽、气味、滋味、组织状态、酸度、酒精实验等判断和做出综合评定。

原料蛋的感官质量可以通过壳蛋感官、比重、灯光照射以及开蛋检验进行。

三、主要设备及原料

1. 原料肉感官评定

肉色评分标准图、大理石纹评分图、冰柜。

2. 原料乳感官评定

酸度检验：0.1mol/L NaOH 溶液、10mL 吸管、150mL 三角瓶，25mL 酸式滴定管、0.5%酚酞酒精溶液、0.5mL 吸管、滴定架。

酒精试验：68°、70°、72°的酒精，1～2mL 吸管，试管。

掺假检验：乳稠计，玫瑰红酸液（溶解 0.05g 玫瑰红酸于 100mL95%酒精中制

成），碘溶液（取碘化钾 4g 溶于少量蒸馏水中，然后用此溶液溶解结晶碘 2g，待结晶碘完全溶解后，移入 100mL 容量瓶中，加水至刻度即可。）

3. 原料蛋感官评定

照蛋器，蛋盘，气室测定器，蛋液杯，精密游标卡尺，普通游标卡尺，酸度计，打蛋台，水平仪，上皿天平，白瓷盘，相对密度为 1.080、1.073、1.060 的三种食盐溶液。

四、实训步骤

1. 原料肉感官评定

（1）外观：切开肉，在室内正常光度下用目测观察对比肉的新鲜切面的肉色，参照标准见表 9.1。应避免在阳光直射或室内阴暗处评定。

（2）气味：切开肉，在室内正常通风下用鼻子对肉的新鲜切面进行闻嗅，参照标准见表 9.1。应避免在通风不良或周边有异味处评定。

（3）弹性：切开肉，在室内温度下用手指按住肉的新鲜切面，通过触感其硬度指压凹陷恢复情况判断肉的弹性、表面干湿及是否发黏，参照标准见表 9.1。应避免在有水分滴落或高温环境下评定。

（4）肉汤滋味：称取碎肉样 20g，放在烧杯中加水 10mL，盖上表面皿罩于电炉上加热至 50～60℃时，取下表面皿，嗅其气味。然后将肉样煮沸，静置观察肉汤的透明度及表面的脂肪滴情况。参照标准见表 9.1。

2. 原料乳感官评定

1）感官评定

（1）感官指标：一般通过对色、香、味、形、杂质等进行感官鉴定。正常乳应为乳白色或略带黄色；具有特殊的乳香味；稍有甜味；组织状态均匀一致，无凝沉淀，不粘滑。

（2）感官检查步骤：首先打开冷却贮乳器或罐式运乳车容器的盖，应立即嗅容器内鲜乳的气味。否则，开盖时间过长，外界空气会将容器内气味冲淡，对气味的检验不利。其次将试样含入口中，并使之遍及整个口腔的各个部位，因为舌面各种味觉分布并不均，以此鉴定是否存在各种异味。在对风味检验的同时，对鲜乳的色泽，混入的异物，是否出现过乳脂分离现象进行观察。注意感官评定时不同种类样品应有不同的评定温度。总的要求要样品不能过冷过热。过冷会使味蕾麻木，失去敏感性；过热会刺激甚至损伤味蕾，使之失去品味功能。原乳一般在 18～20℃时评定。评定标准见表 9.3。

（3）评定方法：

① 色泽检定：将少量乳倒于白瓷皿中观察其颜色。

② 气味检定：将乳加热后，闻其气味。

③ 滋味检定：取少量乳用口尝之。

④ 组织状态检定：将乳倒于小烧杯内静置 1h 左右后，再小心将其倒入另一小烧杯内，仔细观察第一个小烧杯内底部有无沉淀和絮状物。再取 1 滴乳于大拇指上，检查是否粘滑。

2）滴定酸度的测定

乳挤出后在存放过程中，由于微生物的活动，分解乳糖产生乳酸，而使乳的酸度升高。测定乳的酸度，可判定乳是否新鲜。乳的滴定酸度常用洁尔涅尔度（°T）和乳酸度（乳酸%）表示。判断标准见表 9.4。

表 9.4 乳滴定酸度与牛乳品质的对应关系

滴定酸度/°T	牛乳品质	滴定酸度/°T	牛乳品质
低于 16	加碱或加水等异常的乳	高于 25	酸性乳
16～20	正常的新鲜乳	高于 27	加热凝固
高于 21	微酸性乳	60 以上	酸化乳，能自身凝固

洁尔涅尔度是以中和 100mL 的酸所消耗 0.1mol/L NaOH 的毫升数来表示。消耗 0.1mol/L NaOH 1 mL 为 1 洁尔涅尔度。

乳酸度（乳酸%）是指乳中酸的百分含量。

操作方法：

① 滴定乳的酸度：取乳样 10mL 于 150mL 三角瓶中，再加入 20mL 蒸馏水和 0.5mL0.5%酚酞液，摇匀，用 0.1mol/L NaOH 溶液滴定至微红色，并在 1min 内不消失为止。记录 0.1mol/L NaOH 所消耗的毫升数（A）。

② 计算滴定酸度：

$$洁尔涅尔度(°T) = A \times F \times 10$$

式中：A——滴定时消耗的 0.1mol/L NaOH 毫升数；

F——0.1mol/L NaOH 的校正系数；

10——乳样的倍数。

$$乳酸(\%) = B \times F \times 0.009 / 乳样的毫升数 \times 乳的相对密度$$

式中：B——中和乳样的酸所消耗的 0.1mol/L NaOH 的毫升数；

F——0.1mol/L NaOH 的校正系数 0.009（0.1mol/L NaOH 1mL 能结合 0.009g 乳酸）。

用滴定法测定酸度虽然准确，但在现场收购时受到实验室条件限制。为此可以对滴定法简化为：用 17.6mL 的贝布科克氏鲜乳移液管，取 18g 鲜乳样品，加入等量的不含二氧化碳的蒸馏水进行稀释，以酚酞作指示剂，再加入 0.02mol/L NaOH 溶液 18mL，并使之充分混合，如呈微红色，说明其鲜乳酸度在 0.18%以下。

3）酒精试验法

酒精检验是为观察鲜乳的抗热性而广泛使用的一种方法。通过酒精的脱水作用，确定酪蛋白的稳定性。新鲜牛乳对酒精的作用表现出相对稳定；而不新鲜的牛乳，其中蛋白质胶粒已呈不稳定状态，当受到酒精的脱水作用时，则加速其聚沉。

一定浓度的酒精能使高于一定酸度的牛乳蛋白产生沉淀。乳中蛋白质遇到同一浓度的酒精，其凝固现象与乳的酸度成正比，即凝固现象愈明显，酸度愈大，否则，相反。乳中蛋白质遇到浓度高的酒精，易于凝固。此法可验出鲜乳的酸度，以及盐类平衡不良乳、初乳、末乳及细菌作用产生凝乳酶的乳和乳房炎乳等。

操作方法：

取试管 3 支，编号（1、2、3 号），分别加入同一乳样 1～2mL，1 号管加入等量的 68％酒精；2 号管加入等量的 70％酒精；3 号管加入等量的 72％酒精。摇匀，然后观察有无出现絮片，确定乳的酸度。判断标准见表 9.5。

表 9.5　原料乳酒精检验判断标准

酒精浓度/%	不出现絮片酸度/°T
68	20 以下
70	19 以下
72	18 以下

需要注意的是，酒精试验与酒精浓度有关，一般以 72％容量浓度的中性酒精与原料乳等量相混合摇匀，无凝块出现为标准，正常牛乳的滴定酸度不高于 18°T，不会出现凝块。但是影响乳中蛋白质稳定性的因素较多，如乳中钙盐增高时，在酒精试验中会由于酪蛋白胶粒脱水失去溶剂化层，使钙盐容易和酪蛋白结合，形成酪蛋白酸钙沉淀。另外酒精试验过程中，两种液体必须等量混合，两种液体的温度应保持在 10℃以下，混合时化合热会使温度升高 5～8℃，否则会使检验的误差明显增大。

4）相对密度测定

相对密度测定常作为评定鲜乳成分是否正常的一个指标，但不能只凭这一项来判断，必须再通过脂肪、风味的检验，可判断鲜乳是否经过脱脂或是加水。

检验方法：将搅拌好的乳移注于量筒内，尽量不产生泡沫，测量乳温。将乳稠计平稳地放到量筒中间，任其自然下沉且不与量筒壁接触，静止 1～2min 后即可读数。

5）掺假试验

（1）掺水的检验。对于感官检查发现乳汁稀薄、色泽发灰（即色淡）的乳，有必要做掺水检验。目前常用的是比重法。因为牛乳的相对密度一般为 1.028～1.034，其与乳的非脂固体物的含量百分数成正比。当乳中掺水后，乳中非脂固体含量百分数降低，相对密度也随之变小。当被检乳的相对密度小于 1.028 时，便有掺水的嫌疑，并可用比重数值计算掺水百分数。

测定方法：将乳样充分搅拌均匀后小心沿量筒壁倒入筒内 2/3 处，防止产生泡沫面影响读数。将乳稠计小心放入乳中，使其沉入到 1.030 刻度处，然后使其在乳中自由游动（防止与量筒壁接触）。静止 2～3min 后，两眼与乳稠计同乳面接触处成水平位置进行读数，读出弯月面上缘处的数字。

（2）掺碱（碳酸钠）的检验。鲜乳保藏不好酸度会升高。为了避免被检出高酸度乳，有时向乳中加碱。感官检查时对色泽发黄、有碱味、口尝有苦涩味的乳应进行掺碱检验。常用玫瑰红酸定性法。玫瑰红酸的 pH 为 6.9～8.0，遇到加碱而呈碱性的乳，其颜色由肉桂黄色（亦即棕黄色）变为玫瑰红色。

方法：于 5mL 乳样中加入 5mL 玫瑰红酸液，摇匀，乳呈肉桂黄色为正常，呈玫瑰红色为加碱。加碱越多，玫瑰红色越鲜艳，应以正常乳做对照。

（3）掺淀粉的检验。向乳中掺淀粉可使乳变稠，相对密度接近正常。有沉渣物的乳，应进行掺淀粉检验。

方法：取乳样 5mL 注入试管中，加入碘溶液 2～3 滴。乳中有淀粉时，即出现蓝色、紫色或暗红色及其沉淀物。

6）微生物检验

细菌指标可采用平皿培养法计算细菌总数，或采用美蓝还原褪色法，按美蓝褪色时间分级指标进行评级，两者只允许用一个，不能重复。细菌指标分为四个级别，按细菌总数分级指标进行评级。评级标准见表 9.6。

表 9.6　原料乳细菌总数分级标准

分级	平皿细菌总数 分级指标法/（万个/mL）	美蓝褪色时间 分级指标法
Ⅰ	≤50	≥4h
Ⅱ	≤100	≥2.5h
Ⅲ	≤200	≥1.5h
Ⅳ	≤400	≥40min

3. 原料蛋感官评定

1）鲜蛋样品的采取

鲜蛋的检验，要求逐个进行，但由于经营销售的环节多，数量大，往往来不及一一进行检验，故可采取抽样的方法进行检验。对长期冷藏的鲜鸡蛋、化学贮藏蛋，在贮存过程中也应经常进行抽检，发现问题及时处理。

采样数量，在 50 件以内者，抽检 2 件；50 至 100 件者，抽检 4 件；100 至 500 件者，每增加 50 件增抽 1 件（所增不足 50 件者，按 50 件计）；500 件以上者，每增加 100 件增抽 1 件（所增不足 100 件者，按 100 件计算）。

2）壳蛋检验

（1）感官检验。

① 检验方法：逐个拿出待检蛋，先仔细观察其形态、大小、色泽、蛋壳表面有无裂痕和破损等以及蛋壳的清洁度等情况；利用手指摸蛋的表面和掂重，必要时可把蛋握在手中使其互相碰撞，或是手握蛋摇动，听其声音；最后嗅检蛋壳表面有无异常气味。

② 判定标准：

A. 新鲜蛋：蛋壳表面常有一层粉状物；蛋壳完整而清洁，无粪污、无斑点；蛋壳颜色正常，壳面覆有霜状粉层（外蛋壳膜），无凹凸而平滑，壳壁坚实，相碰时发清脆而不发哑声；手感发沉。

B. 破蛋类：

a. 裂纹蛋（哑子蛋）：鲜蛋受压或震动使蛋壳破裂成缝而壳内膜未破，将蛋握在手中相碰发出哑声。

b. 格窝蛋：鲜蛋受挤压或震动使鲜蛋蛋壳局部破裂凹下而壳内膜未破。

c. 流清蛋：鲜蛋受挤压、碰撞而破损，蛋壳和壳内膜破裂而蛋白液外流。

C. 劣质蛋：外观往往在形态、色泽、清洁度、完整性等方面有一定的缺陷，一般为壳面污脏，有暗色斑点，外蛋壳膜脱落变为光滑，而且呈暗灰色或青白色。如腐败蛋外壳常呈乌灰色；受潮霉蛋外壳多污秽不洁，常有大理石样斑纹；孵化或漂洗的蛋，外壳异常光滑，气孔较显露。有的蛋甚至可嗅到腐败气味。

(2) 比重鉴定法。鸡蛋的相对密度平均为 1.0845。蛋在存放或贮藏过程中，蛋的水分不断的蒸发。水分蒸发的程度与贮藏（或存放）的温度、湿度以及贮藏的时间有关。因此，测定蛋的比重可推知蛋的新鲜度。

方法：将蛋放于相对密度 1.080 的食盐溶液中，下沉者认为相对密度大于 1.080，评定新鲜蛋。将上浮蛋再放于相对密度 1.073 食盐溶液中，下沉者为普通蛋。将上浮蛋移入相对密度 1.060 食盐溶液中，上浮者为过陈蛋或腐败蛋，下沉者为合格蛋。但往往霉蛋也会具有新鲜蛋的比重。因此，比重法应配合其他方法使用。

(3) 灯光透视法。灯光透视是指在暗室中用手握住蛋体紧贴在照蛋器的光线洞口上，前后上下左右来回轻轻转动，靠光线的帮助看蛋壳有无裂纹、气室大小、蛋黄移动的影子、内容物的澄明度、蛋内异物以及蛋壳内表面的霉斑、胚的发育等情况。在市场上无暗室和照蛋设备时，可用手电筒围上暗色纸筒（照蛋端直径稍小于蛋）进行鉴别。如有阳光也可以用纸筒对着阳光直接观察。灯光照蛋方法简便易行，对鲜蛋的质量有决定性把握。

检验方法如下：

① 照蛋：在暗室中将蛋的大头紧贴照蛋器的洞口上，使蛋的纵轴与照蛋器约成 30°倾斜，先观察气室大小和内容物的透光程度，然后上下左右轻轻转动，根据蛋内容物移动情况来判断气室的稳定状态和蛋黄、胚盘的稳定程序，以及蛋内颜色、透光性能、有无污斑、黑点和游动物等。

不同品质蛋的光照判定标准：

A. 最新鲜蛋：透视全蛋呈桔红色，蛋黄不显现，不能或微能看到蛋黄暗影，内容物不流动，气室很小而不移动，高 4mm 以内，蛋内无任何异点或异块。

B. 新鲜蛋：透视全蛋呈红黄色，蛋黄所在处颜色稍深，蛋黄稍有转动，气室高 5～7mm 以内，此系产后约 2 周以内的蛋，可供冷冻贮存。

C. 普通蛋：内容物呈红黄色，蛋黄阴影清楚，能够转动，且位置上移，不再居于中央。气室高度 10mm 以内，且能动。此系产后 2～3 个月左右的蛋，应速销售，不宜贮存。

D. 可食蛋：因浓蛋白完全水解，蛋黄显见，易摇动，且上浮而接近蛋壳（贴壳蛋）。气室移动，高达 10mm 以上。这种蛋应快速销售，只作普通食用蛋，不宜作蛋制品加工原料。

E. 次品蛋（结合开蛋检查判断），包括：

a. 热伤蛋：鲜蛋因受热时间较长，胚珠变大，但胚胎不发育（胚胎死亡或未受精）。照蛋时可见蛋白稀薄，蛋黄有火红感，在胚盘附近更明显，胚珠增大，但无血管。气室大。

b. 早期胚胎发育蛋：受精蛋因受热或孵化而使胚胎发育。照蛋时，轻者呈现鲜红色小血圈（血圈蛋），稍重者血圈扩大，并有明显的血丝（血丝蛋）。

c. 红贴壳蛋（又称靠黄蛋）：蛋在贮存时未翻动或受潮所致。蛋白变稀，系带松弛。因蛋黄比重小于蛋白，故蛋黄上浮，且靠边贴于蛋壳上。照蛋时见气室增大，贴壳处呈红色，称红贴壳帽。转动时可见到一个暗红色影子始终上浮靠近蛋壳。气室较大。打开后蛋壳内壁可见蛋黄粘连痕迹，蛋黄与蛋白界限分明，无异味。

d. 轻度黑贴壳蛋：红贴壳蛋形成日久，贴壳处霉菌侵入生长变黑，照蛋时蛋黄粘壳部分呈黑色阴影，其余部分蛋黄仍呈深红色。打开后可见贴壳处有黄中带黑的粘连痕迹，蛋黄与蛋白界限分明，无异味。

e. 散黄蛋：蛋受剧烈震动或在贮存时空气不流通，受热受潮，在酶的作用下，蛋白变稀，水分渗入蛋黄而使其膨胀，蛋黄膜破裂。照蛋时蛋黄不完整或呈不规划云雾状，透光性较差。打开后黄白相混，但无异味。散黄原因属机械振动，气室则小。如果属细菌散黄气室则大。

f. 轻度霉蛋：蛋壳外表稍有霉迹。照蛋时见壳膜内壁有霉点，打开后蛋液内无霉点，蛋黄蛋白分明，无异味。

F. 变质蛋和孵化蛋，包括：

a. 重度黑贴壳蛋：由轻度黑贴壳蛋发展而成。其粘贴着的黑色部分超过蛋黄面积1/2以上，蛋液有异味。

b. 重度霉蛋：外表霉迹明显，蛋白稀浓情况不一，气室大小不一。照蛋时见内部有较大黑点或黑斑。打开后蛋膜及蛋液内均有霉斑，蛋白液呈冻样霉变，并带有严重霉气味。蛋黄有的完整，有的破裂。

c. 泻黄蛋：蛋贮存条件不良，微生物进入蛋内并大量生长繁殖，在蛋内微生物作用下，引起蛋黄膜破裂而使蛋黄与蛋白相混。照蛋时黄白混杂不清，呈灰黄色。打开后蛋液呈灰黄色。变质，混浊，有不愉快气味。

d. 黑腐蛋：又称老黑蛋、臭蛋，是由上述各种劣质蛋和变质蛋继续变质而成。蛋壳呈乌灰色，甚至因蛋内产生的大量硫化氢气体而膨胀破裂，照蛋时全蛋不透光，呈灰黑色，打开后蛋黄蛋白分不清，呈暗黄色、灰绿色或黑色水样弥漫状，并有恶臭味或严重霉味。

e. 晚期胚胎发育蛋（孵化蛋）：照蛋时，蛋内呈暗红色，有黑色移动影子，影子大小决定于孵化天数。有血丝呈网状，在较大的胚胎周围有树枝状血丝、血点，或已能观察到小雏体的眼睛或者已有成形的死雏。

② 气室测量：蛋在贮存过程中，由于蛋内水分不断蒸发，致使气室空间日益增长。因此，测定气室的高度，有助于判定蛋的新鲜程度。

A. 方法：表示蛋气室大小的方法有两种；即气室的高度和气室的底部直径大小。

气室的测量是由特制的气室测量规尺测量后，加以计算来完成。气室测量规尺是一个刻有平行线的半圆形切口的透明塑料板。测量时，先将气室测量规尺固定在照蛋孔上缘，将蛋的大头端向上正直地嵌入半圆形的切口内，在照蛋的同时即可测出气室的高度与气室的直径，读取气室左右两端落在规尺刻线上的数值（即气室左、右边的高度），取平均值即为气室高度。

另一种方法是用游标卡尺量气室底的直径。

B. 评定标准：

最新鲜蛋气室高度在 3mm 以下；新鲜蛋气室高度在 5mm 以内；普通蛋气室高度在 10mm 以内；可食蛋气室高度在 10mm 以上。

3）开蛋检验

（1）感官检验。将鲜蛋打开，将其内容物置于玻璃平皿或瓷碟上，观察蛋黄与蛋清的颜色、稠度、性状，有无血液，胚胎是否发育，有无异味等，鉴别标准见表 9.7。

表 9.7　鲜蛋打开鉴别标准

项目	良质鲜蛋	一类次质鲜蛋	二类次质鲜蛋	劣质鲜蛋
颜色	蛋黄、蛋清色泽分明，无异常颜色	颜色正常，蛋黄有圆形或网状血红色，蛋清颜色发绿，其他部分正常	蛋黄颜色变浅，色泽分布不均匀，有较大的环状或网状血红色，蛋壳内壁有黄中带黑的粘痕或霉点，蛋清与蛋黄混杂	蛋内液态流体呈灰黄色、灰绿色或暗黄色，内杂有黑色霉斑
性状	蛋黄呈圆形凸起而完整，并带有韧性，蛋清浓厚、稀稠分明，系带粗白而有韧性，并紧贴蛋黄的两端	性状正常或蛋黄呈红色的小血圈或网状直丝	蛋黄扩大，扁平，蛋黄膜增厚发白，蛋黄中呈现大血环，环中或周围可见少许血丝，蛋清变得稀薄，蛋壳内壁有蛋黄的黏连痕迹，蛋清与蛋黄相混杂（蛋无异味），蛋内有小的虫体	蛋清和蛋黄全部变得稀薄浑浊，蛋膜和蛋液中都有霉斑或蛋清呈胶冻样霉变，胚胎形成长大
气味	具有鲜蛋的正常气味，无异味	具有鲜蛋的正常气味，无异味		有臭味、霉变味或其他不良气味

（2）蛋黄指数的测定。蛋黄指数（又称蛋黄系数）是蛋黄高度除以蛋黄横径所得的商。蛋越新鲜，蛋黄膜包得越紧，蛋黄指数就越高；反之，蛋黄指数就越低，因此，蛋黄指数可表明蛋的新鲜程度。

① 操作方法：把鸡蛋打在一洁净、干燥的平底白瓷盘内，用蛋黄指数测定仪量取蛋黄最高点的高度和最宽处的宽度。或者用高度游标卡尺和普通游标卡尺分别量蛋黄高度和宽度。以卡尺刚接触蛋黄膜为松紧适度。测量时注意不要弄破蛋黄膜。

$$蛋黄指数 = 蛋黄高度(mm) / 蛋黄宽度(mm)$$

② 评定标准：

新鲜蛋蛋黄指数为 0.36～0.44 以上；普通蛋蛋黄指数为 0.35～0.4；合格蛋蛋黄指数为 0.3～0.35。

（3）蛋 pH 的测定。蛋在储存时，由于蛋内 CO_2 逸放，加之蛋白质在微生物和自溶酶的作用下不断分解，产生氮及氨态化合物，使蛋内 pH 向碱性方向变化。

① 操作方法：将蛋打开，取 1 份蛋白（全蛋或蛋黄）于 9 份水混匀，用酸度计测

定 pH。

② 判定标准：新鲜鸡蛋的 pH 为：蛋白 7.3～8.0，全蛋 6.7～7.1，蛋黄 6.2～6.6。

（4）蛋白哈夫单位的测定。蛋白的哈夫单位，实际上是反应蛋白存在的状况。过去多采用测蛋白粘度，但误差太大。新鲜蛋浓蛋白多而厚。反之，浓蛋白少而稀。

① 方法：称蛋重（精确到0.1g），然后用适当力量在蛋的中间部打开，将内容物倒在已调节在水平位置的玻璃板上，选距蛋黄 1cm 处，浓蛋白最宽部分的高度作为测定点。用高度游标卡尺慢慢落下，当标尺下端与浓蛋白表面接触时，立即停止移动调测尺，读出卡尺标示之刻度数。

根据蛋白高度与蛋重，按下列公式计算蛋白的哈夫单位（Haugh unit）：

$$Hu = 100\log(H - 1.7W^{0.37} + 7.6)$$

式中：Hu——哈夫单位；

　　　H——蛋白高度，mm；

　　　W——蛋的重量，g。

100、1.7、7.6 均为公式中的换算系数。

② 评定标准：优质蛋哈夫单位为 72 以上；中等蛋哈夫单位为 60～70；次质蛋哈夫单位为31～60。

任务二　绿色肉脯的加工

布置任务

任务描述	本任务要求通过绿色肉脯的加工工艺及技术要点的学习，了解肉脯的现代化加工技术，肉脯的检验技术与保存方法。通过实训任务"绿色牛肉脯加工"，熟练掌握绿色肉脯的加工
任务要求	深入了解绿色肉脯的生产标准；掌握肉脯的绿色加工技术及制作工艺，能自主设计并做出符合绿色食品要求的肉脯

任务准备

一、肉类基础知识

动物屠宰后所得的可食部分都叫做肉，广义的肉是指畜体在放血致死以后，去毛或去皮，再除去头、四肢下部和内脏，剩下的部分，或称做胴（胴体）。狭义的肉是指畜禽经屠宰后，除去皮、毛、头、蹄、骨及内脏后的可食部分。不同动物、不同部位和组织，则冠以各自的名称区别，如猪肉、瘦肉、五花肉、里脊肉、牛排、米龙、羔羊肉、猪头肉、鸡胸肉等。

从组织形态来说，肉是各种组织不均匀的综合物，由肌肉组织、脂肪组织、结缔组织和骨组织等部分所组成，其组成变动很大，大致比例区间为肌肉组织 35%～60%，脂肪组织 2%～40%，骨组织 7%～40%，结缔组织 9%～11%。比例主要随部位、动物种类、肥度、年龄、品种和营养状况等因素不同而有较大的变动。肉的四大组织的构造、性质及含量直接影响到肉品质量、加工用途和商品价值。

肉的主要成分是水，其次按重要程度有蛋白质、含氮化合物、脂肪、矿物质、维生素、有机酸等。肉中常见的矿物质有 Na、K、Ca、Fe 和 P。这些成分因动物的种类、品种、性别、年龄、季节、饲料，使役程度，营养和健康状态等不同而有所差别。各种畜禽肉化学组成对比见表 9.8，不同部分之间对比见表 9.9。

表 9.8 畜禽肉的化学组成

名称	含量/%					热量/（J/Kg）
	水分	蛋白质	脂肪	碳水化合物	灰分	
牛肉	72.91	20.07	6.48	0.25	0.92	6286.4
羊肉	75.17	16.35	7.98	1.92	1.92	5893.8
肥猪肉	47.40	14.54	37.34	0.72	0.72	13731.3
瘦猪肉	72.55	20.08	6.63	1.10	1.10	4869.7
马肉	75.90	20.10	2.20	0.95	0.95	4305.4
鹿肉	78.00	19.50	2.50	1.20	1.20	5358.8
兔肉	73.47	24.25	1.91	1.52	1.52	4890.6
鸡肉	71.80	19.50	7.80	0.96	0.96	6353.6
鸭肉	71.24	23.73	2.65	1.19	1.19	5099.6
骆驼肉	76.14	20.75	2.21	0.90	0.90	3093.2

表 9.9 不同品种不同部位肉的化学成分

肉（中等质量）		不可食部分/%	可食部分			
			水/%	蛋白质/%	脂肪/%	灰分/%
牛肉	胴体	16	60	17.5	22	0.87
	肋条	7	65	18.6	16.7	0.88
	腰肉	14	57	16.9	25	0.84
	后大腿肉	11	67	19.3	13	0.95
	臀部	24	53	15.5	31	0.77
猪肉	胴体	12	42	11.9	45	0.6
	腹肉	7	34	9.1	56	0.5
	腰肉	19	34	16.4	25	0.9
	后大腿	24	53	15.2	31	0.8

续表

肉（中等质量）		不可食部分/%	可食部分			
			水/%	蛋白质/%	脂肪/%	灰分/%
羊肉	胴体	22	55.8	15.7	27.7	0.8
	腿肉	17	63.7	18.0	17.5	0.9
	腰肉	15	—	—	—	—
	肋肉	24	51.9	14.9	32.4	0.8
	肩肉	20	58.3	15.6	25.3	0.8
鸡肉	鸡胸肉	—	75	21	0.9	—

二、肉制品类型及肉脯

肉制品加工可以分为多种类型，一般分为干制品、腌腊制品、酱卤制品、灌肠制品、罐头等。与普通意义上的肉制品加工相比，绿色肉制品加工强调原辅料来源绿色，加工运输保藏过程保证绿色无污染无变质。

肉脯是干制肉制品的典型代表，早在《周礼》中，就有关于肉脯的文字记载，《礼记》则有"牛修鹿脯"之说；《论语》有"沽酒市脯"之句。北魏的《齐民要术》有专门一章：《脯腊》，介绍肉脯的制作及品种。据史料记载，南北朝时有五味脯、白脯、甜脆脯，唐朝时有赤明香脯、红虬脯，到元明之际有千里脯，都是当时闻名遐迩的肉脯品种。因此，肉脯的历史已经有3000多年了。

肉脯是先成型再经熟加工制成的易于常温下保藏的一类干熟类肉制品。肉脯的名称及品种不尽相同，留传广泛的有靖江猪肉脯、上海猪肉脯、汕头猪肉脯等，也可以用牛肉、鸡肉、鱼肉、兔肉来制作，配料中可以加入五香、麻辣、花生酱等形成不同风味。

三、肉脯加工原理

新鲜肉类食品不仅含有丰富的营养物质，而且水分含量一般都在60%以上，如保管贮藏不当极易引起腐败变质。各种微生物的生命活动，是以渗透的方式摄取营养物质，必须有一定的水分存在。如蛋白质性食品适于细菌生殖发育，最低限度的含水量为25%～30%，霉菌为15%。因此肉类食品脱水之后使微生物失去获取营养物质的能力，抑制了微生物的生长，以达到保藏的目的。经过脱水干制，其水分含量可降低到20%以下。

（一）加工配方

配方随各地所采用的工艺和口味嗜好各有不同，同一地区不同厂家也会有所偏重和特殊。下面仅列举部分配方示例。

1. 靖江猪肉脯

主料：猪腿肉 5kg。
辅料：鸡蛋 150g，酱油 425g，胡椒 5g，味精 25g，天然香料适量。

2. 上海猪肉脯

主料：猪腿肉 5kg。

辅料：精盐 125g，无色酱油 50g，白糖 700g，高粱酒 125g，红米粉 50g，五香粉 10g。

3. 汕头猪肉脯

主料：猪腿肉 5kg。

辅料：白糖 800g，酒 75g，鱼露 500g，鸡蛋 125g，胡椒 10g。

4. 湖南猪肉脯

主料：猪腿肉 5kg。

辅料：白砂糖 800g，大曲酒 100g，盐 140g，味精 26g，姜 50g，芝麻 300g，五香粉 16g。

（二）加工工艺

随着各厂家对工艺的改进创新，肉脯加工的全程工艺、参数和标准在不断变化，但基本工艺可以归纳为传统工艺和现代工艺两种。

1. 传统工艺路线

原料选择→修整→冷冻→切片→解冻→腌制→摊筛→烘烤→烧烤→压平→切片成型→包装。

操作要点：

（1）原料与预处理：选择经过检验、来自非疫区的新鲜畜禽后腿肉，屠宰剔骨后，要求达到一级鲜度标准。剔去碎骨、皮下脂肪、筋膜、肌腱、淋巴、血污等，清洗干净备用。

（2）冷冻：将修割整齐的肉块移入 −20～−10℃的冷库中速冻，以便于切片。冷冻时间以肉块深层温度达 −5～−3℃为宜。

（3）切片：切片厚度一般控制在 1～3mm，但国外肉脯有向超薄型发展的趋势，最薄的肉脯只有 0.05～0.08mm，一般在 0.2mm 左右。可以采用专门的刨片设备，刨片厚度为 1～1.5mm 之间。刨片时，需要加水来润滑刀片。

（4）拌肉、腌制：在不超过 10℃的冷库中腌制 2h 左右。

（5）摊筛。

（6）烘烤：烘烤温度控制在 75～55℃，前期烘烤温度可稍高。肉片厚度为 2～3mm 时，烘烤时间约 2～3h。

（7）烧烤：烧烤时可把半成品放在远红外空心烘炉的转动铁网上，用 200℃左右温度烧烤 1～2min，至表面油润、色泽深红为止。成品中含水量小于 20%，一般为 13%～16%。

（8）压平、成型、包装。

2. 现代加工工艺

用传统工艺加工肉脯时，存在着切片、摊筛困难，难以利用小块肉和小畜禽及鱼肉，无法进行机械化生产。因此提出了肉脯生产新工艺并在生产实践中广泛推广使用。

工艺流程：原料→整理→配料→斩拌→腌制成型→烘干→熟制→压片→切片→质量检验→包装→成品。

操作要点：

(1) 原料肉及整理：同上。

(2) 斩拌：整理后的原料肉，用斩拌机尽快斩成肉糜，在斩拌过程加入各种配料，并加入适量的水。斩拌肉糜要细腻，原辅料混合均匀。

(3) 腌制成型：斩拌后的肉糜先置于 10℃以下腌制 1～2h，以使各种辅料渗透到肉组织中去。将腌制好的肉糜抹到已刷过油的不锈钢或铝盘上，直到抹平整光滑。薄层厚度一般为 2mm 左右，太厚不利于水分的蒸发和烘烤，太薄不易成型。

(4) 烘干：将成型肉糜送入 65～70℃远红外烘箱中烘制 2.5～3h。待大部分水分蒸发，能顺利揭开肉片时，即可揭片翻边，进一步烘烤。等水分含量降到 18%～20% 时结束烘烤，取出肉片自然冷却。

(5) 烧烤熟制：将肉片送入 120～150℃远红外烤箱中烘烤 2～3min，烘制肉片呈棕黄色或棕红色，立即取出，避免焦煳。出炉后肉片尽快用压平机压平，使肉片平整，烘烤后肉片水分含量不超过 13%～15%。

(6) 切片：切片尺寸根据销售包装要求而定。

3. 影响成品质量和口感的主要因素

(1) 原料是直接影响肉脯成品质量的主要因素。原料肉必须采用非疫区健康良好、符合绿色食品要求的牲畜而且要采用 pH 在 5.6～6.4，经 10h 排酸冷却到 5℃左右的新鲜畜肉。不允许用配种的公畜、产过小畜的母畜、黄脂畜及冷冻两次或质量不好的畜肉。如用冻肉，最好采用近期宰杀和不超过 3 个月的冷冻分割肉。冷冻分割肉原料，宜采用断续定时喷淋和自然解冻相结合的方法，解冻温度控制在夏季 14～18℃，冬季 10～15℃，解冻时间 10～14h，解冻结束后肌肉中的温度控制在 -1～3℃，解冻温度不能过高或过低，过高会大量繁殖微生物，过低会产生冰晶体。原料肉经过去皮、骨、筋膜、肌腱、粗血管、血淤、淋巴节等，选择修检好的瘦肉方可加工肉脯。

(2) 配料。肉脯加工中需用的配料有八角、茴香、豆蔻、丁香、桂皮、花椒、小磨香油、粘着剂等。配料要讲究科学，添加量符合国家标准。经过处理后的肉脯色泽必须均匀，呈棕红色，无焦瘢痕迹，味道纯正，咸淡适中，具酥、香、脆典型的干制品风味，无异味。

(3) 在一定范围内，肉糜越细，肉脯质地及口感越好。

(4) 肉脯的涂抹厚度以 1.5～2.0mm 为宜。

(5) 腌制时间以 1.5～2.0h 为宜。

(6) 烘烤。腌制好的原料肉进烘烤室内烘烤的温度不能太高或太低，温度过高烤焦肉片，使肌肉纤维组织肉质老化；温度过低，会使肉质不熟。烘烤温度 70～75℃，时间以 2h 左右为宜，中途需要翻片。烧烤以 120～150℃、2～5min 为宜。颜色呈棕黄或棕红为好，立即取出，避免烧焦。成品中含水量不超过 13.5%，以适合于消费者口感，同时延长贮存期。

(7) 表面处理。在烘烤前用 50% 的全鸡蛋液涂抹肉脯表面效果很好。在烧烤前进行压平效果较好。

（8）肉脯的运输储存问题。一般肉脯贮存在 0℃的低温库中，贮存期为 4～6 个月，在常温下运输，但是不能曝晒、近热，以免产品受热变质。

肉脯在售卖过程中常会出现霉变现象，这通常是由于水分控制没有达到要求所致。通过添加三梨糖醇，可以在较大含水量的情况下保持制品在一定时间内不发生霉变。另外，采用真空包装也可以延长保质期。

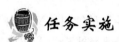 任务实施

实训任务二　绿色牛肉脯加工

【生产标准】

（1）处理过程中按绿色食品生产要求：中华人民共和国农业部发布的《中华人民共和国农业行业标准：绿色食品　肉及肉制品》（NY/T 843—2009）执行。

（2）绿色食品生产中所使用的食品添加剂应遵照中华人民共和国农业部批准的《中华人民共和国农业行业标准：绿色食品　食品添加剂使用准则》（NY/T 392—2000）执行。

【实训内容】

一、实训目的

（1）熟悉绿色食品肉脯对原料和其他辅料的要求。

（2）掌握肉脯制作的基本方法和工艺、肉脯配方设计和工艺修正。

（3）掌握工序质量判断和成品感官评定、掌握切片机和烘箱的操作。

二、实训原理

肉脯是一种考究，美味可口的熟肉制品，先成型再经熟加工而成。烘烤中蛋白质中的肌原纤维和肌溶性蛋白发生热凝固，脂肪发生氧化和水解，色泽变黄并发哈，游离脂肪酸增加，同时吸收腌制渗透进入的调味料香辛料的成分，使得肉脯呈现各种各样的风味。并且由于烘烤脱水，质地变硬，体积缩小，便于贮藏和运输。

三、主要设备及原料

设备：切片机、烘箱。

原料：牛肉 10kg、食盐 200g、白糖 1.5kg、酱油 300mL、味精 40g、胡椒粉 28g、姜粉 24g、三聚磷酸钠 20g、白酒 100mL。

四、实训步骤

1. 工艺一

1）原料肉选择处理

选用符合绿色食品要求的新鲜牛肉，去除肥膘、筋腱、肌膜等结缔组织，将纯精瘦

肉冷冻，使其中心温度降至−2℃，上切片机切成0.2cm厚的肉片。

2）腌制

将配料混合均匀后与肉片拌匀，采用干腌法腌制50min，注意肉片与配料充分配合，搅拌均匀，使调味料吸收到肉片内。

3）铺筛

肉中加入鸡蛋四个，搅拌均匀，筛网上涂植物油后平铺上腌制好的肉片，切片之间靠溶出的蛋白粘连成片。

4）烘烤

将筛网送入烘房内，保持80～85℃，烘烤2～3h，使肉片形成干胚，再于130～150℃下烧烤约10min，使肉坯进一步熟化，表面出油至棕红色为止，此时肉片外观油润，产生特有风味。

5）压平、切割、成品

烘好的肉片用压平机压平、切片、包装后即为成品。

2. 工艺二

切片、腌制、铺筛、压片、切割、包装同上。

1）烘烤

将装有肉片的筛网放入烘烤房内，温度为65℃，烘烤5～6h后取出冷却。

2）焙烤

把烘干的半成品放入高温烘烤炉内，炉温为150℃，使肉片烘出油，呈棕红色。

产品特点：颜色棕红有光泽，切片均匀，滋味鲜美无异味，水分含量在20%以下。

五、质量检验

按照商务部颁布的中华人民共和国国内贸易行业标准SB/T 10283—2007，肉脯感官要求见表9.10。

表9.10　肉脯感官要求

项目	指　标	
	肉脯	肉糜脯
形态	片型规则整齐，厚薄基本均匀，可见肌纹，允许有少量脂肪析出及微小空洞，无焦片、生片	片型规则整齐，厚薄基本均匀，允许有少量脂肪析出及微小空洞，无焦片、生片
色泽	呈棕红、深红、暗红色、色泽均匀、油润有光泽	
滋味与气味	滋味鲜美、醇厚、甜咸适中、香味纯正、具有该产品特有的风味	
杂质	无肉眼可见杂质	

实训结果完毕，对成品进行感官检验，将评定结果填于表9.11，并分析产品的不足，提出有益改进措施。

表 9.11　产品评定记录表

评定项目	标准分值/分	实际得分	缺陷分析	评定项目	标准分值/分	实际得分	缺陷分析
颜色	15			口感	25		
气味	10			质地	15		
形状	20			风味	15		

六、注意事项

(1) 投料顺序：先加固体，再加三聚磷酸钠（三聚磷酸钠 10g，水 50mL），最后加白酒。

(2) 肉片厚度控制均匀。太厚不利于水分蒸发和烘烤风味形成，太薄则不易成型。

(3) 注意控制烘烤温度。温度过低费时耗能且风味形成不足，质地松软，温度过高，表面容易过热起泡，焦糊，褐变明显。

 ## 质量控制

1. 原料肉验收（CCP₁）

原料肉入厂要查验兽医检疫证、车辆消毒证和非疫区证明，检验其新鲜度、杂质及含水情况。要求原料新鲜符合绿色食品要求、三证齐全、水分正常、无杂质方可入厂。

2. 成品检验（CCP₂）

要求一片一片检查，修剪净成品上的焦斑，检净竹篾等杂质，检查到未烤熟的肉片要剔出来重新烤熟。

3. 金属探测（CCP₃）

产品逐袋经过金属探测仪后，确保及时剔出含金属杂质的产品，并做好记录。

任务三　绿色乳制品的加工

 ## 布置任务

任务描述	本任务要求通过原料乳基础知识和鲜奶生产加工的学习，了解乳制品相关知识；通过实训任务"绿色巴氏杀菌乳加工"对绿色乳制品有更深的了解
任务要求	了解绿色乳制品的生产标准；掌握鲜乳的生产要求及巴氏杀菌乳的制作工艺

 任务准备

一、乳的基础知识

1. 乳的组成

正常牛乳中各种成分的组成大体上是稳定的，但也受牛乳的品种、个体、地区、泌乳期、畜龄、挤乳方法、饲料、季节、环境、温度及健康状态等因素影响而有差异，其中变化最大的是乳脂肪，其次是蛋白质，乳糖及灰分则比较稳定。牛乳主要化学成分及含量见表 9.12。

表 9.12 牛乳主要化学成分及含量

成分	水分	总乳固体	脂肪	蛋白质	乳糖	无机盐
变化范围/%	85.5～89.5	10.5～14.5	2.5～6.0	2.9～5.0	3.6～5.5	0.6～0.9
平均值/%	87.5	13.0	4.0	3.4	4.8	0.8

2. 乳的分散体系

乳是哺乳动物分娩后由乳腺分泌的一种白色或微黄色的不透明液体。乳中含有多种化学成分，其中水是分散剂，其他各种成分如脂肪、蛋白质、乳糖、无机盐等呈分散质分散在乳中，形成一种复杂的分散体系，有以蛋白质为主构成的乳胶体，有以乳脂肪为主构成的乳浊液，有以乳糖为主构成的真溶液。牛乳的物理性状见表 9.13。

表 9.13 牛乳的物理性状

成分	平均含量/%	油/水型乳浊液	胶体溶液	真溶液
水分	87			
脂肪	4.0	×		
乳糖	3.5			×
蛋白质	4.7		×	
灰分	0.8			×

各种分散体系相互制约、相互影响，从而形成总的分散系统。其中乳胶体由酪蛋白、白蛋白和球蛋白组成，平均直径均在 1～500nm 之间，乳脂肪球的平均直径为 3000～5000nm。分散体系的构成和稳定程度对乳的贮藏性能、加工性能有非常重要的影响，在乳制品生产中，通常需要针对性的进行均质、标准化或进行成分分离以便于加工和保证产品质量。

3. 乳的营养学意义

乳的营养丰富，成分齐全，容易消化，是哺乳动物初生阶段维持生命、发育不可替代的必需食品。其中：

（1）乳脂肪消化率达 97.4％，而植物油只有 91.6％，含有花生四烯酸、亚麻酸、亚油酸等大量必需脂肪酸，并且负载有大量脂溶性维生素。

（2）乳蛋白消化率高达 98％，仅次于鸡蛋，同时含有所有的氨基酸种类且比例合理，1L 乳能满足全天氨基酸需求，并且生物价高达 85，高于肉类、鱼类以及花生大豆等植物蛋白质。

（3）乳中的乳糖是自然界中仅存于乳中的糖类。乳糖在肠道中通过肠道细菌的发酵，可以抑制其他有害细菌的繁殖，防止婴儿下痢，改善人体胃肠道的 pH 环境，缓解或消除一些肠道疾病，其发酵产物对治疗消化道疾病较有效，对恶性肿瘤有一定的抑制作用。

（4）乳中的盐类主要以无机磷酸盐和有机柠檬酸盐的状态存在，Ca、P 含量丰富，比例恰当，是人体补充 Ca、P 的最好食品。

另外从养殖角度分析，各种动物为原料的食品生产中，奶牛的饲料转化率高，生产成本最低。如 1kg 饲料所能获得的动物蛋白，牛奶高达 140g，肉鸡、鱼、蛋、猪肉分别为 110g、90g、59g、24g。

二、液态乳生产加工工艺

乳制品种类繁多，可以分为液态乳、酸乳、炼乳、乳粉、奶酪、冰淇淋等等，液态乳是生活中最为常见和食用最多的一类。液态乳可以分为巴氏杀菌乳、超高温灭菌乳和再制乳，其主体加工工艺基本相同。本任务介绍巴氏杀菌乳和超高温灭菌乳。

1. 巴氏杀菌乳

巴氏杀菌是指杀死引起人类疾病的所有微生物及最大限度破坏腐败菌和乳中酶的一种加热方法，以确保食用者的安全性。巴氏杀菌乳即市售乳。按农业部标准规定，低温长时杀菌（LTLT）乳（62～65℃保持 30min）和高温短时（HTST）杀菌乳（72～76℃保持 15s 或 80～85℃保持 10～15s）均属于巴氏杀菌乳。

典型的巴氏消毒乳（部分均质）生产线如图 9.1 所示，带有微滤装置的巴氏杀菌乳生产线如图 9.2 所示。由高质量原料所生产的巴氏杀菌乳在未打开包装状态下，5～7℃条件贮藏，保质期一般应该 8～10d。带有微滤装置的巴氏杀菌乳在低于 7℃条件下，保质期达到 40～45d 是有可能的。

巴氏杀菌乳的主体工艺流程有：

原料乳验收→脱气过滤净化→标准化→均质→巴氏杀菌→冷却→灌装→检验→冷藏。

操作要点：

（1）原料乳的验收和分级。消毒乳的质量决定于原料乳。工厂接受厂外原料乳必须进行质检验收，以确保原料的储存和加工性能以及产品安全。因此，对原料乳的质量必须严格管理，认真检验。只有符合标准的原料乳才能生产消毒乳。检查通常有嗅觉、味觉、外观、尘埃、温度、酒精、酸度、密度、脂肪率、细菌数等。例如，相对密度 $d \geqslant 1.028$；酸度 $\leqslant 20$ 个洁尔涅尔度；脂肪含量 $\geqslant 3.1\%$；非脂乳固体 $\geqslant 8.5\%$；细菌指数 $\leqslant 10^6/mL$；甲基兰实验：$\geqslant 6h$ 不腿色；刃天青实验：$\geqslant 40min$。

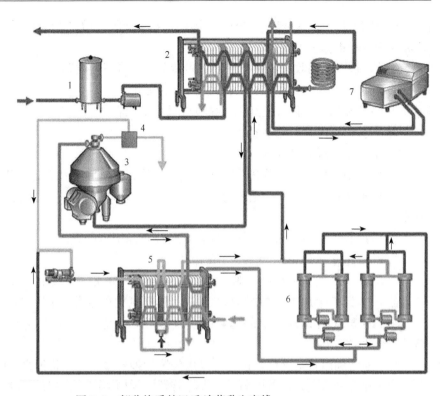

图 9.1　部分均质的巴氏杀菌乳生产线

1. 平衡罐；2. 巴氏杀菌机；3. 分离机；4. 标准化单元；

5. 板式换热器；6. 微滤单元；7. 均质机

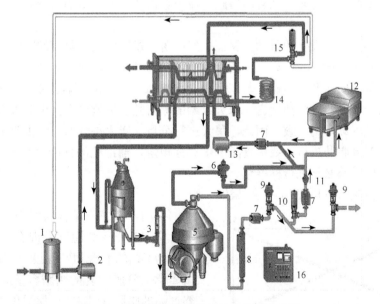

图 9.2　带有微滤装置的巴氏杀菌乳生产线

1. 平衡槽；2. 进料泵；3. 流量控制器；4. 板式换热器；5. 分离机；

6. 稳压阀；7. 流量传感器；8. 密度传感器；9. 调节阀；10. 截止阀；

11. 检查阀；12. 均质机；13. 增压泵；14. 保温管；15. 转向阀；16. 控制盘

我国国家标准 GB 6914—1986 规定生鲜牛乳验收的质量标准包括感官指标、理化指标及微生物指标三方面。

此外，许多乳品收购单位还规定下述情况之一者不得收购：

① 产犊前 15d 内的末乳和产犊后 7d 内的初乳。

② 牛乳颜色有变化，呈红色、绿色或显著黄色者。

③ 牛乳中有肉眼可见杂质者。

④ 牛乳中有凝块或絮状沉淀者。

⑤ 牛乳中有厩舍味、苦味、霉味、臭味、涩味、煮沸味及其他异味者。

⑥ 用抗菌素或其他对牛乳有影响的药物治疗期间，母牛所产的乳和停药后 3d 内的乳。

⑦ 添加有防腐剂、抗菌素和其他任何有碍食品卫生的乳。

⑧ 酸度超过 20°T。

（2）脱气、过滤和净化。除去乳中的气体、尘埃、杂质、乳腺组织和白细胞等，使乳达到工业加工原料的要求，而且降低氧化的损伤，同时减少乳中细微的泡沫，提高牛乳在管道输送中的流量计量准确性，消除其对乳品的加工和产品质量的影响。

脱气通常利用真空进行，过滤可以用传统的纱布过滤，即将消毒过的纱布折成 3～4 层，结扎在乳桶口上，称重后的乳倒入扎有纱布的桶中即可达到过滤的目的。也可以用管式过滤器。净化现在多用自动排渣离心净乳机，借用分离的钵片在做高速圆周运动时产生的强大离心力，当牛奶进入净乳机时促使牛奶沿着钵片与钵片的间隙形成一层层薄膜，并涌往上叶片的叶轮，朝着出口阀门流出，而比重大于牛奶的杂质被抛向离心体内壁四周。

（3）标准化。标准化的目的是保证牛奶中含有规定的最低限度的脂肪。各国牛奶标准化的要求有所不同。一般说来低脂奶含脂率为 0.5%，普通奶为 3%。因而，在乳品厂中牛奶标准化要求非常精确，若产品中含脂率过高，乳品厂就浪费了高成本的脂肪，而含脂率太低又等于欺骗消费者。每天收购的原料乳质量差异大且生产班次不固定，而产品质量必须保证均匀一致。因此，每天进行分析含脂率是乳品厂的重要工作。乳的标准化主要针对乳脂肪进行，我国食品卫生标准规定，消毒乳的含脂率为 3.0%。因此凡不合乎标准的乳都必须进行标准化。

标准化方法（方格法/十字交叉法）：

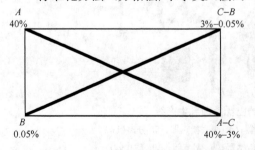

例如：多少公斤含脂率为 A% 的稀奶油与含脂率为 B% 的脱脂乳混合，就可获得含脂率为 C% 的混合物？假设 A 奶油的脂肪含量 40%，B 脱脂乳的脂肪含量 0.05%，C 最终产品的脂肪含量 3%。如图 9.3 方格法计算过程为：斜对角上脂肪含量相减得出 C−B＝2.95 及 A−C＝37%。那么混合物就是 2.95kg40% 的稀奶油和 37kg0.05% 的脱脂

图 9.3　牛乳标准化方格法计算示意图

乳。于是得到了 39.95kg3％的标准化产品。

标准化方法可以通过以下三种途径实现。

① 直接加混原料组成部分：通过在原料乳中直接加入全脂或脱脂乳粉或强化原料乳中某一乳的组分来达到原料乳标准化的目的。

② 浓缩原料乳，如图 9.4 所示。首先对原料乳进行离心分离，然后再利用分离出来的奶油加入脱脂乳进行标准化。现代生产中可以依据在线监测的混浊度确定脂肪含量，或者依据体积流量和浓度变化，经过物料计算即可获得奶油的应加入量。

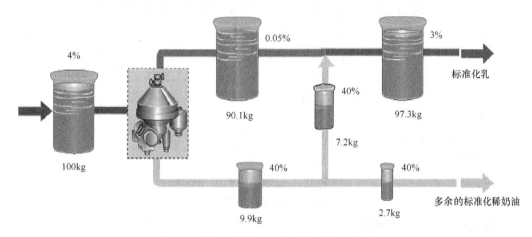

图 9.4　浓缩原料乳开展牛乳标准化工艺流程

③ 重组原料乳（复原乳）。由于乳源条件限制，常以脱脂乳粉、全脂乳粉、无水奶油为原料，根据乳的化学组成，用水来配制成标准乳。

A. 均质。在消毒奶生产中，为防止脂肪上浮或其它成分沉淀而造成的分层，减少颗粒的沉淀、酪蛋白在酸性条件下的凝胶沉淀，需要将乳中脂肪球在强力的机械作用下破碎成小的脂肪球。为了做到这一点，脂肪球的大小应被大幅度地降低到 $1\mu m$。均质同时还能改善牛乳的消化、吸收程度。

均质可以是全部的，也可以是部分均质。牛乳进行均质时温度宜控制在 50～65℃，在此温度下乳脂肪处于溶融状态，脂肪球膜软化有利于提高均质效果。通常进行均质的温度为 65℃，一般均质压力为 16.7～20.6MPa。如生产中采用二段均质机，其中第一段均质压力大（占总均质压力的 2/3，如 16.7～20.6MPa），形成的湍流强度高是为了打破脂肪球；第二段的压力小（占总均质压力的 1/3，如 3.4～4.9MPa），形成的湍流强度很小不足以打破脂肪球，因此不能再形成新的团块，但可打破第一段均质形成的均质团块。

B. 巴氏杀菌。鲜乳处理过程中往往受许多微生物的污染（其中 80％为乳酸菌），因此，当利用牛乳生产消毒牛乳时，为了提高乳在贮存和运输中的稳定性、避免酸败、防止微生物传播造成危害，最简单而有效的方法就是利用加热进行杀菌或灭菌处理。另外均质破坏了脂肪球膜并暴露出脂肪，与未加热的脱脂奶（含有活性的脂肪酶）重新混合后缺少防止脂肪酶侵袭的保护膜，因此混合物必须立即进行巴氏杀菌。

经过标准化和均质的牛奶由管道直接被送入进行巴氏杀菌，在一定温度下保持足够的时间。一般采用 80～85℃、10～15s 杀菌。注意：如果加热段的杀菌温度过低，加热段入口前转流阀需改变流向，将待杀菌奶送回。杀菌后，必须进行检查确保杀菌达标，如果杀菌后牛奶未达到设定温度值，则必须通过回流阀使其返回重新进行杀菌。

C. 冷却。经杀菌后，虽然牛奶中绝大部分或全部微生物都已消灭，但是在以后各项操作中还是有被污染的可能，为了抑制牛奶中残留微生物的生长繁殖，延长保存性，仍需及时进行冷却，通常将乳冷却至 4℃左右。

D. 灌装。冷却乳应迅速灌装，以防止外界杂质混入成品中、防止微生物再污染、保存风味和防止吸收外界气味而产生异味以及防止维生素等成分受损失等。灌装容器主要为玻璃瓶、乙烯塑料瓶、塑料袋和涂塑复合纸袋包装。

灌装是微生物最后进入（污染）牛奶的重要环节。控制巴氏杀菌奶二次污染的措施，一是包装间隔短，实施有效的空气净化，二是灌装机与奶接触部的消毒杀菌，三是包装材料的杀菌处理。一般采用无菌包装系统，即将杀菌后的牛乳，在无菌条件下装入提前杀菌的容器里。

对于灌装工序卫生控制，下列控制标准可供参考：

灌装间菌落总数：<50 个/m^3。

包装膜菌落总数：<2 个/包装袋，大肠菌群<3/100cm^2。

贮奶缸菌落总数：≤2 个/10cm^2，大肠菌群<3/100cm^2。

缸装机头：≤2 个/灌装头。

管道出口菌落总数：≤2 个/10cm^2，大肠菌群<3/100cm^2。

2. 超高温灭菌乳

超高温灭菌奶是在连续流动情况下，在 130℃杀菌 1s 或者更长的时间，然后在无菌条件下包装的牛奶。系统中的所有设备和管件都是按无菌条件设计的，这就消除了重新染菌的危险性，因而也不需要二次灭菌。目前大多数都是这种灭菌方法。

根据加热方式不同，超高温灭菌分为直接蒸汽加热和间接加热。大多数乳品厂采用管式间接超高温灭菌，生产线如图 9.5 所示。工艺流程同巴氏杀菌乳基本类似，操作要点上有所不同。

预热和均质。牛奶从料罐泵送到超高温灭菌设备的平衡槽，由此进入到板式热交换器的预热段与高温奶热交换，使其加热到约 66℃，同时无菌奶冷却，经预热的奶在 15～25MPa 的压力下均质。

（1）杀菌。经预热和均质的牛奶进入板式热交换器的加热段，在此被加热到 137℃。加热用热水温度由蒸汽喷射予以调节。加热后，牛奶在保温管中流动 4s。

（2）回流。如果牛奶在进入保温管之前未达到正确的杀菌温度，在生产线上的传感器便把这个信号传给控制盘。然后回流阀开动，把产品回流到冷却器，在这里牛奶冷却到 75℃再返回平衡槽或流入一单独的收集罐。一旦回流阀移动到回流位置，杀菌操作便停下来。

（3）无菌冷却。离开保温管后，牛奶进入无菌预冷却段，用水从 137℃冷却到 76℃。进一步冷却是在冷却段靠与奶热交换完成，最后冷却温度要达到约 20℃。

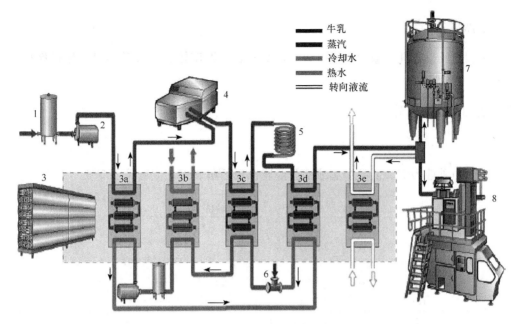

图 9.5　超高温灭菌乳生产线

1. 平衡槽；2. 供料泵；3. 管式热交换器；3a. 预热段；3b. 中间冷却段；

3c. 加热段；3d. 热回收冷却段；3e. 启动冷却段；4. 非无菌均质机；

5. 保持管；6. 蒸汽喷射类；7. 无菌缸；8. 无菌灌装

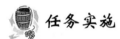 任务实施

实训任务三　绿色巴氏杀菌乳加工

【生产标准】

（1）处理过程中按绿色食品生产要求：中华人民共和国农业部发布的《中华人民共和国农业行业标准：绿色食品　乳制品》（NY/T 657—2007）执行。

（2）绿色食品生产中所使用的食品添加剂应遵照中华人民共和国农业部批准的《中华人民共和国农业行业标准：绿色食品　食品添加剂使用准则》（NY/T 392—2000）执行。

【实训内容】

一、实训目的

了解原料乳的简单检验、来料处理，掌握巴氏杀菌乳的生产工艺，增强对乳和液态乳制品加工基础知识的理解。

二、实训原理

巴氏杀菌乳是将原料乳经过去除杂质、成分平衡后均质杀菌即可，是市场主体销售的液态乳品。

三、仪器设备与用具

小型巴氏杀菌乳成套生产线（含离心分离机、调配罐、巴氏杀菌机、板式换热器、均质机、利乐包牛奶灌装线）。

四、实训方法与步骤

（一）工艺流程

以光明乳业为例，低温全脂或部分脱脂巴氏杀菌奶工艺流程见图9.6。

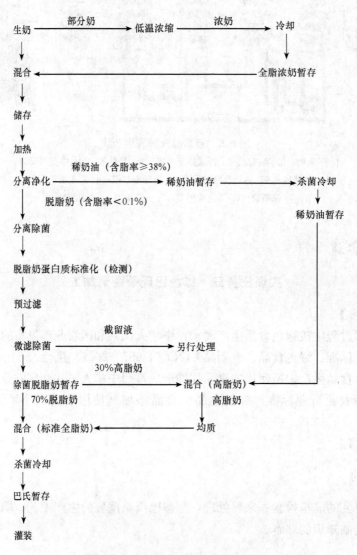

图 9.6　低温全脂（含部分脱脂）巴氏杀菌奶工艺流程

（二）主要步骤

1. 原料奶分离稀奶油和脱脂奶

依据实际产品最终理化指标要求，可选择对部分原料奶进行或不进行低温浓缩；若进行浓缩，浓缩温度为 45～60℃；浓缩后的牛奶与生牛奶混合，蛋白质浓度达到 3.0% 以上。也可以在均质前进行蛋白质标准化。

2. 稀奶油分离与杀菌

混合后的牛奶加热到 45～55℃分离稀奶油。稀奶油杀菌后冷却暂存。脱脂奶脂肪含量<0.1%。杀菌温度可根据情况选择 95℃5min，120℃15s 或 130℃4s 等。

3. 脱脂奶离心除菌

首先进行离心除菌，先将脱脂奶加热到 45～55℃再进行离心，离心除菌机的运行参数为 4000～5000r/min，10～30min。然后进行微滤除菌，微孔滤膜孔大小为 0.8～1.4μm，脱脂奶温度为 45～55℃，脱脂奶的脂肪含量小于 0.1%。

4. 标准化

标准化根据需要决定是否添加脱脂浓奶和稀奶油，以保证蛋白质含量、脂肪含量达到要求，实现标准化。具体操作以在离心除菌后，微滤除菌前进行为宜。

5. 脱脂奶与稀奶油混合均质

脱脂奶与稀奶油混合后在 55～65℃、15～25MPa 条件下均质。均质后的牛奶还可与剩余脱脂奶混合。

6. 杀菌

脱脂奶杀菌温度为 72～75℃，15～20s。

7. 冷却灌装

牛奶冷却后采用超清洁屋顶盒灌装，4～6℃储存。

五、结果分析

依据 GB 5408.1—1999 巴氏杀菌乳国家标准进行品质检验，包括感官特性、理化指标和卫生指标三项。实验中可选择部分进行检验。

1. 感官检验

感官特性符合表 9.14 规定。

表 9.14　巴氏杀菌乳感官标准

项目	全脂巴氏杀菌乳、部分脱脂巴氏杀菌乳、脱脂巴氏杀菌乳
色泽	呈均匀一致的乳白色或微黄色
滋味和气味	具有乳固有的滋味和气味，无异味
组织状态	均匀的液体，无沉淀，无凝块，无黏稠现象

检验方法如下：

（1）色泽和组织状态：取适量试样于 50mL 烧杯中，在自然光下观察色泽和组织状态。

（2）滋味和气味：取适量试样于 50mL 烧杯中，先闻气味，然后用温开水漱口，再品尝样品的滋味。

2. 净含量

单件定量包装产品净含量负偏差不得超过表 9.15 的规定，同批产品的平均净含量不得低于标签上注明的净含量。

表 9.15　巴氏杀菌乳（盒装/瓶装）净含量允许偏差标准

净含量/mL	负偏差允许值	
	相对偏差/%	绝对偏差/mL
100～200	45.5	—
200～300	—	9
300～500	3	—
500～1000	—	15
1000～10000	1.5	—

净含量检测：将单件定量包装的内容物完全移入量筒中，读取体积数。

实验条件允许，可以检测蛋白质、脂肪、非脂乳固体、酸度和杂质度等以及卫生指标。具体请参考 GB 5408.1—1999 巴氏杀菌乳国家标准。

任务四　绿色蛋制品的加工

 布置任务

任务描述	本任务要求通过蛋品基础知识、皮蛋加工原理及生产工艺的学习，掌握蛋品的绿色加工技术。通过实训任务"浸泡法加工绿色松花皮蛋"，熟练掌握绿色蛋制品的加工
任务要求	深入了解蛋品基础知识；掌握蛋制品及松花蛋的绿色加工技术；掌握皮蛋的制作工艺

 **任务准备**

一、蛋品基础知识

　　人类食品所指蛋一般指禽蛋，完整定义为由母禽生殖道产出的（受精）卵细胞，其间含有由受精卵发育成胚胎所必须的营养成分和保护这些营养成分的物质。人类将禽蛋作为食物主要是因为禽蛋含有丰富的营养物质，是仅次于肉、乳的主要动物性食品。

　　从物理结构上划分，蛋分为蛋壳（包括蛋壳外膜）、壳下膜、气室、蛋白、蛋黄。其中蛋壳上分布有大量微细小孔，是蛋与外界进行物质交换的通道，如 CO_2。皮蛋及咸蛋的加工过程中，辅料即是通过气孔进入蛋内而起作用的。蛋白又称蛋清或卵清，是典型的胶体物质，约占蛋重的 60%，为略带微黄色的半透明流体。蛋黄则由蛋黄膜、蛋黄液、胚胎三部分构成，主体部分蛋黄液是一种浓厚、黄色、不透明的半流体糊状物，是禽蛋中营养成分最丰富的部分。

　　鲜蛋主要成份为水分、蛋白质、脂肪，以及少量的碳水化合物和无机盐，另外包含维生素、色素等。主要禽蛋的化学组成见表 9.16。从表中可以看出，各种蛋的成分相差很大，而且分布非常不均匀。

表 9.16　主要禽蛋的化学组成

种类	水分/g	蛋白质/g	脂肪/g	碳水化合物/g	灰分/g
鸡蛋	70.8	11.8	15.0	1.3	1.1
鸭蛋	67.3	14.2	16.0	0.3	2.0
火鸡蛋	73.3	13.4~14.2	11.2	—	0.9
鸡蛋白	86.6	11.6	0.1	0.8	0.8
鸡蛋黄	49.0	16.7	31.6	1.2	1.5
鸭蛋白	87.8	10.9	—	0.5	0.8
鸭蛋黄	46.3	16.9	35.1	1.2	1.2
火鸡蛋白	87.6	11.5~12.5	微量	—	0.8
火鸡蛋黄	48.3	17.4~17.6	32.9	—	1.2
鹌鹑蛋	72.9	12.3	12.3	1.5	1.0
鹅蛋	69.3	12.3	14.0	3.7	1.0

　　三大结构中，蛋壳以无机物 $CaCO_3$ 为主，少量的碳酸镁及磷酸钙、磷酸镁。有机物约占蛋壳的 3%~6%，主要为胶原蛋白。除了水分外，蛋白质是蛋白中的主要干物质，含量约为 11%~13%，蛋白中约有 40 种蛋白质。主要包括：卵白蛋白、伴白蛋白、卵粘蛋白、卵类粘蛋白、卵球蛋白，此外还有抗生物素蛋白质、卵巨球蛋白等多种蛋白质。蛋黄含有约 50% 的干物质，主要成分为蛋白质和脂肪，二者的比例为 1：2，其中脂肪以脂蛋白的形式存在。

蛋的营养价值很高，是高价蛋白质的来源，蛋清中的蛋白如卵白蛋白，蛋黄中的蛋白如卵黄磷蛋白，都是完全蛋白质。蛋中含有八种必需氨基酸，含量丰富，比例适当，最接近人体所需氨基酸比例。同时蛋中含有丰富的不饱和脂肪酸。

禽蛋有许多重要特性，其中与食品加工有密切关系的特性为蛋的凝固性、乳化性和起泡性，这些特性使蛋在各种食品中得到广泛应用，如蛋糕、饼干、蛋黄酱、冰淇淋及糖果等。

1. 蛋的凝固性

卵蛋白受到热、盐、酸或碱及机械作用，则会发生凝固，实际是一种卵蛋白质分子结构变化的结果。这一变化使蛋液增稠，由流体（溶胶）变成半流体或固体（凝胶）状态。

2. 蛋黄的乳化性

蛋黄中含有丰富的卵磷脂，由于卵磷脂分子具有能与油脂结合的疏水基和与水分子结合的亲水基，因此具有很好的乳化效果。应用于蛋黄酱、色拉调味料、起酥油、面团的制作；另低密度脂蛋白比高密度脂蛋白乳化力强。

3. 蛋白的起泡性

指搅打蛋清时，空气进入蛋液形成泡沫而具有的发泡和保持发泡的性能。

4. 蛋的酸碱凝胶化

蛋在一定 pH 条件下会发生凝固，蛋白在 pH2.3 以下或 pH12.0 以上会形成凝胶。而在 pH2.2～12.0 之间则不发生凝胶化。松花蛋加工即利用这一特点。

二、蛋制品及松花蛋加工原理

蛋制品大体上分为腌制蛋、湿蛋制品、干蛋制品以及蛋黄酱、鸡蛋酸乳酪等其他制品。腌制蛋是在保持蛋原形的情况下，主要经过碱、食盐、酒糟等加工处理后制得的蛋制品，包括皮蛋、咸蛋和糟蛋三种。湿蛋制品是将检验合格的鲜蛋去壳后，经特定加工工艺而生产出的一类水分含量较高的蛋制品，例如液蛋、冰蛋等。干蛋制品是将鲜蛋液经过干燥脱水处理后的一类蛋制品，如蛋黄粉、蛋白片等。

松花蛋因成品蛋清上有似松花样的花纹，故得此名。又因成品的蛋清似皮胨，有弹性故称皮蛋，松花蛋切开后可见蛋黄呈不同的多色状，故又称彩蛋。还有泥蛋，碱蛋，便蛋以及变蛋之称。由于加工方法不同，成品蛋黄组织状态有异而分为溏心松花蛋和硬心松花蛋。

松花蛋是将纯碱、生石灰、植物灰、黄泥、茶叶、食盐、硫酸锌、水等几类物质按一定比例混合后，将蛋放入其中，在一定的温度和时间内，使蛋内的蛋白和蛋黄发生一系列变化而形成。各种辅料所起的作用分别有：

1. 纯碱

纯碱化学名为碳酸钠（Na_2CO_3），和熟石灰（$Ca(OH)_2$）反应，所生成的氢氧化钠溶液对鲜蛋起作用。松花蛋用纯碱要求色白，粉细，含 Na_2CO_3 在 96％以上，久存 Na_2CO_3，吸收空气中碳酸气而生成 $NaHCO_3$（小苏打）使用时效力低，因此，使用前必须测定 Na_2CO_3 含量。

2. 生石灰

生石灰（CaO）和水反应生成熟石灰（$Ca(OH)_2$）。氢氧化钙再和纯碱反应，产生氢氧化钠和碳酸钙。要求体轻，块大，无杂质，加水后能产生强烈气泡和热量，并迅速由大块变小块，最后呈白色粉末为好，石灰中的有效钙是游离氧化钙。要求有效氧化钙含量不低于 75％。

3. 茶叶

茶叶有红茶、绿茶、乌龙茶及茶砖等。红茶是发酵茶，其鲜叶中的茶多酚发生氧化，形成古铜色，是加工松花蛋的上等辅料。乌龙茶是一种半发酵茶，作用仅次于红茶。目前多用红茶末、混合茶末以及茶砖等。有的地区用山楂果叶、无花果叶代替茶叶也能起到一定的作用。

4. 食盐

食盐可使鲜蛋凝固、收缩、离壳，还具有增味、提高鲜度及防腐作用，一般以料液中含 3％～4％的食盐为宜。

5. 硫酸锌

硫酸锌能缓冲碱的吸收，调节碱吸收平衡，从而调配和加速其他配料的侵入，减少"碱伤蛋"的产生。氧化锌、氧化铅等能起到类似作用。其中氧化铅即为传统的皮蛋粉或黄丹粉，由于容易引起铅中毒，现为绿色食品所舍弃。

6. 草木灰

包括柴灰、豆秸灰及其他的植物灰，都可作为包料黏合剂使用。草木灰中含有碳酸钾，其碱性比较弱，对蛋白的凝固能起一定作用，是比较理想的辅料。如果用柏枝等柴灰还有特殊气味和芳香味，可提高松花蛋的风味，增进色泽。草木灰应清洁、干燥、无杂质的细粉状。

7. 黄泥

黄泥黏性强，与其它辅料混合后呈碱性，不仅可以防止细菌浸入，而且可以保持成品质量的稳定性。

松花蛋的形成是纯碱与生石灰、水作用生成的氢氧化钠及其他辅料共同作用的结果。

鲜蛋蛋白中的氢氧化钠含量达到 0.2%～0.3%时，蛋白就会凝固。鲜蛋浸泡在 5.6%左右的氢氧化钠溶液中，7～10d 就成胶凝状态。胶凝适度的蛋白弹性强，滑嫩适口。

三、松花蛋加工工艺

松花蛋的加工方法很多，大致工艺相同。一般分为硬心皮蛋和溏心皮蛋。

硬心皮蛋是直接用料泥涂包鲜蛋，蛋的收缩凝固缓慢，成熟期长，适于长期贮存。其工艺流程为：

配料→制料→起料→冷却→打料→验收

照蛋→靠蛋→分级→搓蛋→钳蛋→装缸→质检→出缸→选蛋→包装。

溏心皮蛋采用浸泡法加工，其工艺流程为：

配料→熬料（冲料）

照蛋→敲蛋→分级→下缸→灌料泡蛋→质检→出缸→洗蛋→晾蛋→包蛋→成品。

加工松花蛋的配方随地区，季节及蛋的品质而变化，配料成分基本保持一致。

料液配制可以是熬料法，也可以是冲料法。熬料法是在不锈钢锅（耐碱性）内将纯碱、食盐、红茶末、松柏枝、水等煮沸，再加入其他成分。冲料法则是直接利用开水将配料泡开搅拌均匀。配好的料液需要冷却下来备用。一般夏季冷却至 25～27℃，春秋季为 17～20℃。

配制好的料液，在浸蛋之前需对其进行碱度测定，一般氢氧化钠的含量以 4.5%～5.5%为宜。也可进行简易试验。用少量料液，把鲜蛋蛋白放入其中，经 15min 左右，如果蛋白不凝固则碱度不足，若蛋白凝固，还需检查有无弹性。若有弹性，再放入碗内经 1h 左右，蛋白稀化则料液正常；如在 0.5h 内即稀化，则碱度过大，不宜使用。

料液准备完成即可将原料蛋放入缸内，并倒入料液，加盖封口。

经过 30～40d 浸泡，松花蛋成熟。成熟的松花蛋灯光照时钝端呈灰黑色，尖端成红色或棕黄色。松花蛋成熟后出缸清洗，放在阴凉通风处凉干。为了保护蛋壳方便运输，还应进行涂泥包糠处理。

四、新型松花蛋加工工艺

最新发展的松花蛋加工是利用红外线照射对蛋品进行光合处理促使蛋白变性形成凝胶，全部处理过程只需 1h，再加料液浸泡 8～10d 即成为松花蛋成品。这种方法避免了铅的使用，且生产时间大大缩短。

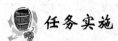 **任务实施**

实训任务四　浸泡法加工绿色松花皮蛋

【生产标准】

（1）处理过程中按绿色食品生产要求：中华人民共和国农业部发布的《中华人民共和国农业行业标准：绿色食品　蛋与蛋制品》（NY/T 754—2003）执行。

（2）绿色食品生产中所使用的食品添加剂应遵照中华人民共和国农业部批准的《中华人民共和国农业行业标准：绿色食品 食品添加剂使用准则》（NY/T 392—2000）执行。

【实训内容】

一、实训目的

(1) 掌握皮蛋加工理论。

(2) 掌握无铅松花皮蛋的加工工艺。

(3) 掌握皮蛋的感官鉴定。

二、实训原理

禽蛋中的蛋白质在碱性条件下发生变性而凝固。蛋白质或氨基酸的氨基和糖类的羧基发生美拉德反应，生成褐色或棕褐色物质；蛋白质的水解，氨基酸的氧化脱氨基及分解产生硫化氢与蛋黄内的金属离子反应，形成多种颜色；辅料中的色素等，对松花的色泽也有影响。这一系列复杂的生化反应和辅料的共同作用，形成了松花蛋特有的风味。

绿色松花蛋生产主要是针对无铅的使用开发，大多数是利用硫酸锌或者氧化锌代替。上述的红外照射生产工艺也是一种绿色松花蛋生产工艺。下面以硫酸锌为例说明。

三、仪器设备与用具

台秤、天平、缸、照蛋器、电炉、盆、勺子、木棒、胶皮手套、酸式滴定管、滴定台、三角瓶、量筒、移液管、吸耳球等。

四、实训方法与步骤

1. 原料蛋的选择

加工变蛋的原料蛋须经照蛋和敲蛋逐个严格的挑选。

(1) 照蛋：加工变蛋的原料蛋用灯光透视时，气室高度不得高于 9mm，整个蛋内容物呈均匀一致的微红色，蛋黄不见或略见暗影，胚珠无发育现象。转动蛋时，可略见蛋黄也随之转动。次蛋，如破损蛋，热伤蛋等均不宜加工变蛋。

(2) 敲蛋：经过照蛋挑选出来的合格鲜蛋，还需检查蛋壳完整与否，厚薄程度以及结构有无异常。裂纹蛋、沙壳蛋、油壳蛋都不能作变蛋加工的原料。此外，敲蛋时，还根据蛋的大小进行分级。

2. 辅料的选择

(1) 生石灰：要求色白、重量轻、块大、质纯，有效氧化钙的含量不低于 75%。

(2) 纯碱（Na_2CO_3）：纯碱要求色白、粉细，含碳酸钠在 96% 以上，不宜用普通黄色的"老碱"，若用存放过久的"老碱"，应先在锅中灼热处理，以除去水分和二氧化碳。

(3) 茶叶：选用新鲜、质纯、干燥无霉变的红茶或茶末为佳。

（4）硫酸锌：选用食品级或纯的硫酸锌。

（5）其他：黄土取深层、无异味的。取后晒干、敲碎过筛备用。稻壳要求金黄干净，无霉变。

3. 配料

以 500 枚鸭蛋计，水 25kg，生石灰 4.5～5.5kg，纯碱 1.7～1.9kg，红茶 0.5～0.7kg，草木灰 0～1.1kg，硫酸锌 50～60g。

先将碱、盐、红茶、水放入锅中煮沸，再一次加入硫酸锌、草木灰、搅拌使之混合均匀，最后分批次加入生石灰。当配料停止沸腾后，捞出不溶石灰块并补加等量石灰，冷却后备用。

4. 料液碱度的检验

用刻度吸管吸取澄清料液 4mL，注入 300mL 的三角瓶中，加水 100mL，再加入 10％氯化钡 10mL，摇匀静止片刻，加入 0.5％酚酞指示剂 3 滴，用 0.1mol/L 盐酸标准溶液滴定到终点，所消耗盐酸体积（mL）乘以 10，即相当于氢氧化钠在料液中含量的百分数。春秋季要求 4％～5％，夏季要求 4.5％～5.5％。若浓度过高应加水稀释，若浓度过低应加烧碱提高料液的 NaOH 浓度。

5. 装缸、灌料泡制

将检验合格的蛋装入缸内，装蛋至距缸口 10～15cm，用竹篾盖撑封，将检验合格冷却的料液在不停地搅拌下徐徐倒入缸内，使蛋全部浸泡在料液中，料液筋膜最上层 5cm 以上。用塑料薄膜和麻绳密封好缸口，贴上标签等。

6. 成熟及浸泡管理

灌料后要保持室温在 16～28℃，最适温度为 20～25℃，浸泡时间为 25～40d。在此期间要进行 3～4 次检查。

（1）第一次检查：夏天（25～30℃）经 5～6d；冬天（15～20℃）经 8～10d，即可检查。用灯光透视蛋黄贴蛋壳一边，类似鲜蛋的红搭蛋、黑搭蛋、蛋白呈阴暗状，说明凝固良好，如还跟鲜蛋一样，说明料性太淡，要及时补料。

（2）第二次检查：鲜蛋下坛 15d 可剥壳检查，此时蛋白已凝固，蛋白表面光洁，褐色带青，全部上色，蛋黄已变成褐绿色。

（3）第三次检查：鲜蛋下坛 20d 左右，剥壳检查，蛋白凝固很光洁，不粘壳。呈棕黑色。蛋黄呈绿褐色，蛋黄中心呈淡黄色溏心。此时如发现蛋白烂头和粘壳，说明料液太浓，必须提前出坛，如发现蛋白软化。不坚实，表明料性较弱，宜稍推迟出坛时间。

出缸前取数枚变蛋，用手颠抛，变蛋回到手心时有震动感。用灯光透视蛋内呈灰黑色。剥壳检查蛋白凝固光滑，不粘壳，呈黑绿色，蛋黄中央呈糖心即可出缸。

7. 包装

皮蛋的包装有传统的涂泥糠法和现在的涂膜包装法。

（1）涂泥包糠：用残料液加黄土调成浆糊状，包泥时用刮泥刀取 40～50g 左右的黄泥及稻壳，使皮蛋全部被泥糠包埋，放在缸里或塑料袋内密封贮存。

（2）涂膜包装：用液体石蜡或固体石蜡等作涂膜剂，喷涂在皮蛋上（固体石虹需先加热熔化后喷涂或涂刷），待晾干后，再封装在塑料袋内贮存。

五、结果分析

品质检验采用"观、掂、摇、照"的方法进行检验。

（1）观：看蛋壳是否完整，壳色是否正常，剔除皮壳黑斑过多和裂纹蛋。

（2）掂：将蛋抛起 15～20cm 落在手中有轻微弹性，并有沉甸甸的感觉为优质蛋，无弹性则为次劣蛋。

（3）摇：用拇指、中指捏住皮蛋的两端，在耳边摇动，若听到水流声则为水响蛋；一端有水响声的为烂头蛋，几乎无响声的为优质蛋。

（4）照：用灯光照蛋，若看到皮蛋大部分黑色深褐色，少部分黄色或浅红色，且稳定不流动的为优质蛋。

成品蛋应完整、无霉变；去壳后蛋白有弹性、胶凝形态完整，光润半透明，呈青褐、棕褐或棕黄色；蛋黄略带溏心，呈深浅不同的墨绿色或黄色，具有松花蛋应有的滋味和气味，无异味。若出现异常，应分析造成的原因，进行记录和加以改进（表9.17）。

表 9.17　产品评定记录表

评定项目	标准分值	实际得分	缺陷分析
蛋壳	10		
蛋白状态	10		
蛋白颜色	10		
蛋黄颜色	10		
气味	10		
滋味	10		

六、注意事项

（1）选用原辅材料一定要符合要求。

（2）料液经检验合格后才能使用。

（3）浸泡期间最好不要移动摇动。

（4）浸泡期间定期检查。

质量控制

1. 原料蛋的质量（CCP₁）

用于加工皮蛋的原料绝大部分是用新鲜的鸭蛋，也可用鸡蛋、鹌鹑蛋等制作皮蛋，其产品各有特色。原料蛋的状况是决定皮蛋质量的前提和基础。在皮蛋形成的过程中主要是料液中一定浓度的氢氧化钠与蛋内蛋白质作用的结果，如果用陈旧蛋加工皮蛋，其鲜度不高，蛋白就不能与料液作用而发生凝固，即使有部分凝固也软弱无力，品质极差。除了对原料内在品质严格把关，还要对蛋壳破损、沙壳蛋、铜壳蛋、畸形蛋严格挑选，逐个检查剔除。否则这些次劣蛋自身不能形成皮蛋，反而影响其他蛋的品质。具体要求：蛋壳完整坚实、鲜度高、内容物正常、大小均匀、色泽一致、清洁卫生，确保优质鲜蛋用于皮蛋加工。

2. 料液中碱的浓度（CCP₂）

优质皮蛋的形成除了原料蛋新鲜外，另一个重要的因素是料液中碱的浓度，因为鲜蛋之所以形成皮蛋主要是一定浓度的氢氧化钠在一定条件下作用的结果，这就是说，蛋内需要的碱量必须达到最佳的允许值范围才能够实现。因此各种辅料的合理搭配是非常重要的。如果碱液浓度过大，且作用时间长，则已凝固的蛋白质会重新变成液状，俗称"碱伤"。反之，料液中碱液浓度过小，轻者皮蛋成熟时间延长，并难以形成理想的外观性状和良好的风味，重者蛋白不凝固，难以形成皮蛋。实践证明，各种禽蛋对碱浓度有不同的要求，制作鸭皮蛋料液中碱的浓度以 4.0%～5.0% 为宜，鸡皮蛋为 5.0%～6.0%，鹌鹑蛋由于孔小．料液渗透慢．碱的浓度还可以稍高些，以 7.0%～8.0% 为宜。总之，掌握适当的料液配比，准确的氢氧化钠浓度，是皮蛋加工的技术关键。

3. 加工场地（皮蛋浸泡期间）的温度（CCP₃）

温度在加工皮蛋中是一个非常重要的因素。在一定范围内．温度与皮蛋的化学变化成正比，温度高则变化快，温度低则变化慢。一般要求加工场地适宜温度为 18～25℃，最佳温度为 20℃。如果低于 15℃，蛋白凝固以后很难完成上色。易出现黄色皮蛋，从产品的质量来看，不符合正常的感官指标。如果温度超过 30℃时，工艺过程难以控制，容易因碱渗透速度过快出现水解，产生"烂头蛋"，而使产品的质量下降。为了提高产品的质量，加工皮蛋的场所必须保证冬暖夏凉，或及时采取升、降温度措施。一般在地下室或防空洞中进行较为合适，这样可以常年生产皮蛋，质量也比较稳定。

4. 加工时间（CCP₄）

加工时间属于经验性控制因索。加工时间短，氢氧化钠还未使蛋白达到完全凝固状态，而且也会影响成品皮蛋的贮存期；加工时间长，由于碱的作用时间长又会使已凝固的蛋白液化。皮蛋的成熟一般分为化清期，即鲜蛋入缸后 3～4d，蛋白逐渐变稀呈水化状态；凝固期，在化清后 3～4d 蛋白逐渐凝固，10d 后基本凝固；伴随着蛋白的凝固，弹性逐渐增强，蛋内物质发生了一系列变化，色泽加深，这便是上色期和成熟期。一般在 24～28d 皮蛋基本成熟。在整个浸制过程中要根据各阶段的变化，经常进行质量控查，以便发现问题及时解决，适时掌握出缸时间，确保生产出优质的皮蛋。

 作业

1. 从产品生产加工流程角度来区别，畜禽绿色产品的生产可大致分为哪三个过程？
2. 简要概括绿色养殖体系主要包括哪些方面，分别有什么要求？
3. 依据原料乳的滴定酸度测定原理，推导其简易方法的测定依据。
4. 简述肉脯的加工原理和保存原理。
5. 试调查市场上常见肉脯的配方有何不同，哪些成分体现该品牌和所在地的特色。
6. 比较肉脯传统生产工艺和现代生产工艺的异同，并阐述现代工艺的优势。
7. 从营养学角度分析，乳为什么是营养丰富的食品？
8. 简述巴氏杀菌乳工艺流程。
9. 脱气、过滤在巴氏杀菌乳的主要目的是什么？
10. 试比较巴氏杀菌乳和超高温杀菌乳的操作要点差异和差异产生来源。
11. 试从鸡蛋蛋白质凝固和凝胶化两种功能特性角度出发，设计可行的新型松花皮蛋加工工艺。
12. 生石灰、纯碱、茶叶和磷酸锌在皮蛋加工中的作用分别是什么？皮蛋成品保存应该注意哪些？

项目十　食品的微波加工

☞ **教学目标**

　　（1）了解微波在食品加工中的发展前景；熟悉食品微波加工的原理和过程。

　　（2）掌握食品微波加工的特点及常见的食品微波加工方法。

☞ **教学重点**

　　微波加工食品原理；微波焙烤、微波干燥、微波灭菌、微波解冻、微波催熟等食品微波加工原理及加工工艺流程和操作要点。

☞ **教学难点**

　　微波食品加工原理及加工操作。

　　微波是一种电磁波。微波包括的波长范围没有明确的界限，一般是指分米波、厘米波和毫米波三个波段，也就是波长从 1mm 到 1m 左右的电磁波。由于微波的频率很高，所以也叫起高频电磁波。微波食品加工技术是应用微波对物质的场致作用来进行食品的加热、干燥、灭菌、解冻、萃取、催熟、焙烤和膨化等的特殊加工。其中干燥的基本目的是为了除去物料中的水分；灭菌的目的是限制微生物和酶引起的腐败；催熟、调温和解冻等是根据加工的对象，利用微波的一些特殊效果进行加工；焙烤和膨化是利用微波所产生的较高温度直接达到加工的目的。

　　食品工业中所用微波频率多为 915MHz 和 2450MHz，其中微波炉多用 2450MHz，而食品加工中多用 915MHz，后者的微波穿透深度比前者大。

　　1. 微波加热的特点

　　（1）加热迅速均匀。能瞬间穿透被加热物料，穿透深度可达几厘米，甚至十几厘米，不会出现"外焦内生"的现象。

　　（2）节能高效。微波能直接转化为热能，热效率高，损耗极少。微波加热与远红外加热相比节能在 1/3 以上。

　　（3）低温杀菌、防霉、保鲜，保持物料的色泽、活性和营养成分。

　　（4）工艺先进易控制，可连续化、自动化生产。

（5）安全无害，设备占地少，节省人力。

然而，用微波加热食品有两个最大的缺点：一是不能在食品表面产生人们所希望的发色，因为受热材料的表面温度很低，不足以在表面产生褐变反应；另一个缺点是因为微波加热所需要的时间极短，1～2min 的时间误差就可能导致意想不到的后果，使食品加工过度。

2. 微波食品加工技术发展概况

从 20 世纪 40 年代美国制造第一台微波炉起至今，西方发达国家已经将微波能技术应用到食品、制药、农副产品加工、化工及多个领域的尖端技术中，特别在食品加工中有许多成功的应用。我国从七十年代起开始引进、研制和推广微波能应用技术。

经过近几年的努力，我国微波能应用技术和设备制造发展迅速，在肉类、水产类、果蔬类、乳类、蛋类、保健品、药品、茶叶、烟草、豆制品等的加工中都取得了良好的效果。近 10 年来，微波食品工业发展较快，全世界微波食品加工设备的增长为每年 2.5MW。专用的工业微波设备已有真空干燥、冷冻干燥、消毒灭菌、焙烤、烤炙、热烫和炼油等十几种类型（表 10.1），许多过程都是微波结合传统加热方法联合完成的。

表 10.1　工业微波设备类型举例

应用	频率/MHz	功率/kW	单管功率/kW	传统加热
间接式	915	30	30	温水
连续式	915	80	40	温水
干燥	915	30～50	30～50	热空气
蒸煮	2450	50	30	蒸汽
储粮	915	50～300	50	热空气
灭菌	2450	50～80	2.5	蒸汽
催熟	2450	30	2.5	无
真空干燥	2450	40	—	红外线

在食品的工业化加工中，目前可利用微波技术的单元操作主要有五种（表 10.2）。

表 10.2　微波食品加工主要单元操作

单 元 操 作	主 要 目 的
焙烤、烤炙	熟化、改善风味和结构
干燥、膨化	降低水分含量、改变结构
灭菌消毒	灭活微生物孢子
调温	解冻、升高温度
催熟	白酒加工
其他	加热、油炸等

我国是一个拥有 12 亿多人口的发展中国家，食品工业在国民经济中占有举足轻重的地位，庞大的消费群体使任何一位有识之士都不能忽视我国微波食品的市场潜力，只有加快研究和开发的步伐，产品才能迅速占领市场，取得显著的经济和社会效益。

 布置任务

任务描述	本任务要求通过微波加热原理的学习，了解食品微波加工相关知识；通过实训任务"微波焙烤面包的制作"对食品微波加工有更深的了解
任务要求	了解食品微波加工的原理；掌握食品微波加工的要求；了解食品微波加工的制作工艺

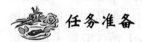 **任务准备**

一、微波加热的原理

微波的基本性质通常呈现为穿透、反射、吸收三个特性。对于玻璃、塑料和瓷器，微波几乎是穿越而不被吸收。对于水和食物等就会吸收微波而使自身发热。而对金属类东西，则会反射微波。

微波本身并不生热，它只是在被物体吸收后才会发热。众所周知，物质的基本化学组成是原子和分子，多数分子是电中性的，但它们可被电离而带电，此现象称为极化。极化的分子（极化分子）形成正、负两极，它们在电场中会产生定向排列，尤如金属在磁铁上一样。食品中，水是最易极化的分子，因为它很容易形成正负两极；其他电解质如食盐或细胞介质等，因有带不同电荷的离子存在，也很容易形成离子化电导体。交流电场的方向因频率的不同而呈不同速度的改变，频率越高，则电场方向的交替变化速度越快，从而导致电场中的分子以不同的速度改变方向而产生摆振。微波是高频的电磁波，因此，微波场中的极性分子处于高速摆振状态，如在 2450MHz 的微波下，分子的摆振频率达到每分钟 0.408 亿次，分子运动的结果造成分子间的碰撞和摩擦加剧，因而产生大量的热量。

物质不同，产生的热效果也不同。水分子属极性分子，介电常数较大，其介质损耗因素也很大，对微波具有强吸收能力。食品微波处理主要是利用微波的热效应，对介质材料加一电磁场，使介质分定向运动，产生摩擦热。水是吸收微波最好的电介质，而食品中的蛋白质、脂肪、碳水化合物等也属于电介质。

下面具体介绍一下食品微波加工的几种单元操作。

二、微波焙烤

1. 微波焙烤基础理论

微波在焙烤方面的应用主要是加工酵母发酵制品。单纯使用微波作为热源不能使焙烤制品形成良好的表皮反应颜色，必须结合其他手段，将微波与传统焙烤方法联合使用可以得到很好的产品。微波能既可以与传统方法同时使用，也可以在传统方法之后使用。微波的频率可用 896MHz 或 2450MHz，为了加深微波的穿透力和防止制品中心部位不能得到充分的烘烤，选择较低的频率是有益的。

要找到一种既适合微波焙烤，价格又不贵而且容易操作的烤盘不是一件容易的事。例如，塑料，它并不适宜于作焙烤制品的容器，因为在联合使用传统方法的工艺中，微波加工后要选用很高的温度，塑料是耐受不了高温的。

微波焙烤最大的缺点是不利于表皮的形成和上色，它的好处是可以大大节省焙烤所需要的时间，缩短焙烤过程。在微波焙烤后，用 200～300℃ 的高温烤 4～5min，即可以弥补表面成色的不足。例如，烤比萨饼时，可先用微波处理面团至水分 2%～8%，然后再用传统方法烤制。

在发酵面制品加工方面采用微波技术可以使面包中的水分分布均匀，也可以用微波对已经老化的面包进行处理。老化的面包在 2450MHz，600W 的微波炉中再加热 2～4min 就可以恢复面包的新鲜感。

应用微波技术还可以降低对焙烤用面粉的品质要求。用传统方法焙烤时，高淀粉酶含量、低蛋白质含量的面粒是不合适的。高淀粉酶含量会使淀粉高度降解而使面包的体积小、弹性差、面包屑干硬。然而，采用微波加工可以改善这些不足之处。微波可使面团迅速升温，进而加快二氧化碳的产生和水汽的形成，从而能得到较高的体积比，尽管蛋白质的含量较低。此外，温度快速升高，减少了酶作用的时间，也避免了不希望发生的淀粉的过度降解。

在对烤制全麦粉面包、黑麦面包和高蛋白含量面粉面包进行研究后发现，用微波炉可以在同样发酵时间的情况下减少焙烤时间。同样配方时，用传统方法焙烤的全麦粉面包和褐色面包要比微波加工制品好，黑麦面包的差异不是很大。微波焙烤没有焦糖化作用，也不能使制品产生芳香化合物，而且微波焙烤面包体积和面包屑的质量也不及传统方法加工的制品。

在微波炉中加工千层糕时发现，即便面团中所加的水少于传统方法，也可以得到可接受的体积大小的制品，可是制品较硬，面包结构不规则，粒质粗糙。

通过大量研究得出的结论是，用微波作为焙烤手段时，面团的配方需作适当的调整，不能雷同于传统的配方。应用微波也可能开发出许多新的食品品种，如炸面团，原来的加工方法是用油炸，联合使用微波焙烤后只需先进行短时间的油炸使表面上色，然后再用微波烤热，这样可使制品的油含量降低 25%。

2. 微波焙烤特点

1）焙烤速度快

微波培烤是将被加热物料本身作为发热体，微波的焙烤作用可以瞬时深入到物料内部，使物料内外同时受热，不需要热传导的过程，所以升温极快，大大缩短了加热时间，所需时间一般为常规方法的 1/4 左右。

这一特点可使热传导性较差的物料在短时间内烤制好，它还可以使烤炉的尺寸比传统烤炉小。

微波加热时间非常短的特点也可能给生产带来不利影响，1min 的马虎可能给制品的质量造成致命的损伤，如加热过度等。因而，大多数微波烤炉设备都配备了自动定时器以克服这一不足，设备设计、选型时也要特别注意这一装置的有效性。

烘烤和其他食品加工一样，是复杂的物理化学体系，需要有序发生并有合适的时间/温度条件。微波快速加热会造成焙烤产品的断裂、过度膨胀或爆炸，甚至还会使产品形成橡胶状结构。

2）焙烤温差小

外部加热方式传热的动力是温度差，要在一定的时间里完成物料的加热，其外层温度就必须高一些。事实上，外层温度常常要比制品熟化所需的温度高许多。例如，焙烤面点时，要使物料中心温度达到 100℃，其炉温就必须达到 180～210℃，这样的优点是使产品产生了褐色和有芳香味的外壳，但在其他工艺中，温度就必须控制得低一些，如烤花生、烤烟等，以免其产生过深的色泽和焦苦味，或有过分干燥以及外焦里生的现象。

微波焙烤时，物料各部位通常都能均匀地渗透电波，产生热量，不存在传导加热中较大的温差，因此，焙烤均匀性大大改善，这一点对提高某些产品的质量很有利。

由于微波焙烤是物料内外同时均匀发热的，故要开启红外加热或其他表面处理功能才能使物料表面产生已为人们所习惯和喜爱的焦黄色，使产品表面焦黄化。例如，连续化馅饼生产线、自动化馅饼机做出的馅饼，五个一排地落在输送带上，每个馅饼上加上表面涂料，然后用聚四氟乙烯带送入间隔的电热铝极之间进行焦黄化。焦黄化后的馅饼再由输送带送入微波加热腔单元中约 1min，即完成全部焙烤加工。馅饼在离开炉子时，从输送带上连续刮下，输送带则用热水冲净。

3）节能高效

微波加热能瞬时、限制作用于物料，也不加热炉壁和炉内空气，故可以节省能量。另外，被焙烤物一般都放在金属制约加热胶内，由于金属的反射作用，加热腔对微波来说是封闭的，微波不能外泄，只能被加热物体吸收，所以，热效率高，同时，工作场所的环境温度也不会因此而升高，环境条件明显改善。

4）易于控制

与常规焙烤传热方法比较，微波的控制只要操纵功率控制旋转，即可瞬间达到升、降、开、停的目的。因为在操作时，只有物料本身升温，炉体、炉腔内空气均无余热，因此，热惯性极小，极易控制，与微机控制相结合，特别适宜于要求严格的焙烤过程和加工工艺规范的自动化控制。

5）清洁卫生

微波焙烤没有烟雾、粉尘，不污染食品，清洁卫生。

6）微波选择性对焙烤的影响

微波的选择性经常成为不利因素，影响均匀加热。因为食品是由不同性质的物质组成的，例如，猪肉是由脂肪和肌肉组成的，脂肪与肌肉的介电特性相差很大，造成微波焙烤的不均匀，造成焙烤中肥肉先熟，瘦肉后熟。

形状不规则的产品，如鸡腿、翅膀等，由于厚度不同，因而受热不均。形状规则或加工成规则状的产品，在厚度接近于穿透深度时受热均匀。肉中的骨头也影响微波加热的均匀性，因为骨头中的钙等矿物质会漫射微波，这部分漫射的能量使骨头附近的受热比其他区域要高，产生的特殊效果是，微波加热的禽肉，骨肉易于分离。

7）微波焙烤杀菌效果

采用微波杀菌可在很短的时间内对食品的内部进行杀菌，研究发现，在微波电场内，构成微生物的各种高分子极性基团和可动性基团等被激烈地极化与振动，使蛋白质及核酸等产生变异，从而导致微生物死亡。这与传统杀菌的效应是不同的。

一般情况下，霉菌、酵母等微生物用微波加热 1min，加热到 70～80℃就能杀死，就能达到杀菌目的，在 65～66℃左右，用微波加热 2min 便可杀死青霉属的孢子。

三、微波干燥

微波干燥和传统干燥一样，也是基于物体内部和外表面水的蒸汽压差，对水分传递形成驱动力。它对于水分含量在 20% 以下的食品最为有效。干燥面条时，辅以热空气加快水分挥发，可将干燥时间从 8h 缩短到 1.5h，并且面条表面不易硬化。用微波干燥面条，能耗仅是一般过程的 1/3。

微波还可用于调味品、番茄酱、小吃食品、腊肉块和菇类等的干燥。微波可以穿透干燥的固态食品，接触其内部未干透的部分，这和传统干燥的机制有显著差别。

四、调温、解冻

本工艺中常用的是将冷冻的固态食品的温度升高到冰点以下，例如，−4～−2℃。在这一过程中，微波设备具有很好的优势。微波调温不用打开产品包装，并可在数分钟内完成（而在传统的解冻室中则需要 12h 至 5d），从而减少了食品表面的微生物污染。使用微波能调温设备的注意点是在温度接近零度时，物料外层可能吸收入部分的微波能量引起产品表面过热。

微波调温可节省处理时间，减少物料的汁液流失（物料没有质量损失）、占用空间小（约是传统技术的 1/10），减少了生产的复杂性和细菌污染的程度，保持了肉的酸度，劳动力效率也很高。

调温是微波应用最成功的领域之一，调温最常采用微波的频率是 915MHz，也有的采用 2450MHz 频率并辅以冷空气，以防止调温期内物料表面解冻。

五、杀菌

微波具有强烈的热效应、非热致死效应和电磁谐振效应，可使细菌的组成变性，导致菌体死亡，从而达到快速杀灭之的目的。

在早期的应用中，一般认为微波杀菌是热作用的结果，也就是所谓热效应的结果。在后来的研究中发现，微波除了热效应外，还有生物学效应，即微波能破坏微生物的机体，使活体组织变性，最终导致微生物死亡。

微波不仅对致病菌如沙门氏杆菌和大肠杆菌等有杀伤作用，而且能杀死其他细菌如乳酸菌、假孢杆菌、枯草杆菌等，同样也能使酵母、霉菌甚至霉菌孢子失活。

六、灭酶

酶在食品工业中有着很多积极的作用，如通过酶解蛋白质可以增加制品的风味，提高制品的嫩度和消化率等等。但有些酶会使制品的色泽变差，如果蔬中的过氧化物酶能使制品发生褐变，有些水解酶类在制品的长期存放过程中使制品的干物质损失或产生不良异味。酶作用后如果制品的品质下降，那么就必须尽可能使酶失活。

影响酶活性的因素主要是体系的温度、pH。对刚收获的原料来讲，要改变其 pH 是不容易的，因此钝化酶活性的常用办法是调节环境温度，即加热。加工果蔬时，杀青多用热水或蒸汽烫漂一定的时间，这样灭酶的效果是显著的。但是，温度与时间的控制非常重要，过高的温度或过长的时间会使制品质地变差并给其带来不愉快的蒸煮味，而且大量的水会使制品中的可溶性营养成分溶出，降低制品的营养价值。

果蔬等含水高的物料可以用热水烫漂，低水分的农产品如茶叶就不行，只有在收获后的干燥过程中，根据干燥的情况，使部分酶失活。微波技术的应用又使灭酶多了一个先进的方法。

微波灭酶的效果不比传统沸水或蒸汽烫漂差，相反，从综合品质方面比较，微波处理的优势更加明显。微波法加热时间短，升温速度快、对食品品质的影响很小。对平菇采用微波灭酶的研究结果表明，微波处理时制品终温只需达到 90℃ 就能达到灭酶效果，传统的烫漂用 100℃ 的水，需 5min 才能灭酶。热水或蒸汽烫漂后平菇中的氨基酸和可溶性固形物都会大量损失，微波灭酶则不会出现此类不良后果。

七、催熟醇化

由于用微波加热可以促进食品物料内的生物化学反应，所以，可以用其促进酒类、发酵调味品和巧克力等产品的"成熟"。

八、其他

到 1996 年为止，常用的微波加工设备包括真空微波冷冻干燥、脂肪炼制、制茶等设备。例如，用 48kW、2450MHz 微波装置可将水果汁真空干燥成水果粉；目前也已有微波设备用于肉、蔬菜和水果的冷冻干燥；面包的微波巴氏消毒设备也已投入应用；在英国，用微波炼制脂肪，可以得到高质量的猪油和牛、羊油，产品无需进一步精加工，减少了操作费用，维修、操作环境也大为改善，现在每年可达几十亿磅的销售额；用微波烤炙咖啡和可可豆，可在 5~10min 内完成，并增加了产量，减少了烟尘污染；对塑料袋装牛奶和半固体食品的微波灭菌已扩展到商业应用。

微波技术除应用于上述一些加工过程外，还成功地开发了其他多种应用，例如：在香肠连续制作过程中，将肉馅泵入微波圆波导加热腔内，在通过微波腔的过程中，肉馅就能凝固成形而无需再塞进肠衣，减少了肠衣费用和包装肠衣的设备费用。美国芝加哥于 1985 年已建成了一条这种无肠衣的维也那香肠生产线。

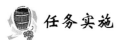 **任务实施**

微波焙烤面包的制作

【实训内容】

一、训练目的

(1) 熟悉微波加工原理。

(2) 掌握微波焙烤面包的制作工艺。

二、原辅材料

面包专用粉、白砂糖、乳粉、盐、油脂、水等。

三、设备与工具

和面机、发酵箱、计量设备、微波炉等。

四、工艺流程

配料→搅拌→（面团调制）→发酵→分割→搓团→静置→整形→醒发→微波炉烘烤→蛋液饰面→电烤炉→冷却→成品。

操作要点：

1. 配料

按配方将各种原、辅料准确称量，处理后备用（干料过筛）。

2. 调制面团

除食盐、油脂外，将所有物料投入调粉缸，先慢速搅拌 3min，加入食盐，中速搅拌 5min，待面筋基本形成时加入油脂，继续搅拌至面团表面光滑、柔软细腻、延伸性良好。面团温度 28～30℃。

3. 发酵

面团的发酵是由酵母的生命活动来完成的。酵母利用面团中的营养物质，在 O_2 的参与下增殖，产生大量的 CO_2 气体和其他物质。之后，在无氧的条件下发酵，使面团膨松富有弹性，并且具有良好的风味。

4. 分割、搓圆

(1) 分割。把发酵成熟的面团放在操作台上，将其分割成一定重量的小面块。

（2）搓圆与静置。将不规则的小面块搓成圆球状，使其芯子结实、表面光滑、结构均匀。再经过 3～5min 的静止，使其轻微发酵，便可进行整形。

5. 整形

整形是一个技巧性很强的工序，也是决定面包成品形状的一次重要操作。不同的整形方法，可制成各种不同形状的面包。

6. 醒发

醒发的温度 38℃±2℃，相对湿度 85％～90％，25～30min，醒发程度达到 50％即可进行烘烤。

7. 微波烘烤

微波的频率为 896～2450MHz 进行烘烤，根据面团大小来决定烘烤时间。

8. 电烤炉上色

为使产品表皮光亮、色泽良好，经微波烘烤后的面胚须送入电烤炉内上色，温度 200～300℃，4～5min，可使面包有良好的外观。

9. 冷却包装

从烤炉中取出，采取自然或通风冷却的方式，至面包中心温度达到室温，即可进行包装。

五、成品指标（表 10.3）

表 10.3 微波焙烤面包的成品指标

项　目		要　求
感官指标	色泽	
	口感	
	组织	
	滋味	
理化指标	灰分	
	水分	
	面筋	

六、观察记载

把所观察的结果记入表 10.4。

表 10.4 微波焙烤面包记录表

处理 ＼ 项目	色泽 15分	滋味及气味 30分	组织形态 30分	灰分 15分	水分 10分	总分	备注
焙烤时间							
焙烤温度							

七、实训完成后要求

（1）列出微波焙烤面包的工艺流程及操作要点；以此查资料设计出微波焙烤蛋糕的工艺流程及操作要点，并比较两者的不同之处。

（2）通过微波蛋糕面包的鉴评，对其产品进行综合因素评价。

（3）写出不低于 1000 字的实训报告，对产品质量做出评价，总结经验，分析原因。

 作业

1. 试述微波加热的原理及特点。
2. 微波焙烤的基础理论是什么？微波焙烤有什么特点？
3. 试述微波在食品加工过程中的其他应用及作用原理。

主要参考文献

董海洲. 2008. 焙烤工艺学. 北京：中国农业出版社.

高愿军. 2002. 软饮料工艺学. 北京：中国轻工业出版社.

顾宗珠. 2008. 焙烤食品加工技术. 北京：化学工业出版社.

郭瑞影. 2009. 谈绿色养殖. 现代农业科技（13）：328.

郭顺堂，谢焱. 2005. 绿色食品加工业. 北京：化学工业出版社.

蒋爱民. 2008. 畜产食品工艺学. 北京：中国农业出版社.

李慧东，严佩峰. 2008. 畜产品加工技术. 北京：化学工业出版社.

李铁，王宝才，王玉田. 1997. 影响皮蛋质量的因素. 辽宁畜牧兽医（2）：21-22.

李秀娟. 2008. 食品加工技术. 北京：化学工业出版社.

林蔚. 2005. 浅谈绿色食品生产过程污染的途径及控制措施. 中国食物与营养（9）：55-57.

蔺毅峰. 2006. 软饮料加工工艺与配方. 北京：化学工业出版社.

刘连馥. 2009. 绿色农业生产技术原则应用手册. 北京：中国财政经济出版社.

刘中一，刘连馥. 中国绿色食品工程. 中华人民共和国农业部出版.

马爱国. 2006. 绿色食品标准汇编. 北京：中国农业出版社.

马长伟. 2002. 食品加工工艺导论. 北京：中国农业大学出版社.

马涛，侯旭杰. 2007. 焙烤食品工艺. 北京：化学工业出版社.

毛建兰. 2000. 猪肉脯的加工工艺. 肉类工业（10）：24.

南庆贤. 2003. 肉类工业手册. 北京：中国轻工出版社.

王森. 2007. 蛋糕裱花基础（上册）. 焙烤食品制作教程. 北京：中国轻工业出版社.

王伟，顾佩勋. 2008. 靖江猪肉脯的加工技术与质量控制. 肉类工业（1）：12-13.

辛绪红. 2003. 谈绿色食品加工技术管理. 农业经济（5）：32.

许泉法，葛正广. 1989. 影响肉脯质量因素的探讨. 肉类工业（9）：8.

叶敏. 2008. 饮料加工技术. 北京：化学工业出版社.

袁惠新等. 2000. 食品加工与保藏技术. 北京：化学工业出版社.

张国治. 2006. 焙烤食品加工机械：食品加工机械丛书. 北京：化学工业出版社.

张孔海. 2007. 食品加工技术概论. 北京：中国轻工业出版社.

张玲勤. 2005. 皮蛋加工过程中的检验及注意事项. 中国家禽（8）：36.

赵晋府. 1999. 食品工艺学. 北京：中国轻工业出版社.

朱锋，韩建业. 2009. 浅谈绿色畜禽养殖. 中国动物检疫（1）：11.

朱珠，李丽贤. 2008. 焙烤食品加工技能综合实训. 北京：化学工业出版社.

朱珠，梁传伟. 2006. 焙烤食品加工技术. 北京：中国轻工业出版社.

朱珠. 2006. 软饮料加工技术. 北京：化学工业出版社.